Menschliche Körper in Bewegung

Volker Schürmann, Dr. phil., studierte Mathematik und Philosophie an der Universität Bielefeld. Seit seiner Habilitation im Jahr 1998 ist er Privatdozent am Studiengang Philosophie der Universität Bremen.

Volker Schürmann (Hg.)

Menschliche Körper in Bewegung

Philosophische Modelle und Konzepte der Sportwissenschaft

Campus Verlag
Frankfurt/New York

Die Deutsche Bibliothek – CIP-Einheitsaufnahme

Ein Titeldatensatz für diese Publikation ist bei
Der Deutschen Bibliothek erhältlich
ISBN 3-593-36759-9

Besuchen Sie uns im Internet: www.campus.de

Inhalt

Vorwort

Die mit diesem Band vorgelegten Texte gehen zurück auf die Tagung *Menschliche Körper in Bewegung*, die der Studiengang *Sportwissenschaft* der Universität Bremen unter Beteiligung des Studiengangs *Philosophie* im Februar 2000 durchgeführt hat.[1]

Die Manuskripte lagen den Tagungsteilnehmenden bereits in schriftlicher Form vor. Die dadurch ermöglichte intensive Diskussion dokumentiert sich zum einen in den nunmehr überarbeiteten Fassungen und zum anderen in einigen hinzukommenden Beiträgen, die aus der Diskussion erwachsen sind.

Zu unserem großen Bedauern ist der Eröffnungsvortrag *Erfahrungen des Leibes* von Frau Käte Meyer-Drawe (Bochum) hier nicht mit dokumentiert. Persönliche Umstände standen dem im Wege. Exemplarisch sei stattdessen auf ihr Buch *Menschen im Spiegel ihrer Maschinen* (München 1996) verwiesen, was den Vortrag freilich nicht ersetzen kann.

Daß der Band nunmehr erscheinen kann, ist vor allem dem Fachbereich *Kulturwissenschaft* sowie der zentralen Forschungsförderung der Universität Bremen, vertreten durch ihren Kanzler, zu verdanken. Die Veranstaltenden der Tagung bedanken sich hiermit, auch im Namen der Autorinnen und Autoren, nachdrücklich bei diesen Institutionen für die, insbesondere finanzielle, Unterstützung sowohl der Tagungsdurchführung als auch der Drucklegung dieses Bandes.

Ähnlich großer Dank gebührt dem Campus Verlag, diesen Band in sein Programm aufgenommen zu haben, und insbesondere Frau Stüdemann und

---

1 Der Text des Exposés, der als Tagungseinladung diente, ist einsehbar unter http:// www.sport.uni-bremen.de/archive.

Frau Dr. Wilke für eine stets freundliche und entgegenkommende Zusammenarbeit.

Daß der Band von einer Einzelperson herausgegeben wird, ändert nichts daran, daß es eine Veröffentlichung des Studiengangs *Sportwissenschaft* der Universität Bremen ist. Der Gesamtprozeß war durch den gesamten Studiengang getragen. Insofern steht der Name des Herausgebers hier stellvertretend insbesondere für Hans-Gerd Artus, Ingrid Bähr, W. Lutz Bauer, Monika Fikus, Christina Lilge und Lutz Müller, denen ich zugleich für dieses gemeinsame Erlebnis herzlich danken möchte.

Volker Schürmann, Bremen im Dezember 2000

Menschliche Körper in Bewegung
Zur Programmatik

Volker Schürmann

„Allein Gott ist vom Körper gänzlich befreit." (Leibniz 1714, § 72)

„ZUKUNFT. Mythos von morgen: der virtu-
elle Mensch. Schon heute in der WELT"
(Werbeslogan der WELT, 1999)

Zentrales Anliegen des vorliegenden Bandes ist es, aus der Sicht verschiedener Disziplinen - Sportwissenschaft, Philosophie, Behindertenpädagogik u.a.
- die aktuelle und brisante Debatte um Körpertechnologisierung mit Grundlagenproblemen zu verknüpfen.

Dabei bleibt der Begriff *Körpertechnologisierung* betont etwas schillernd,
denn er fungiert hier als ein Problemtitel. Er bezeichnet *zum einen* in einem
umfassenden Sinn alle Praktiken, die den menschlichen Körper gestalten.
Dazu gehören relativ unstrittig alle Praktiken, die den menschlichen Körper
willkürlich verändern (oder auch, hier terminologisch gleichbedeutend gebraucht: die in der Gewalt des Individuums liegen) - von der Nahrungsauf-
nahme über die Kosmetik bis zum Piercing. Strittig ist aber schon, ob die sogenannten unwillkürlichen Körpervorgänge - Atmung, Blutkreislauf, Herz-
schlag, etc. - tatsächlich (weil unwillkürlich) außerhalb der Verfügungsgewalt des Individuums liegen, oder ob nicht auch sie Körper-*gestaltende*

9

Praktiken sind.[1] Strittig ist aber auch - sozusagen am anderen Ende der Skala -, ob alle Praktiken, die den menschlichen Körper verändern, in der Verfügungsgewalt des Individuums liegen. Prototypischer Gegenkandidat ist das Lachen und Weinen in der Beschreibung von Plessner. Dort ist Lachen und Weinen als Grenzreaktion gefaßt: als eine Verselbständigung des Leibes gegenüber dem Körper. In Grenzreaktionen (im Sinne Plessners) „verliert zwar die menschliche Person ihre Beherrschung, aber sie bleibt Person, indem der Körper [Leib] gewissermaßen für sie die Antwort übernimmt" (Plessner 1941, 237). Die Pointe bei Plessner liegt darin, daß Körper-Vorgänge wie Lachen und Weinen mit gutem Recht *gestaltende* Körper-Praktiken genannt werden können, denn sie liegen noch in der *Macht* des Individuums - es „bleibt Person" -, ohne doch in der *Gewalt* des Individuums zu liegen.

Vor diesem *fraglichen* Hintergrund - steht *alles* Tun des Individuums in bezug auf die Veränderung seines Körpers in dessen Verfügungsgewalt? - bezeichnet der Begriff Körpertechnologisierung *zum zweiten* jene machtvolle Tendenz (zeitgenössischer westlicher Gesellschaften), den menschlichen Körper als gänzlich in der Verfügungsgewalt von Menschen liegend zu behandeln. Die antiquierte Sorge ums Seelenheil wird abgelöst durch die heilige Jagd nach einer guten Körpermaschine. Die Entschlüsselung des genetischen Codes mag für diese Tendenz als Prototyp, Symptom und Metapher stehen.

So gewendet geht es im folgenden darum, verschiedene Konzeptionen von *Körper* und *Bewegung* in ein Verhältnis zueinander zu setzen und daraufhin zu befragen, ob bzw. wie daraus ein Maßstab zur Beurteilung unseres öffentlichen und privaten Umgangs mit dem Körper gewonnen werden kann. Oder zugespitzt: kann und sollte die sachliche Unterscheidung von *Körper* und *Leib* in der Weise aufrecht erhalten werden, daß sich die Dimension des Leibes jeglicher Körpertechnologisierung entzieht bzw. immer schon entzogen hat?

Die folgende programmatische Skizze verfolgt zwei Anliegen. Erstens dient sie dazu, einige Aspekte des Problemfeldes herauszustellen. Zweitens

---

1 ...so daß z.B. Atemübungen im Yoga lediglich das bewußt vollziehen, was im menschlichen Umgang mit dem eigenen Körper nicht nicht geschehen kann, nämlich sich eine (kulturell, historisch und individuell bestimmte) Atemtechnik *anzueignen*.

verhandelt sie (zum Teil allgemein, zum Teil am Beispiel des Themas *Körpertechnologisierung*) das Verhältnis von Philosophie und Sportwissenschaft. Diese Zweiheit ist nun keinesfalls additiv zu verstehen, sondern die leitende Vermutung liegt darin, daß *jede* Antwort auf die oben gestellten Fragen abhängig ist von der implizit oder explizit gegebenen Verhältnisbestimmung von Philosophie und Einzelwissenschaft, und daß umgekehrt eine solche Verhältnisbestimmung nur prototypisch anhand eines bestimmten Gegenstandes gegeben werden kann. Dies wenigstens plausibel zu machen, ist das dritte Anliegen dieser Einführung.

Diese Einführung versteht sich als Skizze eines Forschungsprogramms, das einen möglichen Rahmen bildet, innerhalb dessen das Thema des Bandes verortet werden kann. Dieser Rahmen war freilich gar nicht expliziter Gegenstand der Tagung, geschweige daß dieses Programm von allen Autoren und Autorinnen als Grundlage ihres eigenen Beitrages geteilt würde. Das vierte Anliegen kann hier also gerade *nicht* sein, die Beiträge dieses Bandes einzeln vorzustellen und zu verorten; sie mögen zunächst für sich selber sprechen und es sei weiteren Diskussionen überlassen, inwieweit sie je ein Beitrag im Rahmen des skizzierten Forschungsprogramms sein können bzw. inwieweit sie diesen Rahmen als solchen variieren. Die Beiträge dokumentieren einen Stand der Diskussion und, vor allem, eine Grundlage möglicher Weiterarbeit. Der skizzierte Rahmen sichert jedoch die Berechtigung des Anspruchs, daß der vorliegende Band mehr sein möchte als ein Sammelband, der lediglich verschiedenste Aspekte zum Thema zusammenträgt.

Das Verhältnis von Philosophie und Sportwissenschaft I

Ausgangspunkt waren mehrere Beobachtungen, die Anlaß zur Verwunderung gaben:

- trotz oder wegen der langen Geschichte des Problems, wurzelnd in den berühmten Zenonischen Paradoxien, ist im Rahmen der akademisch institutionalisierten Philosophie eine 'Philosophie der Bewegung' nicht gerade ein zentrales Thema;
- auch eine Philosophie des Leibes ist nach wie vor, trotz vieler Alibi-Verweise auf Plessner, Merleau-Ponty oder Schmitz, nicht zentraler oder

11

gar konstitutiver Bestandteil philosophischer Überlegungen, insbesondere nicht für eine Philosophie des Wissens;[2]

- im Unterschied zu der relativen Selbstverständlichkeit, mit der sich philosophische Überlegungen auf die Künste beziehen und sich dann zu einer philosophischen Ästhetik verdichten mögen, ist eine Bezugnahme auf Bewegungs-Kulturen, insbesondere auf den Sport, in der Philosophie die seltene Ausnahme, die die Regel bestätigt. Falls der Sport thematisiert wird, dann handelt es sich um so genannte 'philosophische Analysen' des Sports, d.h. um Versuche, von einer bereits gegebenen philosophischen Grundlage aus das Phänomen 'Sport' verstehen zu wollen. M.W. gibt es überhaupt keine Überlegungen, die darüber hinaus gehend fragen, ob oder welche Auswirkungen eine philosophische Thematisierung gerade von Bewegungs-Kulturen für eine Architektonik der Philosophie hat.[3] Es könnte doch immerhin sein, daß eine 'Philosophie der leiblichen Bewegung' nicht lediglich ein Anwendungsgebiet allgemeinerer philosophischer/ anthropologischer Konzepte ist, sondern selbst in irgendeinem Sinne grundlegend für die Philosophie (analog zu dem gelegentlich der Ästhetik zugeschriebenen Status);
- im Rahmen der institutionalisierten Sportwissenschaft ist 'Sportphilosophie' eines ihrer Themenfelder in relativ stabiler institutionalisierter Form; es existiert eine internationale Vereinigung - die *Philosophical Society for the Study of Sports* - mit eigener Zeitschrift - das *Journal of the Philosophy of Sport* -, in der Bundesrepublik existiert eine Sektion 'Sportphilosophie' der *Deutschen Vereinigung für Sportwissenschaft* (dvs);
- dennoch führt die Sportphilosophie auch im Rahmen der Sportwissenschaft eher ein Schattendasein; in diesem Status eines institutionalisierten Schattens reflektiert sich das Spannungsverhältnis dieser Wissenschaft, sich selber zwischen einer 'Anwendungswissenschaft' und einer eigenständigen Wissenschaft mit noch zu klärendem bzw. umstrittenem eigenen Gegenstand zu verorten; insbesondere im Lehrbetrieb scheint die

---

2 Sätze dieser Art sagen immer mit, daß es Ausnahmen gibt; in diesem Fall etwa die Philosophie von Waldenfels; vgl. jüngst Waldenfels 2000.
3 Ansätze dazu finden sich in den Arbeiten von Volker Caysa.

Sportphilosophie eher der Luxus, den man sich nach getaner Arbeit gelegentlich gönnt, zu sein als selbstbewußtes Thematisieren der Spezifik des
eigenen Tuns - und selbst dieser Luxus soll noch einen Nutzen abwerfen
für akute und drängende Fragen, etwa zum Doping oder *fair play*;

- im Unterschied zu der relativen Selbstverständlichkeit, mit der sportwissenschaftliche Arbeiten auf philosophische Überlegungen zurückgreifen,[4]
handelt es sich bei der Sportwissenschaft auch in *der* Beziehung um eine
völlig normale Einzelwissenschaft, als es kaum Reflexionen darauf gibt,
ob oder wie eine Einzelwissenschaft philosophische Konzeptionen überhaupt rezipieren *kann*. Die Regel ist vielmehr die implizite Unterstellung,
daß eine philosophische Analyse des Themas (z.B. des Themas *Leib*) einfach in einer Reihe steht neben einer einzelwissenschaftlichen Analyse
des Themas: wo der gleiche Name drauf steht, wird schon der gleiche Inhalt drin sein. Vollzieht man diese Unterstellung konsequent, dann würde
das bedeuten, daß z.B. heutige Hirnforschungen der Möglichkeit nach das
ersetzen könnten, was Aristoteles, Leibniz, Descartes zum Leib-Seele-
Problem schrieben, und daß - analog - heutige oder zukünftige Sportwissenschaft das *ersetzen* könnte, was Feuerbach, Plessner, Merleau-Ponty
zum Thema *Leib* ausführten. Das mag zwar so sein, aber das ist immerhin
eine nicht-triviale Voraussetzung, denn man kann in dieser Frage auch
ganz anderer Meinung sein;

- zwischen sportwissenschaftlich institutionalisierter 'Sportphilosophie'
und akademischer Philosophie gibt es, bis auf wenige Vorzeige-
Ausnahmen (Lenk, Gebauer), kaum etablierte Vernetzungen.

Nun soll diese Zustandsbeschreibung hier nicht als Anlaß zum Jammern her-
halten. Es ist zunächst nichts weiter als interessierte Beobachtung, die in diesem Fall die Rückseite von selbstverständlicher und keinesfalls bedaulicher
Arbeitsteilung auch in den Wissenschaften festhält. Aber diese Rückseite ist
immerhin ein Preis, der zu zahlen ist. Das beziehungslose Nebeneinander
und die fehlenden Reibungsflächen stellen zugleich eine Art Verdoppelung

---

4 Dies ist, wie ja auch gesagt, selbstverständlich eine *relative* Selbstverständlichkeit; Bezugnahmen auf Plessner oder andere sind sicher in der akademischen Sportwissenschaft nicht
die Regel. Dennoch ist es nicht völlig falsch, wenn auch etwas spitz, wenn man behauptet,
daß Plessner in der Sportwissenschaft bekannter ist als in der Philosophie.

wissenschaftlicher Bemühungen dar, wie z.B. das Problemfeld *Körpertechnologisierung* zeigt.

Zunächst einmal handelt es sich bei der Körpertechnologisierung um ein allgemein-gesellschaftliches, also nicht primär wissenschaftliches, Phänomen bzw. Problem, nämlich jene schon angesprochene machtvolle Tendenz, den menschlichen Körper in ganz neuer Qualität als gestaltbar zu behandeln. Diese Tendenz ist zunächst erfahrbar als quantitative Ausdehnung: auch noch die letzten Bastionen des Körpers sollen der Gestaltung zugänglich sein. Aber nicht diese graduelle Veränderung ist signifikant, sondern die Qualitätsveränderung in der Haltung zum Körper: die evolutionäre Weiterentwicklung und 'Optimierung' des Menschen gilt nicht mehr als ein Prozeß, der - so die Traditon - trotz aller menschlichen Gestaltung in *dem* Sinne lediglich geschieht, als er die prinzipielle Eingebundenheit in die 'höhere Macht' der Natur zu respektieren hat. Vielmehr wird die 'Optimierung' des Menschen angezielt als ein Prozeß, der ausschließlich in menschlicher Gewalt liegt: sogar das, was nicht planbar ist, gilt als *noch* nicht planbar und wird als Restrisiko *berechnet*. Der alte, und offenbar hartnäckige Traum, den Menschen als „Gott aller Dinge, denn er handhabt, verändert und gestaltet sie alle" (Ficino; zit nach Grawe u.a. 1980, 1075) vorzustellen, wird auch noch auf den menschlichen Körper bezogen. So selbstverständlich uns dies heute bereits erscheinen mag, so ist es doch ein erst jüngst vollzogener Bruch mit der Tradition.[5]

Historisch betrachtet liegt damit bereits ein doppelter Bruch im Körper-Verständnis vor. Heutzutage wird noch jeder kritische Geist Platon kritisieren, der schließlich den Körper als Kerker der Seele betrachtet habe. Der rationale Kern dieser Kritik liegt darin, daß Seelenwanderungstheorien (und es ist *offen*, *ob* Platon eine solche vertritt) den Körper als Beschränkung der Seele denken – als hinzukommende Hülle, die die Eigentlichkeit der Seele inhaltlich nicht tangiert, sondern eben lediglich einschränkt. Noch Leibniz vertritt diese Konzeption, wenn auch mit umgekehrter *Wertung* (nur als be-

---

5 Dies wird z.B. in der Rechtssprechung sichtbar; vgl. den Beitrag von P. Gehring in diesem Band.

schränkte ist die Seele überhaupt weltlich-wirklich).[6] Die Bedeutung von Feuerbach liegt nun darin, diese Grundkonzeption des Körpers als Hülle der Seele aufzugeben: Feuerbach kennt keine Seele mehr, die dann, *auch noch*, einen Körper hat, und genauso wenig einen Körper, der dann, *auch noch*, eine Seele hat; Feuerbach kennt nur noch beseelte Körper. Und das ist etwas ganz anderes als das, was alle leicht dahergesagte Rede von einer sogenannten dialektischen Einheit von Körper und Seele glauben machen will.[7]

Was Feuerbach dabei jedoch nicht außer Kraft setzt, ist die traditionelle Grundidee der Bedingtheit des Menschen. Was sich grundlegend und entscheidend geändert hat, ist, diese Bedingtheit *als Beschränkung* einer wesentlichen Eigentlichkeit qua endlichem Körper zu denken. Insofern der *beseelte Körper* die einzige und insofern eigentliche Wirklichkeit des menschlichen Lebensvollzugs *ist*, ist die Denkmöglichkeit außer Kraft gesetzt, den Körper als Beschränkung der Seele oder die Seele als Beschränkung des Körpers zu fassen. Aber das ändert nicht nur nichts daran, sondern ist für Feuerbach zugleich die positive Einsicht, daß die Leiblichkeit des Menschen die Weise ist, in der der Mensch Naturwesen, d.h. bedingtes Wesen ist. Qua Leib ist der Mensch in der Welt verankert, und d.h. insbesondere und vor allem: in all seinem Tun ist der Mensch von der Natur als einer höheren Macht als er selbst es ist abhängig. Die differentia spezifica zur nichtmenschlichen Natur liegt darin, daß der Mensch sich dieser Abhängigkeit innewird. Diese Abhängigkeit gilt für jeglichen Umgang in und mit der Natur, also insbesondere im und für den Umgang mit dem eigenen Körper. Die Leiblichkeit des Menschen ist das „passive Prinzip" in bezug auf den Menschen;[8] und weil dies auch noch gilt für alle Körperpraktiken, ist das, was bei Feuerbach *Leib* heißt, in einer anderen Dimension menschlicher Rede ange-

---

6 Auch Leibniz hat das göttliche Maß körperfreier Allgemeinheit nicht außer Kraft gesetzt. Wohl hatten nunmehr nicht nur die Menschen Gott nötig, sondern Gott hatte auch die Menschen nötig - bei Strafe differenzloser, langweiliger Allgemeinheit.

7 Feuerbach ist hier nur deshalb genannt, weil er dieses Konzept einer (von mir so genannten) bedeutungslogischen Einheit explizit auf den Leib bezieht. Der Sache handelt es sich um das Hegelsche Konzept der Manifestation, was allerdings auch Hegel schon auf das Verhältnis von Seele und Körper bezieht (vgl. Wolff 1992).

8 Zum Gedanken des „passiven Prinzips" vgl. Feuerbach 1841, insbesondere 147, 150; Feuerbach 1843a, 253; vor allem aber Feuerbach 1846.

siedelt, als das, was Leib oder Körper heißt im Sinne des Gegenstands von gestaltendem Tun. Eben deshalb redet Feuerbach (1841, 150) vom „spekulativen Leib".

An dieser entscheidenden Stelle nun bricht der aktuell sich vollziehende Bruch in der Tradition der Körperkonzeptionen seinerseits mit dem von Feuerbach vollzogenen Bruch. Die heute gängige Grundidee, daß der Mensch bedingungslos Schöpfer seiner eigenen Welt und insbesondere seines eigenen Körpers ist, ist der Versuch, das „Gefühl der Abhängigkeit" (Schleiermacher, Feuerbach; vgl. dazu Otto 1917) zu verabschieden, also ohne passives Prinzip in bezug auf den Menschen auszukommen.

Die ideologische Voraussetzung, diese Grundidee realiter in Angriff zu nehmen, liegt darin, die Hegel-Feuerbachsche Einsicht, daß die leibliche Wirklichkeit des Menschen die einzige und einzig 'eigentliche' Wirklichkeit des Menschen ist, als Selbstverständlichkeit einzugemeinden. Damit wird de facto geleugnet, daß diese damals hart erkämpfte Einsicht eben keine Selbstverständlichkeit, sondern definitiv gebunden ist an den seinerzeit vollzogenen Bruch mit dem Konzept des Körpers *als Beschränkung* der Seele. Wer diesen dort vollzogenen Bruch leugnet, der tauscht lediglich die Vorzeichen aus: es ist die Rückkehr zum Konzept von Hülle und eigentlichem Inneren, wobei jetzt freilich der Körper, und nicht mehr die Seele, als das Eigentliche gilt. Die Seele wird verabschiedet oder aber als Gehirn wiedergeboren.

Um das Ergebnis formelhaft zusammenzufassen: Vorhegelsche Philosophie kannte als Ausgangspunkte Seelen, wobei man darüber streiten konnte, ob und wie diese Seelen zu Körpern kommen und welche Last oder Lust es für Seelen sein mag, einen Körper abbekommen zu haben; die Körpertechnologisierungsdebatte kennt Körper als Ausgangspunkte, wobei man darüber streiten kann, ob und wie diese Körper zu einem *mind* kommen und welche Last oder Lust es für Körper sein mag, einen *mind* abbekommen zu haben. Beiden Grundideen ist wesentlich gemeinsam, anders als Hegel und Feuerbach keine beseelten Körper als Ausgangspunkte zu kennen.

Von den Wissenschaften war bei der soeben erfolgten Charakterisierung aktueller Körpertechnologisierung noch gar nicht die Rede. Auch von Philosophie war nur akzidentell die Rede, denn sie fungierte als *ein* möglicher Spiegel für gesellschaftlich wirkende Körperbilder. Mit gleich gutem Recht hätte die Geschichte der Künste oder bestimmter Kulturpraktiken als ein solcher Spiegel fungieren können. Es ging allein darum, die Wirksamkeit je historisch bestimmter Körperbilder aufzuzeigen, und zwar im Hinblick auf das jeweilige Verständnis dessen, was am menschlichen Körper als gestaltbar gilt.

Die Wissenschaften und die Philosophie kommen nun zunächst dadurch ins Spiel, daß jene allgemein-gesellschaftliche Entwicklung *Gegenstand* verschiedener Einzelwissenschaften und auch der Philosophie wird. In der Regel handelt es sich dabei um Versuche, der *Ambivalenz* der Körpertechnologisierung gerecht zu werden. In der Medizin ist das vielleicht am offenkundigsten: dort stehen die tatsächlichen Fortschritte der neuen Erkenntnisse und Techniken in bezug auf lebenserhaltende Maßnahmen außer Frage, sind aber zugleich verbunden mit einer Debatte z.B. um menschenwürdiges Sterben. Debattiert wird vor diesem Hintergrund um unterschiedliche *Wertungen* der Körpertechnologisierung bzw. um die unterschiedliche Abwägung von Folgeproblemen. Aber auch noch in solchem Konstatieren *von Ambivalenz* ist die Dominante der oben aufgezeigten Entwicklung deutlich erkennbar: noch die Debatte um menschenwürdiges Sterben ist infiziert von jener Haltung, den Körper als bloßes Objekt und Mittel zu betrachten. Ohne Zweifel nämlich ist diese Debatte *deshalb* auch über kirchliche bzw. religiöse Kreise hinaus salonfähig, weil die Kosten von Aufenthalten auf Intensivstationen so hoch sind: in die Frage, ob es Menschen *würdig* ist, allein durch Maschinen am Leben gehalten zu werden, schleicht sich die Frage ein, ob sich das *rechnet.*

Und es ist insbesondere, oder gar vor allem, die Sportwissenschaft, die mit diesem Phänomen von Körpertechnologisierung konfrontiert und befaßt ist. Das liegt ganz banal daran, daß der Sport eine Körpertechnologisierungs-Praktik ist, und zudem eine mit zunehmender gesellschaftlicher Relevanz.

An dieser Stelle können jene oben konstatierten fehlenden Reibungsflächen und die damit einhergehenden Verdoppelungen wissenschaftlicher Bemühungen gut aufgezeigt werden: die Sportwissenschaft kommt am Thema Körpertechnologisierung nicht vorbei; die Philosophie will gelegentlich nicht daran vorbei, und dennoch bezieht sie sich weder auf den Sport als gesellschaftliches Phänomen noch auf den Sport als Gegenstand der Sportwissenschaft. Und es ist doch zumindestens erstaunlich - oder je nach Geschmack:

altbekannt -, daß sich philosophische Überlegungen heutzutage wie selbstverständlich, ja durch Geldströme unterstützt auch bereitwillig-gezwungenermaßen, auf die spektakulären Fällen von Gentechnologie und Medizin beziehen, aber nicht auf einen gleichsam alltäglichen Normalfall von Körpertechnologisierung, nämlich den Sport.

Eine Variation dessen, daß Einzelwissenschaften und Philosophie dadurch ins Spiel kommen, daß sie die Körpertechnologisierung *zum Gegenstand* ihrer Betrachtung machen, liegt darin, daß es allgemein-gesellschaftliche und auch wissenschaftliche und philosophische Gegenbewegungen gibt, die jene veränderte Haltung zum Körper als solche kritisieren. Insbesondere die Behindertenpädagogik ist in ihrem Nerv getroffen angesichts von Tendenzen, einen allseits und allzeit perfekten Körper zum Leitbild zu erheben, gekoppelt mit der Vorstellung, man könne auch beim menschlichen Körper einfach Ersatzteile austauschen oder könne/ solle ggf. bereits pränatal die Produktion von defekten Menschenjungen stoppen. *Weil* die Körpertechnologisierung eine *machtvoll dominierte* allgemein-gesellschaftliche Entwicklung ist, deshalb kann (und muß) sie ideologiekritisch aufgezeigt werden. Es sind vor allem soziologisch inspirierte Analysen, insbesondere im Anschluß an Foucault, die jene allgemein praktizierte Haltung zum Körper als eine Herrschaftsstrategie aufzeigen. Und gerade auch dafür steht die Sportwissenschaft, insbesondere die Sportsoziologie und Sportphilosophie.[9]

So berechtigt und nötig solch ideologiekritische Auseinandersetzungen sind, so indizieren sie doch *auch* einen Verlust an Reibungsflächen. In rein ideologiekritischen Beiträgen erscheint jede affirmative Bezugnahme auf 'Körper' in der momentanen gesellschaftlichen Situation als ausgesprochen problematisch, weil sie eo ipso in der Gefahr der Herrschaftsstabilisierung steht. An dieser grundsätzlichen Sicht der Dinge ändert auch das gelegentlich durchscheinende Fasziniert-sein von aktuellen Körperpraktiken nichts. Irritierend daran ist zum einen, daß dort an einem Ideologie-Begriff festgehalten wird, der bei allen verbalen Abgrenzungen im logischen Kern 'Ideologie' nur als 'falsches Bewußtsein' kennt; und zum anderen irritiert, daß die Tatsache, daß die affirmative Bezugnahme auf 'Körper/ Leib' in der Philosophie

---

9 Vgl. exemplarisch Arbeiten von Bette, Caysa, Gebauer, Kamper, E. König.

zu gewissen Zeiten ein ungeheurer Fortschritt war, diese ideologiekritische Auseinandersetzung nicht mehr irritieren kann.

Was in einer rein ideologiekritischen Analyse verloren geht, ist der oben aufgezeigte Umstand, daß Feuerbachs Bezugnahme auf den Leib grundsätzlich mit einem bestimmten *Modell* der Thematisierung des Körpers gebrochen hat - nämlich den Körper als Beschränkung einer allgemeinen Vernunft zu denken. Mit diesem Bruch hatte immerhin die Individualität des Menschen (allererst) einen substantiellen Status gewonnen: das Auszeichnende des Menschen war nicht mehr eine allgemeine Vernunft als solche, sondern je individuelle Brechungen dieser allgemeinen Vernunft (qua Leiblichkeit).[10]

Im Unterschied zu *rein* ideologiekritischen Ansätzen bleibt daher die Frage, ob die alte prinzipielle Differenz von Leib und Körper nicht (aller berechtigten Ideologiekritik zum Trotz) reaktiviert werden kann oder sollte, so daß ggf. ein Konzept von Leib als kritischer Maßstab fungieren kann gegenüber jener Haltung, den Körper als Mittel und Objekt zu fassen.

Mit dieser Frage ist dann allerdings die Ebene verlassen, in der 'Körper' bzw. 'Leib' schlechthin *Gegenstand* einer sei es einzelwissenschaftlichen, sei es philosophischen Analyse ist. Das Thema ist nunmehr, *in welcher Art und Weise* Körper und Leib Gegenstand sind resp. gemäß welchen Modells der Unterschied von Körper und Leib gedacht wird. Wer überhaupt bereit ist, den Schritt zu jener oben genannten Frage (nach dem Leib als kritischem Maßstab in Körpertechnologisierungsdebatten) mit zu vollziehen, der muß es aushalten können, daß eine *materiale* Bestimmung des Leibes (bzw. des Unterschieds von Körper und Leib) nicht das ist, was nunmehr gesucht ist. Die Unterscheidung von Körper und Leib, die nunmehr allein im Blick sein kann, ist nicht von der Art, bestimmte somatische Vorgänge als leibliche und bestimmte andere als körperliche zu bestimmen, sondern es gilt, am Körper als solchen einen Unterschied zu denken. Wie gesagt: man muß diesen Schritt nicht mit vollziehen, aber falls man ihn mit vollzieht, dann geht es um die Unterscheidung eines „spekulativen Leibes" von einem körperlichen

---

10 Und dafür ist das Leibnizsche Konzept der Monaden als individueller Substanzen sicherlich eine wichtige Voraussetzung (dies zur Relativierung der obigen Anm. 6); daß Feuerbach ein, im übrigen auch heute noch lesenswertes, Buch zu Leibniz geschrieben hat, ist keinesfalls zufällig.

Leib, nicht aber - um stellvertretend ein prominentes Gegenbeispiel zu nennen - um körperliche Vorgänge des Sich-Spürens im Sinne von Schmitz, deren Eigenart sie vermeintlich als leibliche, im Unterschied zu körperlichen, auszeichnet.

Oder anders: Ob die Unterscheidung von Leib und Körper als kritischer Maßstab fungieren kann, ist eine methodologische, nicht aber eine materiale Frage; die Frage ist nicht, *wo* man die Grenze von Körper und Leib zieht, sondern *wie* man sie zieht oder als gezogen denkt.

Stellt man jene Frage aber als rein methodologische, dann scheint es ausgemacht zu sein, daß sie nur negativ beantwortet werden kann: es scheint so zu sein, daß die Unterscheidung von Körper und Leib den Leib als ein eigen Ding denken muß - als eigene, widerständige Substanz, die als Fels in der Brandung instrumenteller Betrachtungen des Körpers verharrt. Mit solchen substanzontologischen Annahmen aber hat spätestens der Strukturalismus gründlich aufgeräumt, und deshalb wäre jedes Konzept, das den Leib als widerständige *Substanz* denkt, in heutiger Zeit, in der „das Reale relational [ist]",[11] ein Anachronismus: in *strukturalistischer* Interpretation sind Substanzen *Effekte* von Relationen, nicht aber deren Vorbedingungen. Eine eigene Widerständigkeit von was auch immer - hier: des Leibes - ist so nicht zu erwarten.

Falls man nun dennoch und immer noch jene Frage positiv beantworten können möchte, dann ist also nichts weniger gefragt als das Konzept einer logischen Mitte von Substanzontologie und Strukturalismus. Wenn man nun, so in die Enge getrieben, dieses Anliegen nicht entweder für absurd oder bereits für die Lösung hält, dann lohnt vielleicht auch hier eine Reaktivierung alter Einsichten. Hegel nämlich formulierte jene Relationalität des „Realen" haarscharf anders als es der Strukturalismus tut.[12] Ihm, Hegel, sind Relatio-

---

11 Bourdieu 1998, 15 ff.; vgl. aber auch - selbstverständlich, und neben vielen anderen - Saussure, Cassirer, Marx, Hegel.

12 Zur Vermeidung von Mißverständnissen: ich definiere hier gerade, was ich unter einer *strukturalistischen* Interpretation der Relationalität des Realen verstehe; ich behaupte damit noch nicht notwendig, daß jeder als Strukuralist bekannte Interpret in diesem Sinne eine strukturalistische Interpretation vorgelegt hat. Aber zur Vermeidung von Verwischung klarer Konturen: ich möchte durchaus behaupten, daß Saussure, Cassirer und Bourdieu in die-

nen resp. Strukuren nicht eigentlich (die wahren) Entitäten, die man gegen substantialistisch gefaßte Dinge ins Feld führen müßte, sondern ihm gelten Relationen und Dinghaftigkeiten als Differenzierungen *an* Prozessen. Die zu analysierende (bzw. allein analysierbare) Grundentität ist eben nicht eine Struktur (von der dann noch gefragt werden kann und muß, wie sie denn Substanzen gebiert und wie sie in Bewegung kommt), sondern ein Prozeß. Die Hegelsche Strategie, Strukturen und Substanzen 'zusammen' zu denken, liegt also nicht darin, ein bißchen Struktur und ein bißchen Substanz zu denken oder gar ein ewiges Hin und Her zwischen Substanz und Struktur, sondern darin, die Analyseeinheit zu wechseln und ein Drittes einzuführen, *an* dem Strukturalität und Substantialität unterscheidbar ist.

Marx und Engels verfolgen eben dieselbe Strategie; sie meinten jedoch, Hegel noch vorwerfen zu müssen, daß er lediglich 'den' Prozeß kennt, der allererst seine Bestimmtheit qua Gegenständlichkeit emaniert;[13] und daher sind die von ihnen postulierten Grundentitäten *gegenständliche Prozesse*: „Wenn Hegel schreibt: Bewegung ist Zusammenhang, so modifiziert Engels: Bewegung ist der Zusammenhang sich zueinander verhaltender Körper." (Wahsner 1995, 197)

Was immer man von den konkreten Durchführungen sei es bei Hegel, sei es bei Marx und Engels halten mag: Ausgangspunkt der Strategie als solcher ist eine anti-substanzontologische Konzeption, die zugleich nicht-strukturalistisch ist - und damit vielleicht auch zeitgenössisch noch Möglichkeiten läßt, jene Frage nach dem Leib als kritischen Maßstab positiv beantworten zu können.

Spekulativer Leib und Architektur der Philosophie

In einer Traditionslinie Feuerbach, Plessner, Merleau-Ponty, Waldenfels wird der Leib (im Unterschied zum Körper) als „spekulativer" gedacht: als Ort der *Verankerung* des Menschen in der Welt. 'Verankerung' in der Welt -

---

sem Sinne strukturalistische Interpretationen von Relationalität vorlegen. Und ich möchte bestreiten, daß Hegel und Marx das tun.

13 Eben darin sind sie Feuerbachianer: sie folgen Feuerbachs Grundeinschätzung, daß auch und gerade Hegel das Besondere noch als *Beschränkung* des Allgemeinen denkt.

hier: qua Leib - ist und meint die Bedingung der Möglichkeit von Bezugnahmen des Menschen auf Dinge in der Welt, insbesondere auf den eigenen Körper. Die inhaltliche Bestimmtheit dieses Ortes, also des Leibes, ist veränderlich und historisch bestimmt, und daher sicher auch, in *irgend*einem, noch zu bestimmenden, Sinne durch den Menschen gestaltbar; als Ort *der Verankerung* in der Welt aber steht er nicht in der Verfügungsgewalt des Menschen, insofern diese Verankerung bereits realisiert ist, falls und indem (nicht: bevor) über Dinge in der Welt verfügt wird.

Einen solchen Ort zu postulieren entspringt *dann*, wenn man die *Instanz* der Verfügungsgewalt über Dinge in der Welt, genannt „Ich" (oder auch „Wir" oder „Selbst" oder „Person", oder, oder) „selbst zum Objekt der Kritik macht, [und] erkennt, daß das freiwillige Setzen des Objekts von seiten des Ich aus in Wahrheit nichts anderes ausdrückt als das unfreiwillige Gesetztsein des Ich von seiten des Objekts. [...] Wenn daher die sich selbst voraussetzende, im Anfang eigentlich schon mit sich fertige Philosophie ihr wesentliches Interesse in die Beantwortung der Frage setzt: Wie kommt Ich zur Annahme einer Welt, eines Objekts?, so stellt die objektiv erzeugende, mit ihrer Antithese beginnende Philosophie vielmehr sich die *entgegengesetzte*, weit interessantere und fruchtbarere Frage: *Wie kommen wir zur Annahme eines Ich, welches also fragt und fragen kann?* [...] Also gehört auch zum spekulativen Ich der Leib, wenigstens der spekulative Leib [...]. Das Ich ist beleibt - heißt nichts anderes als: Das Ich ist nicht nur ein activum, sondern auch passivum. Und es ist falsch, diese Passivität des Ich *unmittelbar* aus seiner Aktivität ableiten oder als Aktivität darstellen zu wollen. Im Gegenteil: Das passivum des Ich ist das activum des Objekts. Weil auch das Objekt *tätig* ist, leidet das Ich - ein Leiden, dessen sich übrigens das Ich nicht zu schämen hat, denn das Objekt gehört selbst zum innersten Wesen des Ich. [...] Allein das Ich ist keineswegs 'durch sich selbst' als solches, sondern durch sich als leibliches Wesen, also durch den Leib, der 'Welt offen'. Dem absolvierten Ich gegenüber ist der Leib die objektive Welt. Durch den Leib ist Ich nicht Ich, sondern Objekt. Im Leib sein heißt in der Welt sein. Soviel Sinne - soviel Poren, soviel Blößen. Der Leib ist nichts als das *poröse* Ich." (Feuerbach 1841, 147-151)

Terminologisch gewendet heißt das: gegen eine reine Konstitutionsphilosophie - von Feuerbach „Idealismus" genannt: „außer dem Ich ist nichts, alle

Dinge sind nur als Objekte des Ich" (resp. des Wir, des Selbst, etc.) (Feuerbach 1843b, § 17) - klagt Feuerbach ein passives Prinzip als *inneres Moment des Setzens* von Dingen ein.

Wie schon das Schriftbild deutlich macht, liegt die besondere Betonung hier darauf, inneres Moment des Setzens zu sein. Was das meint, läßt sich nur in Abgrenzungen sagen. Selbstverständlich gibt es keinerlei menschliche Aktivität, die nicht besonderen Bedingungen unterworfen ist - und in diesem Sinne *bedingte* Aktivität ist. Das gilt trivialerweise - in einem Sinne, in dem Mathematiker von 'trivialen Lösungen' reden: eine triviale Lösung ist auch eine Lösung (und keinesfalls zu vernachlässigen), aber eine solche, die nichts zeigt von der spezifischen Struktur dessen, wovon und wofür sie eine Lösung ist. Die Bedingtheit der menschlichen Aktivität als inneres Moment der Aktivität zu postulieren, ist demgegenüber eine nicht-triviale Bedeutung von 'Bedingtheit': Zwar gilt dann *auch* die triviale Bedeutung von 'Bedingtheit menschlicher Aktivität', aber *inneres* Moment zu sein heißt, *nicht nur* Realisationsbedingung des aktiven Setzens zu sein, sondern den Modus des Setzens selbst zu betreffen. Andererseits ist hier das Setzen durchaus und gleichwohl als menschliche *Aktivität* konzipiert; Feuerbach ist kein Rückfall hinter Kant, und sein „passives Prinzip" redet nicht einem Fatum, einem (von Gott oder der Welt) *geschickten* Leiden das Wort. Inneres Moment *des Setzens* zu sein heißt, nicht bloße Vertauschung von Vorzeichen zu sein im Sinne einer bloßen Umkehrung der Konstitutionsphilosophie.

Postuliert man ein passives Prinzip als inneres Moment des Setzens von Dingen, dann ist jedes Setzen gerade nicht reines Gesetzt-*werden*, aber jedes Setzen ist ein Über-Setzen. Das Konstituieren von Welt ist (dann) eine eigentümliche logische Mitte von Aktivität und Passivität. Insbesondere gilt dann, daß jedes Setzen des Körpers (jedes Verfügen über den Körper) ein Über-Setzen (des Leibes als Körper) ist.

In eben diesem Sinne unterscheidet Plessner zwischen Körper-haben und Körper-sein; Merleau-Ponty kennt einen *fungierenden Leib* diesseits aller Objektivierungen des Körpers; Meyer-Drawe weiß von Erfahrungen *des Leibes selbst*, diesseits aller Erfahrungen, die wir *über* den Leib machen, zu berichten. Das, was es sonst nur im Comic (Asterix) gibt, ist dort als bestehend gedacht: das „Körper-sein", der „fungierende Leib", der „Leib selbst" - das sind Orte, die erbittert Widerstand leisten gegen ihre restlose Vereinnahmung als vorgestellter, gedachter, behandelter Körper. Die Frage bleibt, woher diese Orte ihren Zaubertrank beziehen.

Nimmt man diese Traditionslinie einen Augenblick ernst, und übersetzt man das Anliegen in eine andere Problemformulierung, dann müßte sich folgendes erweisen lassen: Falls es denn jemals reine Abbildtheorien des Erkennens[14] gegeben haben sollte, so sind diese spätestens seit Kant anachronistisch geworden. Weltverstehen funktioniert offenbar nicht als bloßes Kopieren gegebener Objekte, sondern Weltverstehen „setzt" Objekte *als Gegenstände*. Menschen leben nicht nur in den vier Dimensionen von Raum und Zeit, sondern zudem in der „5. Quasi-Dimension" der Sphäre der Bedeutungen (vgl. Leontjew 1981).

Das allein sagt selbstverständlich noch nichts, denn das sagen heutzutage alle philosophischen Konzepte; kein Realist, der etwas auf sich hält, wird heutzutage zugeben wollen oder können, eine reine Abbildtheorie des Erkennens zu vertreten. Zu klären bleibt daher, was unter „Setzen" (heutzutage: unter „Konstruktion") zu verstehen ist und/ oder ob jedes Setzen im Anschluß an Feuerbach als ein Über-Setzen im oben erläuterten Sinne zu verstehen ist.

In der hier vorgeschlagenen Lesart ist unter 'Bedeutung' ein denkbar weiter Begriff zu verstehen, der in dieser Allgemeinheit (diesseits seiner Besonderungen in symbolische, sprachliche, prä-reflexive, formalsprachliche, etc. Bedeutungen) lediglich die als-Struktur jeglichen menschlichen Erkennens herausstellt. Diese als-Struktur meint *nicht* eine Deutung, die zu einem irgendwie schon realisierten Objekt *hinzukommt*; ein Setzen eines Objekts *als Gegenstand* meint hier nicht - weder in zeitlichem noch in logischem Sinne - ein Haben eines Objekts plus gesetzter Deutung; im Setzungsakt basteln wir nicht - in der hier praktizierten Sichtweise - aus, uns irgendwie zugänglichen, Bewohnern der Welt der Objekte und aus, uns irgendwie zu-

---

14 Analog zu den cartesischen cogitationes gebrauche ich hier und in der Regel 'erkennen' nicht als Gegenbegriff zu wahrnehmen, können, spekulieren, etc., sondern zur Bezeichnung des Gemeinsamen von wahrnehmen, können, spekulieren und erkennen im engeren Sinne, nämlich Weltaneignung *überhaupt* zu sein. Analoges gilt für 'Wissen', das hier nicht synonym mit *episteme* gebraucht wird. Die Differenz von 'erkennen' und 'Wissen' wiederum stimmt in etwa überein mit der Differenz von *knowing* und *knowledge*.

gänglichen, Quasi-Bewohnern der Quasi-Welt der Bedeutungen die Einwohner der durch uns geschaffenen Welt der Gegenstände. Zugänglich sind uns vielmehr allein 'Objekte *als Gegenstände'*, *an* denen wir die Dimension ihres Objekt-seins und die Quasi-Dimension ihrer Bedeutung unterscheiden. Das formale Kriterium dieser als-Struktur ist ein Anders-sein-können, sichtbar zu machen in Negationen: 'X als Y' zu erkennen, heißt: 'X als Y und nicht als Z' zu erkennen (vgl. auch Borsche 1994, 1995). Mit Anerkennung dieser als-Struktur haben wir bereits das Objekt-sein vom Gegenstand-sein unterschieden: wir könnten X als Y *oder* als Z erkennen und damit differenzieren wir ein selbiges X an zwei verschiedenen Gegenständen.

So nehmen wir, zum Beispiel, jenes Gebilde dort *als Baum* wahr, und wir nehmen es, je nach Situation, nicht als Strauch oder nicht als Giraffe oder nicht als bloß farbiges Gebilde oder nicht als bloßes Objekt in Raum und Zeit wahr. Dieses anders-sein-können ist definierendes Strukturmerkmal dessen, was hier 'Bedeutung' resp. Erkennen heißt, und eben kein eigenständiger (hinzukommender, bedeutungs*verleihender*) Akt des erkennenden Subjekts; das anders-sein-können ist weder Bewußtseinsleistung noch ist es notwendigerweise an die Bewußtheit des Erkennenden gebunden. Gesagt ist lediglich, daß Erkennen kein unmittelbarer Zugriff auf Objekte ist, sondern ein Bedeutungs-vermitteltes Tun, wobei die formale Minimalbedeutung von 'Bedeutung' ein anders-sein-können ist, das nicht außer Kraft gesetzt werden kann.

Um es anschaulich zu machen: Wenn ein Kleinkind hinfällt, sich erschrickt und irgendetwas signifikant anders ist als vorher, dann kann es dieses Geschehen im Angesicht einer (panischen, gelassenen, uninteressierten, ...) Betreuungsperson *als unaushaltbaren Schmerz* oder *als spaßiges Mißgeschick* oder *als nicht-der-Rede-wert* erleben. Sicher *verfügt* das Kleinkind nicht über diese Alternativen, aber gleichwohl ist sein Erleben von jener als-Struktur, denn selbst ein bloßes 'Registrieren' des Geschehens nimmt dieses Geschehen bereits als 'bloßes' Geschehen. Falls das Kind denn dann dereinst auch über solche Alternativen verfügen kann, dann hat sich *der Modus* der Bedeutung resp. des Erkennens geändert, aber es ist (hier) nicht so (gedacht), daß erst qua Verfügen-können über jenes anders-sein-können die als-Struktur in seine Welt gekommen ist.[15]

Stellt man nun die schlichte Frage, wie denn das Verhältnis von menschlichem körperlichem Bewegen und Bedeutungskonstitution zu denken sei, dann sollte deutlich sein, daß die Architektur einer Philosophie von dieser Frage direkt betroffen ist. Aus all dem Gesagten ergeben sich nämlich in dieser Hinsicht (mindestens) drei Fragestellungen:

1. Ist bereits menschliches körperliches/ leibliches sich-Bewegen als solches - und nicht erst eine Reflexion dieses sich-Bewegens - als ein Erkennen/ Aneignen von Welt, d.h. als ein Bedeutungs-vermitteltes Tun, zu begreifen (oder ist es rein als solches prinzipiell nur in der Rolle eines differenzierbaren Bewegungsverlaufs *an* einem ('umfassenderen') erkennenden Tun)? Welcher Art wären denn die Strukturierungsleistungen körperlichen sich-Bewegens rein als eines solchen? Was macht denn das ureigene je anders-sein-können dieser Weise von Erkennen aus? Kann es - um nur einen möglichen Kandidaten zu nennen - als Unterschied im Modus von Rhythmizität gefaßt werden?
2. Selbst wenn man einmal zugesteht, daß menschliches sich-Bewegen rein als solches[16] ein Erkennen ist, dann bleibt der Feuerbachsche Stachel:

---

15 Wohlgemerkt: Das Beispiel *belegt nicht* die hier vorgeschlagene Lesart, sondern an diesem Beispiel können verschiedene Lesarten verdeutlicht werden. Die spontane Lesart 'desselben' Beispiels wird vermutlich sogar die direkt gegenteilige sein: haben wir etwa nicht spontan den Eindruck, daß sich ein Kind doch sicherlich weh getan hat, wenn es hingefallen ist, und daß es *dann* zögert, und daß es *dann, auch noch*, diesen Schmerz (als eben schon bestehenden) wahrnimmt und ausdrückt? Fühlen wir uns als Betreuungsperson dieses Kindes etwa nicht unschuldig in dem Sinne, daß das Kind nun mal 'tatsächlich' Schmerz empfindet und es *dann* eben allenfalls darauf ankommt, dieses *Schmerz*-Erlebnis zu händeln (also z.B. das Kind zu bedauern, es abzulenken, ihm deutlich zu machen, daß ein Indianer keinen Schmerz kennt, etc.)? – Die hier vorgeschlagene Lesart behauptet das direkte Gegenteil: Betreuungsperson sind nicht in diesem Sinne unschuldig, sondern in ihrem Angesicht lernt das Kind, daß das Erlebnis, das es da gerade zweifellos hatte, ein Schmerz-Erlebnis *oder* ein spaßiges Mißgeschick *oder* ... ist. Ein Indiz, wenn auch kein Beleg dieser Lesart sind die zahllosen Situationen, in denen ein Kind genau dann weint, wenn sich *die Betreuungsperson* angesichts des Hinfallens erschrocken hat.

inwieweit wäre ein aktives, produktives Setzen von Bedeutung qua körperlichem sich-Bewegen an sich selbst passivisch bestimmt, also ein Über-Setzen? Kann man - in Analogie zu dem Unterschied von Körper und spekulativem Leib - sagen, daß das Setzen von Bedeutung *qua körperlichem sich-Bewegen* nicht nur ein Modus von Bedeutungs-Setzung neben allen anderen ist, sondern daß das Setzen von Bedeutung gerade qua körperlichen sich-Bewegens den Erkennenden in seiner Welt der Gegenstände *verankert*?

3. Was sind die Begründungsdimensionen solcher Konzeptualisierungen? Wovon hängt es ab, menschliches sich-Bewegen rein als solches als Erkennen zu fassen (oder das nicht zu tun), menschliches Setzen von Bedeutung als Über-Setzen zu fassen (oder das nicht zu tun): von Empirie, von erkenntnistheoretischen/ ontologischen/ methodologischen Voraussetzungen, von ethischen Entscheidungen?

Architektur der Philosophie und aktuelle Kulturphilosophie

Diese Fragestellungen lassen sich transponieren in aktuelle *kulturphilosophische* Debatten. Solche Debatten könnten durch jene Fragestellungen belästigt und bereichert werden, insofern sie die Frage nach der Spezifik *von Bewegungs-Kulturen* stellen.

Zeitgenössische Ansätze zu einer Kulturphilosophie bilden sich in der Regel in Anknüpfung an kulturphilosophische Konzepte zu Beginn des 20. Jh.s vornehmlich in Deutschland und sind heutzutage vor allem mit dem Namen Ernst Cassirer verbunden. Die damalige Kulturphilosophie war Ausdruck und Deutungsangebot vielfältiger Krisenerfahrungen; sie verstand sich bereits damals de facto als Gegenkonzeption zur Geschichtsphilosophie, die

---

16 Ich weiß die in der Sache begründete Doppeldeutigkeit von „rein als solches" nicht zu verhindern. Hier, an diesem Ort, ist damit nicht der 'behavioristisch' konstatierbare Bewegungsverlauf 'rein als solcher' gemeint; aber gerade dann, wenn menschliches sich-Bewegen rein als solches ein Erkennen *ist* - also nicht erst eine Erkenntnisleistung qua hinzukommendem Bedeutungs-verleihenden Akt *wird* -, dann kann *an* diesem sich-Bewegen das Moment des Bewegungsverlaufs 'rein als solchen' und das Bedeutungsmoment differenziert werden.

wiederum als der Versuch gedeutet wurde, Krisen lediglich als unvermeidbare und nötige Zwischenstationen auf dem Wege eines vorab verbürgten gesellschaftlichen Fortschreitens zu interpretieren. Kulturphilosophie wendete sich gegen solch theoretische Verharmlosungen, die den Krisen das Krisenhafte nehmen wollten; und auch heute besteht „die spezifisch *philosophische* Herausforderung der Kulturphilosophie [...] in ihrer Bereitschaft zur Reaktion auf den Ausfall von Verläßlichkeiten" (Konersmann 1998, 181; vgl. Konersmann 1996a).

Dabei ist die Absage daran, einen vermeintlich eindeutigen Geschichtsverlauf erkennen resp. prognostizieren zu können, nur der Spezialfall einer umfassenderen Absage. Paradigmatisch bei Cassirer wird jede Wissenstheorie aufgekündigt, die Wissen meint als eineindeutige Erkenntnis, als Abbild eines Gegebenen fassen zu können. Demgegenüber wird Wissen als Ergebnis einer aktiven Vermittlung des erkennenden Subjekts im Medium eines je gegebenen Symbolsystems, von Cassirer 'symbolische Form' genannt, gefaßt. Bereits so allgemein kann Wissen dann als 'Kultur' verstanden werden, insofern „sich in der Kultur der Anspruch des Menschen [realisiert], etwas aus den vorgefundenen Bedingungen und aus sich selbst zu machen" (Recki 1999, 1093). So sehr Cassirer meint, mit dieser Konzeption an Leibniz und Kant anschließen zu können, so liegt das spezifisch Neue und Besondere von Cassirers *Kultur*philosophie darin, eine wesentliche (und nicht nur faktische) Pluralität symbolischer Formen zu postulieren. Wissenskonstitution geschieht, so Cassirer, sowohl in der symbolischen Form 'Sprache' wie in der symbolischen Form 'Religion', und es sei nicht so, daß dort konstituiertes Wissen nur uneigentliches Wissen ist gemessen am Maß des wissenschaftlichen Wissens. Nicht die bloße Ausdehnung einer Betrachtungsweise, sondern die Absage daran, eine der symbolischen Formen implizit oder explizit zum Maß eigentlich 'wahren' Wissens zu machen, ist das, was Cassirer als den Übergang von der „Kritik der Vernunft" zur „Kritik der Kultur" faßt (Cassirer, PhsF I, 11).

Stellt man die erste der drei oben genannten Fragen in der Cassirerschen Terminologie, dann fragt man, ob die Sphäre körperlichen sich-Bewegens eine eigenständige symbolische Form ist.

Das Folgeproblem der Cassirerschen Konzeption ist offenkundig. Es liegt in der Frage, ob eine Pluralität von Wissensweisen, die ihren Namen verdient und nicht mehr über einen Kamm geschoren wird, eo ipso einen Pluralismus von gleich-gültig nebeneinander bestehenden Wissensweisen bedeutet: ob es *diese* Konsequenz ist, die als Absage an falsche Verläßlichkeiten feierlich begrüßt wird. Noch jede philosophische Konzeption, die es mit einem Minimum an Rationalität und Aufklärung hält, wird bekunden, daß es diese Konsequenz gerade nicht ist, die gewollt wurde. Und so auch Cassirer, insbesondere unter dem Eindruck des Faschismus. Daß dieses Folgeproblem keinesfalls gelöst ist, läßt sich bereits bei Cassirer studieren, denn auch bei ihm nimmt die Absage an einen Pluralismus gleich-gültiger Wissensweisen gelegentlich die Form einer Geschichte 'Vom Mythos zur Wissenschaft' an, ohne daß einsichtig würde, wie diese Form mit dem Anliegen der prinzipiellen Gleich-Würdigkeit von Mythos und Wissenschaft verträglich ist (vgl. ausführlicher Schürmann 1996).

Die besondere Bewährungsinstanz eines solchen (Cassirerschen) Konzepts von Kulturphilosophie liegt damit in der Würdigkeit und Geltung nicht-wissenschaftlicher Wissensweisen und in deren Verhältnis zum wissenschaftlichen Wissen. Heutige Überlegungen thematisieren dieses Problemfeld in der Regel unter dem Titel 'nicht-propositionales Wissen' bzw. als Verhältnis von Wissen und Können (vgl. z.B. Neuweg 1999). Dabei gibt es selbstverständlich viele Zugangswege zu diesem Problemfeld und nicht alle Überlegungen unter diesen Titeln sind schon kulturphilosophischen Überlegungen im obigen Sinne geschuldet. Wohl aber gilt umgekehrt, daß kulturphilosophische Überlegungen auf dieses Problemfeld stoßen müssen.

Ein erster Schritt auf dem Wege, in aufklärerischer Absicht eine (inhaltliche) Gleich-Gültigkeit der verschiedenen Wissensweisen zu unterlaufen, könnte darin liegen, eine strikt *formale* Ordnung in diese Wissensweisen zu bringen in der Form einer Genealogie.[17] Die Vermutung liegt allgemein gesprochen darin, daß der bei Cassirer angelegte und dort letztlich nicht überzeugende Versuch, (durch Differenzierung von Ausdrucks-, Darstellungs- und Bedeutungsfunktion) eine reflexive Ordnung der symbolischen Formen

---

17 Im hier praktizierten Sprachgebrauch unterscheidet sich 'Genealogie' dadurch von 'Genese', daß eine Genealogie nicht als bloßes Nacheinander, sondern als innere Verknüpfung von Nacheinander und Simultaneität gedacht wird (vgl. Schürmann 1999, insb. Kap. 3.5, 3.6 und 4).

zu erweisen, dennoch nicht gänzlich aussichtslos ist; und die Vermutung ist weiter, daß eine anzunehmende symbolische Form 'körperliches sich-Bewegen' (in einem *formalen* Sinne) nicht einfach eine symbolische Form *neben allen anderen* ist, sondern in einem problematischen und zu klärenden Sinne *grundlegend* für alle anderen. Dies wäre eine Formulierung resp. erste Operationalisierung der zweiten der oben (S. 26 f.) genannten Fragen in Cassirerscher Terminologie.

Eine grobe Orientierung für das, was hier 'grundlegend' oder auch 'Primat der Wissensweise *körperliches sich-Bewegen*' heißt, ist das Verhältnis von Werkzeugen zu den Gliedmaßen des menschlichen Körpers. Diese Analogie soll also nichts Materiales sagen zu Werkzeugen und Gliedmaßen, sondern sie soll die oben gebrauchten formalen Termini 'neben allen anderen' und 'grundlegend' verdeutlichen.

Ohne Zweifel sind die Gliedmaßen des menschlichen Körpers Werkzeuge der menschlichen Weltaneignung (bzw. können als solche betrachtet werden). Damit stehen sie zunächst in einer Reihe mit all den anderen Werkzeugen menschlicher Weltaneignung auch - wann welches Werkzeug gebraucht wird, ist eine Frage praktischer Angemessenheit, verbunden mit impliziten oder expliziten Wertungen. Aber diesseits all solcher Angemessenheitsfragen und diesseits aller Wertungen und diesseits aller Möglichkeiten, daraus im direkten Sinne Kapital für Angemessenheits- oder Wertungsfragen schlagen zu können, gibt es einen *logischen* Unterschied zwischen Gliedmaßen und Werkzeugen, denn die Gliedmaßen sind so etwas wie die Werkzeuge der Werkzeuge: um Werkzeuge, die nicht Gliedmaßen sind, gebrauchen zu können, muß man sie vermittels der Gliedmaßen gebrauchen. Orientiert man sich an dieser Analogie, dann ist die Frage, ob ein Setzen von Bedeutungen qua körperlichem sich-Bewegen das Setzen des Setzens von Bedeutungen ist.

Falls irgend-eine Version eines solchen Primats von Bedeutungskonstitution qua körperlichem sich-Bewegen zu begründen ist, ohne dadurch eine wertende Stufenhierarchie zu konzipieren, dann wäre damit ein grundlegender Unterschied formuliert *in der Art und Weise* der Bestimmung der Spezifik des Menschen. Ein solcher Begründungsprimat wäre nämlich (natürlich nur in dieser Hinsicht) die Umkehrung der Cassirerschen Grundkonzeption. Die Spezifik des Menschen ist im logischen Kern dann nicht eine Spezifik

seiner Symbolisierung - etwa: Symbolgebrauch statt bloßem Zeichenge-
brauch -, sondern eine Spezifik menschlichen sich-in-der-Welt-Bewegens;
also nicht eine Spezifik der *Vermittlungs*instanz von Mensch und Welt, sondern eine Spezifik des (Gesamt-) Verhältnisses Mensch-Mensch-Welt. Die
Spezifik der *Vermittlungs*instanz von Mensch und Welt bestimmen zu wollen, heißt in dieser Entgegensetzung, überhaupt davon auszugehen, daß zwei
Getrennte miteinander vermittelt werden müssen.

Der Unterschied ist zunächst ganz unscheinbar: nicht die Spezifik der
Vermittlung macht die Spezifik eines Verhältnisses, sondern die Spezifik eines Verhältnisses manifestiert sich als prinzipiell andere Weise der Vermittlung.[18] In das Problemfeld *Wissen und Können* übersetzt: ist der erste Schritt
vollzogen, nämlich die Anerkennung von 'Können' überhaupt als eine Weise
von Wissen neben all den anderen Weisen von Wissen im engeren Sinne,
dann liegt im zweiten Schritt die Asymmetrie dieser Wissensweisen darin,
das Wissen im engeren Sinne als einen (spezifischen) Fall von Können zu
denken, und nicht das Können als einen (spezifischen) Fall von Wissen.

Oder beispielhaft übersetzt in ein einzelwissenschaftliches Themenfeld: In
der Sportwissenschaft wird gelegentlich, insbesondere im Anschluß an
Buytendijk, Gibson, V.v. Weiszäcker u.a. der Zusammenhang von Bewegen
und Wahrnehmen thematisiert, und zwar mit der spezifischen Pointe, ein
Gegenkonzept formulieren zu wollen gegen Konzeptionen, die menschliches
Bewegen als ausgeführtes Resultat der 'Anweisung' einer regulierenden und
informationsverarbeitenden Instanz vorstellen. Die spezifische Pointe liegt
somit in der These, daß man primär das Verhältnis von Bewegen *und Wahrnehmen* thematisieren muß, um menschliches Bewegen zu verstehen, nicht
aber primär das Verhältnis von Bewegen *und Denken i.e.S.*; oder besser gesagt: daß man das Wahrnehmen nicht intellektualistisch nach dem Modell
des Denkens i.e.S. konzipieren sollte. (In der Folge ergibt sich dann gelegentlich darüber hinaus die Einsicht, daß man auch das Denken i.e.S. nicht
intellektualistisch konzipieren sollte.) Diese Debatte jedoch - und deshalb

---

18 Schon etwas sichtbarer wird der Unterschied dort, wo Cassirer entgegen seiner mit Goethe
   erklärten Absicht (Cassirer 1927, 146) doch noch einmal hinter den Spiegel des „Urphäno-
   mens" der Symbolisierung schaut, nämlich überall dort, wo die *energeia* des menschlichen
   Geistes noch als ein „Wille zur Formung" jenes Urphänomen *erklären* soll.

interessiert sie an diesem Ort - ist noch völlig neutral gegenüber jenem aufgezeigten grundlegenden Unterschied: interessiert das Wahrnehmen dort als ein spezifischer, meinetwegen prototypischer Modus von Bedeutungskonstitution (also als spezifischer Modus der Vermittlung von Mensch und Welt), oder interessiert dort das Verhältnis von Bewegen und Bedeutungskonstitution als spezifisch menschliches Mensch-Mensch-Welt-Verhältnis?

Übersetzt man die dritte Fragestellung in Cassirers Terminologie, dann fragt man nach dem Ort, an dem/ von dem aus der Philosoph die *Philosophie der symbolischen Formen* im Rahmen dieser Philosophie entwirft. Diese Fragestellung bleibt im hier vorliegenden Band weitgehend unthematisiert; jedoch bietet er eine vermittelnde Dimension an: unterschiedliche Konzeptualisierungen des Verhältnisses von Bewegung und Bedeutung und von Setzen resp. Über-Setzen scheinen in einer wesentlichen Hinsicht Unterschiede zu sein, ob bzw. wie die Bildung von Neuem erklärt wird. Wovon nun aber seinerseits wieder abhängt, ob man emphatisch Neues bzw. radikale Übergänge will denken können (oder ob man das nicht will) - ob von Empirie, von erkenntnistheoretischen/ ontologischen/ methodologischen Voraussetzungen oder von ethischen Entscheidungen -, das bleibt offen.

Das Verhältnis von Philosophie und Sportwissenschaft II

Gegenstand einer Einzelwissenschaft *als Einzelwissenschaft* ist nun sicherlich nicht ein „spekulativer Leib", sondern bestenfalls der menschliche Körper als empirischer (= im weiten Sinne meß- und berechenbarer) Sachverhalt. Und eine Einzelwissenschaft problematisiert auch *als Einzelwissenschaft* nicht die Spezifik des Mensch-Mensch-Welt-Verhältnisses, sondern nimmt eine spezifische Konzeption dieses Verhältnisses in Gebrauch. Deshalb könnte man versucht sein, *darin* die Arbeitsteilung von Philosophie und Einzelwissenschaften zu sehen; in diesem Falle also: die Philosophie thematisiert den spekulativen Leib, verschiedene Einzelwissenschaften thematisieren in verschiedener Hinsicht den empirischen Körper. Abgesehen davon, daß es im Rahmen der akademisch institutionalisierten Philosophie heutzutage nicht mehr 'zulässig' ist (und tatsächlich auch nicht wünschenswert), Philosophie in Abwendung von den Einzelwissenschaften zu betreiben, ist eine so begründete Arbeitsteilung mindestens für das bisher skizzierte Anliegen sachlich unzutreffend. Gegenstand bisher war weder der Leib noch der Körper (als vermeintlich eigenständige Entitäten), sondern die *Unterscheidung* bzw. *fragliche Unterscheidbarkeit* von Leib und Körper, mithin deren *Verhältnis.*

Zu fragen ist daher, ob und ggf. wie sich *dieses Verhältnis* auch dort zeigt, wo einzelwissenschaftlich der empirische Körper thematisiert wird. Falls ja, dann hätte jede Einzelwissenschaft eine philosophische Unterscheidung immer schon in irgend-einer Weise vollzogen, ohne daß sie deswegen schon Philosophie wäre oder auch nur sein könnte. Auch dieser Unterschied ist unscheinbar, aber entscheidend: eine philosophische Analyse käme dann nämlich nicht zu einer Einzelwissenschaft hinzu - dann wäre eine philosophische Analyse (nur) normativ einklagbar aus zusätzlich angebbaren Gründen, die prinzipiell außerhalb der jeweiligen Einzelwissenschaft liegen -, sondern eine philosophische Analyse wäre eine Kritik (Grenzbestimmung) dessen, was diese Einzelwissenschaft selbst schon tut.

Zu fragen ist also, von welcher Art die Arbeitsteilung von Philosophie und Einzelwissenschaft ist. Und d.h. hier: *wie* wird die gemeinsame Frage nach dem Zusammenhang von menschlichem sich-Bewegen und Bedeutungskonstitution unter *der* Bedingung gefaßt, daß menschliches sich-Bewegen in der Sportwissenschaft als empirischer Gegenstand zugrundeliegt?

Gelegentlich muß man wie-Fragen stellen. Landet beim Fußballspiel der Ball in Nachbars Garten, dann stellt sich die Frage, wie man über den Zaun kommt. Das kann ein echtes Problem sein, auch wenn es selbstverständlich immer prahlende Helden gibt, für die das angeblich kein Problem sei. Aber solcherart wie-Fragen darf man getrost trotz oder wegen ihrer Dramatik schnell wieder vergessen, ist nur der Ball wieder zurück in eigenem Besitz - *wie* das geschah, ist für das laufende Spiel eine ganz uninteressante Frage. Demgegenüber gibt es Fälle, in denen es nicht mehr unschuldig ist, die bereits beantwortete wie-Frage wieder zu vergessen. Stellt man sich etwa die Frage, „*wie* man zu wissenschaftlicher Erkenntnis gelangt" (Borzeszkowski/ Wahsner 1989, 3), dann ist es bereits eine, und zwar sehr spezifische, Antwort, wenn man diese Frage nach getaner Erkenntnis wieder meint vergessen zu können. Denn dann nimmt man die wissenschaftliche Theorie bereits für die Wirklichkeit; derjenige Kunstgriff, der erst die wissenschaftliche Theorie machte, ist dann der Mohr, der nach getaner Arbeit seine Schuldigkeit getan hat. Für sensible Seelen mag das noch den Nachgeschmack des Bedauerns haben: daß man doch leider immer einen Kunstgriff nötig habe, und man von daher bedauerlicherweise die 'wahre Wirklichkeit' niemals erreichen könne, sondern sich ihr lediglich, aber bei stetig verbesserten Mohrenleistungen immerhin, annähern könne. Auch für solch sensible Seelen aber ist dabei noch ausgemacht, daß Wissenschaft - idealiter - das und nur das darstellen soll und kann, was tatsächlich der Fall ist.

Wer auch in der Wissenschaft jene wie-Frage wieder vergißt, dem reicht es völlig aus, daß das Spiel weiter geht und der „negiert damit natürlich die erkenntnistheoretische Problematik" der jeweiligen Wissenschaft (ebd.). Wem solche Leichtigkeit burschikoser Pragmatik unerträglich ist, der verkündet den Ernst der Philosophie.

Deren Einsicht besteht dann darin, daß jede Einzelwissenschaft bereits über einen blinden Fleck verfügt, der macht, daß sie ihren Gegenstand so faßt, wie sie ihn eben faßt. Solch blinder Fleck ist kein Mangel und auch nichts, was dereinst einmal vollständig transparent wäre, sondern die Bedingung der Möglichkeit von einzelwissenschaftlicher Erkenntnis: das bereits im Gebrauch seiende 'Koordinatenkreuz', in das sich - zum Beispiel - physikalische Erkenntnis einträgt, um *physikalische* Erkenntnis zu sein. Solche Prinzipien mögen ihrem Inhalt nach wandelbar sein und sie mögen in einer Kritik der jeweiligen Einzelwissenschaft noch einmal zu rechtfertigen sein; relativ zum Bestand und zum Vollzug der jeweilgen Einzelwissenschaft in einer jeweiligen Gegenwart sind solche Prinzipien apriorisch.

Apriorische Prinzipien sind also nicht jene Prinzipien, die eine Wissenschaft als Erklärungsprinzipien in Anspruch nimmt, sondern jene Prinzipien, die im Rücken einer Einzelwissenschaft je schon fungieren und die diese Einzelwissenschaft eben als diese, und nicht jene, Wissenschaft auszeichnen. Es ist das eine, daß man gewisse mathematisch und physikalisch formulierbare Prinzipien braucht, um die Bewegung von Sternen zu erklären; ein ganz anderes ist es, daß man bereits Prinzipien hat, indem man die Bewegung von Sternen als einen möglichen Gegenstand der Physik behandelt. Letzteres ist nicht schon dadurch trivial erfüllt, daß 'jeder normale Mensch' so verfährt. An Gegenbeispielen wird deutlich, daß dabei eine Voraussetzung eingeht:

Kann man das Handeln der Götter nach physikalischen Prinzipien erklären oder darf man das gerade nicht? Neben solch kategorialen Entscheidungen, daß dieses, nicht aber jenes, möglicher Gegenstand dieser Wissenschaft ist, gehen (in die Physik) zudem Entscheidungen ein, die machen, daß ein möglicher Gegenstand als meßbarer und berechenbarer Sachverhalt gesetzt ist.

Borzeszkowski/ Wahsner unterscheiden demgemäß, am Beispiel der Physik, zwischen von ihnen so genannten aktiven und passiven bzw. von dynamischen und apriorischen Prinzipien einer jeden Einzelwissenschaft. „Jedes metaphysische Herangehen an die Physik läuft darauf hinaus, nicht wahrhaben zu wollen, daß die Physik diese *beiden* Anteile braucht. Dabei mißachtet eine empiristische Vorgehensweise vorrangig die Bedeutung der passiven Prinzipien, eine rationalistische die der aktiven Prinzipien. Die Behauptung der Existenz eines quasi-apriorischen Anteils der Physik, also der passiven Prinzipien, ist nicht identisch mit der Befürwortung des philosophischen Apriorismus, sondern sie beinhaltet die Aussage 'Physik ist nicht Philosophie' und damit die Anerkennung einer eigenen Aufgabe für die Philosophie. Ihr kommt es zu, das Zustandekommen der passiven Prinzipien zu erforschen und das Zusammenspiel von aktiven und passiven Prinzipien epistemologisch zu begründen - und insofern den apriorischen Anteil aufzulösen." (Borzeszkowski/ Wahsner 1989, 2)

An dieser Stelle die Physik zu thematisieren, hat dreierlei Gründe. Zum einen schlicht den, daß Borzeszkowski/ Wahsner die Notwendigkeit der Unterscheidung und Bestimmung von apriorischen und dynamischen Prinzipien eben anhand der Physik aufgezeigt haben. In diesem Sinne ist die Physik lediglich ein Beispiel, das den auch unabhängig von solchen Beispielen einsehbaren Gedanken belegen oder veranschaulichen mag. Zum zweiten gilt Physik hier als Prototyp *wissenschaftlicher Erfahrung* (vgl. ebd. 4). Dieser Sinn ist schon weitaus weniger unschuldig, denn daraus folgen schwierige Abgrenzungsprobleme gegenüber einem (nicht gewollten) physikalischen Reduktionismus (vgl. ebd., Anm. 5). Zum dritten ist die Physik hier deshalb einschlägig, weil *Bewegung* ihr Gegenstand ist - vielleicht sogar „*der* Gegenstand der Physik", womit nicht behauptet wird, „daß die Physik die einzige Wissenschaft sei, die die Bewegung behandelt" (ebd. 5, Anm. 6).

In jener Allgemeinheit wäre nun auch Aufgabe für die Sportwissenschaft, fungierende (im Gebrauch seiende) apriorische (= passive) Prinzipien von in

Anspruch genommenen dynamischen (= aktiven) Prinzipien zu sondern bzw. zu bestimmen. Auch für die Sportwissenschaft stellen sich die Fragen, a) was Sportwissenschaft *als Sportwissenschaft* auszeichnet und b) was macht, daß ein möglicher Gegenstand dieser Einzelwissenschaft ein empirisch analysierbarer Gegenstand ist, d.h. ein im weiten Sinne berechen- und meßbarer.

Darüber hinaus aber ist die Sportwissenschaft mit der Frage konfrontiert, ob es sich - sehr grob formuliert - um eine Naturwissenschaft oder um eine Kulturwissenschaft handelt. Oder präziser formuliert: ist die Tatsache, daß Gegenstand der Sportwissenschaft das *menschliche* sich-Bewegen ist, ein prinzipieller formaler Unterschied, oder ist es (lediglich) die Analyse von *Bewegung* unter den besonderen Bedingungen des Mensch-seins? Oder, in der Terminologie von Josef König: ist menschliches sich-Bewegen lediglich ein anderer Gegenstand als physikalische Bewegung, oder ist es auch *als Gegenstand* ein anderer?[19]

Gibt es also in diesem Sinne prinzipielle Unterschiede zwischen Physik und Sportwissenschaft, oder gibt es die gerade nicht? Einigermaßen zweifelsfrei ist die Physik eine *betrachtende* (= theoretische; von *theoria*) Wissenschaft. Ihr geht es zunächst und primär um eine „Erkenntnis der *Sachen* in der Welt" (Kant 1798, Vorrede). Zwar ist genauso zweifelsfrei, daß der erkennende *Zugang* zu physikalischen Sachen nicht ohne einen Eingriff des erkennenden Physikers zu haben ist, aber das ändert nichts an dem Selbstverständnis der Physik, daß die *Geltung* physikalischer Erkenntnis als physikalischer Erkenntnis unabhängig ist von solchen Eingriffen. Zwar wird dem Experiment nicht mehr Objektivität in *dem* Sinne zugemutet, daß es einfach die ontischen Sachen selbst belauschen (oder erpressen) könnte, wohl aber

---

19 Und, damit eng verwandt und das Verhältnis Philosophie/ Einzelwissenschaften betreffend: Ist für ein allgemeines Verständnis von *Bewegung* die anthropologische Dimension eine Zugabe zur rein logischen oder ist sie vielmehr konstitutiv? „Raum, Zeit und Bewegung sind keine 'Phänomene', die wir im Gange der Erfahrung einmal kennen lernen; sofern wir überhaupt irgendetwas erfahren, bewegen wir uns schon in einem, wenn auch dunklen und trüben Vorverständnis derselben; d.h. sie sind, in gängiger Terminologie gesagt, apriori. Aber bedeutet diese Apriorität, dass Raum und Zeit nichts anderes sind als die dem menschlichen Erkenntnisvermögen eingeborenen Formen, unter denen es anschaut, oder muss umgekehrt der Mensch durch die Offenheit für den Raum und die Zeit wesentlich verstanden werden?" (Fink 1957, 9)

Objektivität in *dem* Sinne, daß das Experiment eine Unabhängigkeit von der einzelnen konkreten Situation garantiert, insofern es (ggf. in einem sehr 'weichen' Sinne) wiederholbar ist. Und zweifellos ist dieses Objektivitätsverständnis vielfach in die Krise gekommen, vornehmlich durch den Topos der Heisenbergschen Unschärferelation. Dort ist der Eingriff des Physikers ja nicht mehr lediglich auf seiten des erkennenden *Zugangs* zu verorten, sondern auf seiten des zu erkennenden Gegenstandes selbst; und entsprechend gibt es experimentelle Situationen, die von der Sache her Wiederholbarkeit der Daten gar nicht zulassen. Hier entsteht ein riesiges Problem - aber das ändert nichts daran, daß *physikalische* Erkenntnis auf eine Unabhängigkeit von solcherart Eingriffen zielt. Auch solch 'unwiederholbare' Experimente können aus guten Gründen noch als *Experimente* angesprochen werden; das Bohrsche Komplementaritätsprinzip oder die Formulierung *statistischer* Gesetzmäßigkeiten sind Beispiele methodischer Verfahren, eine solche Unabhängigkeit zu gewährleisten. Plakativ gesprochen: die Verlaufsbahn eines gleichmäßig beschleunigten Körpers ist Gegenstand der *Betrachtung* des Physikers, und es ist nicht so, daß der Physiker selbst Teil dieser zu analysierenden Bewegung wäre. Und dieses Paradigma ist, hinsichtlich der *Geltung* physikalischen Wissens, auch noch leitend unter den komplizierten Bedingungen der Quantenfeldtheorie.

Eine ausnehmende Besonderheit dieses Grundverständnisses liegt in der physikalischen Kosmologie vor. Per definitionem kann es ja außerhalb des Kosmos nichts Physikalisches mehr geben; und also kann ein Physiker den Kosmos im strengen Sinne nicht betrachten, denn er kann sich selbst nicht außerhalb und den Kosmos als Gegenstand vor sich hin stellen. Dennoch kann auch hier ein guter Sinn von 'Betrachtung' gewahrt werden, denn (selbstverständlich) ist in physikalischer Kosmologie der Physiker gar nicht *als Physiker* Teil des zu betrachtenden Gegenstandes 'Kosmos', sondern *als Naturkörper* wie jeder andere auch (vgl. Wahsner/ Borzeszkowski 1992, 287 ff.).

Die Objektivität einer *betrachtenden* Wissenschaft ist, zusammenfassend, keine Objektivität schlechthin, sondern eben eine Objektivität auf der Basis einer bereits beantworteten wie-Frage. Diese konstitutive Antwort wieder vergessen zu wollen, redet einem kruden Objektivismus das Wort; umgekehrt läßt sich die Bedingtheit betrachtender Objektivität von solchen Antworten nur dann als Subjektivismus oder Relativismus interpretieren, wenn man davon träumt, daß man idealerweise doch - gottähnlich - keine die Objektivität bedingende Antwort hätte geben müssen.

Im prinzipiellen Unterschied zur Physik als einer *betrachtenden* Wissenschaft ist eine Anthropologie, die im strengen Sinne „pragmatisch" genannt zu werden verdient (Kant 1798, Vorrede), eine *mitspielende* Wissenschaft: die „Erkenntnis des Menschen als *Weltbürger*" zielt auf ein Wissen der menschlichen Welt *als menschlicher*, und insofern handelt es sich nicht lediglich um ein Verstehen eines Spiels, dem der Anthropologe „zugesehen hat", sondern es ist ein Mitspielen in diesem Spiel. Oder schärfer: der Anthropologe ist eben in der Hinsicht Teil des zu erkennenden Gegenstandes 'menschliche Welt', in der dieser Gegenstand analysiert wird.

Gegenstand der Sportwissenschaft ist nun *menschliches* sich-Bewegen.[20] Falls es denn so ist (wovon heutzutage ein Großteil der Sportwissenschaft überzeugt ist), daß dies einen grundsätzlichen Unterschied zur physikalischen Bewegung ausmacht, und nicht lediglich eine Einschränkung qua besonderer, eben menschlicher, Bedingungen, dann wäre Sportwissenschaft eine Kulturwissenschaft und damit mindestens in der Situation, die (hinsichtlich der Geltung ihrer Erkenntnisse) analog zur physikalischen Kosmologie zu denken ist: sie thematisiert das, wovon sie Teil ist. Ob freilich die Sportwissenschaft noch als ein besonderer Fall einer betrachtenden Wissenschaft anzusehen ist - und „eigentlich alsdann noch nicht *pragmatisch* genannt [wird]" (Kant 1798, Vorrede) -, oder ob sie gar als eine mitspielende Wissenschaft gedacht werden muß, das soll hier nicht entschieden werden.[21]

---

20 Es steht zu vermuten, daß menschliches sich-Bewegen «*der* Gegenstand der Sportwissenschaft ist. Dies müßte natürlich bewiesen werden. Für den Zweck der vorliegenden Einführung ist es aber nicht nötig, sich darüber zu verständigen; es genügt, davon auszugehen, daß die Sportwissenschaft auch menschliches sich-Bewegen behandelt. Mit der These, daß menschliches sich-Bewegen der Gegenstand der Sportwissenschaft sei, ist auch nicht behauptet, daß die Sportwissenschaft die einzige Wissenschaft sei, die menschliches sich-Bewegen behandelt» (Variation von Borzeszkowski/ Wahsner 1989, 5, Anm. 6).

21 Mir scheint jedoch, daß Sportwissenschaft eine *theoria* ist, denn der Sportwissenschaftler ist zwar zweifellos *als Mensch* Teil der von ihm analysierten menschlichen Welt, aber vermutlich wohl nicht *als Sportwissenschaftler*; und darin wäre die Aussage enthalten 'Sportwissenschaft ist nicht Philosophie'.

Literatur

Bette, K.-H., 1989, Körperspuren. Zur Semantik und Paradoxie moderner Körperlichkeit. Berlin/ New York.

Borsche, T., 1994, Freiheit als Zeichen. Zur zeichenphilosophischen Frage nach der Bedeutung von Freiheit. In: Simon, J. (Hg.), Zeichen und Interpretation, Frankfurt/M.

Borsche, T., 1995, Rechtszeichen. In: Simon, J. (Hg.), Zeichen und Interpretation II: Distanz im Verstehen, Frankfurt/M.

Borzeszkowski, H.H.v./ Wahsner, R., 1989, Physikalischer Dualismus und dialektischer Widerspruch. Studien zum physikalischen Bewegungsbegriff. Darmstadt.

Bourdieu, P., 1982, Die feinen Unterschiede. Kritik der gesellschaftlichen Urteilskraft. Übers.v. B. Schwibs/ A. Russer. Frankfurt a.M. 1992.

Bourdieu, P., 1998, Praktische Vernunft. Zur Theorie des Handelns. Frankfurt a.M.

Cassirer, E., 1910, Substanzbegriff und Funktionsbegriff. Untersuchungen über die Grundfragen der Erkenntniskritik, Darmstadt [6]1990.

Cassirer, E., (PhsF I-III) [1923, 1925, 1929], Philosophie der symbolischen Formen I-III. Darmstadt [9]1988, [8]1987, [2]1954.

Cassirer, E., 1927, Erkenntnistheorie nebst den Grenzfragen der Logik und Denkpsychologie. In: ders., 1993, Erkenntnis, Begriff, Kultur. Hg.v. R.A. Bast, Hamburg.

Caysa, V. (Hg.), 1997, Sportphilosophie. Leipzig 1997.

Court, J. (Hg.), 1996, Sport im Brennpunkt - philosophische Analysen. Sankt Augustin.

Feuerbach, L., (GW), Gesammelte Werke. Hg. v. W. Schuffenhauer. Berlin 1969 ff.

Feuerbach, L., 1841, Einige Bemerkungen über den 'Anfang der Philosophie' von Dr. J.F. Reiff. In: Feuerbach GW, Bd. 9 (1970).

Feuerbach, L., 1843a, Vorläufige Thesen zur Reformation der Philosophie. In: Feuerbach GW, Bd. 9 (1970).

Feuerbach, L., 1843b, Grundsätze der Philosophie der Zukunft. In: Feuerbach GW, Bd. 9 (1970).

Feuerbach, L., 1846, Das Wesen der Religion. In: Feuerbach GW, Bd. 10 (1971).

Fink, E., 1957, Zur ontologischen Frühgeschichte von Raum - Zeit - Bewegung. Den Haag.

Gebauer, G. (Hg.), 1988, Körper- und Einbildungskraft. Inszenierungen des Helden im Sport. Berlin 1988.

Gebauer, G. (Hg.), 1993, Die Aktualität der Sportphilosophie. Sankt Augustin 1993.

Gebauer, G., 1996, Drama, Ritual, Sport - drei Weisen des Welterzeugens. In: Boschert, B./ Gebauer, G. (Hg.), 1996, Texte und Spiele. Sprachspiele des Sports, Sankt Augustin.

Grawe, Ch. u.a., 1980, 'Mensch'. In: Hist.Wb.Philos. 5 (1980).

Haag, H. (Hg.), 1996, Sportphilosophie. Ein Handbuch. Schorndorf.

Hortleder, G./ Gebauer, G. (Hg.), 1986, Sport - Eros - Tod. Frankfurt a.M. 1986.

Kamper, D., 1995, Körper - Zeit - Sport. Nochmaliger Versuch einer Kritik der 'instrumentellen Vernunft'. Ein Diskussionsbeitrag in vier Thesen. In: König/ Lutz 1995.

Kant, I., 1798 [B: 1800], Anthropologie in pragmatischer Hinsicht. In: Kant, I., Werkausgabe, Bd. XII. Hg. v. W. Weischedel. Frankfurt a.M.1977.

Konersmann, R. (Hg.), 1996, Kulturphilosophie. Leipzig [2]1998.

Konersmann, R., 1996a, Aspekte der Kulturphilosophie. In: Konersmann 1996.

Volker Schürmann

Konersmann, R., 1996b, Kultur als Metapher. In: Konersmann 1996.

Konersmann, R., 1998, 'Kulturphilosophie'. In: Pieper, A. (Hg.), 1998, Philosophische Disziplinen. Ein Handbuch. Leipzig.

König, E., 1989, Körper - Wissen - Macht. Berlin.

König, E., 1995, Subjekt im Sport?. Zur Kritik der Anthropologie des Sports. In: König/ Lutz 1995.

König, E./ Lutz, R. (Hg.), 1995, Bewegungskulturen. Ansätze zu einer kritischen Anthropologie des Körpers. Sankt Augustin.

Leibniz, G.W., 1714, Die Prinzipien der Philosophie oder Die Monadologie. In: Philosophische Schriften, Bd. 1: Kleine Schriften zur Metaphysik. Hg. u. übers. v. H.H. Holz. Darmstadt [2]1985.

Lenk, H. (Hg.), 1983, Aktuelle Probleme der Sportphilosophie. Schorndorf.

Leontjew, A.N., 1981, Psychologie des Abbilds. In: Forum Kritische Psychologie 9 (1981).

Merleau-Ponty, M., 1969, Die Prosa der Welt. Hg. v. C. Lefort, München [2]1993.

Neuweg, H.G., 1999, Könnerschaft und implizites Wissen. Zur lehr-lerntheoretischen Bedeutung der Erkenntnis- und Wissenstheorie Michael Polanyis. Münster u.a.

Otto, R., 1917, Das Heilige. Über das Irrationale in der Idee des Göttlichen und sein Verhältnis zum Rationalen. München 1991.

Plessner, H., (GS), Gesammelte Schriften, hg.v. G. Dux u.a., Frankfurt/M. 1980-1985.

Plessner, H., 1923, Die Einheit der Sinne, Grundlinien einer Ästhesiologie des Geistes. In: GS, Bd. III: Anthropologie der Sinne, Frankfurt/M. 1980.

Plessner, H., 1970, Anthropologie der Sinne. In: GS, Bd. III, a.a.O.

Recki, B., 1999, 'Philosophie VI: Kulturphilosophie/ Kultur'. In: Sandkühler, H.J. (Hg.), 1999, Enzyklopädie Philosophie, Bd. 2. Hamburg.

Saussure, F. de, 1916, Grundfragen der allgemeinen Sprachwissenschaft. Hg. v. C. Bally/ A. Sechehaye, Berlin [2]1967 [1931].

Schürmann, V., 1996, Die Aufgabe einer Art Grammatik der Symbolfunktion. In: Plümacher, M./ Schürmann, V. (Hg.), 1996, Einheit des Geistes. Probleme ihrer Grundlegung in der Philosophie Ernst Cassirers, Frankfurt a.M./ Bern u.a.

Schürmann, V., 1999, Zur Struktur hermeneutischen Sprechens. Eine Bestimmung im Anschluß an Josef König. Freiburg/ München.

Tamboer, J.W.J., 1994, Philosophie der Bewegungswissenschaften. Butzbach/ Griedel.

Wahsner, R[enate], 1995, 'Bewegung II'. In: Haug, W.F. (Hg.), 1994 ff., Historisch-Kritisches Wörterbuch des Marxismus, Bd. 2. Hamburg.

Wahsner, R./ Borzeszkowski, H.H.v., 1992, Die Wirklichkeit der Physik. Studien zu Idealität und Realität in einer messenden Wissenschaft. Frankfurt a.M./ Bern u.a.

Waldenfels, B., 1980, Der Spielraum des Verhaltens, Frankfurt a.M.

Waldenfels, B., 1983, Maurice Merleau-Ponty: Inkarnierter Sinn. In: ders., 1983, Phänomenologie in Frankreich, Frankfurt a.M.

Waldenfels, B., 1994, Antwortregister, Frankfurt/M.

Waldenfels, B., 2000, Das leibliche Selbst. Vorlesungen zur Phänomenologie des Leibes. Hg. v. R. Giuliani, Frankfurt a.M.

Wolff, M., 1992, Das Körper-Seele-Problem. Kommentar zu Hegel, Enzyklopädie (1830), § 389, Frankfurt a.M.

Kann es ein Eigentum am menschlichen Körper geben?
Zur Ideengeschichte des Leibes vor aktuellem biopolitischem Hintergrund

Petra Gehring

Eigentumsfragen und aktuelle Biopolitik

Kann es ein Eigentum am menschlichen Körper geben? Einem ersten Reflex nach müßte die Antwort auf diese Frage wohl heißen: *Nein.* Der Körper eines lebendigen Menschen ist schließlich nicht irgendein Ding. Andererseits, so lautet der Einwand, den wir uns als informierte Zeitgenossen selbst sofort machen werden: Es mag doch Grenzfälle geben, bei denen Eigentumsfragen nicht von der Hand zu weisen sind, menschliche Körpersubstanzen etwa, sobald man in der Medizin oder zu Forschungszwecken mit ihnen hantiert. Wir denken an menschliches Blut oder Blutextrakte oder ganze Organe, die den Körper wechseln. Wir wissen auch, daß schon die Dispositionsfreiheit, die durch „Möglichkeiten" entsteht, etwa das Vermehren-Können lebender menschlicher Zellen, Auswahlentscheidungen mit sich bringt, die etwas mit Eigentumsansprüchen zu tun haben. Wir wissen um all die tiefgefrorenen Samen, Eier, Vorkeime, Embryonen, die irgendwo zwischen Therapie, Forschung und einem regelrechten Fortpflanzungsmarkt zum Einsatz kommen, auf dem sie schlicht eine Handelsware sind.[1] Auch kann man Zugriffe auf das menschliche Erbgut patentieren lassen oder medizinische Datenerhebungen industriell nutzen. Oft ist so bereits eine spezifische Information, die man einem Körper mittels einer winzigen diagnostischen Probe abgewinnen kann, Geld wert. – All dies zeigt: das Eigentumsrecht macht vor dem Stoff, aus dem wir bestehen, nicht Halt.

Angesichts des ökonomischen Wertes, den der Stoff, aus dem die Menschen sind, im biotechnologischen Zeitalter nun einmal bekommen hat, mag man es vielleicht sogar für auf neue Weise wichtig erklären, daß nicht irgend jemandem, sondern den Menschen selbst ihr „eigener" Körper – auch rechtlich – zusteht. Steckt in Körperstoffen Wert, dann liegt die Gefahr von „wildernden" Zugriffen, von heimlicher oder erzwungener Wegnahme auf der Hand. Wo sollte eine wirksame Kontrolle hier ansetzen? Gerade um die Integrität des menschlichen Körpers zu verteidigen, könnte man also folgern, müßte man doch im Rechtssinne unbeschränkte Verfügungsrechte haben. Man müßte Eigentümer nicht nur bestimmter Körpersubstanzen, sondern eigentlich des ganzen „eigenen" Leibes sein.

Überlegungen wie diese sind nicht nur plausibel, sondern anscheinend auch öffentlich gut zu vermitteln – gerade, wo der Gedanke einer eigentumsförmigen Herrschaft über sich-im-ganzen die individuelle Rechtsposition zu stärken scheint. Tatsächlich ist man namentlich in der angelsächsischen Welt in den letzten Jahren dazu übergegangen, das liberalistische Bild der Freiheit als einer Art von Selbst-Besitz auf den menschlichen Körper zu übertragen. Mit einer atemberaubenden Geschwindigkeit haben dies auch die ersten Juristen bestätigt. Gezeigt hat sich das etwa an den Voten zu dem spektakulären Prozeß *Moore v. Regents of California* im Jahre 1990. Der Patient John Moore hatte hier nachträglich die wirtschaftliche Beteiligung an Gewinnen gefordert, die der Firma seines Arztes zugeflossen waren, denn dieser hatte ohne Moores Wissen dessen speziell sich verhaltende Milzzellen patentieren

---

1 Zu diesem aktuellen Thema sei auf zwei grundsätzliche Anfragen verwiesen: Ingrid Schneider, *Föten. Der neue medizinische Rohstoff.* Frankfurt/Main, New York 1995; BioSkop e.V. (Hrsg.), *Denkzettel No.4: der frauenlose Embryo.* Essen 2000.

lassen und über Jahre hinweg vermarktet.[2] Wohlgemerkt ging es in diesem Fall bereits nur noch ganz am Rand um die Frage, ob lebende Zellen bzw. deren spezifische Isolierung überhaupt Gegenstand eines Patents sein können. Diese Frage nach dem patentfähigen Rechtsstatus menschlicher Lebendsubstanz hatte der US Supreme Court bereits 1980 bejaht.[3] Im Fall Moore ging es allein um die Frage, *wem* die Eigentumsrechte zustehen: nur dem Besitzer vom Körper abgetrennter Teile oder vorher schon demjenigen, in dessen Körper sie zunächst gewesen sind. Nicht nur in Amerika wurden von verschiedenen Seiten – und offenbar ohne das Gefühl eines Traditionsbruchs – entsprechende Rechte für John Moore gefordert: *property*, und zwar im Sinne von *ownership* an Zellen und Rechten. Ähnliche Forderungen sind im Zusammenhang mit den Gen-Beständen sogenannter indigener Völker aufgekommen, deren Gewebe Pharmafirmen weltweit nach pharmazeutisch „wertvollen" Besonderheiten durchsuchen. Wem gehören die anfallenden, zumeist unauffällig abgeernteten Substanzen?[4] Ähnliches läßt sich fragen im Bereich der Organverwertung. Wo man auf der zwielichtigen Basis einer er-

---

2 *John Moore v. Regents of California*, 739 P.2d 479 (Cal. 1990). Der Patentantrag wurde 1984 gestellt, die Nutzung der Zellen begann früher. Moore verlor diesen Revisionsprozeß (was die Frage der Gewinnbeteiligung anging) und ging den Instanzenweg dann aus Kostengründen nicht weiter, so daß in der Eigentumsfrage kein Grundsatzurteil entstand.

3 *Diamond v. Chakrabatry* (1980) 447 U.S. 303, 309-310. Zur Patentierung zugelassen wurde ein Bakterium, mit der Begründung, es sei ein Produkt der „human ingenuity". Alles unter der Sonne, was von Menschenhand geschaffen sei, sei auch patentierbar.

4 Diese Frage regelt – in der Art eines internationalen Rahmenabkommens – die sog. Konvention über Bio-Diversität, *Convention on Biological Diversity*, der UN vom 5.6.1992. Artikel 1 sichert den beteiligten Ländern, konkret: den „national governments" als Souveräne über ihre „natürlichen Ressourcen" (Art. 15) eine Art Gewinnbeteiligungen zu: „fair and equitable sharing of the benefits arising out of the utilization of genetic resources, including by appropriate access to genetic resources" (vgl. auch Art. 7j; konkret sind wohl weniger Zahlungen gemeint, als daß man den Zugang zu neuen Produkten eröffnet und bereit ist, die entsprechende Infrastruktur zu installieren, Art. 21 sieht vage „a mechanism for the provision of financial resources to developing country Parties" vor – aber ebenfalls zweckgebunden. Ausdrücklich geregelt sind „Technologietransfer", „Informationsaustausch", Sicherheitsfragen (Art. 16ff). Mit Art. 13 verpflichten sich die beteiligten Länder überdies zur Kooperation bei „educational and public awareness programmes", die die Ressourcengewinnung begünstigen). – Gerade in der entwicklungspolitisch kritisch eingestellen Öffentlichkeit wurde übrigens diese Verrechtlichung des indigenen Erbguts als eine Stärkung der Rechtsstellung der Drittwelt-Länder wahrgenommen und begrüßt.

klärten oder mutmaßlich gewollten „Spende" Körperteile entnimmt, die später einen klar bezifferbaren Wert erhalten, werden ebenfalls Eigentumsansprüche artikuliert, als Schutz- oder Abwehrrechte für die Betroffenen.

Interessant ist nun, daß neben solchen Argumenten, die auf Bewahrung des Einzelnen vor profitorientierten Zugriffen zielen, nahezu analoge Forderungen nach einem Eigentumsrecht am menschlichen Körper auch von der „Gegenseite" eingehen: von Unternehmen, die mit Humansubstanzen handeln. Die biotechnologische Forschung setzt ebenfalls darauf, daß die Politik rechtliche und wirtschaftliche Hindernisse beim Zugriff auf Körper und Körperstoffe beseitigt, indem sie dafür sorgt, daß das ganz normale Privatrecht Anwendung findet. Und auch der Ärztestand verlangt „Rechtssicherheit", denn bisher findet die Beschaffung von Körperstoffen ja – jedenfalls in Europa – legal zumeist im klinischen Zusammenhang statt, also im ärztlichen Tätigkeitsfeld, das sich eigentlich als Krankenbehandlung versteht. Auch dort, wo die Medizin forscht oder die Pharmaindustrie beliefert, kann sie bisher legal nur tun, was sich als in einem (wie immer weiten Sinne) darstellen läßt als „Heilung". Gäbe es mit den Patienten auf Eigentumsbasis Verträge, Zahlungen, Haftung, dann wären hier die Verantwortlichkeiten klargestellt und etwa Zusatzeinnahmen durch Weiterverkauf nicht mehr anrüchig. Ärzte müßten mit der Weitergabe von Körperstoffen aus der Klinik nicht mehr zögern. Anders ausgedrückt: Aus Sicht der Bioindustrie, ihrer Zulieferer, ihrer Forscher, ist die Ressource Körper eine knappe, nur indirekt zugängliche Ressource – und: sie ist *passiv*, sie ist eine Ressource, für die es (bisher) keinen aktiven Anbieter gibt. Vor diesem Hintergrund genau werden nun – eben nicht im Zeichen der Abwehr sondern im Sinne eines Anreizes, die schlummernden Möglichkeiten zu nutzen – rechtspolitische Schritte gefordert: eine Liberalisierung des Marktes. Die Individuen sollen sich als Eigentümer ihrer biologischen Ressourcen aktiv und selbständig entscheiden können. Sie sollen die Dispositionsfreiheit über ihren Körper erhalten. Sie sollen sich frei vermarkten können.

Behalten wir die eigentümliche Konvergenz der Argumente im Auge. Obschon aus ganz unterschiedlichen Motiven wird doch gleichermaßen die Idee der Freiheit mit Besitzrechten bzw. einer Eigentümerposition verbunden, die sich gleichsam unmittelbar auf alles erstrecken soll, was sich unterhalb der Hautgrenze an Stoffen, Werten und auch ökonomischen Optionen verbergen mag. Und es wird Philosophie ins Feld geführt, um solche Perspektiven zu begründen – was uns im folgenden beschäftigen soll.

Daß es neben den genannten Forderungen nach Eigentum natürlich auch Bedenken gibt – sowohl gegen die eigentumsförmige Nutzung des menschlichen Körpers als auch überhaupt gegen seine nicht-therapeutische Behandlung, also bereits Bedenken gegenüber „reiner" Forschung – sei zumindest erwähnt.[5] Allerdings führen Kritiker wie Befürworter ihre Diskussionen über den Rechtsstatus der Körperstoffe auch auf dieser grundsätzlicheren Ebene vor allem als ein Problem der „Techniken", mit denen der Zugriff einhergeht.[6] Man gewinnt zunächst einmal das Bewußtsein, auf *technologisches* Neuland geraten zu sein. Angesichts des Faktums der vermeintlich neutralen technischen Neuerungen erscheint dann als eine Art sekundäre Unklarheit die Frage, wie mit der Technik*folge* normativ oder „ethisch" umgegangen werden soll. Taktgebend für normativen Wandel sei primär der Wandel von Technik: Geht man von dieser Annahme aus, fragt man nicht nach einem Wandel im Bereich der Normen selbst oder auch der Art und Weise, in der das, was man einen Wert oder einer Rechtsnorm nennt, in der Gesellschaft funktioniert. Man fragt nicht nach einer neuen Qualität von Normierung, sondern konstatiert allenfalls das *Fehlen* rechtlicher Kategorien, die auf die „neuen Möglichkeiten" passen würden.[7] Wer sich grundsätzlicher zu der offenen Lage äußert, warnt dann vielleicht noch – wie kürzlich Jürgen Habermas im Zusammenhang mit der bevorstehenden Klonierung des Menschen –

---

5 Zur Geschichte der Strittigkeit der Forschung am Menschen vgl. B. Elkeles, *Der moralische Diskurs über das medizinische Menschenexperiment im 19. Jahrhundert*. München 1996.

6 Und zwar auch im Recht. Zu beobachten ist, daß die Gerichte nicht nur zunehmend normativen Grundsatzentscheidungen ausweichen. Sie geraten offenbar auch in ihren Argumentationen so stark unter den Eindruck der technologischen Details, daß sie die genuin juristischen Fragestellungen vernachlässigen, die der Einzelfall in sich birgt. Vgl. als Analyse der Moore-Prozesse: Adam Stone, *The Strange Case of John Moore and the Splendid Stolen Spleen. A case study in the responses of judges to questions in technical domains, and the importance of the specific facts of technical cases in shaping policy outcomes.* http://socrates.berkeley.edu/~astone/research.html

7 Was natürlich heißt, die Augen zu verschließen vor der Tatsache, daß man auch an einem forcierten Wandel der Verhältnisse arbeitet, wenn man versucht, „alte" Kategorien auf die „neuen" Felder zu übertragen, und dann eben auf diese, die Veränderung wegdeklarierende Weise neue Realitäten schafft.

vor einer „neuen Sklaverei" oder vor einer „Enteignung" des Individuums, dem eine Kolonisierung seines Körpers drohe. Auch das Sprachbild der Enteignung mobilisiert jedoch den *Eigentümer*, jemanden, der enteignet wird. Und die Analogie zum „Sklaven" legt nahe, es sei im Prinzip bekannt, was den Körpern da widerführe; es stehe nämlich das historische Zurückgleiten in Leibeigenschaftsverhältnisse bevor.

Der ganze, erstaunliche Traditionsbruch, der den Horizont der aktuellen bio-rechtlichen Fragen bildet, wird auf diese Weise jedoch eher verharmlost. In der theoretischen Diskussion scheint die Wahrnehmung einer gewaltigen historischen Zäsur noch gar nicht eingesetzt zu haben – der gewaltigen Zäsur, die nicht zuletzt in jener Selbstverständlichkeit ihren Ausdruck findet, mit der heute Gerichte, Ethiker, Interessengruppen eben diese *Frage* erörtern können: ob man, und zwar substantiell, nicht metaphorisch, in einem irgendwie vertrauten Sinne „Eigentum" am Körper „haben" kann. Die Frage ist auf dramatische Weise neu. Im Spiegel der Vergangenheit betrachtet versteht es sich in keiner Weise, daß das Modell der Appropriation und der ökonomischen Zirkulationsfähigkeit von Stoffen überhaupt auf die individuelle Leiblichkeit menschlicher Personen übertragbar ist. Dieses Anwendungsfeld – der lebendige Menschenstoff als verkehrsfähiges Eigentum – ist der europäischen Rechtsttradition fremd. Soll dies im folgenden genauer herausgestellt werden, kann der Gesichtspunkt moralischer oder politischen Empörung ausgeklammert bleiben. Ziel dieses Beitrages ist allein die Ent-Verselbstverständlichung der Vorstellung, denke man Freiheit zu Ende, dann besage eine einfache Konsequenz, daß diese dann auch gleichsam in juridifizierter Form das Leibesinnere der Individuen durchdringt.

Die These im Hintergrund meiner Überlegungen lautet, daß wir in einer biopolitischen Gegenwart stecken, deren Charakter noch weitgehend unbegriffen ist. Wir bewegen uns im Inneren einer kasuistisch verlaufenden, in ethische Anwendungsfragen verzettelten Debatte und haben es zugleich mit einem Umsturz dessen zu tun, was man die historische Faktizität des menschlichen Körpers nennen könnte. Die Ideengeschichte der Eigentumsfähigkeit des menschlichen Leibes dient dann als eine Art Sonde, mit der sich das Ausmaß dieses Umsturzes erkunden läßt. Zum grundsätzlichen Zusammenhang von Biopolitik, Recht und Körper werden zum Schluß einige spekulative Überlegungen angestellt. Zunächst folgen jedoch ein ideengeschichtlicher Rückblick und eine knappe rechtsgeschichtliche Übersicht zur Frage, ob man ein Eigentum am Körper haben kann.

1. Rückblick

1.1 Die liberale self-property und der Arbeitskörper

„Jede Person ist mit umfassenden moralischen Rechten ausgestattete Eigentümerin ihrer selbst. Jeder besitzt in moralischer Hinsicht all die Rechte über sich selbst, die ein Sklavenhalter, rechtlich gesehen, über seinen Sklaven besitzt, und – moralisch betrachtet – ist er genauso berechtigt, über sich selbst zu verfügen, wie ein Sklavenhalter durch das Recht berechtigt ist, über seinen Sklaven zu verfügen."[8]

Diese Sätze stammen von dem amerikanischen Theoretiker Gerald Allen Cohen, der den individualistischen Ansatz des Ökonomen Robert Nozick fortsetzt – hier mit einem Aufsatz über *Self-Ownership, World-Ownership and Equality* von 1986.[9] Aufgegriffen wird die drastische, aber für die aktuelle Diskussion durchaus typische Formulierung von Cohen im Jahre 1997 durch den politischen Philosophen Hillel Steiner. Steiners These lautet nun, zwar sei in der Vergangenheit tatsächlich von Eigentumsrechten am Körper „explizit" nie die Rede gewesen. „Implizit" sei diese Idee gleichwohl schon lange vorhanden. Auf der Vorstellung der *self-property* beruhe das juristische Basisverhältnis zu sich selbst. Steiner verwendet zum einen Cohens Rückverweis auf den „Sklaven" als Beleg – wobei er übergeht, daß es im Zitat ja gerade nicht um das juristische Recht der Person an sich selbst, sondern um das „moralische" Selbstverhältnis gegangen war. Der Sklave sei aber, so Steiner, der Inbegriff des vollständig verfügbaren lebendigen „Dings", er sei in der Geschichte – wie gesagt: implizit – immer schon auf-

---

8 „Each person is the morally rightful owner of himself. He possesses over himself, as a matter of moral right, all those rights that a slaveholder has over a complete chattel slave as a matter of legal right, and he is entitled, morally speaking, to dispose over himself in the way such a slaveholder is entitled, legally speaking, to dispose over his slave."

9 G. A. Cohen, *Self-Ownership, World-Ownership and Equality*, in: F. Lucash, *Justice and Equality Here and Now*. Ithaca 1986, S. 109. – Vgl. R. Nozick, *Anarchy, State, and Utopia*. New York 1974

gefaßt worden wie „...ein Teil des Viehbestandes, eine Energieressource, eine Körpergewebebank."[10]

Zusätzlich bezieht sich Steiner auf die Eigentumstheorie des neuzeitlichen liberalen Denkers John Locke (1632-1704). Eine zentrale Formulierung bei Locke lautet bekanntlich (und auch sie zitiert Steiner im Sinne einer „impliziten" Theorie des Eigentums an uns selbst):

„Jedermann hat einen Besitz an seiner eigenen Person. Auf diesen hat niemand Rechte außer ihm selbst. Die Arbeit seines Körpers und die Arbeit seiner Hände, können wir also sagen, sind rechtmäßigerweise seins."[11]

Zweimal argumentative Transfers: Zum einen – „Sklave" – wird das Besitzrecht am fremden Körper, zum anderen – „nur man selber" – die Zurückweisung fremder Besitzansprüche, an dem, was man ist und schafft, wenn man arbeitet, gewertet als Aussage über das Verhältnis zu der eigenen Körpersubstanz. Beides wird unter „Eigentum" subsumiert und umgemünzt zu einer Definition: Das Konzept der *self-ownership* entspreche der klassisch liberalistischen Tradition. Es begründe daher, so Steiner, ein persönliches Recht auf unbeschränkten Verkauf unserer Körper sowie Selbsttötung, Verwendung zur Leihmutterschaft etc. Mehr noch sei jede Einmischung in solche Praktiken verboten. Wie es nach Locke die natürlichen Besitzrechte der Person enteigne, wenn man ihr die Früchte ihrer eigenen körperlichen Arbeit entziehe, sei es eine „teilweise Versklavung" (*partial enslavement*) des Individuums, wenn man ihm das Recht vorenthalte, sich in den fraglichen Bereichen so weit zu engagieren wie es will – aus freien Stücken natürlich.

Herauszustreichen ist an dieser großzügigen Übertragungsleistung vor allem eines: Illustriert Steiner die „direkte Verwendung der Körper" durch das doppelte Beispiel des Sklaven-Körpers und der freien Person als Selbst-Besitzer (eines solchen Sklaven-Körpers wohl also), dann überspringt er die Tatsache, daß es weder für die Konzeption Lockes noch was den Sklaven betrifft um den Menschenkörper *als Substanz* gegangen ist, also um dessen

---

10 H. Steiner, *Property in the Body: a philosophical perspective*, in: K. Stern, P. Walsh (Hg.), *Property Rights in the Human Body*. London 1997, S. 1-3, 1.

11 „...every Man has a *Property* in his own *Person*. This no Body has any Right to but himself. The *Labour* of his body and the Works of his *Hand*, we may say, are properly his." J. Locke, *Two Treatises of Government* (1690), hg. P. Laslett. Cambridge 1960, S. 305f.

stofflichen Wert, oder – noch drastischer gesprochen – um den Körper als Rohstoff. Als historische Frage wäre dies zweifellos ein eigenes Thema. Man kann aber auch knapp in aller Klarheit festhalten, was bereits aus der Locke-Passage hervorgeht, die Steiner selbst zitiert: Der Körper, um dessen Selbstbesitz oder auch (in der Leibeigenschaft) Fremdbesitz oder Weiterverkauf oder auch ruinöse Behandlung als bloße „Sache" es sich im 17. Jahrhundert und vorher drehte, ist der *arbeitende* Körper gewesen. Auch der Leibeigene repräsentierte einen Wert als Arbeitskraft, er hatte – *de jure* jedenfalls – nicht den Status, bloßer lebendiger Stoff, eine bloße Substanz zu sein. Er wurde nicht als Fleisch oder Lebensmittel oder in Stücken gehandelt, es gab kein Recht zum Beispiel zum beliebigen Abschneiden von Gliedmaßen oder zur Schlachtung von Menschen qua Leibeigenschaft.[12] Man kann also sagen (ich lasse mich von den Historikern gern eines Besseren belehren): Sklaven wurden vielleicht in der Arbeit verschlissen. Vorsätzlich verletzt, verstümmelt, zerstört wurden der Leib des Sklaven – wie gesagt: *de jure* – nur dann, wenn nicht das Besitzrecht, sondern eine *Strafe* der Grund war. Man mag diesen Unterschied rückblickend für im Ergebnis moralisch geringfügig halten. Für die Frage des rechtlichen Kontinuums, das Steiner herbeikonstruiert, ist sie schon von Bedeutung.

Ein Eigentum am Körper im Sinne einer beliebig zerteilbaren und als Material disponiblen Substanz hat es in jener Zeit nicht gegeben, auf die das Argument von 1997 sich rückprojiziert. Lockes Ideal der *self-property* war auf eine ganz andere Form der Leiblichkeit bezogen, auf einen Arbeits-Körper, einen Bewegungs-Körper, eine um „die Arbeit der Hände" zentrierte Leiblichkeit, von der im übrigen (wie auch vom Körper des Sklaven) nur als einer einheitlichen *ganzen* die Rede sein konnte – wirtschaftlich wie real.

---

12 Eine Schranke, die erst in Kriegen und bei Plünderungen, vor allem aber außerhalb Europas fallen konnte; daß die Eroberung Amerikas auch eine Tragödie des Rechts war, in der man die Indianer nicht mehr als Sklaven kolonisierte, sondern sie nur mehr als Tiere und Fleisch metzelte, zeigt T. Todorov, *Die Eroberung Amerikas. Das Problem des Anderen*, übersetzt von Wilfried Boehringer. Frankfurt/Main 1985.

1.2 Kants unabdingbare Menschheit als Schranke vor dem Leib

Im Zusammenhang mit Locke habe ich bereits stillschweigend das deutsche Wort Besitz für das englische *property* verwendet, und damit die inhaltliche Ausrichtung seiner Konzeption akzentuiert. Wollte man die im deutschen Privatrecht übliche Unterscheidung von Besitz und Eigentum in Anschlag bringen, die das englische Recht nicht kennt, dann wäre es eher der Selbst*besitz*, auf den Locke mit der Aussage gezielt hatte, der arbeitende Körper gehöre niemandem anderen als sich selbst. Locke ging es primäre um die leiblich-unmittelbare Habe (auch der Früchte der Arbeit) und nicht um das schuldrechtliche *Eigentum*, ein universales Bündel von Ansprüchen abstrakter Art.

Der Autor, der die Frage nach dem ontologischen Status des Körpers vielleicht am präzisesten in die auf das römische Recht zurückgehende Begrifflichkeit von Besitz und Eigentum eingefügt hat, ist – etwa ein Jahrhundert nach Locke – Immanuel Kant (1714-1804). Kant bietet in der *Metaphysik der Sitten* zum einen eine ausgefeilte Herleitung des Besitzes, definiert als die subjektive Seite dessen, daß eine Sache „Mein" ist, wobei die „Sache" definiert ist als ein mir äußerer Gegenstand meiner Willkür. Und zum anderen wird das Eigentum rekonstruiert – als der durch eine Rechtsordnung ausdrücklich für rechtmäßig erklärte und abstrakt ausgestaltete Titel, der mir die Besitzerlangung in Form von Ansprüchen gegen andere sichert. Eigentum heißt also, gut römischrechtlich: man behält einen Ausschluß- und Zugriffsgrund universaler Art, ganz unabhängig davon, wer die tatsächliche Gewaltherrschaft über die Sache hat (den empirischen Besitz also). Der äußere Gegenstand, definiert Kant, sei Eigentum *desjenigen*, welchem „alle Rechte in dieser Sache (wie Akzidenzen in der Substanz) inhärieren".

Diese, andere ausschließende Totalität von Rechten ist es, über die der Eigentümer nach Belieben verfügen kann. Hieraus nun aber, so Kant weiter,

„folgt von selbst, daß ein solcher Gegenstand nur eine körperliche Sache (gegen die man keine Verbindlichkeit hat) sein könne, daher ein Mensch sein eigener Herr, aber nicht Eigentümer von sich selbst (sui dominus) (über sich nach Belieben disponieren zu können) geschweige denn von anderen Menschen sein kann, weil er der Menschheit in seiner eigenen Person verantwortlich ist...“[13]

Im Rahmen seiner Rechts- und Tugendlehre hat Kant diesen Grundsatz eindrucksvoll lebensnah ausbuchstabiert – jeweils dem berühmten Imperativ Rechnung tragend, daß der Mensch nie nur als Mittel behandelt werden darf, sondern stets zu betrachten ist als ein Zweck an sich selbst. Am bekanntesten ist wahrscheinlich Kants Stellungnahme zum Suizid: „Die Selbstentleibung ist ein Verbrechen (Mord).“[14] Denn:

„Das Subjekt der Sittlichkeit in seiner eigenen Person zernichten, ist eben so viel, als die Sittlichkeit selbst, ihrer Existenz nach, so viel an ihm ist, aus der Welt vertilgen, welche doch Zweck an sich selbst ist; mithin über sich als bloßes Mittel zu ihm beliebigen Zwecken zu disponieren, heißt, die Menschheit in seiner Person ... abwürdigen, der doch der Mensch ... zur Erhaltung anvertrauet war.“[15]

Kant setzt diesen Gedanken aber auch unmittelbar fort, was weitere, nicht tödliche Verletzungshandlungen angeht:

„Sich eines integrierenden Teils als Organs berauben (verstümmeln), z.B. einen Zahn zu verschenken, oder zu verkaufen, um ihn in die Kinnlade eines anderen zu pflanzen, oder die Kastration mit sich vornehmen zu lassen, um als Sänger bequemer leben zu können u. dgl. gehört zum partialen Selbstmorde; aber nicht, ein abgestorbenes oder die Absterbung drohendes, und hiemit dem Leben nachteiliges Organ durch Amputation, oder, was zwar ein Teil, aber kein Organ des Körpers ist, z.E. die Haare, sich abnehmen zu lassen, kann zum Verbrechen an seiner eigenen Person nicht gerechnet werden, wiewohl der letztere Fall nicht ganz schuldfrei ist, wenn er zum äußeren Erwerb beabsichtigt wird.“[16]

---

13 I. Kant, *Die Metaphysik der Sitten. Erster Theil. Metaphysische Anfangsgründe der Rechtslehre* (1797, [2]1798), in: *Werkausgabe in 12 Bänden* 8, hg. W. Weischedel. Frankfurt/Main 1977, S. 381f.

14 A.a.O. *Tugendlehre*, S. 554. – Vgl. auch: „Der Selbstmord ist das abscheulichste Laster des Grausens und des Hasses...“ I. Kant, *Eine Vorlesung über Ethik*, hg. G. Gerhard. Frankfurt/Main 1990, S. 137.

15 A.a.O. S. 555.

16 Ebenda.

Mit anderen Worten: Kant schreibt dem Leib als Element der Freiheit des Menschen von vornherein einen prinzipiell anderen Status zu als den einer „äußeren" (nämlich wiederum für das Subjekt äußeren) „Sache" – und dies ohne die handfeste, materielle Seite des Körpers in irgend einer Weise zu leugnen. Der Leib des anderen bildet, wie auch mein eigener, einfach ein Rechtsproblem eigener Art, einen Gegenstand *sui generis*, für den die Vernunftregel gilt, die auf andere Sachen nicht angewendet werden muß, daß Instrumentalisierung sich verbietet. Bleibt darauf hinzuweisen, daß Kant, was körperliche *Freiheit* angeht, durchaus enge Grenzen zu ziehen bereit ist. Neben der Ehe, Elternschaft und Familie, in der die Frau, die Kinder, das Gesinde „auf dingliche Art" an den Mann gebunden sein sollen, sieht Kant die Möglichkeit der *Leibeigenschaft* als Strafe für Verbrecher vor. Auch hier finden wir jedoch die prinzipielle, als Integrität des stofflichen Leibes nicht überschreitbar gedachte Grenze. Der Herr kann den Leibeigenen

„als eine Sache veräußern und ihn nach Belieben (nur nicht zu schandbaren Zwecken) brauchen, und über seine Kräfte [verfügen], *wenngleich nicht über sein Leben und seine Gliedmaßen...*"[17]

Wie man sieht, ist die Kantische Position trotz ihrer philosophisch abstrakten Begründung konkret genug, um sie auch heute noch fallnah (man denke an das Zahn-Beispiel) anzuwenden.

Der amerikanische Jurist M. Freeman – als Gutachter im Falle John Moore hatte er befürwortet, Moore das volle Recht an seinen Körperzellen zuzusprechen – sieht genau in der mit Kant bis heute unmißverständlichen Schranke das Problem. Mit solchen „Achtzehntes-Jahrhundert-Argumenten" sei, so Freeman 1997 in einem Aufsatz *Taking the body seriously*, bleibe für die Begründung von Eigentumsrechten am biologischen Körper im Prinzip kein Raum. Freeman will dennoch Argumente konstruieren die, wie es im Text heißt, „Kant verstanden haben würde", indem er das allgemeine soziale Interesse an einem funktionierenden Organ- und Gewebemarkt ins Feld führt. Ein solcher Markt käme erstens der Menschheit zugute, es sei zweitens zumindest nicht *bewiesen*, daß er gegen Würde und Selbstachtung verstoße, und was drittens die Freiheit angeht, so sei Kants Argument schlicht zu prinzipiell. Wenn Kant die medizinische Amputation bejahe, würde er auch

---

17 A.a.O. *Rechtslehre*, S. 451.

nichts gegen eine harmlose Blut-, Knochenmarks- oder Nierenspende einzuwenden haben.

„Wenn Amputation moralisch erlaubt ist, um sich selbst zu retten, wieso sollte es die Spende dann nicht sein, um das Leben eines anderen zu retten?"[18]

Unnötig zu sagen: diese Erwägung hätte Kant, der noch nicht einmal eine Lüge erlaubt, um das Leben eines anderen zu retten, mit Sicherheit nicht überzeugt. Vor allem jedoch umgeht Freemans Argument lediglich das eigentliche Problem, das er selbst benannt hat. Die Unverfügbarkeitsschranke, die vor dem Halt gebietet, was als Sitz der Freiheit ausgezeichnet werden muß, kollidiert in der Sache mit der Vorstellung eines *Kontinuums* von „biologischem" Leben, in dem man allenfalls graduelle Unterschiede macht. Biologisches Leben zugleich noch mit einem weiteren Kontinuum zu unterlegen, dem Kontinuum der Nutzenerwägung, heißt praktisch: die Kantische Schranke wird gleich zweimal ignoriert. Ordnet man leibliche Stoffe ein unter die biologischen oder auch unter die dem Leben nützlichen Substanzen oder Güter, dann disponiert man über sie, indem man deren ontologische Sonderrolle ignoriert, dem Menschen schlechterdings „nichts äußerliches" zu sein.

1.3 Hegels unteilbare Freiheit: die Einheit von Leiblichkeit und Willen

Ein Schlüsselbegriff für die Befürworter von Eigentumsrechten am Körper ist die „Freiheit", verstanden als eine Schrankenlosigkeit des Willens, die gerade auch die Überschreitung der von Kant gezogenen prinzipiellen Grenze verlangt. Für die europäische Rechtsphilosophie hat wahrscheinlich mit der größten gedanklichen Schärfe G. W. F. Hegel radikal für die Freiheit optiert – Freiheit nicht als Selbstgesetzgebung verstanden, sondern als Freiheit eines wirklichen Willens, der sich auch nur ganz konkret verwirklicht. Hegel stellt sich kritisch gegen das Kantische Autonomiemodell, denn er hält es für zu abstrakt. Daß dies den Status des Leibes berührt, zeigt sich exemplarisch darin, daß in der Frage der Selbsttötung Hegel eine andere Position bezieht

---

18 „If amputation is morally acceptable for self-preservation, how is that donation to save the life of another is not?" a.a.O. S. 15.

als Kant. Freiheit schließt bei Hegel die Freiheit, auf das Leben zu verzichten zunächst einmal *ein* und nicht aus:

„Ich bin lebendig in diesem *organischen Körper*, welcher mein dem Inhalte nach *allgemeines* ungeteiltes äußeres Dasein, die reale Möglichkeit alles weiter bestimmten Daseins ist. Aber als Person habe ich zugleich *mein Leben und Körper*, wie andere Sachen, nur, *insofern es mein Wille ist*. ... Ich habe diese Glieder, das Leben nur, insofern ich will; // das Tier kann sich nicht selbst verstümmeln oder umbringen, aber der Mensch."[19]

Von hier aus betont Hegel den Prozeßcharakter, in Gestalt dessen, der Inbesitznahme von Dingen nicht unähnlich, der Körper „williges Organ und beseeltes Mittel" des Geistes erst werden muß. Das unmittelbare Dasein muß erst vom Geist „in Besitz genommen werden"[20], um wirklich das Meine zu sein. Eigentum ist nicht prinzipiell vom Besitz geschieden, denn daß ich in eine Sache meinen freien Willen lege, ihr „meine Seele" gebe, wie es heißt, macht das Eigentum aus.[21] Im besonderen Fall des Leibes mündet diese allmähliche Durchdringung des organischen Körpers in der Bildung des Geistes:

„Der Mensch ist nach der *unmittelbaren* Existenz an ihm selbst ein Natürliches, seinem Begriffe Äußeres; erst durch die *Ausbildung* seines eigenen Körpers und Geistes, wesentlich dadurch, daß sein Selbstbewußtsein sich als freies erfaßt, nimmt er sich in Besitz und wird das Eigentum seiner selbst und gegen andere."[22]

Dies klingt vielleicht so, als würde Hegel den Leib als leere Hülle für den Willen betrachten. Das Gegenteil ist jedoch der Fall: Als Prozeß einander durchdringend sind Leib und Wille so sehr Eines, daß auch vom Standpunkt der Vernunft man sie gar nicht getrennt voneinander betrachten kann (und,

---

19 G.W.F. Hegel, *Grundlinien der Philosophie des Rechts* (1821), in: *Werke in 20 Bänden* 7, hg. E. Moldenhauer, K.M. Michel. Frankfurt/Main 1970, S. 110f; wie man weiß hat Hegel auch das Verbrechen, sofern die verbrecherische Handlung „ein Wollen ist, und die Möglichkeit in ihr, von der sinnlichen Triebfeder des Gesetzes zu abstrahieren", bestimmt als in sich frei – vgl. etwa den sogenannten Naturrechtsaufsatz: *Über die wissenschaftlichen Behandlungsarten des Naturrechts* (1802), in: *Werke 2*, S. 434-530, S. 515.

20 A.a.O. S. 111.

21 A.a.O. S. 107.

22 A.a.O. S. 122.

wie bei Kant, etwa den Willen gesondert verpflichten). Für Hegel ist – gerade *weil* der Leib und der Geist, der sich in diesen hineinlegt, eine organische Einheit bilden – eine auch nur Ding*ähnlichkeit* der Menschen im Rechtsverkehr untereinander ausgeschlossen. Freiheit heißt: Das Recht muß, um unter den heutigen historischen Bedingungen überhaupt als Recht erscheinen zu können, bereits *eine Grundlage* haben, die „den unwahren Standpunkt" hinter sich gelassen hat, „auf welchem der Mensch als Naturwesen" überhaupt noch isoliert betrachtet werden könnte (und etwa als der Sklaverei fähig). Wird die Freiheit als in diesem Sinne etwas Wirkliches begriffen, dann macht nicht der Willen vor dem menschlichen Körper nur gleichsam Halt, um darin eine autonome Vernunft zu respektieren. Die Identität meines Leibes mit meinem Willen muß vielmehr ganz konkret und als organischer Ausdruck, den der Geist im Körper findet, gegeben sein – gleichsam ausstrahlend und in den sozialen Praktiken eines leiblich anerkennungsvollen Umgangs miteinander evident: „Für die anderen bin ich mein Körper", meinem Körper angetane Gewalt ist „*Mir* angetane Gewalt"[23] heißt es bei Hegel. Meine abstrakte Freiheit zum Verzicht auf mein Leben ist zwar grundlegend gegeben, sie liegt aber gleichwohl auf einer ganz anderen Ebene als die willentliche Entäußerung der substantiellen Seite meiner Person – etwa ihrer rechtsförmigen Abtretung an Dritte. Was das allgemeine Wesen meines Selbstbewußtseins ausmacht ist nach Hegel strikt „unveräußerlich", nämlich: „meine Persönlichkeit überhaupt, meine allgemeine Willensfreiheit, Sittlichkeit, Religion";[24] und Hegels Beispiele sind: Sklaverei, Leibeigenschaft, Unfähigkeit, Eigentum zu besitzen, die Unfreiheit desselben usf., Entäußerung der intelligenten Vernünftigkeit, Moralität, Sittlichkeit, Religion, Verdingung zu Straftaten etc.

„Auch das Recht zu leben", notieren *Grundlinien* an der zitierten Stelle noch stichwortartig, „ist unveräußerlich, d.i. für die Willkür. Es verkauft sich einer, zum Tode; – Geld für seine Familie oder sonstige Verwendung. – Der ihn kauft und tötet, verstümmelt [ist] Mörder. (Kastration – Lernen von chirurgischen Operationen – Zahnausreißen)"[25]

---

23 A.a.O. S. 112.
24 A.a.O. S. 141f.
25 A.a.O. S. 144.

Selbst ein radikaler Philosoph der Freiheit wie Hegel hat diese also gerade nicht, wie der vorhin zitierte Steiner, auf der Linie eines Fortschritts der Verrechtlichung verstanden, der gleichsam von der Abschaffung der Sklaverei zum Recht auf Verkauf der Leber den Körper von außen nach innen juridifiziert. Mit Hegel vergeistigt sich eher der Körper und wird ganz Konkretisierung der Person. Damit verschwindet jegliche juridifizierbare Sacheigenschaft. Eher steigert sich, so könnte man sagen, die Freiheit, indem sie umgekehrt sich ganz mit dem in seiner Verletzbarkeit dem Willen anvertrauten Körper zu *identifizieren* lernt – und dies „wirklich", das heißt im Zusammenspiel der Sittlichkeit einer Epoche, die bereits weiß, daß Freiheit nur in einem sozialen Raum gelebt werden kann, in dem jeder (ohne daß man räumlich noch sagen würde: „auch nach außen hin") unvermittelt auch im anderen die Einheit von Person und Leib anerkennt.

2. Bruchlinien in der Eigentums-Tradition

2.1 Rechtliche Fassungen

Wäre mehr Raum, dann könnte man ausführlich zeigen, wie sich der „ideengeschichtliche" oder besser: theoriegeschichtliche Befund im Bereich der Rechtswissenschaft widerspiegelt. Auch in der deutschen Privatrechtsdogmatik ist man, wie 1985 Hermann Schünemann, der Autor einer einschlägigen Monographie feststellt, bis in die sechziger Jahre unseres Jahrhunderts „schlicht der historisch gewachsenen Einsicht, die den Körper als eigentumsunfähig ansieht, gefolgt."[26] Spekulationen über eine logisch mögliche Trennung zwischen Körper und Person waren, wenn überhaupt, im Zusammenhang mit dem Recht auf Selbsttötung angebracht, weil der Status des Suizids – Verbrechen oder nicht? – die gegebenenfalls davon abhängige Pflichten Dritter betraf. Alles drehte sich in diesem Fall aber allein um die Verfü-

---

26 H. Schünemann, *Die Rechte am menschlichen Körper*, Göttingen 1985, S. 32.

gungsfreiheit zur *Vernichtung* des Körpers, analog zur Vernichtung als quasi „Sache".[27] Um die ökonomische *Verwertung* ging es nicht.

Das Privatrecht ansonsten nahm den menschlichen Leib allenfalls *indirekt* zur Kenntnis, in Form eines Kokons von Schadenersatzrechten auf der Grundlage des zentralen Schadensersatzparagraphen § 823 BGB, der den geschädigten Körper neben dem geschädigten Eigentum ausdrücklich gesondert aufführt. Das entspricht der kontinentalen Rechtstradition. In ihr hat das römische Recht für Jahrtausende die Trennung zwischen Sache und menschlichem Körper festgeschrieben – „dominus membrorum suorum nemo videtur" heißt es in den *Digesten* mit Ulpian.

Der zitierte Privatrechtler Schünemann hat im Jahre 1985, also genau zu der Zeit, als veränderte Interessenlagen erstmals die deutsche Rechtswissenschaft erreichen, dafür eine schlichte Erklärung: Über eine Qualifikation des eigenen Leibes als Eigentum nachzudenken sei bis dato *unnütz* gewesen, juristisch ohne Funktion. Ich denke, man kann an diesem Punkt noch weiter gehen: Juristisch ist es, im Gegenteil, immer schon hochfunktional gewesen, den Leib auszusparen, wo der Raum des Privatrechtsverkehr beginnt. Es gehört geradezu zu den Gründungsmythen des römischen Privatrechts, daß es mit der Abschaffung des „Fleischpfandes" (den ein ominöser Passus im Zwölftafelrecht noch vorsah[28]) unwiderruflich die *Trennung* zwischen Person und Sache eingeführt hat. Mit eben diesem Schritt ist der Wirtschaftsverkehr sozusagen auf basale Weise „zivilisiert" und zu einem Raum des für die Person (also körperlich) gefahrlosen Engagements geworden. Zu einem Raum, in dem systematisch nur *Handlungsfreiheiten* auf dem Spiel stehen – und der eigene oder fremde Körper gerade nicht. Man übertreibt vielleicht nicht, wenn man sagt, in unserer wirtschaftlichen Tradition sei die Differenz

---

27 Oder auch analog zum Recht des Souveräns, dem Untertan im Falle des Krieges den Tod zu geben, indem er ihn zum Militärdienst zwingen kann (was wiederum der formell zugrundeliegende Untertaneneid abdeckt).

28 Nämlich daß der Gläubiger ein Stück Fleisch aus dem Leib des Schuldners herausschneiden darf. – Die Geschichte, Stoff u.a. in Shakespeares Kaufmann von Venedig, stützt sich auf Zwölftafelgesetz (450 v. Chr) Tabula 3, VI: „Tertiis nundinis partis secanto. Si plus minusque seuerunt, se fraude esto." (Am dritten Markttag sollen die Gläubiger sich die Teile schneiden. Wenn einer zuviel oder zu wenig abgeschnitten hat, soll dies ohne Nachteil sein").

von Person und Sache so etwas wie für die Institution der Familie das Inzestverbot.

Während in den angelsächsischen Ländern die ersten Aneignungsfragen durch Einzelurteile gelöst werden, die *property* (oder *quasi-property*) zusprechen, ist hierzulande deutlich zu beobachten, wie die neue Anforderung, ein anwendbares Bio-Privatrecht zu schaffen, die Jurisprudenz regelrecht ratlos macht.

Das Modell, mit dem man sich zunächst zu behelfen suchte, nämlich den in Frage stehenden Stoffen im Zusammenhang eines physischen Entnahme- oder Abtrennungsvorgangs die Verwandlung in eine „Sache" zu unterstellen, hat sich schnell als unbrauchbar erwiesen. Unbrauchbar etwa, wo es um Verpflanzungen geht, um manipulierendes Wiedereinfügen in den eigenen oder einen oder mehrere fremde Körper. Unbrauchbar auch wo das Körpergewebe selbst *ohne* jede Entnahme zur Produktionsstätte gemacht wird; dies ist ja nicht nur in der Reproduktionsmedizin möglich, durch präventive „Qualitätsverbesserung" am Embryo via Genom oder Keimbahn, sondern auch ganz unabhängig von der Produktion von Nachwuchs, etwa indem man menschliche Brustdrüsen so umändert, daß man gleichsam direkt aus der Frau Pharmazeutika herausmelken kann.[29] Unbrauchbar ist das juristische Modell der Verwandlung von Körper in Sache auch überall dort, wo es um die Grenze geht, die früher als Differenz von Leben und Tod juristisch eindeutig war. Denn die Schwelle des Todes fiel zwar in der europäischen Tradition immer mit der sinnlichen Todeswahrnehmung zusammen und wurde rechtswirksam lediglich nachträglich bescheinigt. Aber dies hat sich geändert, seit man den Tod an geräte-induzierte Expertendiagnosen geknüpft und vorverlegt hat.[30] Inzwischen sind so weitgehende, auch ökonomisch rele-

---

29 Für ein solches Verfahren liegt dem Europäischen Patentamt unter der Nr. 88301112.4 seit 1988 ein Patentantrag vor (des *Baylor College of Medicine*, Houston, Texas; Jeffrey M. Rosen).

30 Mit der Folge, daß das Recht, die Für-tot-Erklärung, dem wahrnehmbaren Tod also „legal" zuvorkommen kann. Dieses Problem der sogenannten Hirntod-Kriterien beunruhigt nachvollziehbarerweise das Rechtsempfinden, sofern die Willkür der Todesdefinition nicht verborgen werden kann – und der dahinterstehende Legalismus offenkundig ist. Der Legalismus nämlich, daß man einen sozialen Konsens in Sachen Todeseintritt aufgibt (der sinnlich vermittelte Tod war ja konsentiert), um stattdessen eine Erklärung qua Autorität einzuset-

vante Zugriffe auf Sterbende möglich, was sich mit der Definition zum Beispiel noch durchbluteter Körperteile als Sache nicht verträgt. Ein weiterer Bereich ist die am (im?) Inneren des menschlichen Leibes verschwimmende Grenze zwischen Stoff und Information. Weder die Erinnerungen, die in einem Gehirn enthalten sind, noch das Erbgut, das man bereits – im Sinne eines genetischen Fingerabdrucks – von einem Hautschüppchen „ablesen" kann, sind der Sachbegrifflichkeit des BGB ohne weiteres zugänglich. Dogmatisch gesehen müßte zumindest das europäische Patentrecht eigentlich permanent zwischen Patentrecht und Urheberrecht schwanken. Man vermeidet das durch Angleichung an das amerikanische Recht.

Als Alternative zum Konzept der Sache nehmen deutsche Juristen heute eines ihrer flexibelsten Instrumente, das unter Rekurs auf Grundrechte ins BGB hineininterpretierte „Persönlichkeitsrecht" zur Hilfe. Nicht über irgendeine Form der Habe, sondern über die Ausstrahlung der Person entstehen so Individualrechte, die im weiteren Sinne eigentumsanalog sind, indem sie zumindest Schutz- und Haftungsrechte begründbar machen – freilich im Wege einer freischwebenden Judikatur. Die dazugehörige Dogmatik lebt von scholastischen Konstruktionen. Zur Zeit sind dies Varianten der sogenannten „Überlagerungsthese". Ihr zufolge „überlagern" Persönlichkeitsrechte das Sachenrecht, das mit größerer Entfernung zur Person dann aber doch allmählich zur Anwendung kommt.[31] Dies Modell ist flexibel, denn es läuft auf fallweise neue, graduelle Abstufungen von mehr oder weniger wirksamem Rechtsschutz hinaus; es läßt sich durch die Judikatur weiterentwickeln und hat so gute Chancen, das in Deutschland herrschende Modell zu bleiben. Interessant bleibt aber, gerade zukünftig, der internationale Vergleich. Wo man auf der Basis von *property* den Körper leichter verrechtlichen kann, theoretisch aber auch Vermarktungsrechte – durch *common sense* – leichter pragmatisch wieder einschränkbar sind, stellte das abstrakte Eigentum am

---

zen, die beansprucht, daß man den Geräten und denen, mit ihnen hantieren, sowie den eingebauten Modellen glauben soll – und diese verstehen sich, vorsichtig gesprochen, nicht von selbst.

31 Vgl. H.-J. Kaatsch, Eigentumsrechte am menschlichen Körpergewebe – insbesondere an Patientenuntersuchungsmaterial. Auswirkungen des allgemeinen Persönlichkeitsrechts auf den zivilrechtlichen Eigentumserwerb von Körpersubstanzen, in: *Rechtsmedizin* 4 (1994) S. 123-136.

menschlichen Körper im Rahmen der zivilrechtlichen Tradition eine system-stürzende Neuerung dar, denn es impliziert zugleich Universalität. Mit anderen Worten: Es wäre schwer, sich eine Beschränkung der entstehenden Verfügungsfreiheiten dann noch als realisierbar zu denken. Als einziges Argument bliebe den Gerichten wohl die Berufung auf die Sittenwidrigkeitsgrenze, die Eigentum einschränken kann. Fragt sich, wie objektiv „Sittenwidriges" festgestellt werden kann. Überall dort, wo sich auf der einen Seite Freiwillige finden lassen, die sich zur Selbstvermarktung bereitfinden und auf der anderen Seite für eine Nachfrage gesorgt ist, die „Knappheit" garantiert, wird das Argument der Sittenwidrigkeit nicht greifen. In einem Rechtssystem wie dem unseren kann eine „weiche" Grenze wie diese ohnehin nicht allein durch die Judikatur aufrechterhalten werden. Hierzulande sind die Gerichte in stärkerem Maße als zum Beispiel in den USA auf Gesetzgebung angewiesen und damit auf die Politik. Daß aber in Wohlfahrtstaaten gerade in der *Gesundheits*politik die öffentliche Hand in der Pflicht ist und deren Kosten-Nutzen Rechnungen für die privatwirtschaftliche Lösung sprechen, ist bekannt.

2.2 Die Mobilisierung lebendiger Substanzen: Spuren der „Bio-Macht"

Realisiert man die Tiefe der historischen Zäsur, die darin liegt, daß die Eigentumskategorie in die dem Privatrechtsverkehr bislang prinzipiell entzogenen Räume hineindrängt, dann gibt dies Anlaß für weitergehende Überlegungen. Alles deutet ja darauf hin, daß man das Phänomen der Verrechtlichung des Leibesstoffes nicht einfach als eine Verschiebung unter den vielen verbuchen sollte, die der technische Fortschritt nun einmal mit sich bringt. Die große Verlegenheit der Rechtswissenschaft und die fragwürdigen Manöver der aktuellen philosophischen Theoriebildung, wo sie für die Eigentumsthese in der Geschichte Anhaltspunkte konstruiert, zeigen vielmehr deutlich, *wie* neu das Neue ist, das hier Normalität werden möchte. Eine passende Sprache und Dispositionsregeln sind noch nicht gefunden. Insofern haben die theoretischen wie die rechtsdogmatischen Inkonsistenzen Symptomwert: Die Wirklichkeit, die den Wert dessen bestimmt, was wir Leib nennen, wird umgeschaffen – und im selben Atemzug damit die Vorschriften, wie wir diesen Leib behandeln dürfen. Zu den neuen Strukturen von Leiblichkeit, die sich dabei herausbilden, halte ich zusammenfassend drei Punkte fest.

1. Das neue Bio-Recht faßt den menschlichen Leib *stofflich*, und zwar im Sinne einer *lebendigen* Substanz, also eines wachsenden bzw. sich reproduzierenden Stoffes, der biologisch-technisch definiert ist. Die Nutzbarkeit dieses Substanzen-Körpers hat die ganze zwischen Produktion und Reproduktion angesiedelte Ambiguität der lebenden Zelle. Gleich vier Rollen scheint dieser Körper zu erfüllen. Er ist nutzbar als *Rohstoff* sowie als aus sich selbst heraus *produktiver Stoff* sowie als *Produktionsmittel*, und im Grenzfall erscheint er noch als Teil des Produkts, das er aus sich heraus entläßt. Er ist gleichermaßen Ressource („Natur"), Prozeß bzw. Leistung („Leben"), Werkzeug („Medium"), und er kann womöglich, gemäß juristischer Zuschreibung etwa für eine fiktive Sekunde, als Ware („Sache") gelten. Der privatrechtliche Eigentumsstatus eröffnet für *alle* hier möglichen Nutzungen jeweils die geeignete ökonomische Fassung.

2. Der Gesichtspunkt der Willkürfreiheit wird in dieser Konzeptualisierung des Körpers vollständig *abgetrennt* von derjenigen Leiblichkeit, in die der freie Wille bei Kant im Sinne einer Autonomiegrenze eingebettet war und die bei Hegel im Zeichen der Lebendigkeit des Geistes geradezu inkarniert erscheint im Zusammenspiel sittlicher Praxis. In einem Bio-Recht demgegenüber schwebt der abstrakte Eigentümer-Wille gleichsam über den Wassern wie eine Karikatur der *res cogitans* des Descartes über der *res extensa*.

3. Parallel zu den Techniken, die ja auf Aus- und Einbau, Reproduktion, stofflicher Ergänzung, Verdopplung von Substanzen basieren, kann schließlich die *sinnlich gegebene Körper-Grenze* des einzelnen Individuums merkwürdig unwesentlich werden. Sie wird gleichsam entintensiviert. Schon die Körperwahrnehmung, der Zugang, der Umriß, die Respekts- und gegebenenfalls die Verletzungsschwelle des einzelnen werden nicht mehr direkt (über die Sinne), sondern vermittelt (über Vorschriften, Daten, Geräte, Expertenaussage) bestimmt.

Diesen letzten Gesichtspunkt halte ich für besonders wichtig, und er hat weitergehende Konsequenzen. Wird der Körper eigentumsfähig, so wird er ja nicht einfach „Sache" unter Sachen. Eher müßte man sagen: Er wird Wert.

Er wird kapitalisiert. Die Hautgrenze, ehemals die Grenze der Person, ist gleichsam durchlässig geworden. Der Willen des Besitzers/Eigentümers kann über sie hinweggreifend verfügen – gegebenenfalls gestützt auf das entsprechende Expertenwissen oder mit Hilfe von Institutionen wie etwa der Medizin, die, bildlich gesprochen, ihm oder anderen seine Substanz in die Hände gibt.

Oben hatte ich gesagt: Der Körper, an dem man Eigentum haben kann, rückt ein in das *biologische Kontinuum*. Dem Wissenshistoriker Michel Foucault zufolge ist diese Art des Einrückens des Einzelnen in einen Gattungskörper, den Kollektivkörper der Gattung „des Menschen", einem spezifischen Machttyp zu verdanken. Foucault hat ihn Lebens-Macht oder Bio-Macht genannt.[32] Im Zeichen der Bio-Macht haben sich, Foucault zufolge, die Wissenskontexte aber auch die praktischen Reglements für das institutionellen Handeln unserer Epoche umgeformt. Der oder die Einzelne erscheint in einem neuen Wirklichkeitszusammenhang. Er erscheint nur mehr als „Stoff" im Sinne einer allgemeinen Substanz, deren empirisches Profil wir der Physiologie der zweiten Hälfte des 19. Jahrhunderts und der Biochemie der lebendigen Zelle verdanken. Dieser Stoff ist das abstrakte biologische – und dieser Begriff ist etwa mit der Frage des Zugriffs auf schwangere Frauen auch genau in diesem biologischen Sinne ein Rechtsbegriff geworden – „*Leben*".

Der Titel dieses Beitrages hat die Form einer offene Frage: Kann man ein Eigentum am menschlichen Körper haben? Mit dem Innewerden ihres historisch fremden Charakters hat sich die Frage gleichsam verräumlicht. Zugespitzt könnte die Antwort nun allenfalls lauten: An dem, was dieser Körper als Leib bisher gewesen ist, als Idee wie als Rechtstatsache, gibt es ein Eigentum *nicht*. Wohl aber ist Eigentum konstruierbar am Körper als Ausschnitt dessen, was man klassifizieren kann als eine fallweise bestimmbare Teilmenge von Bio-Masse oder Leben – eben dann, wenn man diejenigen

---

32 Michel Foucault, *Histoire de la sexualité I: La volonté de savoir*. Paris 1976; dt.: *Sexualität und Wahrheit. Der Wille zum Wissen*, übersetzt von Ulrich Raulff und Walter Seitter. Frankfurt/Main 1977; sowie die Vorlesung vom 17.6.1976 in: ders., *Il faut défendre la société*, hrsg. von François Ewald und Alessandro Fontana. Paris 1996; dt.: *In Verteidigung der Gesellschaft. Vorlesungen am Collège de France (1975-76)*, übersetzt von Michaela Ott. Frankfurt/Main 1999.

Klassifikationskriterien, die in den Biowissenschaften in deskriptiver Absicht gewonnen werden, zukünftig auch in normativer Hinsicht gelten läßt, also als Regeln für das Verfügendürfen.

Übertragen wir das, so könnte man spekulieren: Das Recht hatte sich bis vor kurzem tatsächlich an der alten Körpergrenze des Individuums („unteilbar") orientiert, der natürlichen Person in einem nicht naturwissenschaftlichen und jedenfalls gänzlich vor-biologischen Sinne von Person und Menschsein.[33] Und genau dies mag sich nun ändern – zumindest in der Weise, daß die alte Grenze fällt. Was *Person* heißt, würde dann gleichsam seine Materialität verlieren. Oder besser: Diese Materialität der Person wird einem Kontinuum zugeschlagen, in dem die je spezifischen Grenzen des Einzelnen disponierbar sind. Die Materialität der Person hängt von den Verfügungswünschen der Beteiligten ab. Sie wird zur Verhandlungssache, etwa graduell oder als Normalität verschiebbar. Im Kern bleibt nur noch der Wille übrig – ein Abstraktum, weder an *sinnliche* Grenzen noch an die sittliche Grenze *Mensch* und kaum noch an den biomedizinischen *Menschen* gebunden.

Biopolitik, Recht und Körper: Kapitalisierung der Lebenszeit

Zum Abschluß legen sich Spekulationen nahe, ob nicht, wo so viele alte Grenzen verschwinden, auch etwas Neues entsteht. Sicher stellt die neue Handelbarkeit des Körpers eine Ökonomisierung gigantischen Ausmaßes dar. Neue Märkte mit neuen Produkten, neuen Produktionswegen und neuen Konsumchancen *und* auch neuen Formen der Arbeit kündigen sich an. Kann hier ein ganzes neues Feld für Wertschöpfung urbar gemacht werden, dann verspricht es gewiß wirtschaftlichen Gewinn. Daß mit neuen Körperstoff-Märkten auch neue Formen der *Entfremdung* einhergehen – in der Erwerbsarbeit wie überhaupt im Alltag – ist wohl ebenso sicher.

---

33 Eine Ausnahme freilich kennt das 20. Jahrhundert bereits, und sie muß genannt werden: das Konstrukt der „Rassen" innerhalb der menschlichen Gattung. Dieses ist ja tatsächlich schon vom Recht genutzt worden, um Schnitte zwischen Personengruppen zu ziehen und Rechtssubjekten willkürlich unterschiedliche Subjektpositionen zuzuteilen – bis hin zum vollständigen Entzug jeglicher subjektiven Rechte in der „legalen" Eugenik und Vernichtungspolitik im Dritten Reich.

Ich vermute dennoch, es geht nicht allein um einen Körper, der „kolonisiert" wird und verbraucht als „Ressource" oder „Ware". Ich möchte die weitergehende These aufstellen, daß das biotechnologische Zeitalter nicht nur einer *ökonomischen* Vision gehorcht. Denn es ist ja der Körper selbst, eben jene eigenartige, technogene „Lebens"-Substanz, die zwischen den Individuen zirkulationsfähig wird. Mittels der neuen Märkte scheint man tatsächlich technisch immer mehr in den Stand zu geraten, nicht den Körper *für Geld*, sondern den Körper *wie Geld*, gleichsam „physisch" zirkulieren zu lassen, wie man es in der Medizin mit der lebensverlängernden Weitergabe (demnächst Nachzüchtung) von Organen und in der Reproduktionsbiologie mit der Optimierung der Genbestände der Gattung versucht. Wenn aber zwischen den Individuen ein Kontinuum transferierbarer Lebens-Stoffe entsteht, wenn das mit Locke, Kant, Hegel an die Identität des Sinneskörper gebundene Willens-Individuum zur transitorischen Gestalt wird, während jeder einzeln im Zeichen einer neuen Ökonomie der biologischen Chancen quasi kurzgeschlossen wird mit den Körpern der anderen (und man weiß nicht, ob das alte Individuum sich dabei auflöst oder auf eigentümliche Weise „körperlos" erweitert), dann wäre meine Vermutung: Der Gewinn, der dabei winkt – und zwar vermeintlich für alle –, dieser Gewinn hieße eigentlich: *Lebens-Zeit*.

Dem Recht prägte sich, so besehen, ein modernes Doppelprojekt ein, wo man das Eigentum am eigenen und fremden Körper fordert. Erstens ginge es um die Neuschöpfung von ökonomischem Wert (durch Vermarktung einer ökonomischen Ressource zugunsten einer hochspezialisierten neuen Industrie). Zweitens ginge es aber auch um das Projekt einer Erwirtschaftung von *biologisch gewonnener Zeit*, indem man die sterblichen Substanzen verkehrsfähig macht – und perspektivisch also: *Lebenszeit* käuflich. Eigentum am Körper zu haben ermöglicht Rechtstitel auf Körpernachschub und Körperergänzung, auf Kapitalisierung und flexiblen Ersatz. Daß man von Gewebe-, Organ- oder Gen-*Banken* spricht, hat vielleicht regelrecht im Hinblick auf ein Ansparen, ein Bereithalten und eine Umverteilung von Lebens-Zeit seinen Sinn. Sicher wird dabei das Individuum vermarktet. Das heimliche Versprechen, das dem aber innewohnt: Das Individuum würde dabei – auch – unsterblich gemacht.

Körpertechnologie und Behinderung

Wolfgang Jantzen

1. Begriffsbestimmungen

Behinderung (Handicap) bezieht sich nach Definition der WHO auf die durch Schädigung (Impairement) und Störung bzw. Aktivitätseinschränkung (Disability) veränderten Beziehungen der sozialen Teilhabe. Entsprechend spricht die in Erprobung befindliche zweite Fassung der ICIDH (International Classification of Impairments, Disabilities and Handicaps) statt von Behinderung von *Partizipation* und damit von deren Realität und Möglichkeit.

Technik wäre nach Kurrer (1990) „die gesellschaftlich organisierte Entäußerung des sich zwischen Mensch und Natur vollziehenden Stoffwechselprozesses in Form der funktionellen Modellierung zum externen künstlichen Organsystem der menschlichen Tätigkeit". Nach Banse und Striebing (1983, 899) dient sie als „Gesamtheit der von Menschen geschaffenen materiellen Objekte und Prozesse seiner praktischen Tätigkeit" dazu, „bestimmte gesellschaftliche oder individuelle Ziele zu erreichen, die gesellschaftlichen Existenzgrundlagen zu erhalten bzw. zu erweitern" und befähigt die Menschen zur besseren Beherrschung ihrer natürlichen und gesellschaftlichen Umwelt.

Technologie bezieht sich auf die Untersuchung der Bestandteile des technischen Prozesses „in ihrer untrennbaren Verbindung, ihrer Struktur, Veränderung und Entwicklung" (Banse und Thiele 1983, 913). *Körpertechnologie* bezöge sich demnach auf den Prozeß der Entwicklung bzw. Selbstentwicklung körperlicher Geschicklichkeit.

In der Konfrontation der Definitionen von Behinderung und Technik zeigt sich ein Spannungsfeld:

Wird Behinderung als Folge von durch Defekt und Aktivitätsstörung veränderter Partizipation verstanden, steht zwar einerseits nicht mehr die Reparatur des Defekts im Vordergrund, zu der Technik und Technologie beitragen können, andererseits wäre jedoch nicht begriffen, daß es die gegebenen gesellschaftlichen Partizipationsverhältnisse sind, die Behinderung konstruieren, indem sie zugleich die je individuelle Geschichte von Behinderung als Geschichte von Ausschluß und Ächtung negieren. Und damit könnte Behinderung erneut nur als vorrangig technologische Frage begriffen werden, wenn auch auf anderem Niveau.

Bevor demnach das Problem Behinderung und Körpertechnologie behandelt wird, gilt es das Verhältnis von Behinderung und Geschichte des behinderten Menschen zu rekonstruieren.

2. Trennung von Behinderung und Geschichte des behinderten Menschen

Folgen wir den von Ongaro-Basaglia (u.a. in Anschluß an Foucault) vorgelegten Untersuchungen zu *Gesundheit und Krankheit* (1985), erfolgt ähnlich der dort vorgefundenen Figur der Verdoppelung des kranken Menschen auch auf dem Gebiet der Behinderung eine Verdoppelung in Form eines künstlich konstruierten Körpers neben dem Körper des behinderten Menschen. „Die Kenntnis der Krankheit ist nur authentisch und real, wenn sie objektivierbar, verifizierbar und definierbar ist, und nur wenn sie objektiv, verifizierbar und definierbar ist, kann sie überliefert werden" (1985, 19). Diese Verdinglichung setzt sich dort fort „wo der Staat die Krankheit organisieren muß, um in großem Maßstab auf sie reagieren zu können" (ebd. 34). Dies gilt bis heute, wie folgendes Beispiel verdeutlicht. Ein Kind mit deutlichen Problemen beim Schriftspracherwerb in einer Grundschulklasse (Handicap), das in Form von Langsamkeit und leichten Seh- und Hörstörungen sowie in der Realisation grammatischer Strukturen Aktivitätseinschränkungen aufweist (Disability), ist erst auf Grund der Diagnose „Down-Syndrom" (Impairement) als behindertes Kind eingestuft, zählt folglich als „Integrationskind" für die Stundenbemessung der Klasse.

Erst hier, auf der Ebene des Impairements, tritt die objektivierbare, verifizierbare und definierbare Behinderung in Erscheinung. Gleichzeitig fixiert sie den Blick sofort auf eine klinische Geschichte, die nichts mit der Geschichte des wirklichen Lebens zu tun hat, sondern allein Geschichte einer Krankheit ist[1]. Entsprechend der Organisation klinischer Geschichten durch die Klinik erfolgt die *sozialpolitische Organisation der Geschichten von Behinderung* in Anlehnung an die klinische Diagnose in Form einer Ontologie, in welcher es nur durch den Defekt gekennzeichnete, unter diesem Gesichtspunkt invariante Objekte gibt, allerdings in Relationen zu anderen Objekten und bewegenden Kräften. Und als solche wiederum bündelt und organisiert sie bevölkerungspolitische Urteile und Vorurteile, deren Kern die mit dem Terminus Behinderung belegte „Arbeitskraft minderer Güte" behinderter Menschen darstellt (vgl. Jantzen 1987, Kap. 1).

Daß im Kontext des neoliberalen Diskurses der Postmoderne hieraus massive Bedrohungen für behinderte Menschen erwachsen, auch im Rahmen bisher als gesichert erscheinender Lebenslagen, liegt auf der Hand, ist im weiteren aber nicht mein Thema (vgl. Jantzen 1998 a, b, Jantzen u.a. 1999). Wohl aber ist Thema eine Negierung der sozialpolitisch herrschenden defektbezogenen Betrachtungsweise von Behinderung durch eine Ontologie, „in der es nur eine Sorte von Entitäten gibt, nämlich gegenständliche Prozesse, die sich jedoch innerlich differenzieren in fließende Prozesse und geronnene Prozesse (= Produkte)", wie dies im Planungspapier zu dieser Tagung hervorgehoben wurde.

Einer derartigen Ontologie entsprechende Menschenbilder haben in den letzten 25 Jahren in der Behindertenpädagogik zunehmend Raum gewonnen (vgl. Jantzen 1955, 1998 c). Zum einen geschah dies auf der Basis sozialpolitischer und bildungspolitischer Bewegungen für Enthospitalisierung und Integration, zum zweiten durch subjektwissenschaftliche Positionen unter-

---

1 Die Versuche, dieser klinischen Geschichte mit klinischen Mitteln beizukommen, sind Legion: Korrekturoperationen, Medikamente und Kuren unterschiedlicher Art, Übungsbehandlungen von Physiotherapie, Bewegungstherapie, Logopädie bis hin zu Wahrnehmungstraining u.ä., gar nicht zu reden von „aktiven Therapien" wie Fixieren, Einsperren, Röntgenbestrahlungen, Elektroschock, Gehirnchirurgie oder sogar Beseitigung des behinderten Menschen zusammen mit der Behinderung durch vorgeburtliche Selektion sowie durch „Euthanasie".

schiedlicher Provenienz, innerhalb derer marxistische und psychoanalytische Positionen eine bedeutende Rolle spielten. Und nicht zuletzt hatte die Wahrnehmung von Komplexität im Rahmen systemtheoretischer und ökologischer Debatten zur Folge, daß traditionelle deterministische Muster in Frage gestellt wurden. Hierbei spielte der naturwissenschaftliche Materialismus Maturanas (1982, 1987) eine besondere Rolle, indem er radikal den Blick auf eine konstruktivistische Binnenperspektive von Subjektivität fokussierte. Eine solche Perspektive werde ich im folgenden skizzieren, allerdings weniger Maturana verpflichtet, als bestimmten ausgearbeiteten dialektisch-materialistischen Positionen im Bereich von Biologie (Anochin, Bernstein) und Psychologie (Vygotskij, Leont'ev, Wallon).

3. Denkender Körper und Welt

Versucht man, die auf dem Gebiet der Behindertenpädagogik vorgefundenen und vorfindbaren Verhältnisse von Dingen, Relationen und bewegenden Kräften zu verflüssigen, so stößt man auf eine Reihe historischer Vorläufer auf dem Gebiete von Biologie, Psychologie und Sozialwissenschaften, als deren großer Vorläufer sich wiederum Spinoza erweist. Im Unterschied zur cartesianischen Zweiteilung der Substanzen, die auch vor der Einteilung der psychischen Prozesse in die niederen des Körpers und die höheren des Geistes nicht halt macht,[2] entwickelt Spinozas Substanzmonismus eine philosophische Lösung des Zusammenhangs von belebtem Körper und Welt, deren Heranziehung von hohem methodologischem Nutzen für die Ausarbeitung einer allgemeinen Psychologie sein kann, wie dies Vygotskij (vgl. z.B. 1985) mehrfach sowohl hervorgehoben als auch demonstriert hat.

---

2 Vgl. Vygotskijs (1996) erhellende Analyse des Cartesianismus auf dem Gebiete der Emotions(neuro)psychologie. Wallons (1987) methodologische Bemerkungen zu Descartes, den er als Monisten liest, da er beim Menschen nach einer Vermittlung zwischen ausgedehnter und erkennender Substanz in Form der Emotionen gesucht habe, liegt außerhalb des Mainstreams der Descartes-Rezeption und Kritik. Ich kann ihm darin zustimmen, daß eine dualistische Kategorienbildung (aber genau genommen ist dies bei ihm selbst eine dialektische, die er in Descartes hineinliest) in der Tat geeignet ist, einen Widerspruch zwischen Körper und Denken aufrechtzuerhalten, der keineswegs so einfach monistisch zu lösen ist, wie oft vorschnell angenommen.

Erste Idee des denkenden Körpers ist, so Spinoza, der Körper selbst. Durch das Bedürfnis, in seiner Existenz zu verbleiben (Trieb, Begierde), ist das Denken des denkenden Körpers mit Veränderungen des Körpers durch die Umstände der Welt konfrontiert, die seiner Idee entsprechen oder nicht entsprechen. Entsprechen sie ihm nicht, erfährt er sie unter dem Aspekt der Leidenschaft, d.h. er leidet; entsprechen sie ihm, so erfährt er sie unter dem Aspekt der Handlung, d.h. er empfindet Freude. Die Affekte des denkenden Körpers sind demgemäß Voraussetzungen und Folge seiner Tätigkeit. Folglich wird der denkende Körper nach jenen Aspekten der Welt suchen, die ihm entsprechen, insofern sie in der „Fülle des Seins" (Negri 1982) etwas gemeinsam mit ihm haben. Am meisten mit dem Menschen gemeinsam haben jedoch andere Menschen. Daraus folgen als höchstes Gut ein Leben im Einklang mit der Natur und ein friedliches Zusammenleben mit anderen Menschen. Der Weg dorthin ist jedoch beschwerlich und von der Natur und Genesis der Affekte im Verhältnis zur Welt abhängig.

Diese strikt konstruktivistische Position wird in Erkenntnistheorie, Affektenlehre, Bewußtseinstheorie sowie einer Konzeption, die klassische und moderne Ethik verbindet, noch bevor letztere bei Kant deontologisch die Bühne der Geschichte betritt, in den Büchern II - V der *Ethik* (Spinoza 1989) entwickelt.

Was mich hier zunächst interessiert, ist das Verhältnis des denkenden Körpers zur Welt. Spinozas Philosophie setzt den denkenden Körper als tätigen und handelnden voraus, setzt aber zum anderen eine Welt voraus, die erkennbar ist. Dieses Erkennbarkeit resultiert aus der Genesis des denkenden Körper in der Welt durch die Eigenschaft ihrer Gemeinsamkeit in (zwei) spezifischen, dem denkenden Körper zugänglichen Attributen (aus einer Unendlichkeit von Attributen der unendlichen Substanz). Im Unterschied zu Maturana ist der denkende Körper nicht nur an *irgendeine* Welt strukturell gekoppelt, deren Einwirkungen auf die Peripherie er kognitiv nach Maßgabe seiner Struktur und Organisation rekonstruiert, sondern er ist gebunden an eine Welt, die gemeinsam mit ihm entstanden ist, von deren Möglichkeit er weiß, über deren Urbild er über die Gegebenheit seines Körpers verfügt und in der er am meisten mit anderen Menschen gemeinsam hat.

Auf die Ebene der Psychobiologie heruntergebrochen entspräche dies der universellen Existenz von Erbkoordinationen und Bindungsverhalten (vgl.

Lorenz 1973, Bischof 1989) sowie einem von den Neurowissenschaftlern Trevarthen und Aitken (1996) für die menschliche Entwicklung postulierten, angeborenem, intrinsischem Motivationssystem, das auf die Existenz eines „freundlichen Begleiters" zielt.

Über die bloße Wahrnehmung hinaus, so die Schule Vygotskijs und Leont'evs, realisiert sich die Konstruktion der Welt im Psychischen jedoch durch die *Tätigkeit*.[3] Diese kann sich jedoch als bedürfnisrelevante Beziehung des Subjekts zum Objekts, die in dieser Hinsicht ihr eigentliches Motiv am Gegenstand realisiert, bezogen auf die objektive Seite der Welt nur in Form von *Handlungen* ereignen. Handlungen aber sind *Bewegungen* des Subjekts bezogen auf das innerweltliche Verhältnis des Objekts zum Subjekt. Da menschliches Leben soziales, gesellschaftliches Leben ist, finden diese Transformationen immer in sozialen Umständen statt, zunächst in kooperativer, interpsychischer Form, um dann intraspsychisch zu werden. Zugleich geht in diesen Beziehungen jedoch die Technik in dem weiten Sinne der obigen Zitate in den Verfügungsspielraum der Individuen über.

Dieser Übergang, in dem das Subjekt am sozial entstandenem Prozeß des Ideellen teil hat, wird philosophisch von Il'enkov (1994) am kardinalen Unterschied von denkenden und nicht denkenden Körpern hervorgehoben: Dieser bestehe darin, „daß der denkende Körper die Form (Trajektorie) seiner Bewegung im Raum aktiv aufbaut (konstruiert), entsprechend der Form (Konfiguration und Lage) eines *anderen Körpers*, indem er die Form seiner Bewegung (Tätigkeit) mit der Form dieses, und zwar eines *beliebigen* anderen Körpers koordiniert. Die eigene, spezifische Tätigkeitsform des denkenden Körpers (und hier meint Il'enkov den menschlichen; W.J.) zeichnet sich folglich durch *Universalität* aus" (ebd. 70 f.). „Das Denken ist also nicht Produkt der Tätigkeit, sondern die Tätigkeit betrachtet im Moment ihrer Ausführung" (ebd. 62) Da allerdings das Denken im Medium der Sprache sich bildet und stattfindet und beide nicht identisch sind, bedarf es einen gemeinsamen Dritten, was beide verbindet. Dies ist im übrigen auch den höheren Tieren gegeben, so Il'enkov (z.B. ebd. 72; und mit ihm Galperin

---

3 Ich bin der Ansicht, daß in dieser Frage eine in Teilen der Forschungsliteratur betonte Differenz zwischen Vygotskij und Leont'ev lediglich eine des Weges, nicht in der Sache ist (vgl. Jantzen 1996, 1999).

1980). Es sind die sensomotorischen Schemata im Sinne von Piaget, die so etwas wie eine Tiefenstruktur im Sinne von Chomsky, Schemata des Gehirns oder logische Formen darstellen (ebd. 289).

Und erneut kehrt die Definition der Bewegung des denkenden Körpers als *Trajektorie* wieder: „Ein sensomotorisches Schema ist die durch die Bewegung in der Zeit entfaltete räumlich geometrische Form eines Dinges; sie enthält nichts anders. Es ist das Schema eines Prozesses, der die Form eines Dinges reproduziert"; einmal als „simultan fixierte, erstarrte Kontur des Dinges; das andere Mal hingegen sukzessiv in der Zeit entfaltet, als Kontur der Bewegung, als Trajektorie dieser Bewegung die eine räumlich fixierte Spur hinterläßt, an der sich diese Bewegung orientiert" (ebd. 290 f.). Insofern löst sich für Il'enkov das Problem der Rückständigkeit durch Behinderung auf in das Problem des Verfügbarmachens von Körpertechnologie. Diesen Prozeß hat er in engagierter Anteilnahme an der Taubblindenerziehung in Sagorsk und in enger Zusammenarbeit mit Meščerjakov, Obuchova u.a (vgl. Bakhurst und Padden 1991, Jantzen 2000) als Prozeß beschrieben, der über die Entwicklung gemeinsam geteilter, gegenständlicher Tätigkeit, über die Gewinnung körpereigener Gebärden zu konventionalisierten Zeichen, zur Schriftsprache und über die vermittelten Inhalte zum Prozeß der „Menschwerdung" führen.

Nicht die Rede ist hierbei von den emotionalen und gefühlshaften Beziehungen zu anderen Menschen, von jedem Sinnuniversum, das die vergessene Voraussetzung ist, damit ein logisches Universum als Reich des Ideellen überhaupt existieren kann.

Insofern wird der methodologische Rahmen von Spinozas Philosophie zwar für den Aspekt der Erkenntnis des denkenden Körpers in der Welt fruchtbar konkretisiert, nicht aber für den Aspekt der Entwicklung der Affekte und des gemeinschaftlichen, solidarischen Lebens.

Obwohl uns Il'enkovs Ausführungen eine große Hilfe zum Begreifen der Funktionen von Bewegungen, Handlungen und Tätigkeiten für den Aufbau der psychischen Prozesse in einer dem dialektischen Materialismus verpflichteten Konzeption des Psychischen liefern, lassen sie entscheidende Fragen zu einem subjektbezogenen Neuverständnis des Verhältnisses von Körpertechnologie und Behinderung offen.

Zudem wird mit der Einschränkung des Psychischen auf sog. höhere Prozesse der lebendig organisierten Materie ein Rückfall in ein cartesianisches Denken über sog. niedere Formen nicht ausgeschlossen (und damit auch nicht ein cartesianisches Denken über „geistige Behinderung" als Ausdruck nicht zur „Menschwerdung" fähiger Natur).[4]

Gänzlich spinozianisch behandelt Vygotskij das Problem *geistiger Behinderung* in seinem methodologischen Aufsatz *Entwicklungsdiagnostik und pädologische Klinik für schwierige Kinder* (1993). Kern der Retardation bei geistiger Behinderung ist ein dynamischer Komplex von Defekt und Primärfaktoren. Durch diesen dynamischen Komplex ändert sich die soziale Entwicklungssituation tiefgreifend, deren subjektive Seite das „Erleben" des Kindes (Vygotskij 1994) ist. Geistige Behinderung führt jedoch nicht zwangsläufig zu geistigem Zurückbleiben, da ihre Sekundär- und Tertiärfaktoren, also die höheren psychischen Prozesse, beeinflußbar sind.[5] In Form von Kooperation und Kollektiv können Primärfaktoren der Rehabilitation realisiert werden, die den isolierenden Charakter des Kerns der Retardation kompensieren, indem sekundär im Rehabilitationsprozeß dann, so verstehe ich Vygotskij, die Realisierung des jeweiligen inhaltlichen Austausches erfolgt, die an sekundären Neubildungen in der geistigen Entwicklung des Kindes anknüpft und sie erweitert (vgl. auch Jantzen 1997). Zum Teil sind sekundäre Neubildungen jedoch bereits durch tertiäre überlagert, die als 'Primitivreaktionen' u.ä. den Prozessen der Selbstwahrnehmung unter Bedingungen der mangelnden sozialen Kompensation geschuldet sind.

Auf der Basis der Anwendung der Bewegungsphysiologie Nicolaj Bernsteins und seiner Schule erfährt Vygotskijs These von einem dynamischen Kern der Retardation tiefgreifende Bestätigung. So konnten Mark Latash (1993) und Mitarbeiter zeigen, daß spezifische Formen des Impairments, die bisher unmittelbar dem Defekt zugeschrieben wurden, sich bewegungsphy-

---

4 Selbst Leont'ev (1973), der im Unterschied zu Galperin und Il'enkov Psychisches explizit bis auf die Stufe verschiedener Formen von Einzellern rückverfolgt, bedient sich bei anderen Einzellern mit der Formel der 'einfachen Reagibilität' elementarer Lebensformen der Lehre von der „dritten Substanz", die in der Biologie bis heute eine Grundfigur cartesianischen Denkens ist. Vgl. auch Holzkamp (1983), der dies von Leont'ev übernimmt.

5 Diese Konzeption wurde im Kontext entwickelter neuropsychologischer Vorstellungen entwickelt, auf die später Lurija vielfältig zurückgegriffen hat.

siologisch als Ausdruck von Kompensationsprozessen erweisen: so bei Down-Syndrom die Langsamkeit oder bei Parkinson-Syndrom die Symptome von Rigidität, Tremor und Bradykinese im Verhältnis zu der primär gestörten Funktion der Vorprogrammierung. Ähnlich wird in der neueren Debatte um Impairement begonnen, systematisch die wechselseitigen Beziehungen von Bewegung und Impairement zu untersuchen.

Wir haben demnach im nächsten Schritt nach Seiten des denkenden Körpers elementare Schritte seiner Selbstkonstruktion, oder in Maturanas Terminologie, seiner Autopoiesis zu rekonstruieren, innerhalb derer Behinderung lediglich die Verbesonderung eines Allgemeinen darstellt, nicht aber ontologisch unhintergehbares, defektives Ding.

4. Biopsychologische Voraussetzungen der Selbstentwicklung des denkenden Körpers

Wesentliche Vorarbeiten für ein konstruktivistisches Verständnis von Lebensprozessen liegen in den Theorien der Physiologen P.K. Anochin (1974, 1978) und N.A. Bernstein (1987) vor, die bereits in den dreißiger Jahren, lange vor Holst und Mittelstaedt bzw. Wiener Prinzipien der biotischen Rückkoppelung bzw. der Kybernetik in die Theoriebildung einführten. Von besonderer Bedeutung ist Bernsteins Auffassung, daß Bewegungen nicht von der Zentrale allein bestimmt werden, sondern in Zusammenarbeit mit der Peripherie, und daß ihre Organisation nicht metrischer, sondern topologischer Art ist, also genau jene *Trajektorie*, jene „räumlich fixierte Spur hinterläßt, an der sich diese Bewegung orientiert", von der Il'enkov sprach. Besser gesagt: Jene Magistrale räumlich fixierter Spuren verschiedener Bewegungen in einem durch unterschiedliche Einflüsse der Peripherie bestimmten *afferenten Feld*, welche der auf das Objekt bzw. den Objektbereich jeweils bezogenen Handlungserfahrung entspricht. Diese trennt sich über den Modus der Propriozeption als *innerer* vom *äußeren Regelkreis*, wird automatisiert und als *Geschicklichkeit* verfügbar (vgl. auch Bernstein 1996). Die Selbstorganisation des lebenden Körpers wird in Skizzen zu einer *Biologie der Aktivität* (Bernstein 1987) als Selbstrealisation in Richtung Negentropie betrachtet, innerhalb derer die motorischen Prozesse selbst sich höheren Ebenen der denkenden Aktivität unterordnen. Für diesen Prozeß ist die Annahme eines *dem Bedarf bzw. Bedürfnis entsprechenden Modells der Zukunft* von besonderer Bedeutung.[6] In seinem letzten Aufsatz, kurz vor seinem Tode 1966 geschrieben, spezifiziert Bernstein die Gründe für die variablen Differenzen von Bewegungen, denen durch entsprechende positive und negative Rückkoppelungsverhältnisse das jeweilige Modell der dem Bedarf entsprechenden Zukunft Rechnung zu tragen hat. Im wesentlichen unterscheidet er drei Quellen: „Erstens ... paßt sich der Organismus an externe Störungen an, die nicht vorweggehend kontrolliert werden können. Zweitens resultiert die Variabilität aus der ununterbrochenen Aktualisierung der internen Zustände des Organismus selbst: die sich verändernde Erregbarkeit der muskulären Einheiten, ihre Blutversorgung usw. Schließlich ist es eine Suchaktivität, die aus dem Kontroll- und Programmierapparat des Gehirns selbst stammt. Dieser Apparat ist fortwährend engagiert in der aktiven Suche nach der besten Lösung für ein gegebenes Problem" (Bernstein 1999, 231).

Über Anochins Überlegungen zur *vorauseilenden Widerspiegelung* als Grundlage jeder Lebensaktivität (Anochin 1978, 61 ff.) hinausgehend verweist Bernstein ausdrücklich nicht nur auf die in der Außenwelt ablaufenden zeitlichen Prozesse, sondern ebenso auf die im Körper ablaufenden zeitlichen Prozesse. Zwischen beiden muß das Subjekt die je „beste Lösung" (Bernstein) finden. Hierfür sind die Emotionen von zentraler Bedeutung. Dieser Aspekt findet systematische Berücksichtigung in Simonovs Emotionstheorie (1975, 1982, 1986) in Form einer Verhältnisgleichung der Emotionen:

(1) $E = f(B \cdot \Delta I)$

bzw.

(2) $B = E/\Delta I$

Die drei Terme E = Emotion, B = Bedarf bzw. Bedürfnisse und ΔI = „pragmatische Ungewißheit" (d.h. Differenz zwischen gegenwärtig vorhandener und für die Lösung vermutlich benötigter Information) entsprechen den Termen Ungewißheit der äußeren Welt (ΔI), Zustand des eigenen Organis-

---

6 Feigenberg (1999, 233) übersetzt das von Bernstein verwendete Prädikat *potrebnoje* in Auseinandersetzung mit Pickenhains deutschsprachiger Übersetzung *erforderlich* mit „*needed*" (model of the future). Zum Aspekt des Modells der Zukunft vgl. auch Feigenberg (2000).

mus (B) sowie bester Lösung für ein Problem (in Form einer emotionalen Bewertung, was jeweils gut für ein Subjekt ist; E) in Bernsteins Klassifizierung. Im übrigen tauchen in ihnen die spinozianischen Terme des Körpers als Idee des Körpers (B) getrennt von der Idee der auf den Körper einwirkenden Welt (ΔI) und der affektiven Bewertung (E) der Tätigkeit auf.

In einem aktuellen Versuch der Skizzierung einer nicht cartesianischen Neuropsychologie verfährt Damasio (1995) ähnlich: Neuronale Grundlagen des Selbst schlagen sich erstens nieder in Repräsentationen von Schlüsselereignissen der Autobiographie des Individuums „was wir tun, wen und was wir mögen, was für Objekte wir verwenden" (ebd. 317). Zweitens bestehen Urrepräsentationen des Körpers, nicht nur des Körpers im allgemeinen, „sondern des Zustands des Körpers, in dem er sich gerade befunden hat, kurz vor dem Prozeß, der zur Wahrnehmung von Objekt X geführt hat" (ebd. 318). Und schließlich besteht ein „Drittkraft-Komplex" mit Konvergenzeigenschaften (ebd. 321), innerhalb dessen zwischen Körpersignalen und für das Gefühl verantwortlichen Ereignissen vermittelt wird (ebd. 223).[7]

Löst man diese Überlegungen in zeitlicher Hinsicht auf (vgl. Jantzen 1990, 1994), so muß dieser Drittkraft-Komplex, oder das Gefüge der Emotionen bezogen auf die zu antizipierenden Zeitreihen der äußeren Welt und des eigenen Körpers selbst zeitliche Struktur haben. In dieser Hinsicht sind wir davon ausgegangen (Feuser und Jantzen 1994), daß Emotionen der Realisierung einer internen *Systemzeit* entsprechen, auf deren Basis sich Prozesse der *Eigenzeit* sowohl bezogen auf die äußere Welt als auf den eigenen Körper realisieren. Emotionen die sich auf die Eigenzeit-Dimension von Vergangenheit/ Gegenwart beziehen, sind daher andere als jene, die sich auf das „Modell einer dem Bedarf entsprechenden Zukunft" beziehen. Denn dieses hat im Vergleich zur bloßen Wahrnehmung in der fließenden Gegenwart durch das am psychischen Gegenstand gebildete Motiv eine Dimension von Zukunft unter Rückgriff auf Handlungsalternativen. Das sich durchsetzende, die Tätigkeit in Form der Handlung dominierende Motiv (M_d) stellt in dieser Hinsicht das Maß möglicher emotionaler Erfüllung im Verhältnis zum Handlungsaufwand innerhalb dieser Tätigkeit (T) dar. Oder in den Termen der Simonovschen Gleichung ausgedrückt:

---

7 Zur Neuropsychologie eines derartigen Komplexes vgl. auch Ledoux 1998.

(3) $M_d = \int E_T \cdot dt / \int \Delta I_T \cdot dt$

(vgl. Jantzen 1989 sowie 1990, Kap. 7, insb. 54 ff)

Auf der Basis dieser Überlegungen erfüllen alle Prozesse des Lebens die spinozianische Definition des denkenden Körpers, die Emotionen sind nicht eine späte Zutat der Prozesse des Lebendigen, sondern ihnen von Anfang an als notwendige zeitliche Vermittlungsachse (Systemzeit) zwischen innerer Körperzeit und auf den Körper in Form von Ereignissen wirkender Weltzeit inhärent. Insofern erfolgen zwangsläufig bei allen Formen der Schädigung Kompensationen im Sinne einer Wiederherstellung der Tätigkeit des Subjekts in der realen Welt.

Diese sehr allgemeine, evolutionsbiologische und neurowissenschaftliche Position ist im folgenden nun zurückzuübersetzen in die menschliche Entwicklung, um ein vertieftes Verständnis des Verhältnisses von Körpertechnologie und Behinderung zu erlangen. Hier folge ich für die frühe Entwicklung im wesentlichen dem französischen Entwicklungspsychologen Wallon.

5. Entwicklungspsychologie I: Die Differenzierung von Körper und Welt in den psychischen Prozessen.

In Wallons strikt konstruktivistischem Ansatz wird von neuronalen Prozessen ausgegangen, denen jeweils aus methodologischen Gründen (vgl. Fußnote 3) eine psychische Dimension dualistisch gegenübergestellt ist: Der Haltung (posture) die Einstellung (attitude), dem Tonus das Psychische in elementarer Form, den Bewegungen die Geste. Nicht in diesen Dualismus eingegliedert sind die Emotionen, die auf Mittelhirnniveau an der Kreuzungsstelle von Interozeption, Proprlozeption und Exterozeption Bewertunsvorgänge realisieren, deren äußere Form Automatismen sind. Diese verlangen als emotionale Ausdrucksbewegungen nach sozialer Erwiderung. Insofern ist der soziale, zwischenmenschliche Verkehr in Form der Dechiffrierung und reziproken Bestätigung emotionaler Ausdrücke die Grundlage jeglichen menschlichen Austauschs (und damit auch menschlicher Bewußtseinsfunktionen), wie dies Wallon (Voyat 1984, Kap. 11) an Problemen von Tanz, Ritual, Massenpsychologie usw. erörtert. Indem Automatismen sowie auf Stammhirn- und Mittelhirnniveau aufbauende Bewegungsmuster in Form von Zirkulärreaktionen Kontakte mit der Welt realisieren, werden sie über das System der Exterozeptoren mit den Eindrücken der Welt verbunden, findet Lernen statt.

Von besonderer Bedeutung ist der Unterschied zwischen sensomotorischer Aneignung und imitativer, sozialer Aneignung der Welt. Während die Sensomotorik und mit ihr die sensomotorische (praktische, situative) Intelligenz sich auf allen Entwicklungsniveaus auf den motorischen bzw. situativen Raum bezieht, entwickelt sich die diskursive (repräsentative) Intelligenz, als zweite und wesentliche Quelle menschlichen Denkens, erst durch den Prozeß der Imitation. Sie ist die Quelle der über die Sprache vermittelten geistigen Repräsentationen.[8] Imitationen beginnen in Form unmittelbarer und getreuer Kopien bis hin zu späteren Formen der Aufnahme in persönliche Bewegungsgestaltung und Gewohnheiten. Erst durch den Prozeß der Imitation des Handelns Anderer, die in der Nachahmung zur kinästhetischen Trennung der eigenen Bewegung sowohl von der exterozeptiven Wahrnehmung des Anderen als auch zur kinästhetischen Repräsentanz des Anderen in den psychischen Prozessen führt, erfolgt letztlich ein Zugang zum sprachlichen und zum begrifflichen Raum (vgl. Wallon 1997, Kap. 10, Voyat 1984, Kap. 12).[9]

Dabei ist es für das Verständnis von Wallons Theorie von erstrangiger Bedeutung, den Aufbau von Operationen und Repräsentanzen in einem ständigen Prozeß der funktionellen Alternanz zwischen Körper und Welt, zwischen Wahrnehmung des Selbst und Wahrnehmung der Welt zu betrachten (Wallon 1997, Kap. 7; Voyat 1984, Kap. 11). Die Trennungen zwischen Selbst und Welt entstehen erst im Prozeß der psychischen Entwicklung und fußen u.a. auf den Differenzierung von Haltung und Bewegung, Propriozeption und Exterozeption sowie beider wiederum vom Prozeß der Interozepti-

---

8 Dieser Auffassung, die gänzlich mit Vygotskijs Einschätzung zur Rolle der Nachahmung übereinstimmt, stimmt schließlich auch Piaget in einer Würdigung des Werkes von Wallon, geschrieben kurz vor dessen Tod 1962, zu. Während seine Theorie den Aspekt der Operation in den Vordergrund stelle, behandele Wallons Theorie systematisch den Aspekt der Repräsentation (Nachdruck in Voyat 1984, Kap. 8).

9 Da die Nachahmung des Anderen jeweils nur im Raum emotionaler Bestätigung stattfinden kann, eröffnet sich hier ein Anschluß der Theorie an die Überlegungen von René Spitz (1972), für den der Dialog durch die in ihm stattfindende Reziprozität erst die konstruktivistische Unterscheidung von belebt und unbelebt gestattet.

on. Elementares Körperselbst und Wahrnehmungsfeld trennen sich erst gegen Ende des ersten Lebensjahres, vergleichbar Piagets viertem sensomotorischen Stadium oder dem zweiten Organisator des Psychischen sensu Spitz. Der Körper selbst ist zunächst Objekt, das ebenso wie andere Objekte angeeignet und von diesen getrennt werden muß.

Diese Verwischung von Subjekt und Objekt ist kennzeichnend für den Synkretismus der frühkindlichen Entwicklung. Vergleichbare Verwischungen erfolgen im Verhältnis Ganzes und Teile, Individuelles und Allgemeines. Sie finden erst mit der Herausbildung des kindlichen Ichs als zunehmend sichere Repräsentanz des Selbst im Selbstbewußtsein allmählich ihre Auflösung. Noch im Alter von vier Jahren nehmen jedoch Kinder Gesichter von anderen Personen eher auf Grund dominanter Einzelmerkmale als in einer gesicherten Teile-Ganzes-Relation wahr (Voyat 1984, Kap. 9). Dieser Weg der Entwicklung von Repräsentanzen im Selbstbewußtsein spiegelt die Kinderzeichnung. Bis in das beginnende Schulalter hinein sind diese Repräsentanzen jedoch noch in die situative Vergegenwärtigung der Ereignissituation eingebunden,[10] erst danach lösen sie sich hiervon und sind im erwachsenen Ich-Bewußtsein frei von situativen Konnotationen verfügbar (Voyat 1984, Kap. 12).

In dieser Hinsicht ist Wallons Theorie nicht nur eine Theorie der Entwicklung der Persönlichkeit, die zu einer vereinheitlichenden Entwicklungstheorie erhebliches an Konsistenz beiträgt, sie nimmt auch in vieler Hinsicht Ergebnisse einer modernen neuropsychologischen Theorie des Körperselbst vorweg. Bevor ich auf diese eingehe, einige Bemerkungen zum bisherigen Ertrag der Diskussion.

---

10 Entsprechend dem Übergang zur präoperationalen Intelligenz sensu Piaget findet bei Wallon der Übergang zu einer neuen Ebene der Repräsentanz statt, auf der die diskursive Intelligenz zunehemend dominant wird. Auf ihrer Grundlage verschwindet der Synkretismus und entsteht das Selbstbewußtsein. Erst es vergegenwärtigt (z.B. in Form von Rollenspiel oder symbolischer bzw. sprachlicher Wiederholung) den sensomotorischen Kontext der Erinnerung, in den das Kind auf der Ebene der sensomotorischen Intelligenz unmittelbar eingebunden ist (vgl. meinen Versuch einer vereinheitlichenden entwicklungspsychologischen Theorie; Jantzen 1987).

6. Zwischenbemerkung zum Verhältnis von Behinderung und Körpertechnologie

Körperliche Schädigungen können einen Prozeß sozialer Teilhabe so modifizieren, daß im Endergebniß dieses Prozesses Behinderung als soziale Konstruktion resultiert. Der körperliche Defekt (Pathologie) führt zu einem dynamischen Gefüge von Pathologie und primären körperlichen, sensomotorischen Kompensationen (Kern der Retardation, Impairement). Hierdurch entsteht ein verändertes Verhältnis zu dem Menschen und zur Welt, innerhalb dessen Kompensation und Rehabilitation Formen des sozialen Verkehrs erfordern, die dieser veränderten Situation angemessen sind. Insbesondere müssen durch Dialog und emotionale Reziprozität Voraussetzungen ebenso zu angemessener sensomotorischer wie zu imitativer Aktivität geschaffen werden. Da die sensomotorische Kompetenz durch das dynamische Gefüge des Kerns der Retardation im Sinne von Primärfaktoren oft in Mitleidenschaft gezogen ist, kommt der Entwicklung imitativen Handelns besondere Bedeutung zu. In seinem Kern steht dabei der Inhalt einer gemeinsamer Lösung von Aufgaben, nicht die dafür eher nebensächliche Bewegungsform. Hier hat die bereits angesprochene, gemeinsam geteilte Tätigkeit ihren Ort. In der Kooperation mit Anderen kann das Kind heute das schon vollziehen, was es allein morgen können wird, so Vygotskijs Konzept der Zone der nächsten Entwicklung (1987).

In diesem Kontext entstehen sowohl sensomotorische als auch diskursive Kompetenzen (Abilities oder Disabilities) nach Maßgabe der Teilhabe an Kultur und sozialem Verkehr (Partizipation oder Handicap im Sinne von Isolation und Dekulturation) und damit die Grundlagen höherer Formen intellektueller Entwicklung. Für diese ist die diskursive Nutzung der Sprache von besonderer Bedeutung, innerhalb derer sich diskursive Repräsentation und sensomotorische Realisation verbinden.

Gelingt diese Verbindung nicht, z.B. in Folge von durch den Defekt erheblich eingeschränkter Entwicklung der Körpertechnologie, wie bei Spastizität und dem nicht gelingenden Erwerb der Lautsprache, so können und müssen andere Formen von Körpertechnologie als die üblichen an diese Stelle treten, um die Voraussetzungen kulturell reichhaltiger Entwicklung zu realisieren (vgl. Thiele 1999). Sofern sich die Einschränkungen nur auf den sensomotorischen Aspekt beziehen, ist durch spätere Nutzung alternativer und argumentativer Kommunikation eine weitgehende Kompensation möglich, wie dies u.a. die aufsehenerregende Geschichte von Annie McDonald dokumentiert, die als schwer cerebralparetisch gelähmtes Kind in einer Einrichtung für schwerst behinderte Kinder vegetierte. Durch die Eröffnung von Verfahren gestützter Kommunikation, also einer anderen Körpertechnologie, wurde sie in die Lage versetzt, Geisteswissenschaften zu studieren und Bücher zu schreiben (Crossley/McDonald 1990, vgl. auch Crossley 1997).

Um die angesprochenen unterschiedlichen Ebenen des Körperbewußtseins und des Selbst, deren Kenntnisnahme für ein Neuverständnis von Behinderung enorme Bedeutung hat, noch weiter zu verdeutlichen, einige abschließende Bemerkungen.

7. Körper, Körperselbstbild und Bewußtsein

Damasio entwickelt, wie bereits erwähnt, in seinem Buch *Descartes Irrtum* (1995) eine integrale Neuropsychologie, innerhalb derer die Dimensionen der Repräsentation der Welt sowie des eigenen Körpers vorrangige Beachtung erfahren.

Dabei kommt dem Aspekt der Bewegungen eine herausragende Rolle zu: Urrepräsentationen des bewegten Körpers bilden die grundlegende Rolle für das Bewußtsein „Nach meiner Ansicht bilden sie den Kern der neuronalen Repräsentationen des Selbst und liefern damit ein Bezugssystem für das, was dem Organismus innerhalb und außerhalb dieser Grenze zustößt" (ebd. 313). Verbinden wir diesen Gedanken, den wir schon von Spinoza, Il'enkov und Bernstein her aufgenommen haben,[11] mit der Argumentation von Wallon, so bilden imitative Bewegungsmuster eine wesentliche Grundlage der Herausbildung des Selbst und sensomotorische Bewegungsmuster eine wesentliche Rolle für die Herausbildung von körperlicher Geschicklichkeit. Beides, diskursive Repräsentation ebenso wie sprechmotorische Geschicklichkeit, si-

---

11 Vgl. auch Edelman (1993, Kap. 8): Gegenüber der bloßen Wahrnehmung gewährleisten motorische Ensembles ein höheres Maß an adaptiver Kategorisierung.

chert über die Sprache den Aufbau von Bewußtseinsfunktionen im sozialen Verkehr.

Mit diesen bisher entwickelten Sachverhalten korrespondieren theoretische Überlegungen zur Repräsentation von Körper, Körperselbst, Selbst-Bewußtsein und Ichbewußtsein.

Im Prozeß der ontogenetischen Entwicklung entstehen zum einen stabile neuronale Kartierungen des Körpers, wie sie sich z.b. beim Verlust von Gliedmaßen und dem resultierenden Phänomen von Phantomglieder zeigen (Off-line-Kartierungen, vgl. ebd. 209). Eine derartige Wahrnehmung der Körpergrenzen wird ontogenetisch gelernt, wie wir von Wallon wissen.[12] Unter Bedingungen spezifischer Hirnverletzungen kann es zu anderer Wahrnehmung der Körpergrenzen kommen z.b. in Form eines weiteren Armes oder Beines usw. (Bragyna und Dubrochotowa 1984).

Zweitens unterscheidet Damasio eine fortlaufende, dynamische Repräsentation der aktuellen Körperzustände, kartiert in einer Vielzahl kortikaler und subkortikaler Prozesse und mit nicht-kartierten, viszeralen Prozessen verbunden. Diese Repräsentation betrachtet er als dynamische On-line-Kartierung (Damasio 1995, 209).

Drittens unterscheidet er hiervon ein „Hintergrundempfinden", wie z.B. bei O. Sacks (1987) in der Geschichte *Die körperlose Frau* beschrieben. Dieses Hintergrundempfinden des Körpers entsteht nicht auf der Basis von Gefühlsprozessen. Der Begriff Stimmung ist damit verwandt, trifft es aber

---

12 Unter Bezug auf Latashs Theorie wäre an folgenden Erklärungsansatz zu denken: Ein zentraler Parameter λ sichert in der Innervation des Muskels die flexible Veränderung des Verhältnisses von am Körperglied ansetzender Kraft zur Hebellänge, ist also Führungsgröße für die Veränderungen des Drehmoments (Gleichgewichtspunkt-Hypothese). Dieser Prozeß berücksichtigt äußere physikalische Verhältnisse der Geschwindigkeit (v), der Zeit (t) und der Strecke (d) gekoppelt an einen Prozeß der zentralen Integration im Sinn von Bernsteins Modell des Künftigen. Hier geht es in psychophysiologischer Hinsicht um die entsprechenden, antizipierenden Relationen des Organismus in Form von Zeit (τ), Geschwindigkeit (ω) und Radius (r). In der Realisation der Bewegung auf der Basis eines erfahrungsbedingten Sollwertes erfolgt zugleich eine permanente Korrektur des zentralen Sollwerts durch den peripheren Ist-Wert (Bernstein 1989). Dimensionen des eigenen Körpers werden nach Bedingungen der Welt und Bedingungen der Welt nach Dimensionen des eigenen Körpers differenziert.

nicht genau (Damasio 1995, 208). Eher ist es das Bild einer „Körperland-schaft".

Auf diese Körperstrukturen kann sich das Selbst wie auf eine Bühne be-ziehen, indem es Prozesse des Körperselbst durch „Als-Ob-Mechanismen" simulieren kann. Ein Beispiel wäre das ideomotorische Training, ein anderes die emotionale Erregung in einer nur gedanklich gegebenen Situation. Bei bestimmten Störungen wie Anosognosie, also Verlust der Wahrnehmung einer Körperhälfte, eines Armes oder eines Beines, geht dieses Körperselbst-bild verloren, nicht aber in gleicher Weise das Selbst.

Was ist nun das Selbst des Körperselbst (vgl. auch Bauer 1999)? Nach Damasio ist das Selbst durch Schlüsselerlebnisse der Biographie repräsen-tiert sowie durch besondere Vorkommnisse wie die Art zu leben, zu wohnen usw. (Damasio 1995, 317). In dieser Hinsicht entspricht es im wesentlichen der im biographischen Gedächtnis niedergeschlagenen Erfahrung (Marko-witsch 1996).

Zweitens geht es dabei um die Urrepräsentation des Körpers, wo er sich gerade befunden hat, kurz bevor der Prozeß, der zur Wahrnehmung X führte, begann (Damasio 1995, 318). In dieser Hinsicht markiert die Repräsentation des Körpers (die oben erwähnte On-line-Repräsentation) die Grenze Vergan-genheit/ Gegenwart zum Prozeß der fließenden Gegenwart, innerhalb derer sich die Prozesse des Psychischen ereignen. Bei Anosognosien bleibt, wie bereits hervorgehoben, das Selbst erhalten, veraltet jedoch zusehends, da das Körperselbstbild bestimmter Körperteile nicht mehr gegeben ist (ebd. 315). Dieses Selbst ist nach Damasio jedoch vom Selbst-Bewußtsein bzw. vom Ich-Bewußtsein zu unterscheiden (ebd. 316).

Hier kann ich nicht völlig zustimmen, insofern Damasio für das Selbst sensomotorische und sprachlich-situative (präoperationale) Repräsentation gleichzeitig unterstellt. Es ist sinnvoller, das Selbst bereits auf der sensomo-torischen Ebene, und das Selbst-Bewußtsein auf der Ebene der Herausbil-dung eines verallgemeinerten-Ichs mit Beginn des frühen Vorschulalters anzusetzen.

Wesentliche Grundlage des Selbst ist die Kontinuität der Bewegungs- und Zustandswahrnehmung des Organismus. Dies entspricht der ontogenetischen Konstruktion eines vom Wahrnehmungsfeld getrennten Körperselbst (Über-gang zum 4. sensomotorischen Stadium), während das Selbst-Bewußtsein der Konstruktion der verallgemeinerten Ichs im Alter von ca. 3 Jahren und das Ich-Bewußtsein der Konstruktion des reflexiven Ichs in der frühen Adoleszenz entsprechen dürfte (vgl. Jantzen 1987, Kap. 5). Das Selbst bezieht sich demnach auf die sensomotorische Kontinuität der körperlichen Existenz, das Selbst-Bewußtsein auf die Kontinuität des Selbst in sprachlich-biographischer Erinnerung und das Ich-Bewußtsein auf die Kontinuität des Selbstbewußtseins in der Kontinuität von biographischem Gedächtnis und Gedächtnis des Wissenssystems (vgl. hierzu Markowitsch 1996).

Die sensomotorische Basis erweist sich auf diesem Hintergrund im Selbstbewußtsein und Ich-Bewußtsein ausdifferenzierbar, wahrnehmbar und gestaltbar und vermag damit zum Gegenstand des selbstbewußten und ich-bewußten Einsatzes von Körpertechnologie werden. Dieser könnte bei behinderten Menschen ebenso zur schöpferischen Aneignung neuer Technologien führen, wie im Bereich der „jugendkulturellen Szenen der Skater, Streetballer, Surfer, Snowboarder, Mountainbiker oder BMXer" (Schwier; zit.n. Tagungseinladung), wo die Aneignung von Technologien einen neuen Vergesellschaftungsgrad der Individuen ermöglicht, der nicht auf vorrangige Überbietung anderer, sondern auf die Entwicklung der eigenen Wesenskräfte zielt. Vorausgesetzt ist dabei allerdings eine individuelle Entwicklung behinderter Menschen, die nicht auf Grund von „Tertiärfaktoren" (Vygotskij 1993) im Sinne von Selbstabwertung und Mißerfolgsantizipation eine derartige Aneignung verunmöglicht.

Literatur

Anochin (Anokhin), P.K., Biology and Neurophysiology of the Conditioned Reflex. Pergamon (Oxford) 1974.

Anochin, P.K., Beiträge zur allgemeinen Theorie des funktionellen Systems. Jena (Fischer) 1978.

Bakhurst, D./ Paddon, C., The Mescheryakov Experiment: Soviet Work on the Education of Blind-Deaf Children. Learning and Instruction, 1 (1991), 201-215.

Banse, G./ Striebing, L., Technik. In: Hörz, H. et al. (Hrsg.), Philosophie und Naturwissenschaften. Wörterbuch. Berlin (Dietz) 1983, 899-904.

Banse, G./ Thielel, B., Technologie In: Hörz, H. et al. (Hrsg.), Philosophie und Naturwissenschaften. Wörterbuch. Berlin (Dietz) 1983, 911-913.

Bauer, J., Die Neuropsychologie und Psychologie des Körperselbstbildes unter Berücksichtigung philosophischer und entwicklungspsychologischer Aspekte. Bremen (Universität, SG Behindertenpäd.; unveröff. Diplomarb.) 1999.

Bernstein, N.A., Bewegungsphysiologie. Leipzig (Barth) ²1987.

Bernstein, N.A., Auszüge aus den Notizbüchern. In: Jahrbuch für Psychopathologie und Psychotherapie, 9 (1989), 189-194.

Bernstein, N.A., Dexterity and its Development. In: Latash, M.L./ Turvey, M.L. (Eds.), N.A.Bernstein: Dexterity and its Development. Mahwah, N.J. (LEA) 1996, 1-245.

Bernstein, N.A., From Reflexes to the Model of the Future. In: Motor Control, 3 (1999), 3, 228-232.

Bischof, N., Das Rätsel Ödipus. Die biologischen Wurzeln des Urkonflikts von Initimität und Autonomie. München (Piper) ²1989.

Bragyna, N.N./ Dubrochotova, T.A., Funktionelle Asymmetrien des Menschen. Leipzig (Thieme) 1984.

Crossley, R., Gestützte Kommunikation. Ein Trainingsprogramm. Weinheim (Beltz) 1997.

Damasio, A., Descartes' Irrtum. Fühlen Denken und das menschliche Gehirn. München (List) 1995.

Edelman, G.M., Unser Gehirn - ein dynamisches System. München (Piper) 1993.

Feigenberg, J., Wahrscheinlichkeitsprognostizierung im System der zielgerichteten Aktivität. Butzbach-Griedel (AFRA) 2000.

Feigenberg, J.M./ Meijer, O.G., The Active Search for Information: From Reflexes to the Model of the Future (1966). In: Motor Control, 3 (1999), 3, 225-238.

Galperin, P.J., Zu Grundfragen der Psychologie. Köln (PRV) 1980.

Holzkamp, K., Grundlegung der Psychologie. Frankfurt/M. (Campus) 1983.

Il'enkov, E.V., Dialektik des Ideellen. Münster (LIT) 1994.

Jantzen, W., Allgemeine Behindertenpädagogik Bd. 1. Sozialwissenschaftliche und psychologische Grundlagen. Weinheim (Beltz) 1987.

Jantzen, W., Bernstein und die zeitliche Diemension des Kategoriensystems von Psychologie und Physiologie. In: Theorie und Praxis der Körperkultur, 38 (1989), Beiheft 2, 20-23. Erneut in: Jantzen 1994, 114-118.

Jantzen, W., Allgemeine Behindertenpädagogik Bd. 2. Neurowissenschaftliche Grundlagen, Diagnostik, Pädagogik und Therapie. Weinheim (Beltz) 1990.

Jantzen, W., Am Anfang war der Sinn. Zur Naturgeschichte, Psychologie und Philosophie von Tätigkeit, Sinn und Dialog. Marburg (BdWi) 1994.

Jantzen, W., Bestandaufnahme und Perspektiven der Sonderpädagogik als Wissenschaft. In: Zeitschrift für Heilpädagogik, 46 (1995), 8, 368-377.

Jantzen, W., Das spinozanische Programm der Psychologie: Versuch einer Rekonstruktion von Vygotskijs Methodologie des psychologischen Materialismus. In: Lompscher, J. (Hrsg.), Entwicklung und Lernen aus kulturhistorischer Sicht. Bd. 1. Marburg (BdWi-Verlag) 1996, 51-65.

Jantzen, W., Vygotskijs defektologische Konzeption. In: Mitteilungen der Luria-Gesellschaft, 4 (1997), 1,2, 24-50.

Jantzen, W., Die Zeit ist aus den Fugen ... - Behinderung und postmoderne Ethik. Aspekte einer Philosophie der Praxis. Marburg (BdWi) 1998.

Jantzen, W., Singerdebatte und postmoderne Ethik. In: Marxistische Blätter, 36 (1998), 2, 50-61.

Jantzen, W., Einführung. In: Meschtscherjakow, A.I., Helen Keller war nicht allein - Taubblindheit und die soziale Entwicklung der menschlichen Psyche. Berlin (V. Spiess) 2000 (a). i.Dr.

Jantzen, W., Iljenkow, Leontjew und die Meschtscherjakow-Debatte. Methodologische Bemerkungen. In: Oittinen, V. (Hrsg.), Symposion on Edvard Ilyenkov. Helsinki (Alexanteri Institute) 2000 (b). i.Dr.

Jantzen, W./ Feuser, G., Die Entstehung des Sinns in der Weltgeschichte. In: Jantzen 1994, 79-113.

Kurrer, K.E., Technik. In: Sandkühler, H.J. (Hrsg.), Europäische Enzyklopädie zu Philosophie und Wissenschaften. 4 Bde. Hamburg (Meiner) 1990, Bd. 4, 534-550.

Latash, M.L., Control of Human Movement. Leeds (Human Kinetic Publishers) 1993.

Ledoux, J., Das Netz der Gefühle - Wie Emotionen entstehen. München (Hanser) 1998.

Leont'ev, A.N., Probleme der Entwicklung des Psychischen. Frankfurt/M. (Fischer/Athenäum) 1973.

Markowitsch, H., Neuropsychologie des menschlichen Gedächtnisses. In: Spektrum der Wissenschaft, Jg. 1996, 9, 52-61.

Maturana, H., Erkennen: Die Organisation und Verkörperung von Wirklichkeit. Braunschweig (Vieweg) 1982.

Maturana, H./ Varela, F., Der Baum der Erkenntnis. Die biologischen Wurzeln menschlichen Erkennens. München (Scherz) 1987.

McDonald, A.; Crossley, R., Annie - Licht hinter Mauern. Die Geschichte der Befreiung eines behinderten Kindes. München (Piper) 1990.

Negri, A., Die wilde Anomalie. Spinozas Theorie einer freien Gesellschaft. Berlin (Wagenbach) 1982.

Oittinen, V. (Ed.), Symposion on Edvard Ilyenkov. Helsinki (Alexanteri Institute) 2000.

Ongaro-Basaglia, F., Gesundheit - Krankheit - Das Elend der Medizin. Frankfurt/M. (Fischer) 1985.

Piaget, J., The Role of Imitation in the Development of Representational Thought. In: Voyat, G. (Ed.), The World of Henri Wallon. London (Jason Aronson) 1984. 105-114.

Sacks, O., Der Mann, der seine Frau mit einem Hut verwechselte. Reinbek (Rowohlt) 1987.

Simonov, P.V., Widerspiegelungstheorie und Psychophysiologie der Emotionen. Berlin (Volk und Gesundheit) 1975.

Simonov, P.V., Höhere Nerventätigkeit des Menschen. Motivationelle und emotionale Aspekte. Berlin (Volk und Gesundheit) 1982.

Simonov, P.V., The Emotional Brain. Physiology, Neuroanatomy, Psychology and Emotion. New York (Plenum) 1986.

Spinoza, B., Die Ethik. Hamburg (Meiner) 1989.

Spitz, R.A., Eine genetische Feldtheorie der Ichbildung. Frankfurt (Fischer) 1972.

Thiele, A., Infantile Cerebralparese. Zum Verhältnis von Bewegung, Sprache und Entwicklung. Berlin (Ed. Marhold) 1999.

Trevarthen, C./ Aitken, K.J., Brain Development, Infant Communication, and Empathy Disorders: Intrinsic Factors in Child Mental Health. In: Development and Psychopathology, 6 (1994), 597-633.

Voyat, G. (Ed.), The World of Henri Wallon. London (Jason Aronson) 1984.

Vygotskij, L.S., Das Problem der Alterstufen. In: Vygotskij, L.S., Ausgewählte Schriften Bd. 2. Köln (Pahl-Rugenstein) 1987, 53-90.

Vygotskij, L.S., The Diagnostics of Development and the Pedological Clinic for Difficult Children. In: Vygotskij, L.S., The Fundamentals of Defectology. Collected Works. Vol. 2. New York (Plenum-Press) 1993, 241-291.

Vygotskij, L.S., The Problem of the Environment. In: van der Veer, R./ Valsiner, J. (Eds.), The Vygotsky Reader. Oxford/U.K. (Blackwell) 1994, 338-353.

Wallon, H., Die Psychologie des Descartes. In: Jahrbuch für Psychopathologie und Psychotherapie, 7 (1987), 157-171.

Wallon, H., L'évolution psychologique de l'enfant. Paris (Armand Collin) [10]1997.

WHO (Hrsg.), ICIDH. International Classification of Impairments, Disabilities, and Handicaps. Deutsche Ausgabe. Berlin (Ullstein-Mosby) 1995.

WHO (Hrsg.), Internationale Klassifikation der Schäden, Aktivitäten und Partizipation. ICIDH-2. Beta-1 Version zur Erprobung. Frankfurt/M. (VDR) 1998.

Bewegungskonzeptionen in der Sportwissenschaft

Monika Fikus

In diesem Beitrag werden vor allem Körper- und Bewegungskonzeptionen der Bewegungswissenschaft und ergänzend solche der Trainingswissenschaft dargestellt. Diese Einschränkung ist inhaltlich nicht unbegründet, da es sich bei der Bewegungs- und Trainingswissenschaft um die sog. „originären sportwissenschaftlichen" Disziplinen handelt. Dies drückt sich formal darin aus, daß diese keine – in ihrer Disziplinbezeichnung benannte – direkte Beziehung zu einer Mutter- oder Bezugswissenschaft wie z.b. Sportsoziologie, -psychologie, -medizin, -philosophie usw. besitzen. Darüber hinaus läßt sich auch nachvollziehen, daß die Konzepte von Körper und Bewegung der Bewegungs- und Trainingswissenschaft eine Orientierung für andere sportwissenschaftliche Disziplinen darstellen (vgl. z.b. Dietrich/ Landau 1990).

1. Einleitung

Das Angebot, Körper- und Bewegungskonzeptionen der Sportwissenschaft darzustellen, fällt in eine interessante Phase: Es existieren heute – im Gegensatz zu vorangegangenen Zeiten – keine vorherrschenden Paradigmen in der Bewegungswissenschaft und die Bewegungspraxen sind so vielfältig wie noch nie; es ist die Rede von einer „Krise der Motorikforschung" oder dem „Fall von bewegungswissenschaftlichen Paradigmen" (Abernethy/ Sparrow 1992).

Gleichzeitig und vielleicht als „Ausdruck einer Standortsuche" sind im Jahre 1999 nach ca. 15 Jahren erstmals zwei neue Überblicks- oder Lehrbücher der Bewegungswissenschaft erschienen.[1] Diese Tatsache macht die Aufgabe in gleichem Maße einfach und kompliziert: Darin werden zwar Ordnungsraster für die Diskussion unterschiedlicher Konzeptionen angeboten, jedoch werden diese in Form von Betrachtungsweisen von oder Themen zur Bewegung „neutral" nebeneinander gestellt.[2]

Anders als dort, wird hier zunächst chronologisch (grob an den vorangegangenen drei Dekaden orientiert) die Entwicklung der Konzepte von Körper und Bewegung dargestellt und versucht, diese in Metaphern zu fassen. Dann werden diese Bilder dahingehend untersucht, in welchem Kontext sie zur allgemeinen wissenschaftlichen und technischen Entwicklung stehen sowie zur jeweils gängigen sportlichen Praxis.

Die folgende Betrachtung der Bewegungskonzeptionen des Faches ist von den Fragen geleitet:

- Wie haben sich Konzeptionen von Körper und Bewegung in der Geschichte des Faches entwickelt und wie sind sie zu kennzeichnen?
- Worauf sind die Entstehung und Entwicklung zurückzuführen und woran sind sie gescheitert?
- Spiegelt sich der Gegensatz Körpermaschine vs. Leib in den sportwissenschaftlichen Körper- und Bewegungskonzepten? – Wie ist er zu erklären? – Ist er lediglich ein Merkmal der aktuellen Diskussion im Fach Sportwissenschaft oder bestand er von Anfang an?

---

1 Vgl. Roth/ Willimczik (1999) sowie Loosch (1999); nicht berücksichtigt sind dabei einerseits Neuauflagen früherer Lehrbücher sowie bewegungswissenschaftliche Monographien, die vorwiegend Einzelthemen des Faches behandeln wie z.B. Leist (1994), Pöhlmann (1994) und Kassat (1995, 1998).

2 Roth/ Willimczik (1999) beschreiben die biomechanische, ganzheitliche, funktionale und fähigkeitsorientierte Betrachtungsweise von Bewegung jeweils unter den Aspekten von Zielsetzung, theoretischer Grundlagen, Forschungsmethodik und –stand sowie der Kritikpunkte. Loosch (1999) dagegen ordnet die unterschiedlichen Betrachtungsweisen den Themen des Faches zu: Handlungsstruktur, Bewegungsbegriff, physiologische und psychomotorische Grundlagen, motorisches Lernen, psychomotorisch-koordinative Fähigkeiten, motorische Ontogenese und Forschungsmethoden.

2. Die Entwicklung der Konzeptionen von Körper und Bewegung in der Bewegungswissenschaft

2.1. Vor der Etablierung der Sportwissenschaft: Die frühe Bewegungsforschung und die Leibeserziehung

Bis zum Zeitpunkt der Gründung einer Sportwissenschaft war menschliche Bewegung vorwiegend ein Gegenstand medizinischer Forschung. Wenn auch die Wurzeln bis auf Aristoteles zurückzuführen sind, hat die Bewegungsforschung, auf die heute rekuriert wird, ihren ersten Aufschwung nach dem 1. Weltkrieg erfahren. Medizinische Methoden ermöglichten, auf der Basis von verletzungsbedingten Ausfällen, Funktionszusammenhänge von zentraler Steuerung und Motorik im menschlichen Körper zu ermitteln; ergänzend war es möglich – heute undenkbare – Tierversuche durchzuführen.

Ziel war es, das Phänomen der Bewegung zu ergründen, in dem die Vorgänge im Körper betrachtet wurden. Die Frage dabei war, ob Bewegung durch ein zentrales Kommando gesteuert oder durch eine mehr oder weniger autonome Regulation in der Peripherie hervorgebracht wird. Diese Zentral-Peripher-Debatte führte letztendlich zu keinem Resultat, da aus der Vielzahl der Befunde kein eindeutiges Bild ermittelt werden konnte.[3]

Eine weitere Wurzel der heutigen Bewegungswissenschaft liegt in der frühen Leibeserziehung, die sich einerseits an den Konzepten Rousseaus bzw. der Philanthropen im 18. und 19. Jahrhundert und andererseits an denen der Reformpädagogik im 19. und 20. Jahrhundert orientierte. Wenn diese auch von unterschiedlichen Auffassungen über die „Natur" des Menschen bzw. des Kindes ausgingen, so schrieben sie der Funktion der Bewegung und der Leibesübungen einen hohen Stellenwert für die Entwicklung des Menschen zu. Aus dieser Tradition stammen die bekannten Leibeserzieher wie Guthsmuths (1769-1839), Jahn (1778-1852) und Gaulhofer und Streicher (1930, 1931) (vgl. Prohl 1999).

Die Weiterentwicklung dieser Gedanken der frühen Gymnastiklehrer mündete in der Beschreibung und Erklärung von Bewegung, die den Leibes-erziehern als Hilfestellung bei der Vermittlung sportlicher Bewegungsvoll-

---

3 Diese Debatte ist ausführlich wiedergegeben in Meijer (1988).

züge dienen sollte. Später dominierte diese Sichtweise das erste bewegungs-wissenschaftliche Fachbuch (vgl. Meinel 1960: „Bewegungslehre"). Sie wird bis heute unter dem Begriff Morphologie geführt, orientiert sich am äußeren Erscheinungsbild von Bewegungen, ist ausschließlich praxisorientiert und verfolgt eine definitiv didaktische Ausrichtung.

In dieser Phase bis zum Zeitpunkt der Etablierung der Sportwissenschaft existierten somit zwei Konzepte von Körper und Bewegung nebeneinander, ein medizinisches und ein pädagogisch-anthropologisches. Mit den Metho-den der Messung und des Experiments wurde die Entstehung von Bewegung auf der Grundlage anatomischer, physiologischer und neurophysiologischer Prozesse zu erklären versucht. Die Leibeserziehung dieser Zeit dagegen hatte keinen im engeren Sinne wissenschaftlichen Anspruch. Der Erkenntnisge-winn bestand in der qualitativen Beschreibung von Bewegungen. Da die sportliche Praxis keine wissenschaftliche Anleitung suchte, wurden Befunde der Medizin nicht für die Erklärung oder gar Optimierung von Bewegung herangezogen.

2.2. Etablierung der Sportwissenschaft: Die triviale Maschine und die Sportpädagogik

Der Beginn der sportspezifischen Bewegungswissenschaft in den 70er Jahren wird durch die Sensomotorik (Ungerer 1971) markiert. Zwar war die Zielset-zung dieses Ansatzes ebenfalls, eine Hilfestellung bei der Vermittlung von Bewegung zu geben, jedoch erhielt Bewegung die Funktion einer techno-motorischen Aufgabenlösung. Diese bestand in der nach biomechanischen Kriterien optimalen Ausführungsweise.[4]

Für das Lehren wurden Bewegungsabläufe nach eben diesen Kriterien in Teilsequenzen zerlegt, sprachlich codiert und als Informationseingabe für das lernende System formuliert. Zwischen Eingabe und Bewegungsausgabe wurde eine lineare Beziehung angenommen. Als Gegenstand des Bewe-gungslernens wurden Formen vermittelt; die Komplexität dieser Formen ent-

---

4 Die Biomechanik, die sich ebenfalls zu dieser Zeit etablierte, verfolgte das Ziel, menschliche (sportliche) Bewegung (als Veränderung eines Körpers in Raum und Zeit) auf der Grundla-ge mechanischer Gesetzmäßigkeiten zu beschreiben und zu erklären (vgl. Hochmuth 1981).

stand durch Summation von Einzelbewegungen, die zu längeren Sequenzen verschmelzen sollten.

Für das Hervorbringen von Bewegung diente das kybernetische Modell von Steuerung und Regelung wie es bei technischen Systemen angewendet wird. Ähnlich wie beim Heizkörperthermostat oder der Toilettenspülung wurde ein Sollwert vorgegeben, der das System ansteuert und auf den es sich nach Durchlauf mehrerer Rückmeldeschleifen einreguliert. Bewegung und Körper hatten die Funktion der Stellgröße bzw. des Effektors. Auch in späteren Auflagen der morphologischen Bewegungslehre wurde die Bewegungsausführung orientiert am Regelkreis modelliert (vgl. Meinel 1971), anders als in der Sensomotorik jedoch, wurde die Bewegung für die Vermittlung nicht in Teilbewegungen zerlegt, sondern Ausgangspunkt war eine Gesamtstruktur, die sich sukzessive ausprägt und entwickelt (von der Grob- zur Feinkoordination).

Die Konzepte der Trainingswissenschaft in dieser Zeit hatten ein ähnlich einfaches Input-Output-Modell zur Grundlage. Die erkenntnisleitende Frage zielte darauf, welche Trainingsmaßnahmen zu welcher Leistungssteigerung führten. Auf der Grundlage monokausaler Modelle (z.B. Harre 1979) wurde angenommen, daß das Trainingspensum, z.B. das Ausmaß der Wiederholungen oder absolvierten Trainingskilometer, in einer monotonen Beziehung zur Steigerung der Leistung stünde.

Mit der sog. sozialwissenschaftlichen Wende und der Etablierung der Sportwissenschaft vollzog sich ein Wandel von der Leibeserziehung zur Sportpädagogik. Anstelle der vormals anthropologisch begründeten Anliegen der Leibeserziehung (vgl. Schmitz 1967, Grupe 1969) trat das Qualifizierungsanliegen in den Vordergrund mit dem Ziel der Vermittlung des Kulturgegenstandes Sport. Für das Einüben in die bestehenden Formen von Sport und Spiel wurden Methodiken entwickelt, die entweder auf das Erlernen von Teilbewegungen (vgl. Ungerer 1971) oder auf die Optimierung der Bewegungsstruktur (vgl. Meinel 1971) zielten.

Zusammenfassend läßt sich diese Periode durch die Dominanz physikalistischer und maschinenanaloger Modellierungen von Körper und Bewegung kennzeichnen. Bewegung wurde als Form oder Struktur betrachtet, die es zu lernen und zu lehren galt. Der Körper war der Träger dieser Form. Untersuchungsmethoden waren allein auf die äußere Erscheinung von Bewegung gerichtet. Entsprechend wurde die Beziehung zwischen Mensch und Welt nicht thematisiert, die Wahrnehmung wurde als Informations-Input modelliert.

Diese Sichtweise steht im Zusammenhang mit den gesellschaftlichen Umständen der BRD in dieser Zeit. In den 70er Jahren etablierte sich das akademische Fach Sportwissenschaft und damit die sportwissenschaftliche Bewegungslehre oder sportspezifische Bewegungswissenschaft. Neben der Tendenz zur Ausdifferenzierung der Wissenschaften wurde die Entwicklung der Sportwissenschaft zusätzlich durch die Durchführung der Olympischen Spiele in München befördert. Diese sollten einen politischen Prestigegewinn im Ost-West-Konflikt durch Überlegenheit auf dem Feld des Sports sichern. Entsprechend war eine Zielsetzung von Beginn an die Herstellung eines leistungsstarken Körpers sowie die Optimierung von Lösungen für Bewegungsaufgaben.

2.3. Modellbildung in der Bewegungswissenschaft: Die Computermetapher und die „Wiederkehr des Körpers"

Die verstärkt aufkommende Frage, wie durch Bewegung bestimmte Funktionen im Rahmen einer Aufgabenlösung erfüllt wird, konnte die Sensomotorik ebensowenig wie die Morphologie beantworten. Die Antwort der Bewegungswissenschaft darauf war, den Schwerpunkt der Betrachtung auf die internen Prozesse der motorischen Kontrolle zu legen. Diese Prozesse wurden als Fluß von Information durch ein System beschrieben. Damit wurde die Hauptlinie der technischen Modellierung aus den 70er Jahren in den 80er Jahren weitergeführt, jedoch löste jetzt die Computermetapher die Regelungsmetapher ab. Die neuen Möglichkeiten der Computertechnologie fanden sich in der Modellierung von Bewegung wieder: z.B. Codierung, Speicherung, Verrechnungsprozesse oder Abrufbedingungen.

Auf dieser Grundlage wurde die zentral-peripher-Debatte der frühen Bewegungsforschung wieder aufgegriffen. Die Frage war jetzt allerdings, welche Information ein Bewegungsprogramm enthält und welche der aktuelle Input zur Verfügung stellen muß. Die Lösung lieferte die sog. Schematheorie, nach der Programme für eine Klasse von Bewegungen vorgefertigt gespeichert sind, welche in der aktuellen Ausführungssituation durch Einlesen relevanter Daten der Umwelt vervollständigt werden (vgl. Schmidt 1975).

Daß mit dieser Sichtweise ein allein syntaktischen Begriff von Information verbunden war, führte auch dazu, daß Machbares modelliert wurde, was teilweise keinen Bezug zu vorhandenen Tatbeständen hatte. Für diese Position positive Befunde resultierten aus streng kontrollierten Laborexperimenten und konnten in der konkreten Anwendungssituation häufig wenig Hilfestellung bieten.

Die Entstehung und Entwicklung der benannten Konzeptionen von Körper und Bewegung zu dieser Zeit ist vorrangig zurückzuführen auf die Entwicklung in der Psychologie. Die Betrachtung von Bewegung als Funktion im Sinne der Zweckdienlichkeit verweist auch auf die Tendenz zur Vereinheitlichung in den Wissenschaften. Damit faßten in der bewegungswissenschaftlichen Diskussion der 80er Jahre die Handlungstheorien und Systemtheorien Fuß. Die allgemeine wissenschaftliche Orientierung des Faches und die Orientierung an der Psychologie nahm zu und damit die Übernahme der dort aktuellen Modelle.

Eine einheitliche Beschreibung der Körper- und Bewegungskonzeptionen der Handlungstheorien ist nicht möglich, weil darunter eine Vielzahl und ganz unterschiedliche Modelle zu subsummieren sind (z.B. Kaminski 1972; Miller/ Gallanter/ Ppribram 1973, Lenk 1977-1984, Nitsch 1985). Zwar wurde im Kontext mit Handlung Bewegung in einem größeren Zusammenhang betrachtet, aber Körper und Bewegung als Komponenten neben Intention, Kognition und Emotion, erhielten keinen eigenständigen Wert. Sie dienten der Ausführung dessen, was das kognitive System erarbeitet hat.

Auch in der Trainingswissenschaft wurde in den 80er Jahren der Begriff des Trainingssystems populär (vgl. Martin/ Carl/ Lehnertz 1991), es wurde offensichtlich, daß mehrere Faktoren und deren Interaktion die Leistung(ssteigerung) beeinflussen. Neben dem Trainingspensum, der Quantität, wurde das Augenmerk auch auf die Qualität des Gesamtsystems gerichtet. Leistungssteigerung wurde jetzt auch korrespondierend mit z.B. Leistungsmotivation, sozialer Unterstützung, Ernährung, Entspannung usw. betrachtet.

Ende der 70er Jahre und in der Folgezeit entstand erstmals in der Bewegungswissenschaft bzw. aus ihr selber heraus eine Gegenbewegung zu Konzeptionen, die sich an technischen Modellen orientierten. Dies war zum einen die aus dem angloamerikanischem Raum importierte sog. ökologische Betrachtung (vgl. Gibson 1982). Zielsetzung dieser Sichtweise war es, den

Menschen in Relation zu seiner Umwelt zu betrachten und Bewegung als Folge von aktuell und für ein einzelnes Individuum vorhandenen Handlungsangeboten („affordances"). Damit wurde Wahrnehmung nicht mehr einfach als Input betrachtet, sondern die wechselseitige Bedingtheit von Wahrnehmung und Bewegung zum Thema gemacht (vgl. Reed 1982).

Andererseits fand die gestalt- und ganzheitspsychologische Sicht Eingang in die bewegungswissenschaftliche Diskussion. Das Konzept des Gestaltkreises von V.v. Weizsäcker (1940) sowie gestalttheoretisches Gedankengut von Kohl (1956) wurden von Ennenbach (1989) bzw. Tholey (1980) im Zuge der Kritik an der main-stream Forschung in die aktuelle Debatte eingebracht. Die Grundidee des Gestaltkreises ist, daß – anders als im Modell des Regelkreises – nicht nur Wahrnehmung Bewegung hervorruft, sondern Bewegung auch die Wahrnehmung beeinflußt. Der Kernsatz der gestalttheoretischen Richtung war: Von Bedeutung ist, was der wahrgenommene Körper in der wahrgenommenen Welt tut und nicht der physikalische Körper in der physikalischen Welt.

Besonders durch den Einfluß der ökologischen Theorien, die in der Folge auch eine Vielzahl empirischer Befunde hervorbrachte, kam es zu einer massiven Auseinandersetzung mit der Informationsverarbeitungsposition, der sog. motor-action-Kontroverse (vgl. Meijer 1988).

Auch in der Sportpädagogik hatte die „ganzheitliche" Betrachtung Konjunktur, was sich in der sog. „Körpererfahrungs-Welle" (vgl. Funke 1983) ausdrückte. Theoretisch war dies gestützt von Kamper und Wulf (1982), die die *Wiederkehr des Körpers* propagierten, sowie durch das Wiederentdecken der Bewegung als anthropologischen Tatbestand. In der sportlichen Praxis bekam der experimentelle Sport neben den klassischen Sportarten immer mehr Gewicht. Es kam die sog. new-games Bewegung auf als Ausdruck des Widerstands gegen den Hochleistungssport, asiatische Bewegungspraktiken erhielten mehr Einfluß (vgl. Moegling 1987) und Bewegung wurde zunehmend als Bestandteil der Alltagskultur thematisiert (vgl. Dietrich/ Landau 1990).

Kennzeichnend für diese zeitliche Periode ist eine funktionale Betrachtung menschlicher Bewegung und die Orientierung an den Informationsverarbeitungstheorien. Typisch für eine an das Modell der Informationsverarbeitung angelehnte Bewegungskonzeption war, daß die Peripherie vernachlässigt wurde (vgl. Neumann 1993). Zu dieser Zeit war, entsprechend dem Stand der technischen Entwicklung, die Verarbeitungskapazität von Computern vor allem durch die Eingabe und Ausgabe begrenzt. Damit verlor der Körper noch mehr an Bedeutung

Es kamen aber auch erste Ansätze auf, die der Komplexität menschlichen Bewegens gerecht wurden und der individuellen Besonderheit Raum gaben. Die Beziehung zwischen Individuum und Umwelt wurde zirkulär angenommen und ein Bezug zur Lebenswelt hergestellt. Aus beiden Sichtweisen – der gestaltpsychologischen wie der ökologischen – kam die Forderung die Wahrnehmung zum Thema der Bewegungsforschung zu machen. Mit den in der ökologischen und gestaltpsychologischen Bewegungsforschung dominierenden Methoden der Feldbeobachtung, des Quasi-Experiments und/oder kombiniert mit introspektiven Methoden, wurde dem Verstehen von Bewegung Vorrang gegeben vor dem Modellieren und Erklären.

2.4. Bewegung als komplexes Geschehen: Systemdynamik und Individualität

Die erhoffte Lösung der motor-action-Kontroverse blieb auch in den 90er Jahren aus, das vielfach geforderte „kritische Experiment", das zu einer Entscheidung führen könnte, konnte es aufgrund der sehr unterschiedlichen Fragestellungen und methodischen Herangehensweisen der konkurrierenden Richtungen nicht geben. Es blieb der Vorwurf der abstrakten, „unmenschlichen", maschinenanalogen Modellierung an die Fraktion der Informationsverarbeitung und der Vorwurf an die Vertreter der Gestaltpsychologie und Ökologischen Psychologie, insbesondere aufgrund der Relativierung von Information diffus und beliebig zu bleiben. Insofern existiert heute keine „main-stream" Theorie in der Bewegungswissenschaft.

Die Vermutung, daß sich das Fach Bewegungswissenschaft in einer Krise befindet und vor einem Paradigmenwechsels steht, wird gestützt durch das Vorhandensein einiger typischer Merkmale für eine solche Phase: Es werden Diskussionen geführt, die mit dem konkreten Fach nichts zu tun haben, etwa über allgemeine philosophische und weltanschauliche Fragestellungen (z.B. Menschenbild), es entsteht eine neue Terminologie (Sich-Bewegen in Abgrenzung zur physikalischen Bewegung) oder alte Begriffe erhalten neue

Monika Fikus

Bedeutungen (z.B. Information, wird jetzt vor allem in der pragmatischen Dimension verwendet), Gegenstände, die vorher nur ein Randthema waren, erhalten neue Prioritäten oder rückten in den Mittelpunkt (z.b. Komplexität) (vgl. Kuhn 1967; für die Bewegungswissenschaft Abernethy/ Sparrow 1992).

Besonders von Vertretern der ökologischen Richtung wurde Anfang der 90er Jahre die Theorie dynamischer Systeme in die bewegungswissenschaftliche Diskussion eingebracht, mit dem Ziel eine Beschreibungsweise zu finden, die der Komplexität menschlicher Bewegung gerecht werden kann. Analog zum Vorgehen in anderen Wissenschaften, die mit dem Verhalten offener, komplexer Systeme befaßt sind (wie z.b. die Biologie, die Physik oder Chemie), wird hier das menschliche Bewegungssystem durch die Merkmale hoch-komplex, zeitinstabil, stark interaktiv und nicht-linear gekennzeichnet. Unter dem Stichwort Selbstorganisation wird Bewegung als autonome Ordnungsbildung beschrieben, was die Autonomie von Subsystemen beinhaltet. Die sportspezifische Bewegungswissenschaft orientiert sich dabei vor allem an dem Modell der Synergetik (vgl. Haken/ Graham 1971), welches ursprünglich am Verhalten des Laserlichts entwickelt wurde.

Eine weitere aktuelle Strömung in der Bewegungswissenschaft führt die Tradition der Informationsverarbeitung weiter, wobei die Computer-Metapher dem Stand der Informationtechnik in den 90er Jahren angepaßt wird. Zwei dieser Ansätze seien im folgenden genannt: Unter dem Stichwort Konnektionismus werden motorische Kontrolle und Bewegungslernen als verteilte Verarbeitung in neuronalen Netzen modelliert (vgl. Künzell 1996). Hossner entwickelt 1995 die sog. Modularitätshypothese, wonach Bewegungskoordination durch funktionsspezifische strukturelle Teilsysteme abgebildet werden. Diese Systeme (Module) sind in Input-Module, zentrale Systeme und Output-Module aufgegliedert.

In dieser Phase gewinnen „leibliche" Konzeptionen zunehmend mehr Gewicht in der bewegungswissenschaftlichen Diskussion. Zum einen ist hier die dialogische Betrachtung zu nennen, die z.T. eine Weiterentwicklung der gestaltpsychologischen und ökologischen Sichtweise darstellt, zum anderen die jetzt von der Sportpädagogik eingeforderte anthropologische Sichtweise. Diese Konzeption, die Bewegung als Selbstdeutung des Menschen auffaßt, beruft sich vor allem auf eine Niederländische Tradition, begründet von Buytendijk (1956), weiter ausgearbeitet von Gordijn (1975) und Tamboer

96

(1994) und in Deutschland vor allem vertreten von Trebels (1992). Markiert ist die Etablierung dieser Sichtweise durch das Erscheinen des Buches *Bewegung verstehen* von Prohl und Seewald (1995), in dem das Anliegen programmatisch ausgedrückt ist.

Interessant ist, daß auch in der Trainingswissenschaft die bis dahin gängigen verallgemeinernden Modelle nicht mehr haltbar sind, besonders, da immer mehr individuell spezifische Merkmale, Besonderheiten und Ausprägungen gefunden werden. Dies ist vor allem auf heutige hochdifferenzierende Analysemethoden, wie z.b. sehr feinkörnige Bewegungsanalysen im Millisekundenbereich, zurückzuführen, die das Erkennen von individuellen Unterschieden in der Bewegungsausführung ermöglichen. Mit Hilfe dieser Methoden kann auch gezeigt werden, welche intraindividuellen Schwankungen immer vorhanden sind (Fluktuationen). Damit wird z.B. das Konzept des „Fehlers" in Frage gestellt bzw. das Wissen und die Übereinstimmung darüber, was in einer bestimmten Situation die „richtige" Bewegung ist. Eine Idealform von Bewegung ist somit nicht mehr festlegbar. Aufgrund des sich ständig in Entwicklung befindlichen Individuums ist sogar anzunehmen, daß auch eine intraindividuelle „optimale Ausführungsform" ständig eine andere ist (vgl. Schöllhorn 1999).

Die heutige sportliche Praxis zeigt ebenfalls ein sehr disparates Bild: Training dient nicht mehr allein der Verbesserung der Leistungsfähigkeit, um in bestimmten sportlichen Aufgaben bessere Leistungen zu erbringen. Es etablieren sich einerseits Formen des sog. Extremsports, die überwiegend in der Natur durchgeführt werden, u.a. mit dem Ziel den darin Aktiven starke (körperliche) Erlebnisse zu vermitteln. Andererseits erhalten aber auch kontemplative Bewegungspraktiken, die in der Nähe von Sport angesiedelt sind (z.B. Meditation oder Tai chi) einen Aufschwung. Daneben bilden sich Felder sportlichen Trainings aus, die allein dem Selbstzweck dienen, wie z.B. Rückenschulen, body shaping oder Problemzonen-Gymnastik. Entsprechende Programme sind unmittelbar auf den Körper bezogen, jedoch mit einer reduzierten Sicht auf die Form und das gute Funktionieren.

Der Stand der Diskussion um Körper- und Bewegungskonzeptionen in der Sportwissenschaft am Ende der 90er Jahre läßt sich wie folgt zusammenfassen: Auch heute bestehen unterschiedliche Körper- und Bewegungskonzepte. Dies sind einerseits technische Modellierungen auf dem gegenwärtigen

Stand der Technik. An die Stelle der Computermetapher ist das Modell eines hochkomplexen fuzzy-gesteuerten Systems (vgl. Quade 1996) mit paralleler Verarbeitung getreten (vgl. Künzell 1996). Darüber hinaus wurden Modelle aus anderen Wissenschaften, der Kognitionswissenschaft und der Neurophysiologie adaptiert.

Andererseits bestehen Ansätze, die unter dem Stichwort Systemdynamik zusammenzufassen sind. Sie betrachten weniger die Funktion von Komponenten, sondern vielmehr die Bedingungen (Parameter), die zur Stabilität bzw. Instabilität eines Systems führen. Bewegung wird nicht mehr als Organisation durch eine zentrale Steuerungsinstanz erklärt, sondern als temporärer Ordnungszustand, der durch die Interaktion von inneren und äußeren Bedingungen des Systems/des Sich-bewegenden hervorgebracht wird, wobei Teilsystemen oder –prozessen Autonomie zugeschrieben wird.

Dieser Aspekt der Teilautonomie, i.S.v. Unabhängigkeit von einer zentralen Steuerinstanz, ist auch ein Merkmal des konnektionistischen und des modularen Modells. Anders jedoch als in den systemdynamischen Ansätzen endet die Simulation im Modell der neuronalen Netze bei den „Neuronen einer Ausgabeschicht", in der modularen Betrachtung bei den sog. „Output-Modulen". Körper und Bewegung sind reduziert auf die anzusteuernde Peripherie.

Gleichzeitig erlangen auch konstruktivistische und anthropologische Ansätze zunehmend weite Zustimmung. Mit der anthropologischen und der systemdynamischen Sichtweise wird – erstmals in der Geschichte der Sport- bzw. Bewegungswissenschaft – die Position hervorgehoben, daß Bewegung nicht ein Fakt ist, den es zu erklären gilt. Vielmehr wird Bewegung als selbstverständlicher Zugang des Menschen zur Welt oder Grundkategorie des Menschlichen postuliert.

3. Zusammenfassung und Diskussion

Bisher wurde – unter Vernachlässigung von z.T. wenig beachteten Nebenlinien[5] – in Grundzügen beschrieben, wie die Sportwissenschaft ihren Gegenstand bestimmt, wobei pointiert die Position der Bewegungs- und Trainingswissenschaft – der eher naturwissenschaftlich ausgerichteten Disziplinen – eingenommen wurde. Die Betrachtung der Geschichte des Faches deutet darauf hin, daß in den Grundzügen unterschiedliche Konzeptionen von Körper und Bewegung in der Sport- bzw. Bewegungswissenschaft von Beginn an existierten. Die Entstehung dieser Konzepte folgt einerseits der Entwicklung der Technik, was besonders an den Metaphern der Trainingswissenschaft deutlich wird: Maschine, System, Individuum. Andererseits ist sie orientiert an der Beschreibung des Gegenstandes Bewegung in anderen Wissenschaften. Die Bewegungswissenschaft folgt darin der Psychologie mit geringerer und der Physik mit erheblicher zeitlicher Verzögerung. Darüber hinaus scheint die gesellschaftlich bedingte Veränderung im Umgang mit Sport, Körper und Bewegung Einfluß zu nehmen.

In der erste Phase der Bewegungswissenschaft bestanden physikalistische bzw. pädagogische Konzepte, wobei es keine Bezugnahme aufeinander gab. Die zweite Phase war bestimmt von konkurrierenden Bildern, die jeweils stark ausdifferenziert waren. Mit der motor-action-Kontroverse kam es zu einer starken Abgrenzung der Konzepte voneinander und zur Zunahme der Auseinandersetzung. Charakteristisch für die dritte, aktuelle Phase ist es, daß ebenfalls sehr unterschiedliche Konzeptionen in der Diskussion sind, allerdings scheinen diese nebeneinander in „friedlicher Koexistenz" zu bestehen.

Innerhalb der Bewegungswissenschaft wird die Diskussion um die Gegenstände Bewegung und Körper auf der Ebenen der zugrundeliegenden Konzeptionen heute weniger kontrovers geführt als noch vor wenigen Jahren. Dafür sind mehrere Gründe denkbar:

---

5 Wenn die Auseinandersetzung der kulturhistorischen Schule der ehemaligen UdSSR mit dem Gegenstand Bewegung hier nur in einer Fußnote benannt wird, wird deren Bedeutung nicht hinreichend gewürdigt. Ihr Aufgreifen würde allerdings das Eröffnen einer ganz neuen Argumentationslinie bedeuten.

- ein pragmatischer:

Roth und Willimczik (1999) verfolgen mit ihrer jüngsten Publikation eine „neutrale" Vermittlung des Lehr- und Forschungsgebietes Bewegungswissenschaft bzw. Bewegungslehre. Indem dabei neun unterschiedliche Sichtweisen dargestellt werden, die zum Verständnis von Bewegung beitragen sollen, tragen sie den in der Bewegungswissenschaft vorhandenen Differenzierungstendenzen Rechnung. Sie plädieren einerseits dafür, die Wahl der jeweiligen Sichtweise vom Forschungsinteresse abhängig zu machen, nehmen jedoch auch Integrationstendenzen wahr bzw. halten diese für möglich. Eine Integration der unterschiedlichen Sichtweisen wird dann für sinnvoll erachtet, wenn dies zu einer umfassenden Beschreibung des Problems beiträgt oder wenn auf diese Weise praktikables Anwendungswissen generiert wird.

Mit dieser Auffassung – „anything goes" – werden m.E. zu Gunsten der Praktikabilität für Sportwissenschaft und Sportpraxis Betrachtungsweisen und Modelle zusammengefügt, denen unterschiedliche Konzeptionen von Bewegung und Körper zugrunde liegen sowie auch unterschiedliche erkenntnistheoretische Positionen.

- ein scheinbarer:

Insgesamt scheint es, als sei die Einführung des Individuums in die Bewegungsforschung vollzogen, in dem Sinne, daß in den meisten aktuell diskutierten Ansätzen die Bewegung als Phänomen nicht mehr losgelöst von dem sich-bewegenden Menschen gesehen wird. Auch Vertreter z.B. konnektionistischer Modelle nehmen dies für sich in Anspruch, wenn sie betonen, daß diese Modelle nur einen Ausschnitt der Wirklichkeit reduziert abbilden und darüber hinaus an der Funktionsweise des menschlichen Gehirns orientiert sind.

So ist zu vermuten, daß heute ein Disput um unterschiedliche Konzepte in der Bewegungswissenschaft weniger intensiv geführt wird, weil sich diese einander annähern oder mindestens weniger gegensätzlich sind als in früherer Zeit. Dazu wäre es interessant zu untersuchen, ob diese Annäherung tatsächlich vorhanden ist, weil es etwa einen breiten Konsens hinsichtlich der systemdynamischen Modellierungen gibt. Die wahrgenommene Annäherung kann aber auch daher rühren, daß die Modelle, die für die Beschreibung menschlicher Bewegung herangezogen werden, immer stärker am Menschen orientiert sind (vgl. neuronale Netze, Fuzzy-Logic). Die prinzipielle Unterschiedlichkeit der beschriebenen Konzeptionen läßt es m.E. nicht zu, sie aus pragmatischen Gründen additiv zu verbinden und aus dem gleichen Grund ist auch die vielfach wahrgenommene Annäherung nur eine scheinbare. Ein geeignetes Kriterium dafür, ob die jeweiligen Körperbilder und Bewegungskonzeptionen eher technologisch oder anthropologisch zu bezeichnen sind, ist m.E.:

• Wird der Körper auf eine ausführende Peripherie reduziert, die durch etwas in Gang gesetzt werden muß oder ist Bewegung das, was einer Erklärung bedarf, liegt ein technisches Konzept vor. Dieses scheint vorwiegend geeignet für die Optimierung von Körper und Bewegung im Feld der künstlichen Sportwelt.

• Liegt die Annahme zugrunde, daß Bewegung als Mittel der Konstituierung der Welt betrachtet wird und daß der Mensch sich durch sie in einem ständigen Austauschprozeß mit der Umwelt befindet – ihre Entstehung also keiner Erklärung bedarf – , liegt ein leibliches, anthropologisches Konzept vor, das im Feld der Bildung von Interesse ist.

Hinsichtlich der Frage, wie in der Bewegungswissenschaft mit diesen beiden Sichtweisen umgegangen werden kann, bestehen m.E. heute zwei Möglichkeiten. Es ist eine Vorentscheidung hinsichtlich der Betrachtungsebene zu treffen; je nach dem, ob das Biologische und Maschinenhafte oder das Leibliche als Ausdruck von Sozialität und Träger kultureller Bedeutungsgehalte Gegenstand der Betrachtung ist, ist das entsprechende Methodeninstrumentarium anzuwenden und Ergebnisse auf den entsprechenden Gültigkeitsbereich zu beschränken.

Die andere Möglichkeit eröffnet sich aus der Betrachtungsweise des geschilderten Widerspruchs von Käte Meyer-Drawe (1996): Der Mensch ist Maschine *und* Leib, aber nicht nebeneinander, sondern ineinander. Allerdings verfügt die Bewegungswissenschaft heute noch nicht über das Instrumentarium, den Gegenstand in dieser Weise zu untersuchen und zu modellieren.

Literatur

Abernethy, B./ Sparrow, W.A. (1992),The rise and fall of dominant paradigms in motor behavior research. In: J.J. Summers (Ed.), Approaches in the study of motor control and learning (pp. 3-45). Amsterdam: North Holland.

Buytendijk, F.J.J. (1956) Allgemeine Theorie der menschlichen Haltung und Bewegung. Berlin: Springer.

Dietrich, K./ Landau, G. (1990), Sportpädagogik. Reinbek: Rowohlt.

Ennenbach, W. (1989), Bild und Mitbewegung. Köln: bps.

Funke, J. (1983), Körpererfahrung. Reinbek: Rowohlt.

Gaulhofer, K./ Streicher, M. (1930, 1931), Natürliches Turnen. Gesammelte Aufsätze, Bd. 1 und 2. Wien: Jugend und Volk.

Gibson, J.J. (1982), Wahrnehmung und Umwelt. München: Urban/ Schwarzenberg.

Gordijn, C.C.F. (1975), Wat beweegt ons (dt. Was uns bewegt). Baarn: Bosch/ Kenning.

Grupe, O. (1969), Studien zur pädagogischen Theorie der Leibeserziehung. Schorndorf: Hofmann.

GuthsMuths, J.C.F. (1793), Gymnastik für die Jugend. Schnepfenthal: Buchhandlung der Erziehungsanstalt.

Haken, H./ Graham, R. (1971), Synergetik – die Lehre vom Zusammenwirken. Umschau, 6, 191-195.

Harre, D. ([8]1979), Trainingslehre. Berlin: Sportverlag.

Hochmuth, G. (1981), Biomechanik sportlicher Bewegung (1. Aufl. 1967). Frankfurt a.M.: Limpert.

Hossner, E.J. (1995), Module der Motorik. Schorndorf: Hofmann.

Kaminski, G. (1972), Bewegung - von außen und von innen gesehen. In: Sportwissenschaft, 2, 51-63.

Kamper, D./ Wulf, Ch. (1982), Die Wiederkehr des Körpers. Frankfurt a.M.: Suhrkamp.

Kassat, G. (1995), Verborgene Bewegungsstrukturen. Rödinghausen: Fitness Contur Verlag.

Kassat, G. (1998), Ereignis Bewegungslernen. Rödinghausen: Fitness Contur Verlag.

Kohl, K. (1956), Zum Problem der Sensumotorik. Frankfurt: Kramer.

Künzell, S. (1996), Motorik und Konnektionismus. Neuronale Netze als Modell interner Bewegungsrepräsentation. Köln: bps.

Kuhn, T.S. ([2]1967), Die Struktur wissenschaftlicher Revolutionen. Frankfurt: Suhrkamp.

Leist, K.-H. (1994), Lernfeld Sport. Reinbek: Rowohlt.

Lenk, H. (Hrsg.) (1977, 1979, 1980, 1984), Handlungstheorien interdisziplinär. Bde. 1-4. München: Fink.

Loosch, E. (1999), Allgemeine Bewegungslehre. Wiebelsheim: Limpert.

Martin, D./ Karl, C./ Lehnertz, K. (1991), Handbuch Trainingslehre. Schorndorf: Hofmann.

Meijer, O.G. (1988), The hierarchy debate. Amsterdam: Free University Press.

Meinel, K. (1961, [4]1971), Bewegungslehre. Berlin: Sportverlag.

Meyer-Drawe, K. (1996), Menschen im Spiegel ihrer Maschinen. München: Fink.

Miller, G./ Gallanter, E./ Pribram, K. (1973), Strategien des Handelns. Stuttgart: Klett.

Bewegungskonzeptionen

Moegling, K. (1987), Zen im Sport. Haldenwang: Schangrila.

Neumann, O. (1993), Psychologie der Informationsverarbeitung. Aktuelle Tendenzen und einige Konsequenzen für die Aufmerksamkeitsforschung. In: R. Daugs/ K. Blischke (Hrsg.), Aufmerksamkeit und Automatisierung in der Motorik. St. Augustin: Academia.

Nitsch, J. (1985), Handlungstheoretische Grundannahmen – Eine Zwischenbilanz. In: G. Hagedorn/ H. Karl/ K. Bös (Red.), Handeln im Sport (S. 26-41). Clausthal-Zellerfeld: dvs.

Pöhlmann, R. (1994), Motorisches Lernen. Reinbek: Rohwolt.

Prohl, R. (1999), Grundriß der Sportpädagogik. Wiebelsheim: Limpert.

Prohl, R./ Seewald, J. (1995), Bewegung verstehen – Facetten und Perspektiven einer qualitativen Bewegungslehre. Schorndorf: Hofmann.

Quade, K. (Red.) (1996), Anwendungen der Fuzzy-Logic und neuronaler Netze. Berichte und Materialien aus dem Bundesinstitut für Sportwissenschaft. Köln: Sport und Buch Strauß.

Reed, E.S. (1982), An outline of a theory of action systems. In: Journal of Motor Behavior, 14 (2), 98-134.

Roth, K./ Willimczik, K. (1999), Bewegungswissenschaft. Reinbek: Rowohlt.

Schmidt, R.A. (1975), A schema theory of descrete motor skill learning. In: Psychological Review, 82 (4), 225-260.

Schmitz, J.N. (1967), Studien zur Didaktik der Leibeserziehung. II: Grundstruktur des didaktischen Feldes. Schorndorf: Hofmann.

Schöllhorn, W. (1999), Individualität – ein vernachlässigter Parameter? In: Leistungssport (2), 5-12.

Tamboer, J.W.I. (1994), Philosophie der Bewegungswissenschaften. Butzbach: Afra.

Tholey, P. (1980) Erkenntnistheoretische und systemtheoretische Grundlagen der Sensumotorik aus gestalttheoretischer Sicht. In: Sportwissenschaft (1), 7-35.

Trebels, A. (1992), Das dialogische Bewegungskonzept – eine pädagogische Auslegung von Bewegung. In: Sportunterricht, 41 (1), 20-29.

Ungerer, D. (1971), Zur Theorie des sensomotorisches Lernens. Schorndorf: Hofmann.

Weizsäcker, V.v. (1940), Der Gestaltkreis. Berlin: Springer.

Yoga - eine philosophisch begründete Bewegungswissenschaft?
Ein Diskussionsbeitrag

Roderich Wahsner

Einleitung

Im Beitrag von Frau Fikus findet sich die Bemerkung: „Wenn auch die Wurzeln bis auf Aristoteles zurückzuführen sind, hat die Bewegungsforschung, auf die heute rekurriert wird, ihren ersten Aufschwung nach dem ersten Weltkrieg erfahren." An späterer Stelle ihres Beitrags wird das heute disparate Bild der sportlichen Praxis beschrieben: „Training dient nicht mehr allein der Verbesserung der Leistungsfähigkeit, um in bestimmten sportlichen Aufgaben bessere Leistungen zu erbringen. Es etablieren sich einerseits Formen des sogenannten Extremsports. [...] Andererseits erhalten aber auch kontemplative Bewegungspraktiken, die in der Nähe von Sport angesiedelt sind (z. B. Meditation oder Tai chi) einen Aufschwung". Im Hinweis auf die kontemplativen Bewegungspraktiken und speziell auf die Meditation, für die eigentlich typisch ist, daß der Körper in einen Zustand der Bewegungslosigkeit, der völligen Ruhe versetzt wird, deutet sich an, daß Bewegung nicht ohne ihren Gegenpol, die Ruhe, die Bewegungslosigkeit gedacht werden kann. Ergänzend zum Beitrag von Frau Fikus will ich im folgenden zeigen, daß zum Zusammenhang von Ruhe und Bewegung ein Blick auf eine der ältesten Bewegungswissenschaften hilfreich sein kann.

Gemeint ist der Yoga, bei dem es sich allem Anschein nach um die älteste Bewegungslehre der Menschheit überhaupt handelt. Die Wurzeln des Yoga jedenfalls reichen – wie unter 1.) gezeigt werden soll - weiter zurück als bis in die Zeiten von Aristoteles; nur sind sie im europäischen Denken bisher kaum beachtet worden, eine Haltung, die im Zeichen der Globalisierung nicht mehr länger haltbar ist.

1. Die grundlegenden Texte des Yoga

Yoga hat seinen bis in die Gegenwart gültigen Ausdruck in den *Yoga Sutras* des *Patanjali* gefunden, die etwa zwischen 200 vor und dem Jahr 0 unserer Zeitrechnung aufgezeichnet wurden. Das in diesem Text zusammengefaßte Konzept von Übungen bildet die praktische Seite einer der ältesten philosophischen Lehren der Welt, der Samkhya-Philosophie, bei der es sich um einen in Indien auch heute noch anerkannten und in der akademischen Lehre unterrichteten Zweig der klassischen indischen Philosophie handelt. Sie ist in der *Samkhya Karika* zusammengefaßt, die den Mönch *Ishvaracrisna* als Verfasser ausweist und die noch etwas älteren Datums sein dürfte als die Yoga-Sutras. Leider fehlen beiden Texten einigermaßen verläßliche Angaben über Jahr und Ort des Erscheinens. Nur aus den ebenfalls nicht genau bekannten Lebensdaten ihrer Verfasser kann darauf geschlossen werden, wann sie aufgeschrieben wurden. Beide Texte haben allerdings - und das ist typisch für die indische Tradition von Philosophie und Wissenschaft, eine Vorgeschichte, deren Wurzeln wesentlich tiefer in die Vergangenheit zurück reichen.[1] Denn beide haben ein Wissen zum Inhalt, das zuvor schon seit unvordenklichen Zeiten, also lange vor der Niederschrift der Texte, mündlich immer von einem Lehrer auf seine Schüler weitergegeben und so wie eine Art lebendiges System weiterentwickelt worden war. Wann diese Lehren genau entstanden sind, läßt sich unter diesen Umständen auch nicht annähernd genau bestimmen. Die Praxis der mündlichen Weitergabe erklärt auch die für unsere heutigen Erwartungen an wissenschaftliche Texte ungewöhnliche Form. Beide Texte sind nämlich - ähnlich wie die frühen Epen der Griechen und der Germanen - in Versen abgefaßt. Diese Form diente dem Zweck, den

---

1 Erste Hinweise auf einzelne Yogahaltungen und Atemübungen finden sich in einigen der wesentlich älteren Upanishaden, Texten die zwischen 1000 und 500 vor Christi Geburt entstanden sind.

Schülern das Memorieren der Texte zu erleichtern. Anders als die Versform erwarten läßt, verblüfft ihr Inhalt jedoch durch begriffliche Klarheit und stringente Rationalität. Der Rückgriff auf sie, so alt sie auch sein mögen, kann in der durch Frau Fikus angestoßenen Diskussion helfen, den Blick zu weiten und Zusammenhänge frei zu legen. Das gilt vor allem für die anthropologische Sichtweise mit der - Fikus zufolge - „erstmals in der Geschichte der Sport- und Bewegungswissenschaft - Bewegung" nicht als Fakt, den es zu erklären gelte, begriffen, sondern „als selbstverständlicher Zugang des Menschen zur Welt oder Grundkategorie des Menschlichen postuliert" wird.

2. Theoretische Grundlagen des Yoga

In der heutigen Yogapraxis außerhalb Indiens gilt das Hauptaugenmerk verbreitet immer noch stärker der körperlichen Ebene und damit dem Hatha-Yoga. Doch wird seit den siebziger Jahren unter dem Einfluß des Wirkens bedeutender indischer Yogameister in den Vereinigten Staaten und in anderen westlichen Ländern auch in Deutschland in zunehmendem Maß ein auf den oben erwähnten Quellentexten aufbauendes Verständnis des Yoga rezipiert und verbreitet. Yoga ist den Yoga Sutras zufolge eine praktische *Anleitung zum Handeln und zur Veränderung*, genauer zur *Selbstveränderung* oder *Selbstverwandlung* durch verschiedene *Techniken des Übens*. Dazu gehören körperliche Übungen (*Hatha-Yoga*), Atemübungen (*Pranayama*) sowie mentale und spirituelle Übungen (*Konzentrations-, Achtsamkeits- und Meditationsübungen*) mit jeweils fließenden Übergängen vom einen zum anderen. Dieses umfassende Verständnis von Yoga beginnt mehr und mehr auch die Unterrichtspraxis zu prägen. Alle Übungen können unter fachkundiger Anleitung durch einen Lehrer von jedermann erlernt werden. Sie sind an einer Sicht des Menschen als eines körperlichen, seelischen und geistigen Wesens orientiert, stehen deswegen untereinander in einem engen wechselseitigen Zusammenhang. Sie beruhen als Einheit auf folgenden Prämissen, die von großen Yogameistern schon vor mehreren tausend Jahren auf dem Weg des Übens als Erfahrungswissen gewonnen wurden:

1. Wir Menschen sind weder nur Fleisch noch nur Geist, sondern beides, Geist und Materie, in einem. Beide prägen unser Leben in allen seinen Er-

scheinungsweisen und Äußerungsformen. Materie und Geist sind darüber hinaus als Wirkprinzipien an der Entstehung und Entwicklung aller Phänomene des Kosmos, der Welt und der unbelebten und belebten Natur beteiligt. Dabei gehen die meisten Schulen der klassischen indischen Philosophie von Primat der geistigen Kraft aus, doch begreifen durchaus nicht alle diese Kraft als Ausdruck des Wirkens eines dem Bilde des Menschen entsprechenden „Gottes" oder einer als unpersönlich verstandenen „göttlichen Kraft". Daneben gibt es auch Schulen, denen als das „Primäre" die Materie gilt. Aus ihr - so die Vorstellung - ist im Zuge der Evolution die geistige Kraft hervorgegangen, und auf sie wirkt sie - einmal bestehend - in einer prägenden Weise wieder zurück.

2. Leiden gleich in welcher Gestalt ist der Samkhya Karika zufolge eine der Grundgegebenheiten menschlicher Existenz. Dennoch wird das Leiden nicht als unabwendbares Schicksal begriffen, sondern als etwas von uns Menschen selbst Geschaffenes, und zwar als Ergebnis von Unwissenheit über unseren Körper, unsere Psyche und unseren Geist, über deren Funktionen und Zusammenwirken sowie über die Bedingungen für ein gedeihliches Zusammenleben mit anderen Menschen. Leiden kann jedoch, gerade weil es selbst geschaffen ist, auch durch eigenes Bemühen der Menschen verhindert, abgewendet oder jedenfalls gelindert werden. Der Weg dazu führt über das Wissen und die Wissenschaft, die ihrerseits als Antwort auf die Erfahrung des Leidens begriffen wird. Denn der Wunsch der Menschen, vom Leiden frei zu werden und damit indirekt das Leiden selbst bilden die hauptsächliche Antriebskraft für das menschliche Streben nach Erkenntnis und damit auch als Antriebskraft für alles wissenschaftliche Bemühen.[2]

Ausgehend von diesen Prämissen hat die neuere Yogalehre in enger Anbindung an die aus den gleichen Wurzeln stammende, in Indien noch heute gelehrte und praktizierte Aryuveda-Medizin ein Konzept für ein gesundes Le-

---

2 So beginnt die *Samkhya-Karika,* mit der Feststellung, das Leiden der Menschen sei die Ursache für den Wunsch, zu wissen, was dagegen zu tun sei. An späterer Stelle geht dieser Text davon aus, daß es das Ziel aller Suche der Menschen nach Erkenntnis sei, sich vom Leiden zu befreien.

ben[3] entwickelt, das auch Heilverfahren umfaßt, die auf Körper, Seele und Geist gleichermaßen einwirken. Integrale Teile dieses Konzepts sind u. a. psychotherapeutische Ansätze, die den neueren Entwicklungen der westlichen Psychotherapie wie z. B. *C. G. Jung* und seiner Schule, oder *Rogers* und den körperorientierten Psychotherapien einer umfangreichen vergleichenden Studie zufolge mindestens ebenbürtig sind.[4]

3. Üben im Yoga als Praxis von Bewegung und Ruhe, Anspannung und Entspannung

Die praktische Seite der Yoga-Philosophie wird bereits daran deutlich, daß sie auf systematischem und regelmäßigem Üben als einer der hauptsächlichen Methoden der Erkenntnis besteht.

Die körperliche Übungspraxis ist dabei, seitdem Yoga nach und nach im Westen verbreitet wird, zunächst so einseitig betont worden, daß u. a. deswegen der falsche Eindruck entstehen konnte, Yoga sei nur eine etwas andere Art von Gymnastik, oder laufe auf ein Wellness- und Fitnessprogramm hinaus. Um so wichtiger scheint es zu sein, gestützt auf die in den genannten Quellentexten niedergelegten philosophischen Grundlagen, auf die für die Yogalehre typische Sicht des bereits erwähnten Zusammenhangs von Bewegung und Ruhe, Anspannung und Entspannung hinzuweisen.

Dieser Zusammenhang, der in moderner Ausdrucksweise als dialektisch bezeichnet werden kann, ist wesentlich für das Verständnis des dem Yoga zugrunde liegenden Übungskonzepts. Das verdeutlicht bereits die Definition des Yoga, die uns gleich im ersten Vers der *Yoga-Sutren* des *Patanjali* angeboten wird: *„Yoga chitta vritti nirodha "*
Dieser Sanskritsatz läßt sich u. a. wie folgt ins Deutsche übersetzen:
„Yoga ist die Kontrolle über die Bewegungen des Geistes"; aber auch:
„Yoga ist das zur Ruhe Kommen der Bewegungen des Geistes".

---

3 Vgl. *Swami Rama*, Holistic Health, 1980; dt.: Ganzheitlich Leben - Eine praktische Anleitung, Ahrensburg 1989.
4 Vgl. *Swami Rama, Ballentine, R., Swami Ajaya*, Yoga and Psychotherapy - The evolution of conciousness, Honsdale 1976; sowie *Swami Ajaya*, Psychotherapy East and West - A unifying Paradigme, Honsdale 1989.

Daran dürfte für die heutige Diskussion in den Sport- und oder Bewegungswissenschaften folgendes bemerkenswert sein:

1. Der zitierte Satz weist darauf hin, daß unser Geist bei allen unseren Aktivitäten auch wenn sie scheinbar automatisiert ablaufen, eine führende, lenkende und kontrollierende Rolle spielt. Gerade deshalb kommt es im Yoga darauf an, alle Bewegungen und Haltungen mit Achtsamkeit auszuführen und nach jeder Übungssequenz nach innen gerichtet nachzuspüren, welche Wirkungen sie auf den Körper, auf die Atmung und auf unser psychisches Befinden hatte.

2. Bewegung ist im Yoga - wie der Terminus *Bewegungen des Geistes* deutlich macht - ein sehr umfassender Begriff. Er bezieht sich nicht nur auf die Bewegungen des Körpers und umfaßt hier sowohl die willentlich gesteuerten Bewegungen als auch die mehr oder weniger unwillkürlichen der Atmung, des Blutkreislaufs und des Energieflusses aber auch der Gefühlsregungen und der ständigen Flut von Gedanken, Erinnerungen und inneren Bildern in unserem Geist. So sagen wir selbst im Deutschen, wenn *„uns Gedanken umtreiben"* oder *„Gefühle überkommen"*: *„Das bewegt mich sehr!"*

3. Bewegung wird im Yoga immer schon zusammen gedacht und im Üben bedacht mit ihrer notwendigen Ergänzung: der Ruhe, dem *Zur Ruhe Kommen* und dem *In der Ruhe Sein*. Tatsächlich kann m. E. Bewegung als Kategorie nicht anders gedacht werden als vor dem Hintergrund ihres Gegenpols, des Ruhenden, das die Bewegung überhaupt erst als solche erkennbar werden läßt. Auch entspricht es unserer alltäglichen Lebenserfahrung, daß Bewegung auf allen genannten Ebenen aus der Ruhe heraus entsteht und immer wieder zu ihrem Ausgangspunkt, zur Ruhe, zurück kehrt. Ohne Ruhe, ohne das nach jeder Anstrengung erforderliche Ausruhen, gibt es keine Bewegung, wie umgekehrt Ruhe nicht ohne ihren Gegenpol, die Bewegung gedacht werden kann. Deshalb ist im Yoga das Zur Ruhe Kommen sogar das mit dem Üben verfolgte eigentliche Ziel. Denn in einem ruhigen Körper bei ruhigem Fluß der Atmung findet der ebenfalls zur Ruhe gekommene Geist nicht nur Zugang zum Körperbewußtsein und damit zu einem bewußteren Umgang mit dem Körper und all seinen Funktionen. Ihm erschließen sich auch die Quellen intuitiver Erkenntnis,

von denen im Grunde genommen jedermann und auch jeder Wissenschaftler weiß, dem nach langem Bemühen, durch angestrengtes Denken ein Problem zu lösen, nach einer gut durchschlafenen Nacht oder bei einem Spaziergang in frischer Luft plötzlich wie aus heiterem Himmel die Lösung einfällt.

Vor allem die letzten beiden Punkte wären m. E. im Konzept einer *Sport- und Bewegungswissenschaft*, die sich von der früheren stark auf Leistung und Konkurrenz ausgerichteten *Sportwissenschaft* und der noch heute oft daran orientierten sportlichen Praxis abzugrenzen versucht, von zentraler Bedeutung. Denn im Yoga spielen gerade wegen des Zusammenspiels von Ruhe und Bewegung neben den dynamischen Übungen statische Übungen (Haltungen), den Atem beruhigende Atemübungen und Entspannungsübungen eine zentrale Rolle. Davon wäre in unseren durch ständige Unruhe geprägten Zeiten für eine Bewegungswissenschaft vom Yoga zu lernen.

4. Zum Stand der Forschung über Yoga und Meditation

Yoga und Meditation sind in den USA und in Indien seit langem Gegenstand intensiver historisch-theoretischer und empirischer Forschungen. So werden in einer neueren Bibliographie[5] für die Zeit von 1931 bis 1996 mehr als 1600 medizinische und psychologische Publikationen zum Yoga und zu Meditation nachgewiesen, beschränkt ausschließlich auf englischsprachige Veröffentlichungen vor allem aus den Vereinigten Staaten und Indien.

Inzwischen ist aber auch die Forschung in Deutschland[6] auf dem besten Weg, an den Forschungsstand in diesen beiden Ländern anzuschließen. So

---

5 *Murphy, M./ Donovan, St.*, The Physical and Psychological Effects of Meditation - A Review of Contemporary Research with a Comprehensive Bibliography 1931-1996. Ed. With an Introduction of Eugene Taylor, Institute of Noetic Sciences, Sausalito/ California 1999.

6 Zum Stand der Forschung vgl. *Ebert, Dietrich*, Physiologische Aspekte des Yoga und der Meditation, Leipzig (VEB Georg Thieme) u. Stuttgart (Gustav Fischer Verlag), 1986; *Engel, Klaus* Meditation – Geschichte Gegenwart, Empirische Forschung und Theorie, Frankfurt/ Berlin/ Bern/ New York (Peter Lang Verlag), 2. überarbeitete u. erweiterte Aufl. 1999; sowie zu neueren Entwicklungen *Wahsner, R.*, Yoga und Meditation in der Forschung im deutschsprachigen Raum. Eine Sammelbesprechung, demnächst in: Yoga Aktuell - Das Magazin.

können inzwischen auch hierzulande die präventiven gesundheitlichen Wirkungen einer regelmäßigen Yogapraxis als gesichert gelten. Durch psychologische Studien nachgewiesen und zusätzlich durch zahlreiche Erfahrungsberichte belegt sind ferner die heilsamen Wirkungen einer regelmäßigen Yogapraxis in Bezug auf Erkrankungen des Bewegungsapparats, der endokrinen und der kardiovaskulären Systeme sowie psychischer und psychosomatischer Erkrankungen.[7] Als ebenfalls gesichert kann gelten, daß Yoga und Meditation geeignet sind, die Fähigkeit zur Konzentration und zur Entspannung als zweier sich wechselseitig ergänzender Bedingungen für eine Stärkung der psychischen Stabilität und zur Steigerung der geistigen und körperlichen Leistungsfähigkeit zu verbessern. Ferner gibt es noch nicht voll gesicherte Hinweise darauf, daß durch eine regelmäßige Yogapraxis auch die Lernfähigkeit und das menschliche Vermögen zur intuitiven Erfassung von komplexen Sachverhalten und Situationen sowie zur intuitiven Lösung von Problemen gesteigert werden kann.[8] Yoga vermag also positive Effekte hervorzubringen, die im allgemeinen auch dem Sport zugeschrieben oder von ihm erwartet werden.

Unter diesen Umständen muß das Verhältnis von Yoga und Sport nicht als eines der Konkurrenz begriffen werden. Beide können nicht nur im Sinne des pragmatischen *anything goes* neben einander bestehen. Sie können sich vielmehr im Hinblick auf Gesundheit und Wohlergehen der Menschen sinnvoll ergänzen. Es dürfte daher nicht zufällig sein, daß die Indische Armee schon 1994 gemeinsam mit einem der führenden indischen Yoga Ausbildungs- und Forschungszentren, der Bihar School of Yoga, ein Forschungsprojekt begonnen hat, um herauszufinden, ob und in welcher Weise ein Yogaprogramm das allgemeine Trainingsprogramm für Soldaten sinnvoll ergänzen könnte. Auch die Spitzenvertreter des indischen Sports haben 1999 mit der Bihar School of Yoga Kontakt aufgenommen mit dem Ziel, in einem Projekt zu prüfen, ob und in welcher Weise Yoga eingesetzt werden kann, um das Leistungsvermögen von Sportlern zu fördern.[9]

---

7 Ebert 1986 und Engel 1999 (Fn. 6).
8 Engel 1999 (Fn. 6).
9 Vgl. *Swami Niranyananda Saraswati*, The Grouth of Satyananda Yoga , in: Bihar - Yoga 11. Jahrgang, Heft 1, Januar 2000, S. 37 u 38.

Gewalt, Dialektik, Transit: drei Modelle aus einer Philosophie des Übergangs

Kurt Röttgers

Eine Philosophie der Übergänge stellt sich dem Problem der *radikalen* Übergänge; im allgemeinen haben wir ja keine besonders großen Probleme, Übergänge zu beschreiben. Genau zu diesem Zweck werden Geschichten erzählt und den in diesen Geschichten begegnenden intertemporalen Ausdrükken wird die Leistung zugemutet, den Übergang zu repräsentieren. Immer dann aber, wenn wir es als nicht zureichend betrachten, einfach und nur zu erzählen, wie es war und wie es gekommen ist, daß es jetzt ist, wie es ist, entweder weil wir eine zu komplexe Zustandsbeschreibung für den Anfangs- oder Endzustand verwenden, als daß dem einfachen Erzählen eine noch einlösbare Erklärungslast zugemutet werden könnte, oder aber weil der Anfangs- oder Endzustand gar nicht oder nur unzureichend bekannt ist oder schließlich weil revolutionäre Übergänge als Revolutionierung aller relevanten Verhältnisse sollen beschrieben werden können, immer dann reicht die narrative Leistung des Verbs oder der anderen intertemporalen Ausdrücke oder die Leistung des narrativen Satzes nicht aus oder eröffnet geradezu die falsche Perspektive.

Wenn die Ursache dieses Ungenügens des Erzählens die Überkomplexität der Anfangs- oder Endzustandsbeschreibung ist, dann wird man selbst dann den Übergang nicht in Narrationen wiedergeben mögen, wenn jedem Element der Anfangszustandsbeschreibung genau ein Element der Endzustandsbeschreibung entspricht. Und zwar aus zwei Gründen: Erstens würden die Elemente der Einzelzustandsbeschreibungen untereinander in vielfältiger

Weise verknüpft sein, so daß nicht ein Element A der Anfangszustandsbeschreibung genau das ihm entsprechende Element A* der Endzustandsbeschreibung hervorruft, sondern nur unter der Bedingung der gleichzeitigen Anwesenheit von B, C, D und dem gleichzeitigen Fehlen von E, F, G im Anfangszustand und – sagen wir – der Anwesenheit von C*, D*, G* und dem Fehlen von B*, E*, F*. Zweitens aber würde eine Aufzählung aller Einzelübergänge von Elementen gerade nicht die Struktur einer Erzählung haben, deren Kriterium es ist, Kontinuität zu begründen und nicht Summen. Eine Erzählung kann, wie gesagt, auch dann nicht das Strukturmuster von Übergangsbeschreibungen abgeben, wenn der Anfangs- oder Endzustand nicht zureichend bekannt ist. Was haben beispielsweise die Vorfahren derjenigen getan, die die Höhlen der Dordogne, z. B. Lascaux, bemalt haben, ich meine: stattdessen? Und wie wird es sein, wenn nach der kapitalistischen Globalisierung die echte sozialistische Weltrevolution erfolgt sein wird? Wie sollen wir das eine und das andere wissen, und wie können wir dementsprechend von diesen Übergängen erzählen? Und schließlich stiftet jede Revolution Ereignisse, die zwar im Nachhinein – oder auch im Vorhinein – in Geschichten eingebettet werden können, denen aber genau mit dieser Einbeziehung in Kontinuitätskonstruktionen ihr spezifischer Charakter inkommensurabler Ereignisse genommen wird, den sie im Moment der revolutionären Aktion haben.

Während man also einerseits darauf insistieren kann, daß das Erzählen von Geschichten in seiner Funktion für den lebensweltlichen Orientierungbedarf unersetzlich ist, muß nun andererseits Berücksichtigung finden, daß nicht alle Orientierungsprobleme mit eben dieser Methode des Geschichtenerzählens bewältigt werden können. Genauer und zugespitzt gesagt: Wir haben eine nicht-kontinuierliche Temporalität zu berücksichtigen, die in ihrer ganzen Radikalität des Einbruchs in das Kontinuum des Erlebens und in die Kontinuität der historischen Zeit von einer anderen Dimension des kommunikativen Textes verständlich gemacht werden kann. Eine Philosophie der Übergänge gälte dem Versuch, den Einbruch des Ereignisses gerade nicht in seiner Punktualität der anderen Dimensionen des kommunikativen Textes (z.B. des Sozialen) zu denken,[1] sondern in der Dimension der Zeit selbst. Letztlich ist das allerdings auch eine unvermeidliche Option, weil natürlich die Dimensionen des kommunikativen Textes keine voneinander unabhängigen Entitäten sind, von denen eines aufs andere einwirken könnte, ohne zum anderen zu werden. Der Einbruch eines Ereignisses in die Kontinuität der historischen Zeit ist selbst auch ein temporales Phänomen und muß in seiner Temporalität jenseits des Erzählens ebenso begriffen werden können wie in seiner Sozialität, durch die es außerhalb von Gemeinschaft und Gesellschaft, sowie von Gemüt und Selbstbewußtsein steht – nicht zu reden von der symbolischen und normativen Dimension des kommunikativen Textes. Philosophie der Übergänge ist das Unternehmen, die Zeitlichkeit von Ereignissen anders als in Geschichten zu denken.

Wenn eben der Konzeptionsrahmen des kommunikativen Textes angesprochen wurde, so soll das nicht heißen, daß die zu erarbeitende Struktur von Übergängen nicht auch auf Phänomene am Rande oder außerhalb der Reichweite des kommunikativen Textes zu übertragen wäre. Eine solche Übertragung soll hier jedoch nur in vorsichtigen Andeutungen geschehen, weil sich die Begrifflichkeit bisher nur auf den kulturell-sozialen Komplex

---

1 Der Beitrag von V. Schürmann (hier, S. 262 ff.) wirft die Frage auf, in welchem Verhältnis die hier vorgelegten Überlegungen zu einer allgemeinen Theorie sozialer Prozesse stehen. Dazu sei an dieser Stelle nur thesenartig festgehalten, was an anderer Stelle vielfältig ausgeführt und begründet wurde. Die Theorie des kommunikativen Textes versteht sich als eine solche sozialphilosophische Grundlegung einer allgemeinen Theorie sozialer Prozesse, die Sozialität als prozeßhaft (Text ist ein Prozeß!) in einem Zwischen begründet ansieht. Dieser Prozeß des kommunikativen Textes ist durch drei Dimensionen seiner Auslegung konstituiert: seine Zeitlichkeit, seine Sozialität und seine Symbol- und Normhaftigkeit. Es ist sozial unvermeidlich, daß Zeit als Kontinuität konstruiert wird, und das geschieht durch das Geschichtenerzählen – daher die Option für geschichtstheoretischen Narrativismus; es ist aber ebenso temporal unvermeidlich, daß Sozialität als Kontinuität konstruiert wird, und das geschieht durch Alteritäts- und Drittbeziehungen – daher die Option für gesellschaftstheoretische Differenztheorien. Neben diese Unvermeidlichkeit von Kontinuität stellt sich (ebenso unvermeidlich) das Heterogene dieser Kontinuitäten: das unvorhersehbar Neue in der Zeit und das unverstehbar Fremde im Sozialen. Die Anerkennung dieser Außenseiten der Kontinuitäten des Prozesses zwingt dazu, die Frage des Übergangs in aller Radikalität aufzuwerfen. Ob freilich damit die Behauptung verbunden sein wird, daß *nur* eine prozeßontologische Grundlegung der Sozialphilosophie sich diesem Heterogenen stellen kann, wie Schürmann anzunehmen scheint, weiß ich nicht; daß sie jedenfalls es kann, meine ich zu wissen.

bezieht und die Weiterungen noch weitgehend unklar sind. Jedoch möchte ich zwei solcher Weiterungen andeuten, den Sport und den Tod. In der Figurierung der Strukturen von Übergängen werde ich mich auf drei Modelle beschränken: Gewalt, Dialektik und Transit.

I. Gewalt

Jede Lebensform, jedes Lebensalter, jede gesellschaftliche Organisationsform hat ihre Funktionalität und damit ihre eigene Rationalität. Die Verbindlichkeit jeder dieser Formen hängt auch von der Exklusivität dieser Formen füreinander ab. Schon allein dadurch stellt sich das Problem der radikalen Übergänge, in den modernen und postmodernen Gesellschaften freilich dadurch abgeschwächt, daß jeder einzelne stets in mehreren relevanten Ordnungen zugleich lebt. Doch auch hier gibt es diese Exklusivitäten: man kann nicht PDS- und CDU-Mitglied gleichzeitig sein, nicht Mann und Frau gleichzeitig, nicht Protestant und Katholik gleichzeitig. Aber man kann übergehen. Parteiübertritte, biologische und soziale Geschlechtsumwandlungen und Konversionen sind geläufige Vorgänge. Aber selbst da, wo die Übergänge vorgeschrieben sind wie bei Adoleszenzen und Initiationen ergeben sich Probleme radikaler Übergänge, die darauf beruhen, daß ganz verschiedene Regeln gelten, eine unterschiedliche Rationalität die jeweiligen Diskurse beherrscht. Die entscheidende Frage ist, ob es eine übergeordnete Rationalität gibt, unter der die Gruppenrationalitäten einfach subsumierbar sind. Das ist z.B. in den Übergängen von Personen von einem Rechtsstatus zu einem anderen gegeben, weil das Rechtssystem diese Übergänge regelt. Daher sind das in unserem Sinne keine radikalen Übergänge. In gewisser Hinsicht sind alle radikalen Übergänge irrational. Nun ist aber die Anschlußfrage, ob es für solche Irrationalität im Übergang seinerseits eine rationale Theorie gibt. Und das kann man gewiß verschieden sehen. Die Geschichtsphilosophie, vor allem die naturwissenschaftlich inspirierte, also z.B. darwinistische, des 19. Jahrhunderts war u.a. auch der Versuch, ein solches universales Übergangsschema mit dem Begriff des Fortschritts bereit zu halten. Die Glaubwürdigkeit derartiger Ansprüche auf allgemeingültige Rationalität ist geschwunden, nicht allerdings verschwunden. Im Ökonomischen ist der

Glaube ungetrübt, daß es nur eine einzige ökonomische Rationalität gibt, die des Kapitalismus in seinem Prozeß der Globalisierung, und alle Übergänge sind von dieser einzigen Rationalität, der sich auch alle anderen Realitätsbereiche sozialer Wirklichkeit zu fügen hätten („Ökonomismus").

Zu Beginn des letzten Jahrhunderts sah sich Georg Lukacs einer vergleichbaren Überzeugung innerhalb des Sozialismus gegenüber, er nannte sie „Vulgärmarxismus". Dieser war beherrscht von der Grundüberzeugung, daß die historischen Entwicklungen einem ökonomischen Determinismus unterliegen. Hiergegen setzte Lukacs seine These von der Rolle der Gewalt in gesellschaftlichen Übergangsprozessen revolutionärer Art.

Er geht dabei davon aus, daß der Übergang von einer Gesellschaftsformation in eine andere weder von den immanenten Gesetzen der alten Ordnung noch von denjenigen der neuen, die ja noch gar nicht besteht, gehorchen kann. Was sich derart jeder Verständlichkeit entzieht, was derart die Gesetze der alten Gesellschaft verletzt, das kann in dem Begriffsrahmen dieser alten Gesellschaft nur als Gewalt erscheinen. So ist nicht a priori klar, was Gewalt eigentlich ist. Für den Kapitalismus ist die massenhafte, gemeinsame und koordinierte Arbeitsverweigerung (Streik) Gewalt, weil sie den durch Arbeitsvertrag zwischen Arbeiter und Arbeit-Nehmer (=Kapitalist) begründeten Frieden verletzt. Inwieweit innerhalb einer Rechtsordnung ein Streikrecht vorgesehen werden kann, war damals ein durchaus umstrittener Punkt und ist es bis heute. Begriffe wie „Friedenspflicht" u.ä. signalisieren die Ängstlichkeit der Rechtsordnung, die darin besteht, daß im Streikrecht ein „Recht auf Gewalt" (Zwangsausübung) zugestanden wird, wobei die mit dem Streik verfolgten Ziele durchaus solche sind, die eigentlich auch mit Mitteln des Rechts verfolgt werden könnten und sollten. Vor hundert Jahren aber verwiesen Streiks und vor allem die von Georges Sorel mobilisierte Idee des proletarischen und revolutionären Generalstreiks auf Prozesse einer revolutionären Bewußtwerdung des Proletariats. Wenn aber die Arbeiterschaft sich als das seiner Klassenlage bewußte Proletariat erkennt und daraufhin seine eigene Handlungsfähigkeit ergreift, dann wird es nach Lukacs genau dadurch zur Klasse an und für sich, was im Rahmen der kapitalistischen Gesellschafts- und Produktionsordnung nur heißen kann, daß die angeeignete Handlungsbereitschaft als Ordnungsbedrohung von außerhalb jeglicher Ordnung erscheint: als Rückfall in die Gewalt der Urgesellschaft und als Aufstand des bislang gezähmten Tiers im Menschen. Aber so, wie jeder Ordnung die Gewalt vorausgeht und noch in ihrem Gründungsakt Bestand hat und in der Erinnerung an ihn mit erinnert oder sogar in totemistischen Ritualen wiederholt wird, so ist die Ordnung auch begleitet von der monopolisierten Gewalt der Rechtserhaltung und bildet Verfahren aus, die in das Funktionieren der Gesellschaft eingelassene Gewalt unsichtbar zu machen. Der Gewaltcharakter der ökonomischen Beziehungen wird invisibilisiert und von der Sachlichkeit dieser Verhältnisse („Sachzwänge") überdeckt. Wenn also die Gewalt im Übergang erscheint, so ist das nur die Manifestation einer Latenz. So ist das Leben in Ordnungen in seinem Untergrund durchzogen von einem (vitaleren) Netz des Lebens in Gewaltbeziehungen. An den Grenzen der Ordnungen, in den Übergängen also bricht dieser Untergrund hervor. „In den eigentlichen Übergangszeiten ist aber die Gesellschaft *von keinem* der Produktionssysteme beherrscht; ihr Kampf ist eben noch unentschieden ... In solchen Lagen ist es selbstredend unmöglich, von irgendwelcher ökonomischer Gesetzmäßigkeit zu sprechen, die die *ganze* Gesellschaft beherrschen würde."[2] Die Unsichtbarkeit der Gewalt im Inneren des Kapitalismus gilt allerdings nur für diesen selbst. Das seiner selbst bewußt gewordene Proletariat setzt mit dieser Bewußtwerdung die Irrationalität der Gewalt frei, sowohl was sein Erleben von Gewalt im Inneren des Kapitalismus betrifft als auch was seine eigenen neu erwachsenen Handlungsmöglichkeiten betrifft. Wer unvernünftig in die Welt blickt, den blickt auch sie unvernünftig an, könnte man in Abwandlung eines berühmten Hegel-Zitats sagen. „Die Gewalt wird zur entscheidenden ökonomischen Potenz der Situation."[3] Und: „... die entscheidende Bedeutung der Gewalt als ‚ökonomischer Potenz' wird stets in den Übergängen aus einer Produktionsordnung in eine andere aktuell..."[4]

Lukacs' Denken des Übergangs als Gewalt ist einerseits inspiriert von der Lebensphilosophie, andererseits aber auch, und das darf nicht vergessen werden, von der Dialektik. Für die Lebensphilosophie ist die Gewalt im

2 G. Lukacs: Geschichte und Klassenbewußtsein. Amsterdam 1967 (Nachdr. d. Orig.ausg.), p. 48f.
3 l. c., p. 251.
4 l. c., p. 253.

Übergang eine Eruption. Für die Dialektik jedoch ist der Übergang zugleich ein Sprung und ein Prozeß. Als Sprünge sind Übergänge einzigartige Ereignisse. Unter diesem Aspekt kann es keine Theorie der Übergänge geben; denn jeder Sprung ist in sich unvergleichlich mit allem, was vorher und nachher geschieht. Anders als das etwa gleichzeitige utopische Denken Ernst Blochs kann Lukacs keine Auskunft über die Teleologie des Sprungs geben. Statt dessen zieht er sich auf die lebensphilosophische Gewißheit eines untergründigen Kontinuums des Irrationalen zurück oder, wo ihn diese Gewißheit verläßt, auf die Dialektik: der Sprung ist ein Prozeß. Dialektische Prozesse, die Übergänge regeln, haben das Eigentümliche, daß in ihnen die Dinge in nahezu paradoxer Weise auf die Spitze getrieben sind. Der Übergang in der Krise des Kapitalismus läßt die Herrschaft der ökonomischen Rationalität in einer bisher noch unbekannten Exzessivität hervortreten und die „Gewalt" des Kapitalismus so ganz im Räderwerk der Ordnung verschwinden, sie läßt andererseits die irrationale Gewalt als Vorschein eines radikal Neuen, nämlich der Entfaltung des Menschen als Menschen, in ebenfalls bisher unbekannter Härte hervortreten: als „nackte" und „ungeschminkte", also gewissermaßen gerade dem Bett entstiegene Gewalt.

In einem sehr ähnlichen historischen und argumentativen Kontext wie die lebensphilosophische Theorie der Gewalt als Phänomen des Übergangs bei Lukacs steht Walter Benjamins Aufsatz „Zur Theorie der Gewalt". Bezugshintergrund sind hier jedoch nicht ökonomische Verhältnisse, sondern die sittlichen Verhältnisse, die durch die Begriffe von Recht und Gerechtigkeit ausgeschritten sind. In ihnen begegnet Gewalt entweder auf Seiten des Rechts als rechtsbegründende oder als rechtserhaltende Gewalt oder aber als durch das Recht verbotene Gewalt, die die Rechtsordnung bedrohen könnte. Jede rechtsbedrohende Gewalt könnte Keim der Strukturen einer ganz anderen Rechtsordnung sein und ist deswegen von der bestehenden Rechtsordnung untersagt. Die bestehende Rechtsordnung unter dieser Herausforderung ist demnach immer ein Phänomen möglichen Umkippens. Auf diese Weise braucht Benjamin anders als Lukacs keine substantiellen Annahmen über eventuelle irrationale Substrukturen zu machen. Gewalt ist genau der Name der immer mit einer Ordnung mitgegebenen Möglichkeit der Ordnungsdurchbrechung, der Ignorierung und Negation des Verbots, der Name des Übergangs. Da aber die bisher in Augenschein genommenen Phänomene der

Gewalt dem Recht nicht entrinnen, sondern paradoxerweise vielleicht gerade durch die Negation stabilisieren, stellt sich die Frage, ob es nicht auch eine Gewalt gibt, die sich der Verrechtlichung entzieht. Die Kehrseite dieser Frage ist – da uns das Recht ja nicht von der Gewalt befreit, sondern sie nur monopolisiert und invisibilisiert -- ... ist die Frage: Kann es einen Übergang in einen gewalt- und rechtsfreien Zustand geben? Gibt es eine von der Gewalt endgültig befreiende Gewalt? Gibt es einen Übergang in ein ganz Anderes: durch die eschatologische Gewalt in ein Jenseits der Gewalt?

Wie man sieht, erscheint die Fragestellung von Lukacs bei Benjamin erheblich radikalisiert. Trotzdem gelingt es, diese radikale Fragestellung an unmittelbare Evidenzen anzuknüpfen. So sehr wir auch in totalisierende Rechtsordnungen eingeschlossen sein mögen, gibt es doch in unseren Handlungsorientierungen immer auch Alternativen zum Recht. Konflikte können zwar, müssen aber nicht rechtsförmig ausgetragen werden. Die gewaltförmige Austragung persönlicher Konflikte ist vom Rechtssystem untersagt, nicht so jedoch eine aufgrund dessen, was Benjamin hier „Kultur des Herzens", „Verständigung" etc. nennt,[5] deren objektive Gestalt die Sachlichkeit ist.

Die an das Recht gebundene Gewalt nennt Benjamin eine „mythische" Gewalt: sie ist eine Gewalt im Rahmen der begonnenen Geschichten und der geltenden Diskurse. Und da von der Rechtsgründung durch Gewalt und von der Rechtserhaltung stets auch Geschichten erzählt werden können und gegebenenfalls zur Stabilisierung der bestehenden Ordnung (in Ablösung totemistischer Wiederholungspraktiken) auch immer wieder erzählt werden müssen, und sich in jeglicher Gewalt auch immer wieder dieser Bezug zu bestehenden normativen Diskurse hergestellt werden kann und muß, scheint keine Gewalt-Okkurrenz dieser Beziehung auf die normativ-symbolische Dimension des kommunikativen Textes ausweichen zu können. Die ganze Suche, die den Fortgang des Textes „Zur Kritik der Gewalt" bewegt, wird von dem Gedanken einer *anderen Gewalt* bestimmt. Diese dürfte nicht mehr Mittel zu Zwecken sein, weil die Zwecke ja in einem System legitimer Zwecksetzungen, letztlich einem Rechtssystem, ihren Ort haben. Die zu su-

---

5 W. Benjamin: Zur Kritik der Gewalt.- In: ders.: Gesammelte Schriften II, 1, hrsg. v. R. Tiedemann u. H. Schweppenhäuser. Frankfurt a. M. 1977, p. 191f.

chende Gewalt wäre eine reine, unmittelbare Gewalt. Benjamin kennt ihre Erscheinungsform als „göttliche Gewalt", und zwar des jüdischen Gottes, der in die Geschichten und Gesetze der Menschen unvorhersehbar einbricht. „Ist die mythische Gewalt rechtssetzend, so die göttliche rechtsvernichtend, setzt jene Grenzen, so vernichtet diese grenzenlos, ist die mythische verschuldend und sühnend zugleich, so die göttliche entsühnend ..."[6] Dieser Gott ist kein Humanist, er respektiert die Menschenrechte nicht, er ist keineswegs ein Vorbild für die Menschen, er ist aber auch keine Ausnahme von deren Gesetzen, die er nicht anzuerkennen braucht. Wollte man ihn wirklich an bestehenden Gesetzen messen, müßte er als verbrecherisch gelten. Seine Gewalt aber verletzt nicht das geltende Recht, so wenig wie sie ihm gehorcht, es begründet oder absichert.

Diese reine, diese göttliche Gewalt müssen wir notwendigerweise annehmen, auch wenn der Augenschein der Geschichte eine andere Annahme nahezulegen scheint. Die „höchste Manifestation reiner Gewalt durch den Menschen"[7] ist die revolutionäre Gewalt, auch wenn die Geschichten aller stattgefunden habenden Revolutionen immer nur von der mythischen Gewalt als rechtssetzender oder rechterhaltender zu berichten wissen. Es handelt sich beim Begriff der reinen Gewalt um einen messianisch-transzendentalen Begriff, dessen Realisierung ebenso wenig beobachtbar ist, wie das Prinzip der Freiheit als Bestimmung des Willens bei Kant.

Für eine Philosophie der Übergänge bedeutet dieser Befund, daß, selbst wenn der Übergang aus einem (Rechts-)Systemzustand in den anderen immer auch in Begriffen der Beziehung auf Recht und Gerechtigkeit zu deuten ist, wir doch notwendigerweise auch immer die Möglichkeit der reinen Gewalt im Übergang als der Möglichkeit der Befreiung von diesem Bezug auf das System anzunehmen hätten. Warum wir diese andere Perspektive in der Deutung temporaler Beziehung, diese andere als historische Zeit immer auch anzunehmen hätten, enthüllt sich durch Benjamins Geschichtsphilosophie. Sie ist vor allem eines: der entschiedene und radikale Einspruch gegen die Geschichtsphilosophien des 19. Jahrhunderts, die die Geschichte als die eine große Kontinuität des Fortschritts zum Besseren verstanden wissen wollten.

---

6 l. c., p. 199.
7 l. c., p. 202.

Nach Benjamin ist diese kontinuierliche Geschichte die Art der Geschichtserzählungen der Sieger. Das Vergangene hat daneben auch immer den „heimlichen Index" der Erlösung bei sich, durch den von den Gegenwärtigen sich sagen läßt, sie hätten eine „messianische Kraft", sie seien „auf der Erde erwartet worden".[8] Das Kontinuum, das ist die Katastrophe. Daher muß dieses Kontinuum zerbrochen werden; die Idee der reinen Gewalt ermöglicht es, diesen Ausstieg aus dem Kontinuum des Entsetzlichen zu denken. „Das Bewußtsein, das Kontinuum der Geschichte aufzusprengen, ist den revolutionären Klassen im Augenblick ihrer Aktionen eigentümlich."[9] So braucht die Benjaminsche Geschichtsphilosophie, gerade um den Übergang in das ganz Andere denken zu können, den Begriff einer Gegenwart, die nicht Übergang ist, sondern in der „die Zeit einsteht und zum Stillstand gekommen ist."[10]

Die Möglichkeit einer solchen transzendental-messianischen Radikalisierung eines lebensphilosophischen Problemhorizonts der Philosophie des Übergangs ist klar; ihre Notwendigkeit jedoch wird erst aus Benjamins Geschichtsphilosophie der Kontinuität des Unheils deutlich, sowie durch die permanent gegebene Möglichkeit des revolutionären Ausbruchs aus der Normalität des Katastrophalen. Diese Gewalt ist nicht mehr die Eruption eines Irrationalen im Fluß der Ereignisse; sie ist der Stillstand im Augenblick des radikalen Übergangs, durch den er weder mit dem Herkommen noch mit dem Weiterlaufen verknüpft ist.

Dieser Augenblick ist eine Lücke im Kontinuum, das ein Verstehen ermöglicht. Bezieht man es auf Gewalt, so kann man sagen, dieses Ereignis sinnloser, weil sich allen Sinnstrukturen entziehender Gewalt, ist eine Lücke im Text, ist ein Einbruch eines Jenseits des Textes, so daß dieser nicht einfach weitergehen kann, sondern augenblickshaft einen Blick in einen Abgrund freigibt, der nichts enthält. Ist jedoch damit die Gewalt das dem Text schlechthin Fremde, so zeigen die Momente, durch die dieses absolut Fremde dem Text des je eigenen Lebens begegnet, daß sich dieses Extrem an Fremdheit zugleich als das in höchstem Maße Eigene enthüllt: der eigene Tod und die eigene Geburt. Es gibt nichts, was so eigen ist und zugleich so

---

8 W. Benjamin: Über den Begriff der Geschichte.- In: dass. I, 2. Frankfurt a. M. 1978, p. 693f.
9 l. c., p. 701.
10 l. c., p. 702.

fremd. In ihnen fallen Fremdheit und Eigenheit so sehr zusammen, daß der Übergang in diesen Augenblicken gerade auch nicht mehr als ein Übergang und sei es in einem noch so radikalen Sinn begriffen werden kann. Christian Jakob Kraus, der sein eigenes Sterben von seinen Freunden protokolliert haben wollte, soll als letzte Worte gesagt haben: „Das Sterben ist doch anders, als ich es mir dachte."[11] Das ist interessant zu hören; aber da wir nicht wissen, wie er es sich vorher dachte, wissen wir auch nicht, was daran hätte anders sein können, wir wissen gar nichts. Protokollsätze versagen an diesem Übergang; und deswegen wissen wir auch gar nicht, ob es ein Übergang ist. Immerhin aber unterbrechen Tod und Geburt den Sinn derart radikal, daß sie als Modelle radikaler Übergänge gedacht werden mögen. Gegeben sind uns diese Unterbrechungen überhaupt nur als bildhafte Momente in den Geschichten, mit denen wir uns temporal und sozial selbst verständigen. Bisher haben wir zwei solcher Bilder kennengelernt: die Gewalt am Ursprung aller Ordnungen der Gewaltvermeidung und die Gewalt als letzte, von aller Gewalt befreiende Gewalt.

II. Dialektik

Dialektik als Figur, den Übergang zu denken, verdankt sich der Überzeugung, daß es nach der radikalen Negation noch weitergeht. Versucht man Dialektik dort aufzusuchen, wo sie exemplarisch und prominent zugleich begegnet, dann wird man sich auf die Hegelsche Philosophie einzulassen haben, wohl eingedenk des Problems, daß Hegel mit seiner Dialektik radikaler Denker des Übergangs sein möchte und zugleich ein Denker des Systems. Da es hier nicht auf eine diesem Doppelanspruch gerecht werdende Interpretation der Hegelschen Philosophie ankommt, sondern darauf, die Philosophie des Übergangs voranzutreiben, werden wir im folgenden in dieser Frage bewußt einseitig verfahren. Das heißt: die strittige Frage, ob sich Systemphilosophie und Dialektik bei Hegel zusammenfügen oder in einem unauflösbaren Konflikt miteinander liegen, interessiert uns einfach nicht. Wenn

---

11 K. Röttgers: Kants Kollege und seine ungeschriebene Schrift über die Zigeuner. Heidelberg 1993, p. 111, Anm. 16 – dort auch die etwas abweichende andere Version.

man sich einseitig auf die Gedanken zu einer Philosophie des Übergangs bei Hegel stürzt, so ist vorrangig an den berühmten Anfang der „Logik" zu denken, der zunächst das reine Sein und das reine Nichts in absoluter Bestimmungslosigkeit ineinander fallen läßt, da das reine Seine keine Differenz, nicht einmal die zum reinen Nichts kennt. [12] So hält Hegel fest: „*Das reine Sein und das reine Nichts ist also dasselbe.*"[13] Bemerkenswert an dieser Formulierung ist der konsequente, grammatisch eigentlich unzulässige Singular des Verbums; hier wird aber gerade nicht die Identität Nichtidentischer in Nachhinein des Erkennens festgestellt; sondern die ausgesagte Differenzlosigkeit dieses Anfangs gebietet konsequent den Singular trotz zweier Satzsubjekte. Dieses ist nun keine Erkenntnis und keine Wahrheit; solche hätten ihren Ort da, wo ein Übergang des einen in das andere stattfindet, oder genauer: stattgefunden hat. Wahrheit ist die Präteritalform eines solchen Übergehens, d.h. ein Übergegangensein. Nur eine solche Präteritalisierung erlaubt überhaupt die Differenz von Sein und Nichts. Das gewesene Sein ist Nichts, und das gewesene Nichts ist Sein. Das ist noch nicht die Zeit in einem aussagbaren Sinne; aber es ist ein Werden, um das es sich hier handelt. Werden ist die Kategorie, unter der die Wahrheit über Sein und Nichts auftritt: das Werden ist die Möglichkeit der Differenzierung von Sein und Nichts. Der Übergang ist das Denken der Differenz.

Der erste Anschein ist, als müsse dieses ein einmaliger Vorgang sein: sobald der Übergang vollzogen ist, sobald die Differenz in die bestimmungslose Identität eingeführt ist, ist sie da, die Differenz. Gekannt oder erkannt ist dieser Übergang allerdings immer nur als bereits vollzogener Übergang. Freilich spricht Hegel nicht vom Übergang der Unterschiedslosigkeit in die Differenz, sondern exakt vom Übergang des Seins in das Nichts und umgekehrt; daß stets auch der umgekehrte Vorgang mit gemeint ist, gibt dem Werden den Doppelcharakter des Auftretens und des Verschwindens. Zugleich aber heißt, daß es sich um den Übergang auf der Ebene von Sein und Nichts handelt, auch, daß der Übergang die Differenz *ist*, nicht sie hervorbringt. Die Einheit beider, die das Werden ist, unterscheidet sich zugleich von den Momenten dieses Werdens. Erst unter dem Aspekt wechselseitigen

---

12 G. W. F. Hegel: Werke. Frankfurt a. M. 1969ff., V, p. 82ff.
13 l. c., p. 83.

Verschwindens im anderen bilden reines Sein und reines Nichts eine Einheit und sind als Momente voneinander und von ihrer Einheit unterschieden. So sind die Begriffe Werden und Übergang bei Hegel nicht der Sache nach, sondern nur aspektiv unterschieden. Übergang stellt auf den Aspekt des Geschehens zwischen zwei voneinander Unterschiedenen ab, während Werden eher das Verschwinden des einen im anderen meint. Die Prozeßform als solche aber ist in beiden Fällen dieselbe.

Von einer vorgängigen ontologischen Selbständigkeit des Sein (oder des Nichts) vor einem Werden kann demnach überhaupt gar nicht die Rede sein. Das reine Sein – unabhängig von allem Werden – gibt es gar nicht: Das Sein ist nichts anderes als ein Moment des Übergangs. Es ist gar nicht die Frage, wie vor dem Hintergrund des Seins der Übergang zu denken ist; Hegel versucht im Hinblick auf eine Philosophie des Übergangs die radikale Umkehr: Wie ist vor dem Hintergrund des Werdens und des Übergangs das Sein zu denken, so lautet seine eigentümliche Frage. Jeder Anfang des Denkens steht zwangsläufig bereits in einer Differenz zum reinen, bestimmungslosen Sein. Schon die Tatsache des Denkens ist der vollzogene Übergang.

Ist aber nicht, muß man folgerichtig weiterfragen, der reine Übergang eine eben so abstrakte Bestimmung wie das reine Sein oder das reine Nichts, die ohne jenes Dritte des Übergehens in sich zusammenfallen? Frage ist also, wie der Übergang seine Bestimmtheit erhält. Das kann nur geschehen, indem die Unterschiedenen in eine bestimmte Relation einbezogen gedacht werden, z.B. in die Kausalrelation. Etwas wird, weil etwas anderes als Ursache für es auftritt. Im Werden von Etwas verschwindet die Ursache; aber es verschwindet in der Einfachheit des seienden Resultats auch der Prozeß des Werdens. Der präteritalisierte Übergang läßt auch noch das Verschwinden verschwinden. Oder anders gesagt: im gegenwärtigen Resultat ist der Übergang übergegangen, er *ist* nicht mehr. Der Übergang erhält sich nicht. Nur in dieser Nichtigkeit des Übergegangensein allein hat der Übergang Bestand. Es ist das dasjenige, was auch die vollzogene Negation der Negation genannt wird. Jede erreichte Stellung erweist sich im dialektischen Fortgang allerdings als eine, die den Widerspruch erneut aus sich hervortreibt, so daß jedes Resultat zu-fällig ist, ohne daß jedoch diese Unabschließbarkeit als eine schlechte

Unendlichkeit gedacht ist. Prinzipiell ist daher der Prozeß abschließbar: „Im Wesen findet kein Übergehen mehr statt, sondern nur Beziehung."[14]

Während der Begriff des Prozesses bei Hegel die Figur der Einbettung von Prozessen in Prozesse gestattet bis hin zum „absoluten Prozeß", markiert der Begriff des Übergangs umgekehrtdie Radikalität der Negation und der Negation der Negation. Es ist nicht ein Etwas, das sich im Übergang in ein anderes gewissermaßen unversehrt erhält und rettet, sondern jeder Übergang ist Untergang.

III. Transit

Unter dem Begriff des Transit werden wir solche Theorien der Übergangs zu behandeln haben, die den Übergang vor allem als räumlich, d.h. durch eine Grenze, strukturiert denken. Wenn es sich jedoch um einen radikalen Übergang handeln soll, muß die Grenze durch eine bestimmte Undurchdringlichkeit gekennzeichnet sein. Was ja im Hinblick auf die Zeit selbstverständlich ist, daß wir nicht noch einmal von einer bestimmten Vergangenheit die Gegenwart, vielleicht eine andere Gegenwart angehen können, das ist ja im Hinblick auf den Raum für unseren Alltagsverstand nicht gleich plausibel. Uns will scheinen, daß wir immer wieder einmal an einen bestimmten Ort zurückkehren können. Jeder jedoch, der nach weiter Abwesenheit in die Heimat zurückzukehren versucht, weiß, daß das nicht möglich ist, weil dieser Ort, an den wir zurückkehren, nicht derselbe ist, der er wäre, wenn wir dort geblieben wären. Insofern ist im strengen Wortverstande auch im Räumlichen eine Rückkehr nicht möglich. Räume, die wir erschließen, verschließen uns die Räume in unserem Rücken. Also brauchen wir ein Raumphänomen an dem ein solch irreversibler Übergang festgemacht werden kann. Das ist der Begriff der Spur, der die Anwesenheit eines Abwesenden zu denken erlaubt. Spur ist die Spur nur, wenn der Spurenmacher gerade nicht mehr da ist, nicht mehr in ihr steht, sondern fortgegangen ist. Spur ist die Spur aber auch nur dann, wenn da wirklich einmal einer war, der in ihr gestanden hat und das, was sichtbar ist, nicht eine zufällige Verschiebung

---

14 l. c. VIII, p. 229.

von Materie etwa im Sand ist. Wir wollen uns in der Deutung der Spur als Phänomen des Übergangs im folgenden an die Spuren Derridas heften.

Für ihn ist die Spur die Bewegung der Differenz. Diese Bewegung ist die Differenzierung, durch die das Andere in das Jenseits einer Grenze versetzt wird, d.h. zum Fremden wird. Der Fremde ist uns unverständlich, was er sagt, sagt er in einer fremden Sprache. An der Grenze müssen wir uns mit einem Übersetzer verbünden, einem Assistenten für die vorgesehenen Übergänge. Hier versagen die Gewißheiten eines untergründigen Lebens, das uns verbindet, hier versagt auch die Gewißheit, daß die Negation in einer zu erwartenden Negation der Negation in die Versöhnung aufgehoben wird. Der Übergang wird zu einem Wagnis, das als Katastrophe aber auch als Abenteuer ausschlagen kann. In jeder Spur liegt beschlossen dieser Sprung, weil es zwischen der Materialität der Spuren und der Materialität des Spurenmachers kein Kontinuum gibt. Spurenleser wie Winetou, Nick Knatterton oder William von Baskerville verstehen sich zwar darauf, aus der Tiefe einer Spur auf das Gewicht des abwesenden Spurenmachers zu schließen, aber nicht weil die Materie hier ein verständliches Kontinuum zeigte, sondern weil Materialitäten auf eine symbolisch vermittelte Weise miteinander zusammengeführt werden. Nur die Übersetzung macht Sinn, nicht die Materie als solche. Die Übersetzung ist zwar notwendig, aber auch unmöglich. Wenn ich hier bleibe, verstehe ich die Fremden jenseits der Grenze nicht, gehe ich wirklich und im vollen Wortsinn und mit allen Konsequenzen hinüber, verstehe ich nicht mehr, was ich war. Ferner gibt es die Mestizen, sie haben die Heimat verlassen, sind aber dort, wo einmal die Fremde war, nicht angekommen; sie siedeln auf der Grenze. Sie existieren übergängig.

Mit der Spur als Differenzbewegung bei Derrida wird der Übergang in einer Weise thematisiert, daß man sagen kann: Ineins erzeugt und thematisiert die Spur diejenige topologische Differenz, die als Verräumlichung überhaupt erst die Notwendigkeit von Übergängen konstituiert.[15] Also „es gibt" nicht ein Innen und ein Außen, und eine Philosophie der Übergänge hätte zu klären, wie man hinein- oder herausgelangt. Sondern indem sich Eins sagt, sagt es, qua Sagen – spurenmachend, diffrerenzerzeugend -- auch ein Außen seines Sagens. Der Text „meint" immer etwas anders als sich selbst. Wäre das

---

15 Cf. J. Derrida: Gestade. Wien 1994, p. 39.

volle, das authentische Sprechen erst eines, das nichts mehr sagte und meinte, so wäre es doch auch gerade kein Sprechen mehr, vielleicht ein Verbaldelirieren.

Wenn aber sich das Außen der Spur verdankt, dann ist die Spur nicht nur der Übergang, sondern auch die Bedingung der Übergänge. Mit anderen Worten, nur durch den Räumliches (und Zeitliches) integrierenden Prozeß der Spur erscheint ein anderer Ort und damit Räumlichkeit (und eine andere Zeit und damit Zeitlichkeit). Bei Derrida ist der Übergang das Primäre, und das Woher und das Wohin entstehen erst im Übergehen. Differenzen „sind" nicht, sie wollen vollzogen sein. Wenn die Philosophie – klassisch etwa bei Kant – ein Wissen von der Grenze zu gewinnen versucht, so ist die Spurenkunde der Übergänge etwas anderes als Philosophie. Und wenn sie herkömmlicherweise nach den Übergängen fragt, dann ist darunter zu verstehen eine Beschreibung des Umgehens mit Grenzen, oder allenfalls eines Umgéhens von Grenzen. Bei Derrida aber ist Grenzgenese durch Übergang das Thema. Der Übergänger nach Derrida wird nicht ankommen; überall wird er unvermeidlich mit der Spur ihr Außen hervorrufen. Aber er kann auch nicht bleiben. Und so bleibt ihm nichts, als die Randzonen zu lieben, die Dämmerungen, Marken, les marges, also Grenzen, die eine Ausdehnung haben, Übergangszonen. Er darf die Grenzen nicht überschreiten, er darf in den Marken nicht siedeln. Dieses Grenzland (Niemandsland) ist wie eine Laufbahn, die das Spielfeld von den Rängen trennt; der Läufer darf die Bahn nicht verlassen, ohne disqualifiziert zu werden. Als solche ist seine Bahn ein Um-Weg, auf der Bahn jedoch sind Umwege verboten oder unvorteilhaft. Der Randgänger, der seiner Bahn folgt, immer am Rande des Übergangs, folgt seiner Laufbahn, die kein Übergang ist, sondern eine Umlaufbahn. So ist der Randgänger ein Gefährlichkeits-Simulant, ein Jongleur, ein Denk-Akrobat, der dem staunenden Publikum auf dem Drahtseil des Denkens vorführt, wie er es vermeidet, aus der Bahn seines Denkens zu kommen und links oder rechts in den Abgrund zu stürzen. In der Zone des Übergangs öffnet sich der Abgrund so, als wäre die Erde immer noch eine Scheibe und die „Randgänge der Philosophie" immer noch gefährlich.

Randgänge sind Surrogate von Übergängen; auf ihnen wird zugleich die Unmöglichkeit von Übergängen betont. Im Text bedeutet das die Unmöglichkeit von Übersetzung. Wenn ein Text seine Übersetzung überleben soll, muß er zugleich übersetzbar und unübersetzbar sein.[16] Die erfolgreiche Übersetzung ist daher weder das Leben des Textes selbst, noch sein Tod, sondern sein Überleben (Über-Leben).[17] Als Jongleur der Randzonen liebt Derrida Unentscheidbarkeiten und Unübersetzbarkeiten, ja setzt seinen eigenen Ehrgeiz auch darein, unübersetzbare Texte zu schreiben. Der Text „Pas"[18] arbeitet mit dieser Mehrdeutigkeit des Wortes, das je nach Kontext „nicht" oder „Schritt" heißen könnte und das in bestimmten Kontexten diese Mehrdeutigkeit erhalten und diese Kontexte mit ihr infizieren kann: „pas de méthode" (der Methodenschritt/keine Methode). Fast triumphierend sagt Derrida folglich: „Die Übersetzer werden dieses ‚pas' ... nicht übersetzen können."[19] – was sie, wie man sieht, auch nicht getan haben, aber vielleicht nicht nur aus Unvermögen, sondern auch weil sie ihn sonst getötet hätten, wo es doch auf sein Über-Leben auf dem Drahtseil zwischen Leben und Tod ankommt. Derrida spielt und jongliert nur mit Übergängen; den wirklichen Übergang kann er nicht denken oder will ihn nicht denken können.

Auffällig viele Texte Derridas spielen mit dem Gedanken des Todes. Einerseits und zumeist ist das eine Auseinandersetzung mit Texten, die vom Tod handeln. Sagt er von Texten, daß sie keine absoluten Grenzen haben, sondern Randzonen ausbilden, in denen durch eine „doppelte Invagination" Inneres und Äußeres sich gegenseitig spiegeln: „ein Buch fängt weder an, noch hört es auf: es tut höchstens so, als ob!"[20] Der eine der Texte, über die er schreibt, ist M. Blanchots Erzählung „L'arrêt de mort"; mag auch immer der Tod ein irreversibles Ereignis sein, das Reden über den Tod ist reversibel, wiederholbar und als Mehrdeutigkeit ausgestaltbar. Gerade der Begriff „l'arrêt de mort" ist wieder so ein unübersetzbar vieldeutiger Begriff, der eine Randzone ausbildet, wo eigentlich keine Platz hat: als fester Terminus bedeutet der Begriff „Todesurteil", in seine Bestandteile auseinandergenommen jedoch „Aufschub des Todes"; für Derrida arretiert hier ein arrêt den

---

16 l. c., p. 149.
17 Die deutsche Übersetzung wählt unverständlicherweise „Weiterleben" als deutschen Ausdruck für survie, was insofern der Tod des Textes ist, als in diesem Begriff das „sur" in seiner Mehrdeutigkeit weniger eingefangen werden kann als im ÜberLeben.
18 Enthalten in l. c., p. 21-118.
19 l. c., p. 144.
20 l. c., p. 143f.

anderen mit der Folge, daß sich die Irreversibilität des Übergangs, den das Todesphänomen darstellt, auflöst in ein Hin und Her wie am „Gestade" des Meeres: „Er *gibt* Leben, er *gibt* Tod."[21] Am Ende kommt Derrida verblüffenderweise dazu, den „arrêt de mort" als „Auferstehung" zu deuten.[22]

Den Tod zu geben, das ist auch das Thema eines eigenen Textes[23]. Was heißt das? „Donner la mort" heißt, die Verantwortung für den eigenen Tod zu übernehmen, uns so ist der Text vor allem ein Text über die Genese von Verantwortung. „Donner la mort" hat dreierlei Sinn: Erstens heißt es, bewußt Selbstmord zu verüben, nicht warten, bis der Tod von sich aus kommt, und dann zu kapitulieren, sondern die Verantwortung für den eigenen Tod vor sich selbst zu übernehmen. Donner la mort heißt aber auch, sich den eigenen Tod in eigener Verantwortung vor sich selbst, für einen Anderen geben, d.h. sein Leben hingeben; und schließlich kann es heißen, die Lebenshingabe, für die man sich nicht frei und einsam entschieden hat, in die man also vielleicht verstrickt worden ist, als Selbstopfer zu akzeptieren, wie z.B. der Tod des Sokrates. Die Todesdeutung des Platonischen Sokrates ist – und hier folgt Derrida dem tschechischen Philosophen Jan Patocka – ist der erste dokumentierte Text, der den Tod als einen Übergang einer individuellen und den Tod überlebenden Seele in einen anderen Zustand deutet. Zuvor war der Tod ein äußerlich sichtbares, keineswegs privates Ereignis im Zusammenleben einer Gruppe, so daß man dann sagen konnte, einer sei von uns gegangen, er habe uns als von ihm Verlassene zurückgelassen. Bei Sokrates kehrt sich die Perspektive um zu der Innenansicht, die ein Sterbender von seinem eigenen Tod haben kann. Die Seele wird individualisiert und sie überlebt einzeln, zuvor im Gefängnis des Körpers gefangen, auf andere Art. Die im Donner-la-mort enthaltene Vorstellung eines Opfers bekommt auf diese Weise den Sinn einer verantwortlichen Hingabe eines sterblichen Körpers und damit zugleich der Veredelung der unsterblichen Seele, die im Inneren wohnt und die die Regie einer solchen Inszenierung übernommen hat.

Die Seele ist unsichtbar. Aber wozu dient sie eigentlich? Die Sinnlichkeit, der leibliche Kontakt zur Welt, ist weiter – gewissermaßen ungeachtet oder

---

21 l. c., p. 161.
22 l. c., p. 162.
23 J. Derrida: Donner la mort. Paris 1999.

trotz der Seele – auf den Leib verteilt, dafür ist die antike Seele unzuständig. Da die Seele aber auch keine ideelle Verdoppelung des Körpers ist, wiederholen sich in ihr auch nicht die Eigenschaften der Sinnlichkeit. Mit anderen Worten: die Seele ist nicht nur unsichtbar, sie ist selbst auch blind. Was sie „sieht", sind lauter unsichtbare Dinge, z.b. dermaleinst den Hades, oder sie „erinnert" sich an Dinge, an die kein sterblicher Körper sich je wird erinnern können.

Daß dem Tod des Sokrates, so viel applaudiert in der abendländischen Philosophiegeschichte, auch eine ganz andere Interpretation zuteil werden kann, gerade dann wenn man auf dem Geheimnis dieses Übergangs bestehen will, belegt eindrucksvoll Michel Serres. In seinem Werk „Die fünf Sinne" schreibt er über Sokrates: „Selbst noch im Sterben hat er nicht aufgehört zu reden."[24] Serres: „Kann man wirklich denken, ohne zur Schönheit zu gelangen, ohne an das Geheimnis zu rühren, in dem das Leben vibriert, ohne daß der Körper sich verwandelt? ... Welch ein Emblem von Haß! Die Mißgestalt dieses Mannes [des Sokrates, K. R.] enthüllt seine kranke Philosophie. Er hat den Tod geliebt, er hat ihn so sehr herbeigewünscht. Sehen Sie nur, wie er ihn zur Schau stellt."[25] Serres spricht von der Todesszene, von Platon minutiös berichtet. Und er nennt sie ein Theater, eine Inszenierung. „Er hat nicht allein sterben können; eine ganze Geschichte hat er aus dem banalsten, unausweichlichsten, dem feierlichsten und privatesten Augenblick unseres kurzen Lebens gemacht. Fünfundzwanzig Jahrhunderte einer weinerlichen Philosophie liegen vor diesem häßlichen Zwerg, der da zur Schau gestellt wird."[26] „Seit diesem Todeskampf in der kleinen Theaterzelle in Athen heißt Philosoph werden, im Kreis der Nekromanten Platz zu nehmen..."[27] Das sind böse Worte. Was verübelt Serres dem Sokrates so sehr? Er kann ihm vor allem nicht verzeihen, daß er nicht hat schweigen können. Das Plappern bis zum letzten Moment ist aber nicht nur ein Zeichen der Unreife, es suggeriert auch einen Übergang, den es in dieser Form gar nicht gibt: nämlich daß die

---

24 M. Serres: Die fünf Sinne. Eine Philosophie der Gemenge und Gemische. 2. Aufl. Frankfurt a. M. 1994, p. 118.
25 l. c., p. 117.
26 l. c., p. 118.
27 ibd.

Sprache, der Logos und das Plappern hinüberreichen in das Geheimnis des Todes. Wenn Serres die sokratische Lehre von der Unsterblichkeit der Seele bespricht, dann hebt er eben diese Sprachbindung der Lehre hervor; und diese enge Verbindung von Seele und Text ist für Serres Anlaß genug, der sokratischen Unsterblichkeitslehre zu mißtrauen. Alle diese platonischen Theaterhelden... „sie reden, kreischen, diskutieren, rufen durcheinander, schmeicheln, nennen einander beim Namen, geben sich Ratschläge, zeigen und beschreiben einander eine Welt, die sie nicht sehen, eine unsichtbare, ungreifbare, farblose, geruchlose, geschmacklose Welt; sie versprechen einander bessere Tage im Hades ..."[28]

Ist die Deutung des sterbenden Übergangs mithilfe einer unsterblichen, unsichtbaren und für sonst nichts zuständigen Seele, die blindlings vom Unsichtbaren redet, tatsächlich die Entstehung der Verantwortung, wie Patocka und Derrida es deuten, oder ist sie die Begründung einer Tradition nekromantischen Theater-Geplappers, d.h. eine Flucht aus der Verantwortung?

In einem weiteren Text zum Thema Tod, der über Diderot und Seneca gebrochen ist, sagt Derrida: „Eben, daß jener Diskurs über den Tod auch, neben so vielen anderen Dingen, eine *Rhetorik der Grenze* einschließt, eine Belehrung in bezug auf die Linien, welche das Recht auf absolutes Eigentum, das Recht auf Eigentum an unserem eigenen Leben, am Eigenen unserer Existenz begrenzen, kurzum ein Traktat über das Umreißen der Züge als begrenzende Umrandungen dessen, was *insgesamt betrachtet* uns zukommt oder *auf uns zukommt*, wobei es uns in dem Maße zusteht, wie wir ihm eigentümlich angehören."[29] Dieser Wortschwall führt unter der Hand des Jongleurs eben das in die Reflexion des Übergangs wieder ein, was Derrida hier und überall daran hindert, den Übergang zu denken: die „begrenzenden Umrandungen".

Bezeichnenderweise nennt Derrida es eine „ungeheure Frage", die er lieber (tatsächlich!) eingeklammert sein läßt, daß Hegel, „die Unilateralität der Grenze denken und deshalb zeigen wollte, daß man immer schon auf der von

---

28 l. c., p. 121.

29 J. Derrida: Aporien. Sterben – Auf die „Grenzen der Wahrheit" gefaßt sein. München 1998, p. 16.

hier aus gesehen anderen Seite ist."[30] Voller Anstrengung klammert sich Derrida an Heidegger, der als Denker der Immanenz die Unmöglichkeit eines solchen Beginnens gezeigt habe.[31] Derrida fragt sich: „Ist der Ort jener Nicht-Passage die Unmöglichkeit selbst oder die Möglichkeit der Unmöglichkeit?" „an sagt in der Tat, daß die Aporie die Unmöglichkeit, das Unwegliche, die Nicht-Passage ist: Hier wäre das Sterben die Aporie, das heißt die Unmöglichkeit, tot zu sein..."[32] „Dieser Nicht-Zugang zum Tod als solchem, der allein Zugang zu dem ist, was als Grenze nur Schwelle ist oder Stufe, wie man bei Annäherungen an eine Grenze sagt ... Zugang zum Tod als Nicht-Zugang zu einer Nicht-Grenze als Möglichkeit des Unmöglichen."[33] Ich glaube, die Zitate sprechen in gewisser Weise für sich; sie sind ein bezauberndes Jonglieren mit Denkbarkeiten, aber kein ernsthaftes Sicheinlassen auf ein Problem. Doch wir finden auch Klartext: „Genau in der Nachbarschaft dieser Frage [der Frage nach den Randzonen, K. R.] werden wir umherschweifen: wie Schmuggler."[34] Wir verstehen, er möchte gern ein Schmuggler sein; tatsächlich wird er ein ineffektiver Schmuggler sein, weil er die Grenze nicht zu überschreiten wagt, sondern sich immer nur im Grenzbereich herumtreiben wird; er will die Fragen nicht stellen, geschweige denn sie beantworten, er möchte nur in ihrer Nähe umherschweifen; dabei wird er die Frage nach dem „passer" durch diejenige nach den Umrandungen austauschen – dieser kleine Gauner mit den großen Worten. Während wirkliches Schmuggeln das Überschreiten der Grenze verlangt, will er erkunden, was bei der Nicht-Passage „passiert".[35]

---

30 l. c., p. 95.

31 Cf. l. c., p. 103f., wo Derrida – wieder nicht in eigenen Worten, sondern mit einem Valéry-Zitat – sagt, daß es eine „Politik der Primitiven in ihren Beziehungen zu den Geistern von Toten" gebe, so etwas sei immer „*eine Überschreitung* der Grenzen." Daß sich übrigens entgegen Derridas Verdacht eine Philosophie der Immanenz und ein Denken radikaler Übergänge nicht auszuschließen brauchen, ließe sich am besten an der Philosophie von G. Deleuze zeigen, s. dazu jetzt speziell St. Günzel: Immanenz. Zum Philosophiebegriff von Gilles Deleuze. Essen 1998.

32 J. Derrida: Aporien, p. 118.

33 l. c., p. 123.

34 l. c., p. 16.

35 l. c., p. 29.

In einem hat natürlich Derrida recht und das ist seine Grundidee, der er jedoch viel zu viel an Folgen aufbürdet. Man muß nicht schon gestorben sein, um über den Tod reden zu können. Oder allgemeiner: Nicht nur der kann über den Übergang sprechen, der ihn bereits vollzogen hat und nun aus dem Jenseits (dem Jenseits der Grenze) zu uns spricht. Vielleicht ist es ja sogar so, daß uns der aus dem Jenseits gar nichts sagen könnte über den Übergang selbst; denn er hat ihn ja bereits hinter sich und wird nun sagen, daß er sich in einem Kontinuum zu uns befinde, sei es ein räumliches, sei es ein zeitliches, und er wird Geschichten erzählen und Geographien entwerfen, wo doch der radikale Übergang selbst von seiner Abgründigkeit bestimmt ist. Mit anderen Worten: Wenn die Toten zu erzählen begönnen, könnten sie uns über den Tod nichts Gescheites mitteilen. Oder: Der Sprung über das Pferd (als Turngerät) ist als bevorstehender ein ganz anderer als was die, die schon gesprungen sind, von ihm erzählen.

IV. Ausblick

Wir haben drei Modelle untersucht, den Übergang zu denken. Gewalt war uns das Modell, in dem der Übergang in seiner Ereignishaftigkeit erschien, die ein Kontinuum des Sinns zerbricht. Es begegnete uns in den zwei Varianten, nämlich daß es unterhalb gewissermaßen des Kontinuums des Sinns eine das Ganze dennoch zusammenhaltende Substruktur des Lebens in seiner Irrationalität gibt, die sozusagen das Wagnis des Übergangs abfedern, und zweitens daß die absolute Radikalität des Ereignisses tatsächlich gedacht wird, aber nicht als ein empirisch nachweisbares Faktum, sondern als transzendentale Bedingung revolutionärer Veränderung, wobei nachher immer die Interpretation als Normalität geschehen kann, aber wiederum auch nicht zwangsläufig geschieht, weil sich auch Geschichten erzählen lassen, die die Lücken für das Geheimnis lassen. Dialektik war uns das Modell, durch das der Übergang tatsächlich in konsequenter Radikalität gedacht wird, weil hier die Negation als das Movens der Dialektik nichts Substantielles hinüberrettet. Das nicht ganz Selbstverständliche dieser Bewegungsform, unter der der Übergang zu denken wäre, ist, daß durch die Negation der Negation so etwas wie die Rückkehr auf höherer Stufe geschehe. Diese Nichtselbstverständlichkeit der Versöhnung nimmt eine „Negative Dialektik" zum Ausgangs-punkt, ohne daß hier näher auf diese Alternative eingegangen worden wäre, die gewiß mit dem Gedanken der Normalität nicht des Heils, sondern der Katastrophe rechnet und damit den Anschluß auch an das Modell des Über-gangs als reine Gewalt findet. Hatte Gewalt ein temporales Moment und Dialektik ein logisches Moment des Übergangs-Denkens akzentuiert, so ist das Modell des Transits geeignet, die Räumlichkeit des Übergangs hervorzu-heben. An den Defiziten von Derridas Thematisierung dieses Sachzusam-menhangs erschien unbefragt ein neben Ereignishaftigkeit und Negation drittes Moment des Übergangs, sein Geheimnis.

Was hat das nun alles mit den sportlich bewegten Menschenleibern zu tun? Ich werde mich hüten, konkretistische Identifikationen vorzunehmen. Also werden wir weder sagen, der radikale Übergang sei das, was in den so-genannten Extremsportarten gesucht werde. Noch werden wir unseren An-satz in der Weise verharmlosen, daß wir etwa sagen, in jeder sportlichen Betätigung gäbe es immer schon den radikalen Übergang. Aber wie wäre es denn, wenn wir Strukturmerkmale dieser Modelle, den Übergang zu denken, nähmen und auf die Deutung sportlichen Geschehens übertrügen? Dann könnte sich sinnvoll fragen lassen, wo im Sport Ereignisse der Art begegnen, daß sie die in normaler Zeitorientierung unterstellte oder konstruierte Konti-nuität zerbrechen und ob diese Ereignishaftigkeit der Zeit (der Augenblick) eher als Rekurs auf eine Substruktur eines Lebens der Leiber zu denken ist, oder eher durch den exstatischen Ausblick auf jenes Heil oder Glück, das die Normalität von deren Unglück jederzeit zu durchbrechen in der Lage wäre. Und dann ließe sich auch fragen, wo im Sport solche Strukturen begegnen, daß im Übergang in eine „andere Welt" ein solches Geheimnis aufscheint, das nicht genau so gut im Reden darüber erschlossen werden könnte.

Bewegungslernen und Rhythmus

Hans-Gerd Artus

Einleitung

Fünfzig Jahre – um 1920 beginnend bis Ende der sechziger Jahre – war „Bewegungslernen und Rhythmus" ein zentrales Anliegen in der Diskussion um Leibeserziehung (vgl. z. B. Winther 1920; Pallat/Hilker 1923; Hanebuth 1961; Röthig 1967). Mit der Wende hin zur Sportwissenschaft verschwindet das Thema für zwanzig Jahre weitgehend aus dem Blickfeld des Faches. Ab 1990 tauchen wieder vermehrt wissenschaftliche Beiträge auf, die den Zusammenhang von „Bewegungslernen und Rhythmus" diskutieren (vgl. z. B. Röthig 1990; Rieder/Balschbach/Payer 1991; Hamsen 1992; Martin/ Ellermann 1998; Trebels 1998).

Da sich der Erkenntnisstand der Bewegungsforschung in den letzten dreißig Jahren wesentlich erweitert hat (vgl. z. B. den Beitrag von Monika Fikus in diesem Band), stellt sich die Frage nach den Auswirkungen auf das Thema „Bewegungslernen und Rhythmus".

Nachfolgend geht es zunächst um die Beschreibung einer eigenständig entwickelten Konzeption zum Bewegungslernen. Anschließend wird der Forschungsstand zum Umgang mit Rhythmus bzgl. des Bewegungslernens zusammengefaßt, um darauf aufbauend, Möglichkeiten einer vertieften Integration des Phänomens Rhythmus in die Sportwissenschaft ins Gespräch zu bringen.

Bewegen

Bewegen wird in der Entwicklung der Leibeserziehung sehr lange und einseitig vom Grundverständnis der Physik her definiert „als Ortsveränderung des ganzen Körpers oder seiner Teile in Raum und Zeit" (Röthig 1973, 45). Bei einer derartigen Betrachtungsweise ist es nicht möglich, zwischen menschlichem Bewegen einerseits und den Bewegungen eines unbelebten Gegenstandes bzw. von sich fortbewegenden Maschinen andererseits, zu unterscheiden.

Aber auch weitere Unzulänglichkeiten dieser allein auf den äußeren Bewegungsablauf festgelegten Betrachtensweise bei der menschlichen Bewegung treten schnell zutage. Nachgewiesenermaßen spielt der aktive Aufbau von inneren Bildern beim Bewegungslernen von Menschen eine entscheidende Rolle (vgl. z.b. Trebels 1990). Der angeführte Bewegungsbegriff ist demnach so begrenzt, daß er wichtige, in die menschliche Bewegung eingeschlossene Sachverhalte, nicht ins Blickfeld bekommen kann.

Bei genauerem Hinsehen stellt sich schnell heraus, daß die menschliche Bewegung generell in einem wesentlich erweiterten Zusammenhang bedeutsam ist: „Die menschliche Bewegung erfüllt vielfältige Funktionen im Handlungsgeschehen, indem sie

- Anpassungsleistungen gegenüber der materialen Umwelt vollbringt,
- als nonverbales Medium soziale Interaktionen maßgeblich mitgestaltet,
- Ausdrucksfläche für innere Gestimmtheiten darstellt,
- als Symbol für Selbstdefinitionen dient und
- unbewußte psychische Inhalte einschließt" (Quinten 1994, 210).

Hotz formuliert den grundsätzlich gleichen Sachverhalt knapper: „Bewegung – im Sport und anderswo – ist immer Ausdruck der gesamten Persönlichkeit" (1986, 10).

In diesen Zitaten stecken zwei wichtige Schlußfolgerungen, aus denen im weiteren Verlauf der Ausführungen Konsequenzen zu ziehen sind:

- Menschliche Bewegung gewinnt einen erweiterten Sinnbezug im Kontext eines Handlungsgeschehens;

- Sport gilt lediglich als ein spezielles Anwendungsfeld für die menschliche Bewegung.

Die Einbettung menschlicher Bewegung in einen Handlungsbezug ist deshalb von zentraler Bedeutung, weil dadurch ein Ansatz gegeben ist, um das umfassende Konstrukt „Persönlichkeit" aufzuschlüsseln: Die Persönlichkeit eines Menschen bildet sich im individuellen Lebenslauf heraus, der sich wiederum letztlich aus den vielen einzelnen Handlungen des Menschen zusammensetzt. „Von daher bilden die menschlichen Handlungen die Quelle für die Entwicklung von Persönlichkeitseigenschaften" (Artus 1980, 55). Damit liefert die Analyse menschlicher Handlungen einen wissenschaftsmethodischen Ansatz, um den Zusammenhang von (sportlicher) Bewegung als Ausdruck der gesamten Persönlichkeit konkret aufeinander beziehen zu können.

An menschlichen Handlungen sind immer gleichzeitig und sich wechselseitig beeinflussend mindestens

- Wahrnehmungs-,
- Denk-,
- Gefühls- und
- Bewegungsprozesse

beteiligt. D. h. zum Beispiel angewandt auf Fußball: Gleichzeitig mit dem Stoppen, dem Dribbeln oder dem Flanken des Balles erfaßt die FußballerIn, wie schnell sich der Ball bewegt, sie spürt, daß der Platz rutschig ist und registriert einen Rempler von der GegnerIn. Diese Erfahrungen führen zu der Überlegung, den Ball sichernd zurück zu spielen, um dann gezielt in Stellung zu laufen, während Ärger über den Rempler aufkommt, sich aber gleichzeitig auch Freude über das gelungene Dribbling breit macht. Ergänzend lassen sich sicher schnell aus eigenen Erfahrungen mit Sport Beispiele anführen, in denen Ehrgeiz, Freude, Ärger, Angst usw. sich auf die Qualität der Bewegung ausgewirkt haben. Umgekehrt ist ebenfalls jedem bekannt, daß z. B. erfolgreiche bzw. mißlungene Bewegungsausführungen nicht nur eine Vielfalt an Gefühlen auslösen, sondern auch die Wahrnehmung und das Denken in den nachfolgenden (sportlichen) Handlungen beeinflussen.

Nur wenn die (sportliche) Bewegung in den umfassenderen Zusammenhang des menschlichen Handelns – also mit Beachtung der Wahrnehmungs-,
Gefühls- und Denkprozesse – gestellt wird, besteht die Möglichkeit, den jeweiligen Entwicklungsstand einer Person zu erfassen. Es ist die Qualität der
intern ablaufenden psychischen Prozesse und ihre wechselseitige Beeinflus-
sung, die Einschätzungen über die Persönlichkeit der handelnden Personen
zuläßt: Jemand, der die Betroffenheit anderer Menschen nicht wahrnimmt,
gilt als wenig emphatisch. Unterdrückt jemand permanent Gefühle der Aggression, so wird er von seiner Umgebung als aggressionsgehemmt erlebt.
Ändern die Betroffenen etwas konstant an der Art der Wahrnehmung anderer
Menschen oder im Umgang mit ihren Aggressionen, dann registriert die
Umwelt die neue Art zu handeln als Persönlichkeitsveränderungen. D. h., die
qualitative Ausformung der intern ablaufenden psychischen Prozesse beschreibt das „identitätsdynamische Geschehen" (Quinten 1994, 13) bei
menschlichen Handlungen allgemein – und speziell auch beim Sporttreiben.

Insgesamt ergibt sich: Mit der Bewegung kann der umfassende Gehalt des
Sporttreibens von Menschen nicht erfaßt werden. Hierarchisch auf der gleichen Stufe wie Bewegen sind Wahrnehmen, Fühlen und Denken angesiedelt.
Das Sporttreibend von Menschen erschließt sich umfassend, d. h., unter Einbeziehung des identitätsdynamischen Geschehens, erst bei einer Betrachtung
auf der Ebene von Handlungen. Reduziert sich die Blickweise auf das Sporttreiben dagegen allein auf den Aspekt des Bewegens, so entzieht sich das
identitätsdynamische Geschehen wissenschaftlichen Untersuchungen, da es –
obwohl es immer ins Sporttreiben integriert ist – auf dieser Ebene dem Zugriff entzogen ist (vgl. dazu ausführlicher z.B. Artus 1998).

Lernen

Lernen in einem die gesamte Person betreffenden Sinn läßt sich ebenfalls
sehr gut auf den Handlungsbegriff beziehen. D. h., Lernen erweitert und verändert die Art und Weise des Wahrnehmens, Fühlens, Denkens und Bewegens. Lernen – auch wenn es offiziell oft nur auf einen sachlichen Inhalt
(Sprache, Mathematik, Sporttreiben usw.) abzielt – läßt sich vom identitätsdynamischen Geschehen nicht abtrennen. Das Lernen einer Sache und die

Auseinandersetzung mit der eigenen Person sind also zwei Seiten der gleichen Medaille. Häufig bleibt die Auseinandersetzung mit der eigenen Person aber sogar beim Lernen in der Schule unbeachtet.

Leider ist nicht automatisch sicher gestellt, daß die Verbindung von Sachlernen und Lernen bzgl. des identitätsdynamischen Geschehens eine positive Korrelation aufweisen: Die Art und Weise in der jemand z. B. Fortschritte in einer Sportart erzielt, kann sich durchaus negativ auf seine Entwicklung etwa der Selbständigkeit auswirken. Wenn sich der Mensch von außen aufgezwungenen, für ihn bedrohlichen sozialen Bedingungen anpassen muß, dann können Fortschritte im Sach-Lernen also durchaus dazu beitragen, daß der Entwicklung der eigenen Person Schaden zugefügt wird.

Schule hat vom Gesetz her den Auftrag, Lernen in den einzelnen Fächern und die Persönlichkeitsentwicklung der SchülerInnen miteinander zu verbinden. Wenn sie diesen Auftrag, besser als zur Zeit üblich, auch realisieren will, dann gilt es, Lerngesetzmäßigkeiten zu beachten, die im Zusammenhang mit dem Erreichen der angegebenen Zielsetzung unumgänglich sind.

Zunächst ist grundsätzlich zu beachten, daß es sich beim Lernen um einen Vorgang handelt, der im Lernenden stattfindet. D. h., der Lernende hat einerseits grundsätzlich Möglichkeiten auf sein Lernen Einfluß zu nehmen. In diesem Sinne hat er sogar die Verantwortung für sein Lernen. Andererseits ist der Lernerfolg ganz entscheidend auch von äußeren Bedingungen abhängig.

In diesem Zusammenhang ist die spezielle Art des schulischen Lernens zu beachten: Lernen wird fachbezogen zentral durch einen Lehrenden angeleitet. Damit stellt sich die Frage: Wie muß das Verhältnis zwischen Lernenden und Lehrenden gestaltet sein, damit der Lernende bereit ist, bewußt parallel sowohl die fachlichen Ziele als auch das identitätsdynamische Geschehen aufzugreifen? Befunde von z. B. Bettelheim (1971), Maslow (1982), Rogers (1973) und Winnecott (1979) weisen unabhängig voneinander nach, daß Menschen von sich aus dann bereit sind, ihre Persönlichkeit aktiv weiter zu entwickeln, wenn sie eine vertrauensvolle Lernatmosphäre erleben. U. a. hat Rogers den Aufbau einer „hilfreichen Beziehung" (1973, 53 ff) – so bezeichnet er die Schaffung einer vertrauensvollen Lernatmosphäre durch den Lehrenden – gründlich untersucht und kommt zu folgendem Orientierungsrahmen:

- Für den Lernenden vertrauenswürdig, verläßlich und beständig sein. Ihm Einstellungen der Fürsorglichkeit, Zuneigung, des Interesses und Respekts entgegenbringen (positive Zuwendung, die nicht an Bedingungen geknüpft ist).
- Dem Lernenden sein Anders-Sein einräumen. Die Welt der Gefühle und persönlichen Sinngebungen so sehen, wie der Lernende (Empathie). Seine Handlungen akzeptieren (Toleranz).
- Dem Lernenden das, was der Lehrende ist, eindeutig mitteilen (authentisch bzw. kongruent sein). Gleichzeitig Selbstsicherheit und Feingefühl entwickeln, damit das Verhalten des Lehrenden nicht als Drohung erlebt wird.
- Den Lernenden vor Bewertungen von außen (z. B. dem Lehrenden und anderen Schülern) schützen.
- Dem Lernenden seinen Prozeß des Werdens – auch bereits in Kleinigkeiten – bestätigen (vgl. Rogers 1973, 64ff).

Grundsätzlich bestätigen Untersuchungen von Bettelheim, Maslow und Winnicott Rogers Ergebnisse: Eine vom Lernenden selbst verantwortete Auseinandersetzung mit seiner eigenen Person erfordert Situationen, in denen der Lehrende ihm grundsätzlich mit einer Haltung begegnet, die von positiver Zuwendung, Empathie und Toleranz getragen ist. Dabei wird die Entwicklung des Lernenden weiter positiv angeregt, wenn der Lehrende

- authentisch erlebt wird,
- Schutz gegen Abwertungen von außen bietet und
- die Entwicklungstendenzen des Lernenden bewußt registriert und positiv rückkoppelt.

Damit sind die komplexen Anforderungen formuliert, die dem Lehrenden völlig unabhängig vom vertretenen Schulfach aufgegeben sind, wenn er dem Anspruch genügen möchte, fachbezogenes Lernen und Persönlichkeitsentwicklung der Lernenden bewußt miteinander zu binden.

Bei Übertragung dieser Erkenntnisse auf den Sportunterricht wird deutlich, daß die gleichzeitige Förderung des Lernens im Bereich von Bewegung und identitätsdynamischen Geschehen auf übergreifenden Lerngesetzmäßigkeiten beruht, die sich aus dem Bewegungsbereich nicht ableiten lassen. Eine

Sportlehrerausbildung, die dem Bildungsauftrag des Gesetzgebers gerecht werden möchte, ist damit aufgefordert, die aus den handlungstheoretischen Überlegungen abgeleiteten Konsequenzen über menschliches Lernen zu berücksichtigen und diese fachübergreifenden Ausbildungsinhalte in ein entsprechendes Konzept von Bewegungslernen zu integrieren.

Bewegungslernen

„Bewegungslernen stellt eine faszinierende Möglichkeit dar, den individuellen Handlungsspielraum in zunehmendem Maße auch nach selbstbestimmten Gütekriterien zu erweitern und zu gestalten" (Hotz 1986, 10). „Beim Bewegungslernen geht es somit um die Wechselwirkung zwischen Umwelt- und Selbsterfahrung und zwischen Umwelt- und Selbstveränderung" (Quinten 1994, 15).

In beiden Zitaten verwenden die AutorInnen den Begriff Bewegungslernen, verstehen dabei allerdings wesentlich mehr darunter, als lediglich das Lernen von Bewegungen. In beiden Fällen ist Bewegung in ein Handlungskonzept integriert und entsprechend steht der Begriff Bewegungslernen hier für alle Lernmöglichkeiten, die sich aus der sportlichen Betätigung ergeben können. Bewegungslernen wird damit in einem umfassenden Sinn gebraucht.

In der Sportwissenschaft existieren aber auch Konzepte, die den Begriff Bewegungslernen am eingangs zitierten physikalischen Bewegungsverständnis orientieren. Bewegungslernen meint dann die qualitative Verbesserung der „Ortsveränderung des ganzen Körpers oder seiner Teile in Raum und Zeit" (Röthig 1973, 45). Die zu lernenden sportlichen Bewegungen – im allgemeinen aus dem Hochleistungssport übernommen – werden in ihren äußerlich beobachtbaren Abläufen beschrieben und/oder in Form von Bildreihen dargestellt. Bewegungslernen meint dann die Anpassung des Bewegungskönnens an den beschriebenen Idealwert. Bewegungslernen ist in diesem Fall so eng definiert, daß es noch nicht einmal alle mit der Dimension Bewegung verbundenen Aspekte berücksichtigt. Beispielsweise kann das Lernen von inneren Bewegungsbildern (vgl. z. B. Trebels 1990) in dieser begrifflichen Festlegung keine Beachtung finden.

Natürlich macht es Sinn, den äußerlich beobachtbaren Bewegungsabläufen bezogen auf das Lernen von Bewegungen Aufmerksamkeit zu schenken, denn Korrekturen am äußeren Bewegungsablauf können sehr wohl ein wichtiger Ansatz sein, um die Bewegungsausführungen der Lernenden zu verbessern. Die Probleme dieser engen begrifflichen Festlegung entstehen für die Sportpädagogik vor allem durch das Ausblenden wichtiger Faktoren, die das menschliche Bewegungslernen darüber hinaus wesentlich beeinflussen.

Dazu ein Beispiel: Gallwey/Kriegel beschreiben das Skifahren einer Läuferin als ohne große technische Fehler aber übervorsichtig, gewissenhaft und kontrolliert. Die Läuferin selber ist mit der Art ihres Skifahrens nicht zufrieden. Einer der Autoren fordert sie auf, ihm spontan zu zeigen, welche Art von Skilauf sie sich wünscht. „Harriet fuhr etwa fünfundzwanzig Meter den mittelschweren Hang hinunter, ganz anders, als sie bei der ersten Abfahrt gefahren war. Viel von ihrer übervorsichtigen Kontrolle verschwand, und an ihre Stelle trat mehr Spontaneität und Kraft" (1977, 137). Der Deutung, daß sie gerade etwas aggressiver gefahren sei, begegnet sie mit Verlegenheit, da sie kein Typ sei, der aggressiv fährt. Wieder wird sie aufgefordert zu zeigen, wie sie als aggressiver Typ fahren würde. „Harriet zögerte einen Augenblick und fuhr dann noch fünfzig Meter bergab... Statt langen Schrägfahrten zwischen den einzelnen Schwüngen, fuhr sie diesmal genau in der Fallinie, verband kurze exakte Schwünge und bekam Geschwindigkeit. Sie ging wirklich den Hang an, setzte die Knie ein und kantete scharf... «Ich hätte nie geglaubt, daß ich das in mir hätte», rief sie aus, offensichtlich von dem Erlebnis überwältigt" (1977, 138).

Gallwey/Kriegel zeigen, wie sich im konkreten Fall die Bewegungsqualität einer sportlichen Bewegung entscheidend verändert, obwohl die Anregungen des Lehrenden keine Korrekturen zum äußeren Bewegungsablauf beinhalten. Das Beispiel macht sogar deutlich, wie schwierig – wenn nicht gar unmöglich – die sichtbar gewordenen Veränderungen im Bewegungsverhalten durch Korrekturen am technischen Ablauf der Bewegungen zu erreichen gewesen wären.

Die Aufmerksamkeit des Lehrenden wird eindeutig auf den Umgang mit Gefühlen (Aggression) gelenkt: Die Unzufriedenheit der Skiläuferin mit ihrem Fahrstil wird geschickt aufgegriffen, um im Wechselspiel zwischen Wahrnehmungs-, Denk- und Bewegungsprozessen, neue Erfahrungen im

Umgang mit der Aggressivität zu machen. Das identitätsdynamische Geschehen beim Skifahren kommt bezogen auf die Auseinandersetzung mit dem eigenen Selbstbild („Ich bin kein Typ, der aggressiv fährt") zum Ausdruck. Das überwältigende Erlebnis, das sich in der emotionalen Erregung widerspiegelt, scheint mit den Erfahrungen in Einklang zu stehen, daß ein völlig ungewohnter Umgang mit Aggressivität beim Skifahren einen Fahrstil entstehen läßt, der als von Freude getragene Erweiterung des Könnens erlebt wird. Das Beispiel belegt, wie ein identitätsbezogener Wandel hier vor allem im Umgang mit Aggression sich fast wie von selbst in einer qualitativen Bewegungsveränderung ausdrückt. Die bedeutsame Wechselwirkung zwischen dem identitätsdynamischen Geschehen und der Erweiterung der Bewegungsqualität – weit über den Aspekt der Bewegungstechnik hinaus – wird offenkundig.

Grundsätzlich ergeben sich aus der Anwendung der *engen* Definition von Bewegungslernen also zwei unüberbrückbare Nachteile:

1. Der Einfluß des identitätsdynamischen Geschehens auf das Bewegungslernen gerät nicht ins Blickfeld.
2. Das identitätsdynamische Geschehen findet auch statt, wenn es keine Beachtung findet. Bewegungslernen kann damit – selbst ungewollt – mit einer Schädigung der Persönlichkeit verbunden sein. Peuke faßt diesen Sachverhalt wie folgt zusammen: „Bewegungserfahrung ist also immer Identitätsbildung bzw. bei traumatischer Bewegungserfahrung möglicherweise (Zer-) Störung von Strukturen individueller Identität" (zitiert nach Quinten 1994, 72).

Wird dagegen Bewegungslernen in einem *umfassenden* Sinn definiert und der Begriff dadurch z. B. in ein Handlungskonzept integriert, so kann die Sportpädagogik ihren umfassenden Ansprüchen gerecht werden.

Rhythmus

Wie läßt sich das Prinzip Rhythmus mit den Ausführungen in bezug auf das Bewegungslernen in Verbindung bringen? Läßt das Phänomen Rhythmus eher eine Verbindung zum engen oder zum umfassenden Verständnis von

Bewegungslernen zu? Was wird unter Bewegungsrhythmus verstanden? Ehe versucht wird, Antworten auf diese Fragen zu formulieren, erscheint es nützlich, zunächst den Stellenwert abzuklären, der dem Rhythmus im Zusammenhang mit der Leibeserziehung/ Sportwissenschaft zukommt.

Historisch betrachtet, gilt der Schweizer Musikpädagoge Emile Jaques-Dalcroze als entscheidender Urheber der Diskussion um Rhythmus im letzten Jahrhundert. Ab 1911 lehrt er in der schnell international berühmten Bildungsanstalt in Hellerau bei Dresden seine Rhythmik – Musikerziehung durch Bewegung (vgl. Günther 1930, 20). Aus diesen grundlegenden Anregungen, entwickelt Elfriede Feudel ihre ebenfalls als Rhythmik bezeichnete „körperlich-musikalische Erziehung" (1926). Auch Rudolf Bodes rhythmische Gymnastik (vgl. z.B. 1913 und 1922) geht auf seine Auseinandersetzung mit Dalcroze zurück. Über Rhythmus wird damals aber auch in vielen anderen Bereichen diskutiert, so daß die zwanziger Jahre auch als „Glanz- und Geniezeit der deutschen Rhythmusbewegung" bezeichnet werden. „Es war unmöglich, nicht von Rhythmus zu reden und rhythmisch zu leben – Rhythmus war das große Zauberwort jener Zeit" (Günther 1990, 32). In diesem Zusammenhang – aber initiiert von der Rhythmik und der Gymnastik – erwächst auch eine breit angelegte Diskussion über die Bedeutung des Rhythmus in der Leibeserziehung (vgl. z. B. Pallat/Hilker zuerst 1923, Streicher 1931, Winther 1920), die oft unmittelbar mit einer unkritischen Umsetzung in die Praxis verbunden ist. Inhaltlich verfängt sich der gesamte Prozeß schnell in Ideologien – weshalb eigentlich auch von Genie- bzw. Glanzzeit nicht gesprochen werden sollte: „Die rhythmische Bewegung gilt als die zugleich ökonomische, organische, natürliche, flüssige, ganzheitliche, harmonische, anmutige oder richtige Bewegung" (Röthig 1967, 55). Zumindest in der Gymnastik wird in der Zeit des Nationalsozialismus mit dem Rhythmusbegriff – z. T. rassistisch durchtränkt – weiter agiert (vgl. Pechmann 1983).

Nach dem Krieg kann Hanebuth als Wortführer für die Verankerung des rhythmischen Prinzips in den Leibesübungen angesehen werden (vgl. z. B. 1961, 1964). Seine Ausführungen bleiben vor allem deshalb unbefriedigend, weil die von ihm herausgearbeiteten „Erscheinungsmerkmale des Rhythmus" (1964, 11) für alle – also auch für die unrhythmischen – Bewegungen gelten: Nach Hanebuth zeigt sich beispielsweise „der rhythmische Ablauf in der Bewegungsform [...] in einem stetigen ökonomischen Wechsel zwischen

Beugen, Strecken und Drehen aller Gelenke" (1964, 11). Nun verlangt aber jede menschliche Bewegung – egal ob rhythmisch oder unrhythmisch – ein Beugen, Strecken und Drehen von Gelenken. Da Hanebuth auch nicht weiter erläutert, wodurch ein „stetiger ökonomischer Wechsel" beim Bewegen der Gelenke gekennzeichnet ist, bleiben die Erscheinungsmerkmale des Rhythmus bezogen auf die Bewegungsform ungeklärt. Exakt die gleichen Probleme ergeben sich für die drei übrigen Erscheinungsmerkmale des Rhythmus: Bewegungskraft, Bewegungszeit und Bewegungsraum. Hanebuth konstatiert zwar eine Wechselwirkung zwischen rhythmischen Bewegungen und „seelischen und geistigen Funktionsbereichen" (1964, 12), aber wieder fehlen konkrete Ausführungen über die Art und Weise dieser Beziehung. Zu guter Letzt liefern auch die von ihm durchgeführten Lichtspurversuche zur „rhythmischen Bewegungsgestaltung" (1964, 43) keinerlei Kriterien, um den Rhythmus von Bewegungen erfassen zu können (vgl. 1964, 43ff). Zusammenfassend ergibt sich: Hanebuth macht ganz allgemein Aussagen über sportliche Bewegungen. Zur Klärung des Begriffs Bewegungsrhythmus trägt er nicht bei.

Röthig faßt den Stand der Diskussion um „Rhythmus und Bewegung" aus der Sicht der Leibeserziehung in der BRD 1967 als Fazit einer breit angelegten Untersuchung in fünf Thesen zum rhythmischen Bewegungsverhalten zusammen:

1. Der Rhythmus des menschlichen Bewegungsverhaltens bedarf einer *subjektiven Zustimmung*...
2. Eine rhythmische Bewegung besteht aus einer *Folge von in sich stimmigen Bewegungsabläufen*...
3. Im rhythmischen Bewegungsverhalten sind die *Zeitverhältnisse geordnet und gegliedert*...
4. Die belebende Kraft rhythmischer Bewegungsabläufe geht von *dynamischen Unterschiedlichkeiten in der Intensität* aus...
5. Die rhythmische Bewegung hat *eine unbegrenzte Stetigkeit und Endlosigkeit* (innere Beständigkeit)" (1967, 103-105; Hervorhebungen durch Artus).

Was geben diese fünf Bestimmungsstücke des rhythmischen Bewegungsverhaltens, die alle gleichzeitig erfüllt sein müssen, zur Abklärung des Bewegungsrhythmus her?

Zu 1.: Hervorzuheben ist, daß Röthig mit dem Bestimmungsstück „subjektive Zustimmung" erstmals die psychische Ebene des sich Bewegenden bzgl. des rhythmischen Bewegungsverhaltens zu konkretisieren versucht. Allerdings bleibt seine Beschreibung der „subjektiven Zustimmung" als „innere Bereitschaft zum Rhythmus" bzw. als Aufmerksamkeit, die darauf gerichtet ist, „daß die Bewegungen im Rhythmus gehalten werden" problematisch: Einerseits setzt sie voraus, daß der Bewegende bereits weiß, was Rhythmus meint. Andererseits ist aus der Praxis sportlicher Betätigung bekannt, daß viele Lernende gerade dann aus dem Rhythmus kommen, wenn sie gezielt Aufmerksamkeit darauf verwenden, ihn zu halten. D. h., die psychische Dimension des Bewegungsrhythmus wird von Röthig noch nicht gründlich genug ausgelotet.

Zu 2.: Eine Folge von in sich stimmigen Bewegungsabläufen ergibt sich nach Röthig, wenn die aufbauenden Grundbestandteile einer Bewegung sich in einen bedeutungsverwandten Zusammenhang befinden (vgl. 1967, 103). „Die einzelnen Bewegungsphasen sind nicht mehr voneinander getrennt, sondern sind durch den Rhythmus stimmig gefügt oder verkettet" (104). Auch hier wird wieder, ohne damit für den konkreten Fall Klarheit zu schaffen, zirkulär definiert. Eine Aufklärung über „aufbauende Grundbestandteile einer Bewegung" fehlt ebenso wie eine Erläuterung über „bedeutungsverwandte Zusammenhänge".

Insgesamt gelingt es Röthig nicht, bzgl. der Dimension „in sich stimmige Bewegungsabläufe" handhabbare Kriterien zu entwickeln, die eine Unterscheidung von rhythmischen und unrhythmischen Bewegungen zulassen.

Zu 3., 4. und 5.: Das beschriebene Manko mangelnder Konkretheit setzt sich bei der Definition auch der restlichen drei von Röthig herausgearbeiteten Bestimmungsstücke rhythmischen Bewegungsverhaltens fort. D. h. allerdings nicht, daß die angeführten Dimensionen einfach zu verwerfen sind, denn ihre Beziehung zum Bewegungsrhythmus scheint offenkundig. Erforderlich wäre eine differenzierte Analyse von sportlichen Bewegungen, die zu der erforderlichen begrifflichen Abgrenzung der Bestimmungsstükke führt. Ein derartiger Ansatz könnte sicher auch mehr Klarheit darüber schaffen, ob es Sinn macht, nur zyklischen Bewegungen einen Rhythmus zuzusprechen (vgl. 5.).

Wesentlich pragmatischer setzt sich Meinel (1960) fortgesetzt von Meinel/ Schnabel in der DDR mit dem Bewegungsrhythmus auseinander. Meinel/ Schnabel verstehen ihn als „die charakteristische zeitliche Ordnung eines Bewegungsaktes, die sich in der Dynamik des Kraftverlaufes und darüber hinaus auch im räumlich-zeitlichen Verlauf der Bewegung widerspiegelt" (1976, 142). Wobei sie offensichtlich meinen, daß jede einzelne Bewegung ihre eigene Charakteristik hat, denn sie führen an anderer Stelle aus: „Jedem sportlichen Bewegungsakt, und sei er noch so unvollkommen, kommt ein Rhythmus, seine ihm eigene zeitliche Ordnung, zu" (1976, 140). Dadurch wird der Bewegungsrhythmus zu einem Begriff ohne neue Qualität, denn er ist bereits über Zeit-Kraft-Raum-Komponenten vollständig beschrieben. Alle Bewegungen sind nach Meinel/Schnabel gleichzeitig rhythmische Bewegungen.

Zusammenfassend läßt sich über die drei angeführten bis zum Ende der sechziger Jahre entwickelten Ansätze zum Bewegungsrhythmus sagen:

1. Der Begriff Bewegungsrhythmus wird auf einen eng definierten Bewegungsbegriff bezogen. Konkrete Stellungnahmen zum Verhältnis des Bewegungsrhythmus bezogen auf menschliches Handeln fehlen.
2. Aber auch bei dieser engen Version des Bewegungsrhythmus fehlt die Aufschlüsselung in praxisrelevante Parameter. Es gibt noch nicht einmal die Möglichkeit, rhythmische von unrhythmischen Bewegungen zu trennen. Ebenso fehlen die Beurteilungskriterien, um die Qualität des Bewegungsrhythmus z. B. bei gleichen Bewegungen durch verschiedene Ausführende zu vergleichen.

Mit der Wende von der Leibeserziehung zur Sportwissenschaft zu Beginn der siebziger Jahre kommt – wie schon in der Einleitung gesagt – die z. T. heftig geführte Diskussion um den Bewegungsrhythmus weitgehend zum Erliegen. Erst zwanzig Jahre später – seit Beginn der neunziger Jahre – sind Wiederbelebungserscheinungen der Thematik in der Sportwissenschaft beobachtbar (vgl. z. B. Röthig 1990; Rieder/Balschbach/Payer 1991; Frester 1992; Pöhlmann 1992; Röthig/Prohl/Gröben 1992; Born/Munzert 1995; Martin/Ellermann 1998; Trebels 1998).

Zu erwarten wäre vor dem Hintergrund der inzwischen wesentlich weiter entwickelten Bewegungskonzepte zumindest eine kritische Einschätzung der „alten" Ansätze zum Bewegungsrhythmus. Aber alle Autoren greifen unbesehen auf eines der von Hanebuth, Röthig oder Meinel/Schnabel eingeführten Konzepte zum Bewegungsrhythmus zurück. Damit stehen die neueren Untersuchungen der Sportwissenschaft zum Bewegungsrhythmus vor dem Problem, ihren Untersuchungsgegenstand nicht konkret fassen zu können. Die Folgen seien beispielhaft erläutert:

- Ob Rieder/Balschbach/Payer (1991) und Born/Munzert (1995) überhaupt Untersuchungen mit verändertem Bewegungsrhythmus durchführen bleibt fraglich. Die Veränderung der verfügbaren Zeit für die Durchführung einer Bewegung (Metrum) muß den Bewegungsrhythmus überhaupt nicht tangieren. Der gleiche Rhythmus kann ja durchaus schneller oder langsamer realisiert werden.
- Auch bei Röthig/Prohl/Gröben (1992) bzw. bei Prohl/Gröben (1995) ist nicht erkennbar, wie sich die empirische Untersuchung zu „Weiten" und „Weisen" einer Bewegung mit ihren Ausführungen zum Bewegungsrhythmus verbindet. Ebenso geht bei Frester nicht hervor, wie sich seine Ausführungen zur „anforderungsgerechten Bewegungsregulation" (1992, 91) vom Phänomen Rhythmus absetzen.
- Trebels arbeitet die Schwächen der Definition des Bewegungsrhythmus bei Meinel/Schnabel heraus. Er bleibt aber – trotz „phänomenologischer Perspektive" (1998, 24) – gegenüber dem Ansatz von Hanebuth unkritisch. Entsprechend ist in seiner „Zwischenbilanz" (1998, 24) zum Bewegungsrhythmus der Rhythmusbegriff überflüssig. Seine Aussagen gelten für Bewegung allgemein.

Als Fazit läßt sich feststellen: Auch die neueren Beiträge der Sportwissenschaft zum Bewegungsrhythmus tragen zur Klärung des Phänomens wenig bei. Speziell die Integration des Bewegungsrhythmus in ein Handlungskonzept scheint noch ziemlich am Anfang zu stehen (vgl. Pöhlmann 1992). Hierzu im folgenden einige Anmerkungen:

In Sportreportagen findet sich häufiger die Formulierung, daß ein Sportler oder auch eine Mannschaft zu einem Zeitpunkt im Verlauf des Wettkampfes seinen/ihren „Rhythmus gefunden hat". Gemeint ist, daß von da ab der Sieg nicht mehr in Frage stand. Die Überlegenheit über den Gegner, die durch den „gefundenen Rhythmus" ausgedrückt wird, hat sicherlich auch mit der physischen Kraft der sportlichen Bewegungen zu tun, meint aber vor allem auch eine psychische Kraft. Insgesamt haben diese gebündelten Energien zur Folge, daß der Gegner seinen Rhythmus nicht finden konnte und daher verliert. Auch wenn der Sprachgebrauch der Sportberichterstattung nicht auf wissenschaftlicher Theoriebildung basiert, so ist doch von Interesse, daß hier der Begriff Rhythmus im Sinne von wirksam eingesetzten physischen und psychischen Kräften gebraucht wird.

Harriet – die Skiläuferin aus dem Beispiel von Gallwey/Kriegel – kann als weiteres Beispiel dafür dienen, daß die Integration des Psychischen das Verständnis für den menschlichen Bewegungsrhythmus in ein neues Licht rücken kann. Harriet ändert den Energiefluß ihrer Bewegungen grundlegend, weil sie frei wird, mit ihren psychischen Energien anders als bisher üblich umzugehen.

In diesem Zusammenhang ist auf Csikszentmihalyi zu verweisen. Er untersucht das Phänomen „Im Tun aufgehen", das er flow-Erlebnis nennt, auch bezogen auf sportliche Betätigungen (Basketball und Klettern). „Im flow-Zustand folgt Handlung auf Handlung, und zwar nach einer inneren Logik, welche kein bewußtes Eingreifen von Seiten des Handelnden zu erfordern scheint" (1987, 59). Ein Basketballer beschreibt: „...aber während man Basketball spielt, gibt es nur dies eine, Basketball ... alles scheint sich von selbst zu geben" (1987, 64). Und ein Kletterer führt aus: „Es ist ein angenehmes Gefühl totaler Beteiligung. Man wird zum Roboter... nein, eher wie ein Tier... man verliert sich in kinästhetischen Empfindungen... ein Panther, der den Fels hinaufgleitet" (1987, 117f). Interessant ist, daß Csikszentmihalyi keine zyklischen Bewegungen untersucht und selber auch nicht von Bewegungsrhythmus spricht. Trotzdem ist aufgrund der beschriebenen Beobachtungen zu fragen, ob die Betroffenen nicht einen umfassenden Energiefluß erfahren, der einen Bewegungsrhythmus auf einem sehr hohen Niveau realisiert. Da die Betroffenen in der zentrierten Aufmerksamkeit des flow sich selbst vergessen (1987, 66) und den Kontakt zur realen Zeit verlieren (1987, 119) könnten hier ganz neue Bestimmungsstücke für die Kennzeichnung des Bewegungsrhythmus in einem umfassenden Sinn auftauchen.

Wesentlich scheint noch ein Aspekt aus der Musik: Jeder Rhythmus eines Musikstückes läßt sich notieren. Wenn dieser Rhythmus nun gespielt wird – egal ob von einem Solisten oder von mehreren Musikern – kann das Hörerlebnis sehr unterschiedlich ausfallen. Offensichtlich erzeugt der gleiche Rhythmus, in Abhängigkeit von der Spielweise, Energien, die sich u. a. auf einer Skala mit den Polen langweilig - anregend/belegend bewerten lassen. Wenn das Spielen des Rhythmus eine lebensbejahende Lebendigkeit erzeugt, so sprechen Musiker vom „groove" (was so viel bedeutet, wie in eine Oberfläche eine eindeutige Spur ziehen). Läßt sich dieser Begriff aus der Musik sinngemäß auf den Bewegungsrhythmus bei Individual- und Mannschaftssportarten übertragen? In einer Sportmannschaft gibt es z. B. die Redewendung vom „blinden verstehen untereinander". Die Energien der Handlungen verschiedener Mannschaftsmitglieder sind dann mit einer großen Stimmigkeit aufeinander bezogen. Alle Aktivitäten passen trotz enorm hohem Tempos zusammen und sind von Erfolg gekrönt. Das Wesen dieser Vorgänge ist nicht leicht zu erfassen, denn z. B. lassen sich weder „groove" noch „blindes Verstehen" allein durch bewußte Willensakte der Betroffenen erzeugen.

Anders als der musikalische Rhythmus ist der Bewegungsrhythmus in vielen Sportarten nur in sehr engen Grenzen veränderbar. Sportliche Bewegungen verfolgen meist einen eindeutigen Zweck, der für die klare Unterordnung z. B. der Zeit- und Kraftkomponenten verantwortlich ist, wenn die Bewegung gelingen soll. Trotz dieses durch die sportliche Technik festgelegten engen Bewegungsspielraumes prägen sich beim Bewegungslernen z. T. feinsinnige Unterschiede aus, die sehr viel über die jeweilige Persönlichkeit der Sporttreibenden zum Ausdruck bringen. Offensichtlich gibt es eine Verbindung zwischen dem Ausdruck einer Bewegung – Maslow spricht von der „expressiven Komponente des Verhaltens" (1981, 160) – und dem individuellen Bewegungsrhythmus. An ihm lassen sich, z. B. bezogen auf die Zeit- und Kraftstruktur, aber auch in Hinblick auf die Qualität der beteiligten psychischen Prozesse, systematisch Veränderungen vornehmen, so daß im Lernprozeß eine Erweiterung bzw. ein Wandel des individuellen Bewegungsrhythmus zu beobachten ist. Veränderung des individuellen Bewegungsrhythmus steht dann als synonym für Persönlichkeitsentwicklung.

Zusammenfassung

1. Die Anwendung des Bewegungsbegriffes ist in der Sportwissenschaft nicht frei von Gefahren. Wird er aus dem Zusammenhang des menschlichen Handelns herausgelöst, so kommt es zu verkürzten Betrachtungen und die identitätsdynamischen Anteile in der sportlichen Betätigung können nicht erkannt werden.

2. Bewegungslernen umfaßt das identitätsdynamische Geschehen und ist damit immer ein Beitrag zur Entwicklung der Persönlichkeit. Damit sich dieser Ansatz zum Wohl der Sporttreibenden wendet, erfordert er die Integration ganz allgemeiner menschlicher Lerngesetzmäßigkeiten in den Lehr-Lernzusammenhang von Sportunterricht: Für das Konstrukt „hilfreiche Beziehung" ist Sportunterricht einerseits ein ausgesprochen spezielles Anwendungsfeld. Andererseits läßt sich eine vertrauensvolle Atmosphäre im Sportunterricht, die die Grundlage des Experimentierens mit der eigenen Person beim Sporttreiben ist, nicht ohne Aufbau einer hilfreichen Beziehung herstellen.

3. Die bisherigen Ergebnisse der Diskussion um Rhythmus zunächst in der Leibeserziehung, dann in der Sportwissenschaft sind für eine Integration in das sportbezogene handlungstheoretisch begründete Lernkonzept unzureichend. Anregungen zu einer erweiterten begrifflichen Fassung des Rhythmusbegriffes werden vorgetragen. Die thematische Verbindung von Bewegungslernen im umfassenden Sinn und Rhythmus entpuppt sich als spannender Forschungsansatz.

Literatur

Artus, Hans-Gerd, Betriebssport (an der Hochschule) als Beitrag zur Persönlichkeitsentwicklung. Zielsetzung und Entwicklung handlungstheoretisch orientierter Sportkurse. In: Lernen im Hochschulsport, hrsg. v. H. Binnewies und H.-J. Schulke, Ahrensburg 1980, 54-90.

Artus, Hans-Gerd, Sich-Bewegen - Wie sich durch Umgestaltung des „inneren Dialogs" die SportlerIn verändert. In: Monika Fikus und Lutz Müller (Hrsg.), Sich Bewegen - Wie Neues entsteht. Emergenztheorien und Bewegungslernen, Hamburg 1998, 129-143.

Bettelheim, Bruno, Liebe allein genügt nicht. Die Erziehung emotional gestörter Kinder, Stuttgart 1971.

Born, Andreas und Jörn Munzert, Bewegungsrhythmisierung und Sprachgebrauch. In: Jürgen Nitsch und H. Allmer, Emotionen im Sport. Zwischen Körperkultur und Gewalt, Köln 1995, 69-73.

Csikszentmihalyi, Mihaly, Das Flow-Erlebnis. Jenseits von Angst und Langeweile: im Tun aufgehen, Stuttgart 1987.

Feudel, Elfriede, Rhythmik - Theorie und Praxis der körperlich-musikalischen Erziehung, München 1926.

Frester, Rolf, Psychologische Aspekte der Rhythmisierung bei der Verbesserung der Bewegungsregulation. In: Rhythmus und Bewegung. Konzepte, Forschung, Praxis, Red. Gerhard Hamsen, Heidelberg 1992, 89-103.

Gallwey, Timothy und Bob Kriegel, Besser Ski fahren durch Innertraining, München 1978.

Günther, Helmut, Geschichtlicher Abriß der deutschen Rhythmusbewegung. In: Grundlagen und Perspektiven ästhetischer und rhythmischer Bewegungserziehung, hrsg. v. Eva Bannmüller und Peter Röthig, Stuttgart 1990, 13-49.

Hamsen, Gerhard (Red.), Rhythmus und Bewegung. Konzepte, Forschung, Praxis, Heidelberg 1992.

Hanebuth, Otto, Rhythmisches Turnen – eine sportliche Kunst, Frankfurt 1964.

Hanebuth, Otto, Der Rhythmus in den Leibesübungen, Frankfurt 1961.

Hotz, Arturo, Qualitatives Bewegungslernen. Sportpädagogische Perspektiven einer kognitiv akzentuierten Bewegungslehre in Schlüsselbegriffen, Zumikon 1986.

Martin, Karin und Ulla Ellermann, Rhythmische Vielseitigkeitsschulung. Eine praktische Bewegungslehre, Schorndorf 1998.

Maslow, Abraham H., Motivation und Persönlichkeit, Reinbek 1981.

Meinel, Kurt und Günter Schnabel, Bewegungslehre. Abriß einer Theorie der sportlichen Motorik unter pädagogischem Aspekt, Berlin 1976.

Pallat, Ludwig und Frank Hilker, Künstlerische Körperschulung, Breslau 1923.

Pechmann, Barbara, Die historische Entwicklung der Gymnastik. In: Grundlagen zur Theorie und Praxis von Gymnastik- und Tanzunterricht, hrsg. v. Hans-Gerd Artus, Ahrensburg 1983, 123-157.

Pöhlmann, Rilo, Rhythmologie, Rhythmometrie, Rhythmotopologie: Statements zur Rhythmusforschung in den Sport- und Bewegungs-wissenschaften. In: Rhythmus und Bewegung. Konzepte, Forschung, Praxis, Red. Gerhard Hamsen, Heidelberg 1992, 107-125.

Prohl, Robert und Bernd Gröben, Rhythmus als Bewegungsqualität – ein antropologischer Versuch in empirischer Absicht. In: Sportwissenschaft 25 (1995), 27-43.

Quinten, Susanne, Das Bewegungsselbstkonzept und seine handlungsregulierenden Funktionen, Köln 1994.

Rieder, Hermann, Rolf Balschbach und Bernhard Payer, Lernen durch Rhythmus. Aspekte eines musikalisch orientierten bewegungsrhythmischen Lehrkonzepts, Heidelberg 1991.

Röthig, Peter, Rhythmus und Bewegung. Eine Analyse aus der Sicht der Leibeserziehung, Schorndorf 1967.

Röthig, Peter (Red.), Sportwissenschaftliches Lexikon, Schorndorf, [2]1973.

Röthig, Peter, Zur Theorie des Rhythmus. In: Grundlagen und Perspektiven ästhetischer und rhythmischer Bewegungserziehung, hrsg. v. Eva Bannmüller und Peter Röthig, Stuttgart 1990, 51-71.

Röthig, Peter, Robert Prohl und Bernd Gröben, „Bewegungsrhythmus" im Spannungsfeld von Anthropologie und Empirie. In: Rhythmus und Bewegung. Konzepte, Forschung, Praxis, Red. Gerhard Hamsen, Heidelberg 1992, 9-53.

Rogers, Carl R., Entwicklung der Persönlichkeit. Psychotherapie aus der Sicht eines Therapeuten, Stuttgart 1973.

Streicher, Margarethe, Über die natürliche Bewegung. In: Natürliches Turnen. Gesammelte Aufsätze, Bd. 1, Wien 1931.

Trebels, Andreas H., Bewegungsrhythmus. In: Sportpädagogik 22(1998), H4, 20-26.

Trebels, Andreas, Bewegung sehen und beurteilen. In: Sportpädagogik 14 (1990), H1, 12-20.

Winnicott, Donald, Vom Spiel zur Kreativität, Stuttgart, [2]1979.

Winther, F. H., Lebendige Form. Rhythmus und Freiheit in Gymnastik, Sport und Tanz, Karlsruhe 1920.

Leib und Person bei Descartes und Fichte

Bärbel Frischmann, Georg Mohr

Ein hartnäckiger philosophiehistorischer Gemeinplatz lautet, die am Bewußtseinsbegriff ansetzenden Theorien der Neuzeit (von Descartes bis Husserl und Sartre) seien körperignorante oder gar körperfeindliche Philosophien. Aus der gegenwärtigen Sicht eines sich gerne als körperbetont verstehenden Denkens erscheinen solche Theorien intellektualistisch, reduktionistisch, inadäquat. Zwei beliebte Opfer dieses Gemeinplatzes sind Descartes und Fichte. Deren Bedeutung für einen befriedigenden Personbegriff, der auch eine philosophische Konzeptualisierung des menschlichen Körpers einschließt, ist daher lange unterschätzt worden. In einer unvoreingenommenen und sorgfältigen Rekonstruktion ihrer Theorien lassen sich jedoch weitreichende Überlegungen freilegen, die auch für die heutige Diskussion über die Rolle des Selbstverhältnisses von Menschen zu ihrem Körper (der Leiblichkeit) von besonderem Interesse sind. Bei Descartes finden sich Überlegungen, die, ausgehend von Phänomenen der Selbstwahrnehmungen, für die „substantielle Einheit" von Körper und Geist in menschlichen Personen argumentieren. Fichte entwickelt einen Begriff der Person, der Leiblichkeit und Interpersonalität als deren konstitutive Bedingungen aufweist und dabei zugleich ein Modell der Individualgenese einbezieht.

I. René Descartes

1. Die Existenzgewißheit im cogito *und die Unterscheidung zwischen Geist und Körper*

Im *Discours de la méthode* erklärt Descartes, daß die „Wahrheit ‚Ich denke, also bin ich' [...] so fest und gesichert ist, daß [...] ich sie ohne Vorbehalt als das erste Prinzip der Philosophie annehmen durfte".[1] In den *Meditationes* führt Descartes vor, daß und wie diese *prima cognitio* sich im Zuge eines methodischen radikalen Zweifels als eine zweifelsresistente Gewißheit erweist. Weder mathematische noch raumzeitliche („außenweltliche") Gegenstände noch auch der eigene Körper der Zweiflerin halten dem Zweifel stand. Gewiß ist lediglich meine Existenz als denkendes Wesen. Demnach ist die Existenz des denkenden Subjekts unabhängig von der Existenz eines Körpers gewiß.[2]

Die Gewißheit des *cogito sum* deutet Descartes als erkenntnistheoretisches Kriterium für die ontologische *distinctio realis* von zwei *substantiae diversae*: *res cogitans* und *res extensa*. Aus der *erkenntnistheoretischen* Gewißheit des *cogito* zieht Descartes den *ontologischen* Schluß auf die substantielle Differenz zwischen *res cogitans* und *res extensa*. In der *Sechsten Meditation* heißt es:

„Eben daraus, daß ich *weiß*, ich existiere, und bisher nichts anderes als zu meiner Natur oder meinem Wesen gehörig *bemerke*, außer daß ich ein denkendes Ding bin, eben daraus *schließe* ich mit Recht, daß mein Wesen allein darin *besteht*, daß ich ein denkendes Ding bin [oder eine Substanz, deren ganzes Wesen und deren ganze Natur nur darin besteht, zu denken]. [...] auf der einen Seite habe ich eine klare und deutliche *Idee von mir selbst*, insofern ich nur ein denkendes, nicht ausgedehntes Ding bin, und auf der anderen Seite habe ich eine deutliche *Idee vom Körper*, insofern dieser nur ein ausgedehntes nicht denkendes Ding ist, *so* ist, sage ich, *gewiß*, daß ich von meinem Körper *wirklich verschieden bin* und *ohne* ihn *existieren* kann [daß

---

1 AT VI 33; Ddt. 53. Vgl. die (späteren) *Principia philosophiae*, I 7, AT VIII-1 7; AT IX-II 27–29; Pdt. 2 f.
2 Fichte wird die Gegenthese vertreten.

dieses Ich, d. h. meine Seele, durch die ich das bin, was ich bin, vollständig und in Wirklichkeit von meinem Körper verschieden *ist* und ohne ihn *sein* oder *existieren* kann]".[3]

In diesem Argument *schließt* Descartes von der Gewißheit des *cogito*, welche ein *erkenntnistheoretisches* Merkmal eines Satzes oder Erkenntnisurteils ist, sowie von zwei verschiedenen *Ideen*, einer Idee von mir selbst und einer Idee vom Körper, auf die *distinctio realis* zwischen zwei *ontologisch* bestimmten Klassen von *Gegenständen*. Descartes selbst charakterisiert sein Argument folgendermaßen: „Es genügt, daß ich eine Sache ohne eine andere klar und deutlich *verstehen* [clare et distincte *intelligere*] kann, um mir die Gewißheit zu geben, daß die eine von der anderen verschieden *ist* [*esse diversa*]" (ebd.; H. v. Vf.).

Es ist klar, daß diese These ohne weitere Prämissen nicht zu halten ist. In der Tat zieht Descartes zur Begründung Prämissen über Gott und die Beziehung zwischen seiner Schöpfung der Dinge und dem klaren und deutlichen Erfassen der Ideen heran. Kritiker hatten bereits gegen den *Discours* eingewandt, daß daraus, daß der „menschliche Geist in sich nichts anderes *wahrnimmt* [*percipiat*], als daß er ein denkendes Ding ist", nicht folge, daß „seine Natur [*natura*] oder Wesenheit [*essentia*] nur darin *bestehe*, daß er ein denkendes Wesen sei" (AT VII 7f.; Mld. 14/15). Anhand von Zusatzprämissen über die Allmacht Gottes will Descartes zeigen, „wie daraus, daß ich nichts weiter zu meinem Wesen Gehöriges erkenne, folgt, daß auch an sich nichts weiter dazu gehört" (AT VII 8; Mld. 16/17).

Wie auch immer es um dieses Argument bestellt sein mag: Descartes beansprucht einen schlüsigen Beweis für die These, daß die Existenz des Geistes (der Seele, des Bewußtseins) ontologisch von anderer Art ist als die des Körpers und von dieser ontologisch unabhängig. „Ego" bezeichnet nur eine der beiden Substanzen. So betont Descartes in der *Zweiten Meditation*: „ich

---

3 AT VII 78; Mld. 140 f. (H. v. Vf.). Die Passagen in eckigen Klammern geben die französische Fassung wieder. Vgl. auch die Parallelstelle im Anhang zu den *Zweiten Erwiderungen*, AT VII 169 f.; Mdt. 153 f. – Eine detaillierte Erörterung des „epistemologischen Arguments" findet sich in Wilson 1993, S. 185 ff., und Beckermann 1986, S. 56 ff.

bin also *genau nur* ein denkendes Wesen, d. h. Geist oder Seele oder Verstand oder Vernunft."[4]

2. *Person als Kompositum*

Der ontologische Dualismus der ausgedehnten, materiellen Substanz, einerseits, und der rein geistigen, immateriellen Substanz, andererseits, scheint unweigerlich in eine Aporie zu führen, wenn wir wissen wollen, was *Personen* sind. Es scheint keine andere Option für den cartesischen Substanzendualismus zu geben als die, Personen zu *Komposita* zu erklären. Ein Kompositum ist eine Verbindung von Elementen, die auch außerhalb dieser Verbindung, selbständig, existieren. Im Rahmen einer Kompositumstheorie sind Personen *akzidentelle* Einheiten von Körper und Geist.

Die Kompositumstheorie der Person führt in gravierende philosophische Probleme. Sie ist auch vom Standpunkt der Alltagssprache aus gesehen hochgradig kontraintuitiv. Ist es nicht der *Mensch*, die *Person*, die denkt, und nicht nur ein „denkendes Ding" in mir? Und was heißt überhaupt „in mir", wenn „ich" nur mein Bewußtsein sein soll, mein Körper hingegen gar nicht zu meinem Ich im strengen Sinne gehören soll? Es scheint doch so, als würden solche Schwierigkeiten durch eine substanzendualistische Theorie überhaupt erst erzeugt, dadurch nämlich, daß sie etwas in vermeintlich grundlegendere Bestandteile zerlegt, was im Leben doch stets zusammen, als eine Einheit auftritt. Im alltäglichen Denken verstehen wir Personen, Menschen, als – wie auch immer komplexe – *Einheiten* von Körper und Geist, Leib und Seele, von psychischen und physischen Eigenschaften und Fähigkeiten.

3. *Person als substantielle Einheit von Leib und Seele*

Schon Zeitgenossen Descartes' haben sehr schnell in diesem Sinne kritisch auf seine Theorie reagiert. In Erwiderungen und Briefen hat Descartes seine Kritiker davon zu überzeugen versucht, daß seine Theorie gegen solche Bedenken verteidigt werden kann. Obwohl zahlreiche Textstellen und auch der

---

4 AT VII 27, Mld. 46/47. Vgl. auch *Meditatio VI*, AT VII 81; Mld. 144/145.

systematische Zusammenhang von Descartes' Argumenten in erheblichem Maße dafür sprechen, daß er eine Kompositumstheorie der Person tatsächlich vertreten hat, gibt es auch eine Reihe von Hinweisen darauf, daß er dennoch die Beziehung zwischen Leib und Seele, Körper und Geist (Bewußtsein) beim Menschen als eine *substantielle* und *essentielle Einheit* verstanden wissen wollte. Entsprechende Äußerungen finden sich nicht erst in Briefen und Entgegnungen auf philosophische Einwände seiner Zeitgenossen, sondern bereits in der *Sechsten Meditation*. Dort stellt Descartes fest, daß ich mit meinem Körper „aufs engste vereint [*arctissime coniunctum*] und gleichsam vermischt [*quasi permixtum*] bin, so daß ich mit ihm eine gewisse Einheit bilde".[5]

Descartes nennt diese Einheit verschiedentlich eine „echte" oder „reale und substantielle" Einheit (*unio substantialis* bzw. *unio essentialis*).[6] Sie reduziert sich nicht auf eine räumliche Relation. Sie geht über die bloße „Lage", d. h. den Umstand, daß der Geist „im Körper" ist, hinaus. „Räumliche" Nähe ist bloß *akzidentelle Einheit*. Erschöpfte sich die Relation zwischen Geist und Körper in einer solchen räumlichen Nähe, wäre der Mensch, die menschliche Person, lediglich ein *ens per accidens*. Der Terminus „accidens" bezeichnet alles, was vorliegen oder auch nicht vorliegen kann, ohne daß der Träger dieser Akzidenz dadurch aufhörte zu existieren (AT III 460). Wenn Descartes die menschliche Person ein *ens per se* nennt, so charakterisiert er sie damit als eine irreduzible, ontologisch genuine Entität. Geist und Körper sind zwar im Rahmen des von Descartes vertretenen ontologischen Dualismus distinkte Substanzen, aber sie gehen bei Personen eine besondere Relation ein, die wiederum für den *besonderen ontologischen Status* von Personen verantwortlich ist. Es ist die Relation einer *essentiellen Einheit*.[7]

---

5 AT VII 81; Mld. 144/145. Vgl. auch die *Synopsis* zu den *Meditationen*, dort zur *Sechsten Meditation*, AT VII 15 f.; Mld. 28/29.
6 Vgl. z. B. AT VIII 460, 493, 508.
7 Vgl. auch AT VII 219, 228, 585; III 493, 508. Dazu und zum Folgenden, vgl. Schütt 1990, S. 116 ff., und Perler 1998, S. 213 ff.

4. Empfindung und Leibbewußtsein

Diese ontologische These ergänzt und unterstützt Descartes durch eine erkenntnistheoretische: Die Einheit der Seele mit dem Körper „erfahren wir ständig durch die Sinne"[8] und wird durch diese „sehr klar erkannt".[9] Daß ich mit meinem Körper „aufs engste verbunden" bin (s. o.), dies „lehrt mich die Natur durch Schmerz-, Hunger- und Durstempfindungen".[10] An *Schmerzempfindungen* läßt sich gut erläutern, was für Descartes in diesem Zusammenhang eine „essentielle Einheit" im Unterschied zu „akzidenteller Einheit" bedeutet. Was eine Schmerzempfindung ist, wird erst verständlich, wenn man erkennt, daß neben der rein körperlichen Nervenreizung (durch ein physikalisches Objekt) und dem durch den Geist (Verstand) gefällten Urteil (über die Reizung und ihr ursächliches Objekt) ein drittes Moment, das Moment des *Empfindungserlebnisses*, hinzutritt. Dieses läßt sich nicht auf eine Addition von Nervenreizung plus Urteil, ein Konglomerat von Körper und Geist, reduzieren. Empfindungen sind weder etwas rein Körperliches noch etwas rein Geistiges. Keine der beiden Substanzen, weder der Körper noch der Geist, kann alleine von sich aus und unabhängig von der jeweils anderen Substanz Empfindungen (Empfindungserlebnisse) generieren. Dies ist nur aufgrund einer genuinen, essentiellen Verbindung von Körper und Geist möglich. Schmerzempfindungen z. B. sind Bewußtseinsbestimmungen, „die aus der Vereinigung [*ab unione*] und gleichsam Vermischung [*permixtione*] des Geistes mit dem Körper entstanden sind".[11] Empfindungen sind einheitsgenerierte Funktionen.[12] Sie sind ein Beleg für die Irreduzibilität psycho-physischer Attribute und die *essentielle Einheit* von Körper und Geist.

Descartes' Hinweis auf Schmerzempfindungen läßt sich zu einem Argument erweitern, das ein Spezifikum von *Empfindungen (sinnlichen Erfah-*

---

8 Antwort auf Arnaulds Einwände, AT VII 228 f.

9 Brief an Prinzessin Elisabeth vom 28. Juni 1643, AT III 691 f.: „les choses qui appartiennent à l'union de l'âme et du corps [...], se connaissent très clairement par les sens."

10 Vgl. *Meditatio VI*, AT VII 81; Mld. 144/145.

11 AT VII 81; Mld. 144/145 f. Vgl. AT III 493.

12 Vgl. dazu auch Cottingham 1999, S. 48.

rungen) im allgemeinen und deren *phänomenalem* Aspekt (im Unterschied zu ihrem intentionalen Gehalt) herausstellt. Ein Mensch (*un véritable homme*) nimmt nicht nur wahr (*perciperet*), sondern empfindet (*sentiret*). Dabei stellt Descartes den Wahrnehmungsbegriff (*percipere, perceptio*) in den epistemischen Kontext objektiver Kausalrelationen äußerer Gegenstände zum Körper. Empfindungen (*sentire, sensatio*) hingegen charakterisiert er als die spezifisch menschliche Weise des Erlebens von Wahrnehmungen. Sie sind weder auf physische Ursachen (Körper) noch auf bloße Gedanken (Geist) reduzierbar. Wenn Descartes die Einheit, die Körper und Geist beim Menschen eingehen, als eine „reelle", „essentielle", „substantielle" qualifiziert und dabei auf Empfindungen verweist, so läßt sich dies als Descartes' Hinweis auf die *Irreduzibilität des phänomenalen Bewußtseins* und ein unmittelbares *Leibbewußtsein* verstehen.

5. Die Einheit von Leib und Seele als notion primitive

In Empfindungserlebnissen manifestiert sich demnach eine für Personen spezifische und konstitutive Einheit. Obwohl in einer Person zwei distinkte Substanzen instantiiert sind, ist eine Person kein akzidentelles Kompositum isolierter Substanzen. Der Personbegriff ist kein sekundärer Begriff, der auf seine beiden Komposita als ihrerseits selbständiger Bestandteile zurückführbar wäre. Der Begriff der Person, insofern er für eine essentielle Einheit von Körper und Geist steht, läßt sich daher mit Descartes als ein dritter Grundbegriff, eine dritte notion primitive neben dem Begriff des Körpers (res extensa) und dem Begriff des Geistes (res cogitans)[13] interpretieren. Descartes kommt demnach selbst bereits zu einem Ergebnis, das Strawson im Zuge seiner Kritik gegen Descartes vorträgt: der Personbegriff ist ein logisch primitiver, d. h. irreduzibler Begriff, der auf keine elementareren und basaleren Bestandteile mehr zurückzuführen ist.[14]

Unter dieser Voraussetzung wird die Einheit der Person auch im Rahmen des cartesischen Substanzendualismus durchaus gewahrt. Mehr noch. Es er-

---

13 Vgl. AT III 664 f.
14 Vgl. Strawson 1959, 1966; dazu Mohr 1988.

gibt sich das bemerkenswerte Fazit, daß für Descartes der epistemisch privilegierte Zugang zum eigenen Bewußtsein nicht das einzige ausschlaggebende Merkmal ist, das Personen in besonderer Weise vor nicht-denkenden Wesen auszeichnet. Für Personen ist vielmehr darüber hinaus ein entscheidendes Merkmal, daß in ihnen eine essentielle Einheit von Körper und Geist realisiert ist und sinnlich erfahren wird. In seinen Erwiderungen auf Arnauld geht Descartes sogar so weit zu behaupten, daß im Menschen Körper und Seele jeweils für sich genommen lediglich unvollständige (unselbständige) Substanzen (*substances incomplètes*) sind, während die Leib-Seele-Einheit ihrerseits als eine vollständige Substanz (*substance complète*) zu betrachten sei. „Geist und Körper sind unvollständige Substanzen, wenn man sie auf den Menschen bezieht, den sie zusammen bilden" (AT VII 222; Mdt. 203).

Die Einheit, die zwei solche unvollständigen Substanzen zusammen bilden, bezeichnet Descartes als eine „für sich bestehende Einheit", als ein *unum per se* (ebd., dt. 202). Damit wäre die Einheit von Geist und Körper selbst ein *ens per se*. Ein *ens per se existens* zu sein, ist nach Descartes Definiens von Substanz.[15] Wenn die Einheit von Geist und Körper in einer menschlichen Person ein *unum per se existens* ist, dann ist sie per Definition eine Substanz. Dann hätten wir eine Drei-Substanzen-Theorie, in der eine Person als eine Leib-Seele-Einheit Realisierung einer eigenständigen Substanz wäre, die neben der *res extensa* und der *res cogitans* eine dritte *res* eigenen ontologischen Ranges ausmachte. In diesem Zusammenhang ist es von großer Wichtigkeit, daß Descartes selbst (in seiner Korrespondenz mit Elisabeth) die in einer menschlichen Person instantiierte Körper-Geist- bzw. Leib-Seele-Einheit explizit als eine *notion primitive* bezeichnet.

Dennoch lehnt Descartes es ab, vom Menschen (der eine Einheit von Körper und Seele ist) als einer eigenen *Substanz* zu sprechen. Es fällt auf, daß er (vor allem in den Briefen an Elisabeth und Regius) bei der Frage der Einheit der Person vom Menschen zwar stets als einem *ens per se*, nie aber als einer *substantia* spricht. Er spricht zwar wiederholt und nachdrücklich von „realer

---

15 In *Principia philosophiae*, I, art. 51, definiert Descartes eine Substanz als ein „Ding, das so existiert, daß es für seine Existenz von keinem anderen Ding abhängt" (AT VIII-1 24 f.). Vgl. AT VII 222, 226.

und substantieller" Einheit (*realiter et substantialiter*) und von „echter" oder „wahrer" Einheit (*véritable union*). Er *nennt* diese aber nicht *Substanz*. Die reale und substantielle Einheit von Körper und Geist in menschlichen Personen erlangt, zumindest in der expliziten Terminologie Descartes', nicht den Status einer unabhängigen Substanz. Dies bleibt Körper und Geist vorbehalten. Sie allein sind „für sich betrachtet" vollständige Substanzen und existieren unabhängig voneinander.[16]

Von einer *Substanz* spricht Descartes mit Bezug auf das *Ego* als denkendes Wesen, nicht mit Bezug auf die menschliche Person. Wenn er im vierten Teil des *Discours de la méthode* schreibt: „Ich erkannte, daß ich eine Substanz war", so bezieht er den Substanz-Begriff explizit nur auf das *ego cogitans*, nicht auf die Person als Einheit von Geist und Körper.[17] Sieht man einmal von Descartes' Unterscheidung zwischen Gott und anderen Substanzen ab, so ist die Definition einer Substanz laut Descartes auf das Ich, auf jede einzelne menschliche Seele, auf jedes einzelne menschliche Bewußtsein anwendbar.[18] Das Ich als denkend hängt in seiner Existenz von keinem anderen Ding ab, außer von Gott, von dem die Existenz aller geschaffenen Dinge abhängt. Damit scheint die Charakterisierung der Leib-Seele-Einheit als einer *notion primitive* wieder zurückgenommen zu sein. Der ontologische Status von Personen bleibt so insgesamt eher unklar. Was ist dann aber eigentlich der Punkt, wenn Descartes seiner These von der „realen und substantiellen Einheit" soviel Nachdruck verleiht?

An dieser Stelle fällt ein methodisches Schwanken Descartes' auf. Aus der *erkenntnistheoretischen* Unmittelbarkeit und Unbezweifelbarkeit (Gewißheit) des *cogito* hatte er den Schluß auf die *ontologische* Differenz zwischen *res cogitans* und *res extensa* gezogen.[19] Aus der *erkenntnistheoretischen* Beobachtung, daß in inneren sinnlichen Erfahrungen (Empfindungserlebnissen) eine reale und substantielle Einheit von Körper und Geist gegeben ist,

---

16 Vgl. AT VII 222; dt. 203. Zu den betreffenden Stellen, deren konsistente Interpretation Schwierigkeiten bereitet, vgl. Baker/Morris 1996, S. 163 ff.

17 AT VI 33; vgl. auch etwa AT VII 168.

18 Vgl. Kemmerling 1996, S. 103.

19 Siehe oben, zu Beginn des vorliegenden Textes, das längere Zitat aus AT VII 78.

schließt Descartes aber *nicht* auf die *ontologische* These, daß Personen eine eigene, dritte Substanz sind. Zwar stellt er fest, daß z. B. Schmerzempfindungen Bewußtseinsbestimmungen sind, „die aus der Vereinigung [*ab unione*] und gleichsam Vermischung [*permixtione*] des Geistes mit dem Körper entstanden sind".[20] Daraus zieht er aber nicht den Schluß, daß diese *unio*, die nach seiner eigenen Charakterisierung ein *unum per se* ist und die die Einheit der menschlichen Person begründet, eine genuine, dritte Substanz ist. Dadurch, daß er die Empfindungen (z. B. eines Schmerzes, *sensus doloris*), durch die die Einheit von Geist und Körper wahrgenommen bzw. erkannt wird, als „verworrene Empfindungen [*confuses sensus*]" bzw. „verworrene Bewußtseinsbestimmungen [*confusi cogitandi modi*]" (ebd.) bezeichnet, scheint er sie, gemessen an seinem Wissensideal, als Grundlage verläßlicher theoretischer Aussagen wiederum zu disqualifizieren.[21]

Was folgt daraus? Nach Descartes ist das Wissen, das wir von uns als leibhaften Personen haben, von anderer Art als das Wissen, das ein denkendes Subjekt im Vollzug seines Denkens von seiner Existenz als diesen Denkakt vollziehendes Subjekt hat. Aber daraus folgt nicht, daß Descartes daran gezweifelt hätte, daß die Leib-Seele-Einheit für menschliche Personen ontologisch essentiell und erfahrungstheoretisch fundamental ist.

6. Erste-Person-Perspektive und phänomenales Bewußtsein

An Descartes' wahrnehmungstheoretische Ausführungen im Kontext der These von der Einheit der Person schließen sich zwei weitere Überlegungen an, die für eine Präzisierung des Cogito-Arguments und den Status des menschlichen Körpers in Descartes' Persontheorie wichtig sind. Der erste Punkt ist ein *erkenntnistheoretischer* und betrifft den Stellenwert des Emp-

---

20 AT VII 81; dt. 144/145 f. Vgl. *Principia philosophiae*, I 48, AT VIII-1 23. Laut AT III 479 und 493 sind (Schmerz-) Empfindungen Wahrnehmungen der Seele, die „real mit dem Körper vereint" ist.

21 Laut Meyer-Drawe präzisiert Descartes in seinen Briefen an Elisabeth seine Auffassung dahingehend, daß der „Zusammenhang von Seele und Leib ein erfahrener und nicht ein erkannter" ist (Meyer-Drawe 1995, S. 55).

findungsbegriffs. Der zweite Punkt ist ein *bewußtseinsphilosophischer* und betrifft die Erste-Person-Perspektive phänomenalen Bewußtseins.

1. Indem die Empfindung in den konstitutiven Zusammenhang von Körper und Geist gestellt, also in besonderer Weise auch mit der menschlichen (geistigen) Urteilsfähigkeit in Verbindung gebracht wird, wird sie nicht nur als mit Gefühlen auftretendes körperliches Phänomen gesehen. Descartes verwendet einen anspruchsvollen Begriff von Empfindung im Sinne eines *intentionalen Zustands,* der *epistemischen Gehalt* (oder besser: epistemisch relevanten, interpretierbaren Gehalt), aber *nicht* von sich aus schon *propositionale Struktur* hat. Auf diesen Punkt kann hier nicht weiter eingegangen werden.

2. Aus Descartes' Analysen des *cogito* und menschlicher Schmerzempfindung (sinnliche Erfahrung im allgemeinen), wird klar, daß für bewußte denkende Wesen eine irreduzible subjektive Erlebnis- oder Erfahrungs-Perspektive wesentlich ist: die *Erste-Person-Perspektive.* Empfindungen erlebt die empfindende Person als unanalysierte einheitliche Zustände. Daran ändert sich auch dann nichts, wenn sie ihre Zustände mit Hilfe von Klassifikationsbegriffen und naturwissenschaftlichen Theorien zu beschreiben und so zum Gegenstand eines objektiven, intersubjektiven Urteils zu machen versucht. Sie kann auch zu sich selbst den Standpunkt der *dritten* Person einnehmen, so wie jeder andere auch zu ihr den Standpunkt des Beobachters einnehmen und von einem physikalistischen Standpunkt aus ihre Empfindungszustände beschreiben kann. Das Erlebnis der Erste-Person-Perspektive kann aber aus der Beobachterperspektive und in physikalischen Termen niemals adäquat beschrieben werden. Sie ist physikalistisch irreduzibel. Der phänomenale Aspekt von Bewußtseinszuständen wird nur aus der Erste-Person-Perspektive erfaßt, aus der Dritte-Person-Perspektive des außenstehenden Beobachters jedoch prinzipiell verfehlt.

Das heißt nicht, daß die Perspektive der ersten Person die wahre sei und man sie dem Beobachter-Standpunkt vorzuziehen habe oder dergleichen, sondern: was Bewußtsein ist und wie es ist, sich in diesem und jenem Bewußtseinszustand zu befinden, wird nur adäquat erfaßt, wenn beide Perspektiven, die der ersten Person *und* die der dritten Person, in eine umfassende Theorie von Bewußtseinszuständen einbezogen werden. Für diese heute weitgehend anerkannte Einsicht bieten Descartes' Ausführungen bereits grundlegende Hinweise.[22] Obwohl der Personbegriff im Zusammenhang von Descartes' Analyse des *cogito* in den *Meditationen* nicht vorkommt, finden sich auch dort schon wesentliche Hinweise auf die konstitutive Relevanz der Erste-Person-Perspektive für das Verstehen von Bewußtsein und insbesondere von phänomenalem Bewußtsein. Das Cartesische *cogito* ist ein *unmittelbares empirisches Selbstbewußtsein von eigenen gegenwärtigen mentalen Akten*. Es ist Ausdruck *selbstbezüglichen Wissens* von einem *präsentischen mentalen Akt* aus der *Erste-Person-Perspektive*.[23] Nur als solches leistet es, was es leisten soll: den methodischen radikalen Zweifel dadurch zum Ende zu bringen, daß eine Existenz-Gewißheit gefunden wird, an der nicht mehr gezweifelt werden kann. Es ist die Gewißheit der Existenz *meines denkenden Ich im Vollzug des Denkens*.

7. Fazit

Descartes hält bei allen subjektivitätstheoretischen Erwägungen insgesamt am ontologischen Dualismus und insbesondere an der These von der Seele (Geist) als einer immateriellen Substanz fest. Wieviel Gewicht er genau dieser These beimißt, wird gleich zu Beginn der *Meditationes* offenkundig: Nur unter ihrer Voraussetzung lasse sich die Unsterblichkeit der Seele beweisen. Trotz der weitgehenden Bindung seiner Bewußtseins- und Persontheorie an den Dualismus liefern Descartes' Argumente zur Sinneswahrnehmung und zum Gefühl der Einheit von Körper und Geist in der menschlichen Person bereits Veranlassung zu einer Loslösung der Bewußtseins- und Persontheorie von einer Substanzenontologie. Er hat damit eine Umorientierung in der Behandlung dieses Themas von der *Ontologie* der (vermeintlichen) *Seelensubstanz* zu einer *Erkenntnistheorie* des *Selbstbewußtseins* vorbereitet. Personsein ist demnach eine Erfahrungsperspektive, die nur aufgrund einer Einheit von Leib und Seele möglich ist. Die Wendung und die Abkehr von der

---

22 Vgl. hierzu auch Perler 1998, S. 264.
23 Vgl. dazu ausführlicher Mohr 2000a.

Seelensubstanz-Ontologie explizit vollzogen zu haben, sollte Locke, Kant und Fichte vorbehalten bleiben.

II. Johann Gottlieb Fichte

1. Der transzendentalphilosophische Ausgangspunkt

Der transzendentale Idealismus Fichtes führt in Anknüpfung an Kant die Cartesische Wendung zur Subjektivität weiter, indem er in den konstitutiven Funktionen des Bewußtseins (Ich) den eigentlichen Gegenstand der Philosophie sieht. Im Zuge seiner Analyse dieses Ichs weist Fichte als dessen notwendige Konstitutionsbedingungen eine Außenwelt, andere Vernunftwesen (Intersubjektivität)[24] und Leiblichkeit auf.[25] Insbesondere in seiner *Grundlage des Naturrechts nach Principien der Wissenschaftslehre* und in seiner *Wissenschaftslehre nova methodo*[26] hat Fichte diesen Nachweis zu führen versucht.[27]

Dabei beschreibt Fichte den Menschen prinzipiell aus einer Doppelperspektive: Er ist Vernunftwesen ("absolutes Ich" oder „reines Ich") und empirisches, weltgebundenes, endliches Wesen. „Alles besteht auf *Duplicität* der Ansicht des ganzen Bewußtseyns." (*WLnm*, 228) Diese Unterscheidung von Vernunft und Endlichkeit hat für Fichte rein methodologische Bedeutung. Durch Erfahrung zugänglich ist uns immer nur das konkrete, endliche, in der

---

24 Fichte hat „der Philosophie überhaupt das Problem der Intersubjektivität (Interpersonalität) erschlossen, indem er in seiner Grundlegung der Ethik und Rechtsphilosophie den Anderen als notwendige Möglichkeitsbedingung des individuellen Selbstbewußtseins und Bewußtseins der Freiheit deduzierte" (Baumanns 1990, S. 20 f.).

25 Siehe dazu Kottmann 1998.

26 Diese Vorlesung ist in zwei Nachschriften erhalten: 1) einer anonymen Nachschrift, die sich im Besitz der Universitätsbibliothek Halle befindet, ediert in der *J. G. Fichte-Gesamtausgabe*; 2) der Nachschrift von K. C. F. Krause, hg. von Erich Fuchs, Hamburg 1982. Im folgenden wird aus der Halleschen Nachschrift zitiert.

27 Dieses von Fichte bearbeitete Problem begleitet die Transzendentalphilosophie bis weit ins 20. Jahrhundert hinein und erhält einen zentralen Stellenwert dann vor allem in der Phänomenologie von Husserl bis Merleau-Ponty. Vgl. hierzu die Arbeiten von Käte Meyer-Drawe und den Beitrag von Karl Mertens in diesem Band.

Welt handelnde Ich. Philosophie im Sinne Fichtes aber zielt nicht darauf, den Menschen durch Aufweis empirischer Bestimmungen zu beschreiben, sondern es geht im Anschluß an Kant um die Freilegung transzendentaler Möglichkeitsbedingungen des Handelns in der Konstitution des Bewußtseins. Der letzte subjektimmanente Grund des Handelns ist für Fichte in der Selbsttätigkeit und Selbstbestimmung der Vernunft, im freien Wollen, gegeben. Im Wollen, in der autonomen Zwecksetzung, beweist der Mensch seine *freie* Selbstbestimmung. Fichte bekennt ausdrücklich, daß die Transzendentalphilosophie darin ihren eigentlichen Anspruch habe, in *allen* Bewußtseinsleistungen die Freiheit des Menschen als Vernunftwesen aufzuweisen und sich damit als Philosophie der Freiheit zu erweisen.

2. Selbsttätigkeit und Intersubjektivität

Ein endliches Vernunftwesen bestätigt seine freie Wirksamkeit nur dadurch, daß es sein Wollen in seinem Handeln, das immer auf ein Objekt gerichtet ist, realisiert. In seinem selbstverursachten Wollen ist das Vernunftwesen frei. In seinem Objektbezug ist es zugleich abhängig von diesem Objekt und damit unfrei, denn Objekte bedeuten für das freie Wollen eine Begrenzung, eine inhaltliche Bestimmung.

Wie lassen sich diese beiden gegensätzlichen Aussagen, zugleich frei und begrenzt zu sein, miteinander vereinbaren? Fichte zeigt, daß dieses Problem nur durch eine genetische Betrachtung zu lösen ist, in der aufgewiesen wird, wie ein potentielles, werdendes Vernunftwesen zur Entwicklung seiner Vernunft durch andere Vernunftwesen angeregt wird. Denn zunächst hat der Mensch nur die Anlage zur Vernunft, muß diese aufgrund der Anregung von außen und im Vollzug seiner Tätigkeit aber erst ausbilden. Auf ein werdendes Vernunftwesen wird von außen eingewirkt; dies ist eine Begrenzung. Diese Einwirkung ist jedoch so zu verstehen, daß damit die Vernunftfähigkeit, die freie Selbstbestimmung des Adressaten der Einwirkung nicht verhindert wird. Wie aber wirkt man auf ein endliches Vernunftwesen ein, ohne dessen Freiheit einzuschränken? Eine solche Einwirkung ist nach Fichte zu denken als „ein *Bestimmtseyn des Subjects zur Selbstbestimmung*, eine Aufforderung an dasselbe, sich zu einer Wirksamkeit zu entschließen" (*NR*, 33).

Diese Aufforderung zur Selbsttätigkeit ist laut Fichte „das, was man Erziehung nennt" (*NR*, 39).

Ein Vernunftwesen entwickelt sich also nur dadurch, daß es aufgefordert wird zur Selbsttätigkeit und dazu den entsprechenden Freiraum erhält, der inhaltlich unbestimmt bleibt und in dem es aus den gegebenen Möglichkeiten frei *wählen* kann. Damit „constituiret es sich seine Freiheit und Selbständigkeit" (*NR*, 42).

Das bedeutet aber zum einen, daß die Vernunftfähigkeit des Individuums, auf das eingewirkt wird, unterstellt wird.[28] Zum zweiten kann eine solche Vernunftzuschreibung nur von einem Wesen ausgehen, das selbst Vernunft besitzt und das zu einem wirksamen Handeln in der Lage ist, also von einem anderen endlichen Vernunftwesen. Denn dieses einwirkende Vernunftwesen hätte seine eigene Sphäre so überschreiten können, daß dem Adressaten keine Möglichkeit freien Handelns mehr geblieben wäre. „Es hat mit Freiheit sie nicht überschritten" (*NR*, 43) und ist deswegen als freies Wesen anzunehmen.

Damit gilt für Fichte Intersubjektivität als Bedingung des Selbstbewußtseins endlicher Vernunftwesen. Die Existenz vernünftiger Wesen außer mir ist nicht einfach eine Erfahrungstatsache oder eine Wahrscheinlichkeit, sondern mit Notwendigkeit anzunehmen, ansonsten gäbe es kein Selbstbewußtsein.[29]

„Der Mensch (so alle endlichen Wesen überhaupt) wird nur unter Menschen ein Mensch; und da er nichts Anderes seyn kann, denn ein Mensch, und gar nicht seyn würde, wenn er dies nicht wäre – *sollen überhaupt Menschen seyn, so müssen mehrere seyn.* [...] Der Begriff des Menschen ist sonach gar nicht Begriff eines Einzelnen, denn ein solcher ist undenkbar, sondern der einer Gattung." (*NR*, 39)

Es ist jedoch durchaus auch möglich, daß auf ein sich erst entwickelndes Vernunftwesen so eingewirkt wird, daß es seine eigene Vernünftigkeit nicht

---

28 Auf die Frage, wieso dem Adressaten der Aufforderung zur Selbsttätigkeit potentiell Vernunft zugesprochen werden kann, wird im Abschnitt 5. „Leib und Intersubjektivität" eingegangen.

29 Vgl. dazu Weischedel: „So ist also *wirkliches Selbstbewußtsein nicht möglich ohne einen andern Menschen.*" (Weischedel 1973, S. 122) Vgl. auch Baumanns 1972, S. 177.

entwickeln kann. Es ist also zunächst vollständig abhängig von der Handlung anderer Vernunftwesen. Ob es selbst seine Vernunft entwickeln kann, liegt nicht im eigenen Wollen. „Meine Vernünftigkeit hängt demnach ab von der Willkür, dem guten Willen eines Anderen, von dem Zufalle; und alle Vernünftigkeit hängt ab von dem Zufalle." (*NR*, 74)

Daß es überhaupt Vernunftwesen gibt, hat also zur Voraussetzung:

- die potentielle Vernunftfähigkeit jedes menschlichen Wesens,
- die Annahme anderer Vernunftwesen (Intersubjektivität),
- die Aufforderung zur Selbsttätigkeit, in der Art und Inhalt dieser Selbsttätigkeit unbestimmt bleiben.

3. Der Leib als „Sphäre" der Person

Jedes endliche Vernunftwesen handelt in der Welt. Sein Handeln hat eine „Sphäre", in der es seine Ziele realisiert. Der Begriff der „Sphäre", in der jedes Subjekt frei wählt, dient Fichte zur Bestimmung des endlichen Vernunftwesens als Individuum, d. h. als „Person".[30] Jedes menschliche Individuum schreibt sich eine Sphäre für seine Wahl zu und spricht anderen Individuen auch eine je eigene Sphäre zu. Wenn sich Individuen wechselseitig als Vernunftwesen anerkennen, erkennen sie damit die Sphäre jedes anderen an und erwarten, daß durch die anderen umgekehrt auch die eigene Sphäre akzeptiert wird.

„Ich setze mich als Individuum im Gegensatze mit einem anderen bestimmten Individuum, indem *ich mir* eine Sphäre für meine Freiheit zuschreibe, von welcher ich den anderen, und *dem anderen* eine zuschreibe, von welcher ich mich ausschliesse" (*NR*, 51).

Eine Person hat ihre Individualität dadurch, daß sie ausschließlich in ihrer spezifischen Sphäre wählt; andere Personen wählen in anderen Sphären. Eine Person *ist* nur, solange sie ihre Sphäre hat, und hört auf, Person zu sein, wenn die Sphäre nicht mehr existiert (*NR*, 58).

---

30 Eine Leistung Fichtes liegt darin, daß er mit Kant eine Entontologisierung des Personenbegriffs vorgenommen und über Kant hinausgehend Leiblichkeit und Intersubjektivität in die Persontheorie konzeptionell eingebracht zu haben. Vgl. dazu Mohr 2000b.

Die Person ist frei, d. h. sie entwirft durch ihren Willen Begriffe vom Zweck. Die Sphäre soll so beschaffen sein, daß sie freie Handlungen ermöglicht. Handlungen gehen auf ein Objekt, als praktische Handlungen auf materielle Objekte im Raum. Die Sphäre muß also selbst materiell sein und die Realisierung des Willens im Raum ermöglichen, also ein materieller Körper.

Wie muß aber ein solcher Körper beschaffen sein, damit er Handlungen ermöglicht und dabei der Freiheit keinen Abbruch tut? Dieses Materielle muß in der Verfügung der Person stehen, denn es soll ja das Wollen realisieren. Und es muß, da das Wollen potentiell unendlich ist, selbst unendlich modifizierbar sein. Dies geschieht dadurch, daß die Sphäre in ihrer materiellen Konstitution zusammengesetzt ist aus einzelnen Teilen, die ihre Lage zueinander ändern können und deren Anteil an der Umsetzung des Willens stets neu bestimmt werden kann. Diese Beschaffenheit des beschriebenen Körpers bezeichnet Fichte als „Articulation" (*NR*, 61).

„Ein Körper, wie der beschriebene, an dessen Fortdauer und Identität wir die Fortdauer und Identität unserer Persönlichkeit knüpfen; den wir als ein geschlossenes articulirtes Ganzes, und uns in demselben als Ursache unmittelbar durch unseren Willen setzen, ist dasjenige, was wir *unseren Leib* nennen" (*NR*, 61).

Der artikulierte Leib ist also die Sphäre der Wirksamkeit einer Person in der Welt. Er ist das Instrument der Realisierung des Willens. „Alle Thätigkeit der Person ist eine gewisse Bestimmung des articulirten Leibes" (*NR*, 63).

Fichte unterscheidet vom artikulierten Leib den organisierten Leib. Als organisierter steht der Leib nicht in der Verfügung des Willens (z. B. alle vegetativen Funktionen). (*WLnm*, 111) Der organisierte Leib ist der Leib als Teil der Natur, charakterisiert durch eine spezifische, natürlich vorgegebene Organisation der einzelnen Teile. Die Artikulation des Leibes ist ein „Product der Organisation", die Organisation aber nicht Produkt der Artikulation. Der organisierte Leib ist determiniert, der artikulierte Leib hingegen als Medium der Freiheit ist flexibel und unendlich modifizierbar. Dabei kann es von der Artikulation keine Inhaltsbestimmung geben, sondern sie ist „eine Bestimmbarkeit ins Unendliche", die Fichte auch „Bildsamkeit" nennt. (*NR*, 79) Demnach ist der artikulierte Leib auch nicht in seiner Ganzheit begreifbar, denn als Realisierungsmedium des Willens in der Welt ist er ins Unendliche bestimmbar. Er ist nur in seiner jeweils konkreten Artikulation zu erfassen. Daher kann es keine Gesamterkenntnis des Leibes geben.

„*Ich* habe kein *Totalgefühl* meines Leibes, nemlich auch als *artikulirt* hier betrachtet. Nur durch den Begriff von einzelnen Gliedern und dadurch Beziehung dieser einzelnen Glieder auf das Ganze bekomme ich erst einen Begrif vom Ganzen. Ich nehme z. B. meine Hand nur wahr in sofern sie sich verändern und bewegen soll; ich fühle den einzelnen Theil erst im Verhältniß seiner Veränderung zum ganzen Leib ie [id est] Bewegung." (*WLnm*, 158)

4. Leib und Wollen

Der Leib ist die Realisierung des Wollens in der realen Welt. Ohne Leib gibt es keine auf einen Gegenstand gerichtete Wirksamkeit des Wollens und insofern kein Wollen. Der Leib ist „Repräsentant des Ich in der Sinnenwelt" (*NR*, 113 f.). Leiblichkeit ist also notwendiges Korrelat eines freien Wollens: Kein freies Wollen ohne ein Realisierungsmedium dieses Wollens, und keine Leiblichkeit ohne ein Wollen. Je nachdem, welche Seite dieser Wechselbeziehung in den Vordergrund gestellt wird, unterscheidet Fichte einen empirischen und einen transzendentalen Begriff des Leibes. „Der scharfe *empirische* Begriff des *Leibes* ist: Was in der Gewalt der bloßen Willkür steht – wo ich nur zu wollen brauche." (*WLnm*, 156)

Hierbei wird der Leib aufgefaßt als Ermöglichungsorgan des gegenstandsbezogenen Wollens, als ein Instrument, das in seiner materiellen Konstitution dem Wollen zur Verfügung steht. „Der *transcendentale* Begriff des *Leibes* ist: *unser ursprüngliches wollen selbst aufgenommen in die Form der äußern Anschauung.*" (*WLnm*, 156)

In transzendentaler Hinsicht wird der Leib gedacht als mit dem Wollen identisch. Dieses Wollen ist nur dadurch überhaupt zugänglich, weil es als Leib angeschaut werden kann (vgl. *WLnm*, 156). Diese Anschauung ist nicht als sinnlich wahrnehmende Anschauung zu verstehen, sondern soll eine „geistige" Anschauung sein. Diese geistige Anschauung gibt kein Abbild des Leibes, sondern entwirft ihn erst als möglichen Handlungsraum der Person. Der Leib, die Sphäre des Handelns, ist bestimmt „als *Umfang aller möglichen freien Handlungen der Person*" (*NR*, 59).

In dieser Doppelperspektive (empirisch und transzendental) kann Fichte den Leib charakterisieren als „das System unserer *Affectibilität* und *Sponta-*

neität" (*WLnm*, 82), als affizierbar von außen und als Umsetzung des freien Wollens von innen. Für den empirischen Verstand erscheint es so, als ob die Seele den Leib dirigiert, „transcendental angesehen, sind sie einzeln betrachtet dasselbe von verschiedenen Seiten" (*WLnm*, 170).

- „Ich bin mein Leib, wenn ich mich anschaue. Ich bin Geist, wenn ich mich denke. Aber ich kann eines ohne das andere nicht, darum schreibe ich mir beydes zu – blos aus verschiedener Ansicht werden beyde unterschieden." (*WLnm*, 156)
- „Hier haben wir die Behauptung des *transcendentalen* Idealismus in ihrer vollen Kühnheit. Ich und mein Leib sind eins schlechterdings, nur verschieden angesehen. Ich, reines Ich in der höchsten Reinheit und Ich als Leib sind ganz daßelbe. Der Unterschied, welcher uns erscheint liegt bloß in der Verschiedenheit der Ansicht." (*WLnm*, 256)

Diese beiden Perspektiven sind in der Definition des Menschen als *endlichem Vernunftwesen* synthetisiert. Die Möglichkeit dieser Synthesis von Vernunft und Endlichkeit, Freiheit und Begrenztheit bildet das eigentliche philosophische Problem, das Fichte philosophisch zu bewältigen sucht. Hierbei entwickelt er ein Konzept von Leiblichkeit, das es ermöglicht, diese Synthesis aufzuweisen. Mit Hilfe des Begriffs des artikulierten Leibes führt Fichte die Synthese von Freiheit des Wollens (Streben) und Begrenztheit dieses Wollens durch Bezugnahme auf ein Objekt in der Welt vor.[31] Diese Synthesis ist die „die Grundsynthesis alles Bewußtseyns [...], weil in ihr alles im Bewußtseyn vorkommendes enthalten ist" (*WLnm*, 260).

5. Leib, Intersubjektivität und Recht

Leiblichkeit ist nicht nur die Selbstzuschreibung einer Handlungssphäre durch eine Person, sondern einen Leib hat eine Person nur unter der Voraussetzung, daß andere Personen ebenfalls diese Sphäre dieser bestimmten Per-

---

31 Siep geht auf diesen Zusammenhang von Wollen und Leiblichkeit ein und interpretiert „Fichtes Theorie des Leibes [als] Teil seiner Willenstheorie" (Siep 1993, S. 116). Vgl. ausführlich Kottmann 1998.

son zuordnen. So formuliert Fichte: „Die Person kann sich keinen Leib zu-schreiben, ohne ihn zu setzen, als stehend unter dem Einflusse einer Person ausser ihr, und ohne ihn dadurch weiter zu bestimmen." (*NR*, 61)

Zwar steht der Leib als Realisierungsmedium meines Willens in meiner Verfügung. Dennoch ist der Leib nicht privat, sondern aufgrund seiner mate-riellen Existenz in der Welt für andere Personen wahrnehmbar und deren Einwirkung ausgesetzt.

Um die intersubjektive Funktion des Leibes aufzuzeigen, knüpft Fichte an seine Darlegungen über die Einwirkung auf andere im Sinne einer Aufforde-rung zur Selbsttätigkeit an. Das Wesen, auf das mit der Aufforderung zur Selbsttätigkeit eingewirkt wird, ist vor dieser Einwirkung noch kein fakti-sches, sondern nur ein potentielles Vernunftwesen. Dennoch geht von dem potentiellen Vernunftwesen eine Wirkung aus, ansonsten würde seinerseits das aktuale Vernunftwesen es nicht zur Selbsttätigkeit auffordern. Wirkung realisiert sich in der empirischen Welt. Sie kann also nur erfolgen über ein Medium, das in der empirischen Welt existiert. Als ein solches hatte Fichte den Leib eingeführt. Die Wirkung, die von einem potentiellen Vernunftwe-sen auf aktuale Vernunftwesen ausgeht, ist eine Wirkung des Leibes. Aber es handelt sich hier nur um eine passive Wirkung, keine aktive Wirksamkeit im Sinne von freiem Handeln. Es ist dies also ein „*Wirken ohne zu wirken*" (*NR*, 74). „Mein Leib müsste also wirken, thätig seyn, ohne dass *ich* durch ihn wirkte." (*NR*, 75)

Diese passive Wirkung des Leibes geschieht allein durch die natürliche Organisationsform des Leibes, d. h. eine bestimmte „Gestalt". Diese Gestalt ist eine anthropologische Bedingung dafür, daß Menschen sich untereinander als Menschen identifizieren. Der Mensch wird erkannt an seiner menschli-chen Gestalt. Diese ist das einzige empirische Indiz, das Fichte zur Identifi-zierung anderer Wesen als Menschen, d. h. als endliche Vernunftwesen, an-bietet.[32]

---

32 Soller argumentiert, daß hier eine Schwachstelle der Fichteschen Argumentation liege, denn letztlich werde damit das andere Vernunftwesen aus einem Sinnesdatum erschlossen. Insge-samt sei die „gegenseitige Erkenntnis und Wechselwirkung freier Wesen [...] völlig unbe-

Das Erkennen der leiblichen Gestalt ist die Voraussetzung dafür, daß ein endliches Vernunftwesen einem anderen Wesen Vernunft zuspricht und es daraufhin ebenso als endliches Vernunftwesen behandelt. Das Verhältnis endlicher Vernunftwesen (Personen) ist über die Leiblichkeit im Handeln vermittelt.[33] Intersubjektivität ist also eine notwendige Bedingung zur Konstituierung von Selbstbewußtsein: *„ich muss allen vernünftigen Wesen ausser mir, in allen möglichen Fällen anmuthen, mich für ein vernünftiges Wesen anzuerkennen"* (*NR*, 45). Diese Anmutung ist die „Bedingung der Möglichkeit des Selbstbewusstseyns" (*NR*, 46). Ein solches Selbstbewußtsein ist nur möglich aufgrund des „Bewusstseyn der Individualität" (*NR*, 46). Ein Bewußtsein der Individualität aber kann es nach Fichte nur in intersubjektiver Bezugnahme geben, die hergestellt wird durch das leibliche Handeln.

„Der Begriff der Individualität ist aufgezeigtermassen ein *Wechselbegriff*, d. i. ein solcher, der nur in Beziehung auf ein anderes Denken gedacht werden kann, und durch dasselbe, und zwar durch das *gleiche* Denken, der Form nach, bedingt ist. Er ist in jedem Vernunftwesen nur insofern möglich, inwiefern er als durch ein anderes *vollendet* gesetzt wird. Er ist [...] ein gemeinschaftlicher Begriff" (*NR*, 47 f.).

Eine Person kann dabei dem impliziten Anspruch ihrer eigenen Vernunft und Freiheit nur Rechnung tragen, insofern sie alle anderen Personen in deren Vernunft und Freiheit anerkennt, denn sie erwartet, daß die anderen ebenso verfahren. Die prinzipielle wechselseitige Anerkennung von Personen als Vernunftwesen konstituiert nach Fichte ein reziprokes Verhältnis, das Rechtsverhältnis.[34] Der Sinn der Anerkennung besteht darin, *„gegenseitige Sicherheit"* (*NR*, 144) zu garantieren. Diese wechselseitige Anerkennung realisiert sich im Handeln, d. h. in der leiblichen Wirksamkeit der Person in der Welt. Im Handeln muß sich erweisen, ob eine Person die Freiheit der an-

---

greiflich", wie Fichte in *Die Bestimmung des Menschen* (*Werke*, II, S. 301), bezeichnenderweise im Abschnitt „Glauben", selbst einräumt. (Vgl. Soller 1994, S. 225 und S. 221)

33 Dies hebt auch Düsing hervor. „Individualität von Personen bildet sich im Gegensatzverhältnis und im Sich-aufeinander-Beziehen von Ich und Du in praktischen Handlungen heraus." (Düsing 1991, S. 36)

34 Dabei unterscheidet Fichte das Rechtsverhältnis als das äußere Verhältnis zwischen Personen, das sich im Handeln äußert, von dem, was „im Innern des Gemüthes verbleibt" als zugehörig zum Bereich der Moralität. (Vgl. *NR*, 55)

deren Personen respektiert, d. h. die „Sphäre" (Leib), in der sich deren Wille realisiert, unberührt läßt. Hierdurch konstituieren Personen eine „Gemeinschaft freier Wesen als solcher" (*NR*, 85). Daß eine solche Rechtsgemeinschaft überhaupt möglich ist, hat ihren Grund darin, daß jede Person einen Begriff von sich selbst und von allen anderen Personen als freien, vernünftigen Wesen hat. In einer Rechtsgemeinschaft werden sowohl fundamentale Rechte der Person als solcher als auch die Kompatibilität gegenseitig eingeräumter Sphären freier Handlungen gewährleistet.[35] Rechte, insofern sie im bloßen Begriff der Person als freiem Wesen liegen, heißen „Urrechte". Eine Person fordert durch ihr Urrecht, „eine *fortdauernde Wechselwirkung zwischen ihrem Leibe und der Sinnenwelt, bestimmt und bestimmbar, lediglich durch ihren frei entworfenen Begriff von derselben".* (*NR*, 118)

Im Urrecht liegt:

1. „Das Recht auf Fortdauer der absoluten Freiheit und Unantastbarkeit des Leibes" (*NR*, 119).

2. „Das Recht auf die Fortdauer unseres freien Einflusses in die gesammte Sinnenwelt" (ebd.).

Urrechte bilden die „Bedingung der Möglichkeit des gleichberechtigten Beisammenseyns freier Wesen" (*NR*, 94), das im Rechtsverhältnis vorgestellt ist. Fichte betont aber ausdrücklich, daß das Rechtsgesetz nur hypothetische Gültigkeit hat: es gibt nur die Bedingung an, die erfüllt sein muß, um eine *Gemeinschaft* freier Wesen zu ermöglichen. Jede Person kann als frei handelndes Wesen jederzeit gegen das Recht verstoßen, indem sie die Freiheit anderer Personen nicht anerkennt. Damit aber stellt sich diese Person außerhalb der Rechtsgemeinschaft (vgl. *NR*, 89). Und sie delegitimiert ihre eigene Vernünftigkeit durch Eingriff in die Autonomiesphäre anderer.

6. Fazit

Von der Leiblichkeit her läßt sich der ganze Argumentationskontext der Fichteschen Bestimmung des Menschen als Person, als individuellem, endlichem Vernunftwesen, rekonstruieren. Leib ist Bedingung und Sphäre des

---

35 Vgl. Mohr 2000b.

Handelns. Er fungiert als notwendige Konstitutionsbedingung von Selbstbewußtsein, d. h. von einer Selbstzuschreibung von Handlungen und Selbstidentifizierung anhand dieser Handlungen. Leiblichkeit ist zudem die Voraussetzung, andere Vernunftwesen als solche zu denken. Dabei ist nur die körperliche Gestalt und das vermittels des Leibes realisierte Handeln etwas, wodurch der Andere phänomenal erfaßt werden kann. Zwar sind Leib und Vernunft als Einheit gedacht, aber „ich denke die Vernunft lediglich in das Phänomen hinein" (*WLnm*, 256). Durch diese Zuweisung von Vernunft sprechen über ihren Leib identifizierte Wesen den Status von Personen zu (vgl. *NR*, 73). Die wechselseitige Anerkennung von Personen als Vernunftwesen, die wechselseitige Einräumung einer Handlungssphäre, bildet zugleich die Grundlage des Rechtsbegriffs als eines Regulativs sozialer Beziehungen.[36]

Literatur

AT *Oeuvres de Descartes*, éd. Charles Adam et Paul Tannery, 12 vols., éd. revue, Paris: Vrin/ CNRS, 1964–76; nouvelle présentation 1981 ff.

Ddt. Descartes; R., *Von der Methode des richtigen Vernunftgebrauchs und der wissenschaftlichen Forschung*, hg. v. Lüder Gäbe, Hamburg 1960.

Mld. Descartes; R., *Meditationen über die Grundlagen der Philosophie*, lat.-dt., hg. v. Lüder Gäbe, durchges. v. Hans Günter Zekl, Hamburg 1977.

Mdt. Descartes; R., *Meditationen über die Grundlagen der Philosophie mit sämtlichen Einwänden und Erwiderungen*, übs. u. hg. v. Artur Buchenau, Hamburg 1972.

Pdt. Descartes; R., *Die Prinzipien der Philosophie*, übs. u. erläut. v. Artur Buchenau, Hamburg 1965.

NR Fichte, J.G., *Grundlage des Naturrechts nach Principien der Wissenschaftslehre*, in: *Werke*, Bd. III, hg. von Immanuel Hermann Fichte, Berlin 1971.

WLnm Fichte, J.G., *Wissenschaftslehre nova methodo*, anonyme Kollegnachschrift (Halle), hg. von Reinhard Lauth und Hans Gliwitzky; in: *J. G. Fichte – Gesamtausgabe*, Bd. IV.2., Stuttgart/Bad Cannstatt 1978.

---

36 Dieser Zusammenhang von Interpersonalität und Recht wäre weiterführend auf die gesellschafts- und staatstheoretischen Vorstellungen Fichtes zu beziehen. Einen solchen Versuch unternimmt z. B. Zhixue anhand von Fichtes frühen Schriften 1792-94. Er stellt fest: „Ein bestimmter philosophischer Gesellschaftsbegriff steht immer hinter einer Interpersonalitätstheorie" (Zhixue 1991, S. 219).

Baker, G. / Morris, K. J., 1996, *Descartes' Dualism*, London/ New York.

Baumanns, P., 1972, Fichtes ursprüngliches System. Sein Standort zwischen Kant und Hegel, Stuttgart.

Baumanns, P., 1990, J. G. Fichte. Kritische Gesamtdarstellung seiner Philosophie, Freiburg/ München.

Beckermann, A., 1986, *Descartes' metaphysischer Beweis für den Dualismus. Analyse und Kritik*, Freiburg/ München.

Cottingham, J., 1999, *Descartes' Philosophy of Mind*, (1ˢᵗ ed. 1997), New York.

Düsing, E., 1991, Das Problem der Individualität in Fichtes früher Ethik und Rechtslehre. In: Fichte-Studien, Bd. 3: Sozialphilosophie, Amsterdam/ Atlanta, 29–50.

Düsing, E., 1997, Individuelle und soziale Bildung der Ich-Identität. Fichtes Konzeption im Horizont moderner Alternativen. In: Fichte-Studien, Bd. 11: Beiträge zur Geschichte und Systematik der Transzendentalphilosophie, Amsterdam/ Atlanta, 113–132.

Kemmerling, A., 1996, *Ideen des Ichs. Studien zu Descartes' Philosophie*, Frankfurt/M.

Kottmann, R., 1998, Leiblichkeit und Wille in Fichtes „Wissenschaftslehre nova methodo", Münster.

Meyer-Drawe, K., 1995, Mit der Präzision eines Uhrwerks denken: René Descartes. In: *Acta Comeniana* 11, 47–59.

Mohr, G., 1988, Vom Ich zur Person. Die Identität des Subjekts bei Peter F. Strawson. In: Frank, M. u. a. (Hg.), *Die Frage nach dem Subjekt*, Frankfurt/M., 29–84.

Mohr, G., 2000a, Descartes über Selbstbewußtsein und Personen. In: Linneweber-Lammerskitten. H./ Mohr, G. (Hg.), *Interpretation und Argument*, Würzburg (im Druck).

Mohr, G., 2000b, Der Begriff der Person bei Kant, Fichte und Hegel. In: Sturma, D. (Hg.), Person, Paderborn (im Druck).

Perler, D., 1998, *René Descartes*, München.

Perrinjaquet, A., 1991, Individuum und Gesellschaft in der WL zwischen 1796 und 1800. In: Fichte-Studien, Bd. 3: Sozialphilosophie, Amsterdam/ Atlanta, 7–28.

Rohs, P., 1991, Johann Gottlieb Fichte, München.

Schütt, H.-P., 1990, *Substanzen, Subjekte und Personen. Eine Studie zum Cartesischen Dualismus*, Heidelberg.

Siep, L., 1993, Leiblichkeit bei Fichte. In: Held, K./ Hennigfeld, J. (Hg.), Kategorien der Existenz. Festschrift für Wolfgang Janke, Würzburg, 107–120.

Soller, A. K., 1994, Die Unbegreiflichkeit der Wechselwirkung der Geister. Das Problem einer 'Interpersonalitätslehre' bei Fichte. In: Fichte-Studien, Bd. 6: Realität und Gewißheit, Amsterdam/ Atlanta, 215–227.

Strawson, P. F., 1959, *Individuals. An Essay in Descriptive Metaphysics*, London.

Strawson, P. F., 1966, Self, Mind and Body. In: Strawson, P. F., *Freedom and Resentment and other Essays*, London 1974, 169–177.

Weischedel, W., 1973 (1. Aufl. 1939), Der frühe Fichte. Aufbruch der Freiheit zur Gemeinschaft, Stuttgart/ Bad Cannstatt.

Wilson, M. D., 1993, *Descartes*, (1ˢᵗ ed. 1978), London.

Zhixue, Liang, 1991, Interpersonalität beim jungen Fichte. In: Fichte-Studien, Bd. 3: Sozialphilosophie, Amsterdam/ Atlanta, 219–229.

Merleau-Pontys Phänomenologie des Leibes.
Bemerkungen zum theoretischen Selbstverständnis der Analyse des leiblichen Verhaltens in der *Phänomenologie der Wahrnehmung*

Karl Mertens

Im Zentrum von Merleau-Pontys *Phänomenologie der Wahrnehmung* steht die Untersuchung des leiblichen Verhaltens. Seine Überlegungen zu einer Phänomenologie des Leibes entwickelt Merleau-Ponty im Rahmen einer methodischen Diskussion der philosophischen Reflexion, die verdeutlicht, welchen theoretischen Anspruch die phänomenologische Analyse des leiblichen Verhaltens erhebt. Die folgenden Überlegungen werden sich ausschließlich mit dem hier entfalteten theoretischen Selbstverständnis einer Phänomenologie des Leibes beschäftigen. Im ersten Teil soll zunächst ein Begründungszusammenhang skizziert werden, der die Beziehungen einiger zentraler Begriffe in Merleau-Pontys *Phänomenologie der Wahrnehmung* herauszuarbeiten versucht. Dabei wird eine Argumentation rekonstruiert, die strukturelle Ähnlichkeiten mit dem in der analytischen Philosophie seit Ende der fünfziger Jahre diskutierten Typ sogenannter transzendentaler Argumente aufweist und an dem der methodische Anspruch der phänomenologischen Untersuchung gemessen werden kann. Im zweiten Teil soll gezeigt werden, daß für das Verständnis von Merleau-Pontys philosophischem Unternehmen vor allem die Merkmale erhellend sind, durch die sich der Begründungszusammenhang der *Phänomenologie der Wahrnehmung* zumindest vom Verständnis transzendentaler Argumente als Antiskeptikerargumente unterscheidet. In kritischer Absetzung von dieser Interpretation transzendentaler Argumente läßt sich vor allem zweierlei deutlich machen: Erstens ist Merleau-Ponty aus sachlichen und methodischen Gründen sowohl zu einer grundlegenden Revision transzendentaler Begründungsansprüche als auch des dort skizzierten Begründungsganges gezwungen; zweitens hält er - wenn auch modifiziert - am Anspruch auf die Möglichkeit einer philosophischen Begründung fest. Beide Behauptungen können sich auf das von Merleau-Ponty angesetzte Verhältnis zwischen Situation und Handlung berufen, das für das Verständnis von Merleau-Pontys Phänomenologie des Leibes von zentraler Bedeutung ist.

1. Der systematische Ort der Auseinandersetzung mit dem leiblichen
   Verhalten in der *Phänomenologie der Wahrnehmung* –
   Skizze eines Begründungszusammenhangs

Obwohl Merleau-Pontys Schriften thematisch weit gefächert sind, liegt ihr Schwerpunkt in der Analyse der Wahrnehmung.[1] Ganz unbestritten gilt dies für die *Phänomenologie der Wahrnehmung*. Titel und Inhalt weisen diese Arbeit als eine philosophische Theorie der Wahrnehmung aus. Strukturell ist in einer Wahrnehmungstheorie die Wahrnehmung das Zu-Erklärende. Ihr spezifisches Profil, durch das sie sich von konkurrierenden Theorien unterscheidet, gewinnt sie daher erst über die Art und Weise, wie das Thema der Wahrnehmung entfaltet und analysiert wird. Der gedankliche Mittelpunkt, um den die Wahrnehmungsanalysen Merleau-Pontys kreisen, ist zweifellos der Leib.[2] Thematisch wird dieser nicht als eine näher zu bestimmende Enti-

---

1 Métraux 1986, 218 f.

2 Wie im Französischen umfaßt der Begriff des Körpers auch im Deutschen eine Differenzierung, die durch entsprechende Attribuierungen zum Ausdruck gebracht werden kann. Vom materiellen oder physischen Körper ist der lebendige Körper zu unterscheiden. Die entsprechenden französischen Begriffe lauten bei Merleau-Ponty etwa 'corps physical' oder 'corps objectif' für den materiellen Köper, das Körperding (PP 86/96, 493/490); zur Bezeichnung des lebendigen Körpers verwendet er Begriffe wie 'corps vivant' (SC 169/179; PP 68/79), 'corps propre' (PP 86/96), 'corps fonctionel' oder 'corps phénoménal' (SC 169/179; PP 493/491 f.). Siehe hierzu Meyer-Drawe 1984, 146. Im Deutschen können wir in bezug auf die zweite Begriffsreihe sowohl vom lebendigen (ggf. auch eigenen, fungierenden, phänomenalen) Körper wie auch Leib sprechen - oder, worauf es hier ankommt, schlicht vom

tät, sondern als fungierender Leib. Dementsprechend beruht die Bestimmtheit der Wahrnehmung nach Merleau-Ponty auf den konstitutiven Leistungen der leiblichen Tätigkeit eines „Ich kann", wie er gelegentlich mit Husserl formuliert.[3] Freilich ist diese Formulierung irritierend, denn das „Ich kann" des leiblichen Vermögens ist nicht zu verstehen als das Vermögen eines seiner selbst bewußten Ichs, das als leiblich verfaßtes Wesen darum weiß, daß es in seinem Tätigsein einen Leib als Mittel gebrauchen kann. Es ist vielmehr ein vorbewußtes, vorichliches Können des Leibes, das Merleau-Ponty in einer eigentümlichen Intentionalität des - die Wahrnehmung ermöglichenden und strukturierenden - leiblichen Verhaltens verankert. Als ein eigentümliches intentionales Geschehen hat das leibliche Verhalten einen Sinn, ist es sinnhaft.[4] Merleau-Pontys Begriff des Verhaltens läßt sich daher auch nicht, einer gängigen Auffassung entsprechend, als bloßes - und insofern sinnloses - Verhalten einem durch seinen Sinn ausgezeichneten Handeln entgegensetzen. Begriffe wie *Verhalten, Handeln* oder *Tätigkeit* bezeichnen je sinnhafte Gebilde und sind zunächst noch gar nicht voneinander abzugrenzen. Ihre Ausdifferenzierung wird in einem Merleau-Ponty folgenden Philosophieren erst möglich auf der Basis eines solchen weiten Begriffs sinnhaften Tätigseins.[5]

Seinen Sinn hat das leibliche Verhalten aufgrund seiner Situiertheit. Die Situation ist an der Sinnbildung der Intentionalität des leiblichen Verhaltens beteiligt, da sie selbst sinnhaft ist. Sinnhaftigkeit des leiblichen Verhaltens ist nicht das Produkt einer spezifisch intellektuellen Sinnstiftung. Die Koppe-

---

Leib. Dementsprechend läßt sich der Gegensatz, den Merleau-Ponty nur mit Hilfe der genannten Zusatzbestimmungen anzusprechen vermag, in der deutschen Sprache terminologisch auch als Opposition zwischen bloßem Körper und Leib fassen. Im folgenden werde ich dem in der deutschen Literatur zu Merleau-Ponty üblichen Begriffsgebrauch folgen und in bezug auf die zweite Begriffsreihe durchgängig den Begriff des Leibes verwenden.

3 Vgl. etwa PP 160/166.

4 Merleau-Ponty verweist auf die mit diesem Sinnbegriff gekoppelte Wandlung im Verständnis des Unmittelbaren: „unmittelbar ist nicht mehr die Impression, das mit dem Subjekt zusammenfallende Objekt, sondern der Sinn, die Struktur, der spontane Zusammenhang der Teile." (PP 70/82) - Zur Kritik der mit Merleau-Pontys Konzeption verknüpften Ausweitung des Sinnbegriffes vgl. Métraux 1986, bes. 230 ff.

5 Die Begriffe *Handeln, Verhalten, Tätigsein* usw. sind im folgenden in diesem weiten unspezifischen Sinne zu verstehen.

lung von Situativität und Sinnhaftigkeit läßt sich in beiden Richtungen lesen. So erweist sich für Merleau-Ponty die Situation leiblichen Verhaltens ebenso als die Quelle eines eigentümlichen Sinnes, der in den Wahrnehmungssinn eingeht, wie die Situation eines Leibwesens in seinem sinnhaften Verhalten begründet ist. Sinn und Situation sind korrelative Begriffe. Situationen sind sinnhaft und Sinn ist situiert.

Das Phänomen der Wahrnehmung ist demnach zurückzuführen auf seine Konstitution in einem leiblichen Verhalten in einer konkreten Situation. Auf allen Ebenen lassen sich dabei sinnhafte Strukturen und Gestalten enthüllen und analysieren. - Die Wahrnehmung bestimmt nun ihrerseits wiederum Möglichkeiten des Tätigseins. Als handelndes hat das leiblich verfaßte Wesen eine Welt. Es ist interessiert an Dingen und an Anderen, mit denen es umgeht und sich auseinandersetzt. Diese Struktur bezeichnet Merleau-Ponty als *être au monde*, *Zur-Welt-sein*.[6] Ähnlich wie Heidegger das In-der-Welt-sein als Struktur des Daseins versteht, bestimmt Merleau-Ponty das Zur-Welt-sein als Existenz des Menschen.[7] Interessant ist dabei jedoch die cha-

---

6 Die soziale Akzentuierung des Zur-Welt-seins wird in Merleau-Pontys *Phänomenologie der Wahrnehmung* freilich erst allmählich entfaltet (vgl. bes. PP 398 ff./397 ff.). In dieser Hinsicht bestätigt sich die mit Recht gegenüber der *Phänomenologie der Wahrnehmung* vorgebrachte Kritik, Merleau-Ponty konzipiere in seinem Frühwerk eine Philosophie, die den bewußtseins- und subjektivitätstheoretischen Standpunkt noch nicht gänzlich überwunden habe (vgl. z. B. Waldenfels 1983, 148; Meyer-Drawe 1984, 139). Die hier gegebene Darstellung, die das Haben der Welt zugleich als ein Haben einer gemeinsamen Welt versteht, weicht im Sinne einer sachlichen Rekonstruktion des in der *Phänomenologie der Wahrnehmung* angelegten Begründungszusammenhangs von Merleau-Pontys eigenen Ausführungen ab, in denen noch deutlich der Primat einer eigenheitlich verstandenen Wahrnehmung zu bemerken ist. Sie kann sich freilich auf Tendenzen berufen, die in Merleau-Pontys *Phänomenologie der Wahrnehmung* selbst angelegt sind. Regula Giuliani verdanke ich den Hinweis darauf, daß insbesondere in Merleau-Pontys Analysen pathologischer Strukturen faktisch die eigenheitliche Perspektive bereits überwunden ist. Darüber hinaus spielt das Problem einer geteilten Erfahrung in der Kritik der reflexiven Analyse im programmatischen Vorwort der *Phänomenologie der Wahrnehmung* eine wichtige Rolle. Auf alle Fälle aber ist im Spätwerk Merleau-Pontys die Einseitigkeit des Frühwerkes überwunden.

7 Vgl. PP V/7: „l'homme est au monde"/ „der Mensch ist zur Welt" - d. h. der Mensch ist kein isoliertes weltloses Subjekt, sondern wesentlich durch Welthabe bestimmt. Der Sache nach knüpfen Heidegger und Merleau-Ponty mit den Begriffen des In-der-Welt-seins und Zur-Welt-seins an die Husserlsche Bestimmung des Bewußtseins durch seine Intentionalität an; allerdings geben beide Husserls Gedanken der Intentionalität eine neue Grundierung, mit

rakteristische Abweichung, in der Merleau-Ponty mit dem Begriff des être au monde an Heideggers In-der-Welt-sein anknüpft. Denn dadurch, daß „au monde" grammatisch als Dativ zu verstehen ist, erhält das être au monde als Bestimmung der Welthaftigkeit des leiblich verfaßten Wesens den Sinn einer „'Hingebung' ... an die Welt" und entspricht dem Phänomen, das Heidegger als „Aufgehen in der Welt" und schließlich als „Verfallen" charakterisiert.[8] Merleau-Pontys Zur-Welt-sein entspricht folglich Heideggers alltäglichem In-der-Welt-sein. Während jedoch Heidegger in *Sein und Zeit* die alltägliche Welthabe als uneigentliche Existenz in der eigentlichen Existenz fundiert, streicht Merleau-Ponty diese Zurückführung des alltäglichen In-der-Welt-seins auf eine Sphäre der Eigentlichkeit. Merleau-Pontys être au monde ist im Unterschied zu Heideggers alltäglichem In-der-Welt-sein gerade nicht als uneigentlicher Modus eines eigentlichen In-der-Welt-seins aufzufassen. Dadurch vermeidet Merleau-Ponty die Konsequenz der Heideggerschen Analyse der Eigentlichkeit, die aus dem Feld der praktischen Erfahrung im Umgang mit den Dingen und im Mitsein mit Anderen gerade hinausführt.[9] Statt dessen begründet Merleau-Ponty das Zur-Welt-sein in der Situation des leiblichen Verhaltens eines genuin praktisch interessierten Subjektes.[10] Aufgrund dieser modifizierenden, exklusiv am alltäglichen In-der-Welt-sein orientierten Anknüpfung an Heidegger bleiben die Analysen der *Phänomenologie der Wahrnehmung* durchgängig auf die Erfahrung unseres alltäglichen Tätigseins bezogen.

Dementsprechend läßt sich der folgende Begründungszusammenhang herausstellen: Erfahrung als praktisch interessiertes Haben einer Welt und Mitsein mit Anderen wird auf das konkrete Handeln und Verhalten leiblich ver-

---

der sie - zumindest tendenziell - den bewußtseinsphilosophischen Kontext verlassen. Zum Begriff der Existenz (existence) als Grund unseres Weltverstehens vgl. PP III/5.

8 Siehe die Anm. d des Übersetzers Boehm in PP 7.

9 Vgl. etwa die Abkehr vom Verfallen an das zuhandene Zeug in der eigentlichen Existenz sowie die Kritik am Aufgehen im Man in der Selbstauslegung des Daseins, wie sie im 'existenzialen Entwurf eines eigentlichen Seins zum Tode' zum Ausdruck kommt (vgl. SZ § 53, bes. S. 266).

10 Vgl. dazu etwa PP 93/102 f. Die Probleme, die sich hier für die Darstellung des Begründungszusammenhangs der Phänomenologie der Wahrnehmung ergeben, sollen weiter unten (unter 2.4.) erörtert werden.

faßter Wesen und dieses wiederum auf die Wahrnehmung zurückgeführt, die ihrerseits auf einem in einer konkreten Situation verankerten leiblichen Verhalten beruht. Die *Phänomenologie der Wahrnehmung* ist demnach in beiden Richtungen eingebettet in eine Auseinandersetzung mit dem leiblichen Tätigsein. Das Verhalten eines situierten Leibwesens begründet den Wahrnehmungssinn, auf dem seinerseits wieder Möglichkeiten eines sinnhaften, die Erfahrung bestimmenden, leiblichen Handelns beruhen. Das Tätigsein leiblich verfaßter Wesen erweist sich somit als Ausgangs- und Endpunkt der Analysen Merleau-Pontys. Im Durchgang durch eine Philosophie des Leibes entfalten sich die Wahrnehmungsanalysen bei Merleau-Ponty letztlich als eine Phänomenologie des Handelns.

Mit Hilfe dieser Skizze läßt sich der Begründungszusammenhang von Merleau-Pontys *Phänomenologie der Wahrnehmung* als Versuch verstehen, die Bedingungen der Möglichkeit von Erfahrung zu entfalten. Ausgehend von einem Begriff von Erfahrung als einer praktisch engagierten Welthabe, werden deren Bedingungen in der Situativität des leiblichen Verhaltens entwickelt.[11] Dieser gedankliche Zusammenhang des 1945 veröffentlichten Werkes kann strukturell mit dem Typus der transzendentalen Argumentation verglichen werden, wie er im Kontext der analytischen Philosophie seit Strawsons 1959 erschienenem Buch *Individuals* diskutiert wird.[12] - Zentrales

---

11 Zu dieser Gleichsetzung von Erfahrung und Zur-Welt-sein vgl. Schröder 1974, 138: „Erfahrung ist bei Merleau-Ponty nur ein anderer Ausdruck für das leibhafte Zur-Welt-Sein des Menschen ...".

12 Eine solche Interpretation kann sich etwa auf Taylor (1986, bes. 214; vgl. insges. 213 f. u. 201 f.) berufen (vgl. dazu auch im folgenden Anm. 19 und 21). Vgl. außerdem die Ausführungen von Dwyer (1990, 2 ff.) zu Merleau-Pontys Präsuppositionsargument als einem transzendentalen Argument (siehe auch Anm. 21) sowie die Überlegungen von Métraux (1986, 223 ff.) zur transzendentalen Problematik bei Merleau-Ponty (vgl. Anm. 21). Taylors Behauptung, „Kant (sei) mit *seinen* transzendentalen Argumenten" das „große Vorbild" dieses Argumentationstyps (ders. 1986, 214; Herv. v. mir), ist freilich zu widersprechen. Kant spricht nirgends von transzendentalen Argumenten und auch der Sache nach dürfte der Versuch einer direkten Anbindung der sog. transzendentalen Argumentationsform an Kants kritische Philosophie nicht ohne erhebliche interpretatorische Gewalttaten auskommen. Es handelt sich bei der Diskussion transzendentaler Argumente vielmehr um eine produktive Weiterführung von Kantischen Ideen in einem wesentlich verwandelten philosophischen Kontext.

Thema der Diskussion sog. transzendentaler Argumente ist der Versuch, unter der Voraussetzung des 'linguistic turn' den Rahmen der apriorischen Erkenntnisbedingungen zu reformulieren, den Kant im 'System aller Grundsätze des reinen Verstandes' zu fassen versucht hat. Drei Merkmale sind für dieses Unternehmen konstitutiv:

Erstens rekonstruieren transzendentale Argumente die Kantische Transzendentalphilosophie im Sinne des von Kant in den *Prolegomena* skizzierten *regressiv-analytischen Verfahrens*. Die analytische Methode fragt nach den Bedingungen der Möglichkeit eines tatsächlich Gegebenen.[13] Als ein solcher Ausgangspunkt fungiert im Zusammenhang transzendentaler Argumente der Begriff der Erfahrung. So wie Kants Transzendentalphilosophie als Erfahrungstheorie verstanden werden kann, die im Ausgang von einem Begriff der Erfahrung deren apriorische Voraussetzungen expliziert,[14] versuchen transzendentale Argumente notwendige Bedingungen der Erfahrung zu entwickeln.

Zweitens handelt es sich um eine sprachanalytische Transformation der von Kant aufgewiesenen apriorischen Erkenntnisbedingungen. Transzendentale Argumente reformulieren das Kantische Apriori als einen näher zu bestimmenden *Begriffsrahmen*, als fundamentale Strukturen der als sprachlicher Zusammenhang verstandenen Erfahrung.[15]

Drittens versuchen transzendentale Argumente zu zeigen, daß dieser Begriffsrahmen *unhintergehbar, alternativlos* ist. D. h. bei der Einsicht in die notwendigen Bedingungen der Erfahrung handelt es sich um ein schlechthin skepsisresistentes Wissen. Der hier aufgewiesene Begriffsrahmen kann von einem Skeptiker nicht mehr sinnvoll in Frage gestellt werden, da dieser von jenem explizit oder implizit bereits Gebrauch machen muß, um seine Skepsis überhaupt formulieren zu können.[16]

---

13 Prol., 276 Anm. 274 f.

14 Ein solches Verständnis der Kantischen Theorie deckt sich nur partiell mit dem Selbstverständnis von Kants Transzendentalphilosophie als Metaphysikkritik.

15 So hat etwa die von Strawson ins Auge gefaßte „deskriptive Metaphysik" die Absicht, „... die allgemeinsten Grundzüge unserer begrifflichen Strukturen freizulegen ..." (Strawson 1959, 9).

16 Vgl. Stroud 1968, 351.

Wendet man dieses Interpretationsschema auf den Begründungszusammenhang der *Phänomenologie der Wahrnehmung* an, dann muß selbstverständlich die sprachanalytische durch eine phänomenologische Akzentuierung des argumentativen Zusammenhangs ersetzt werden. Nicht ein begriffliches Bedingungsgefüge, sondern ein Fundierungszusammenhang, der konstitutive Leistungen vorprädikativer Erfahrungsschichten mit einschließt, wird hier expliziert.[17] Doch unter dieser Voraussetzung scheint es um einen regressiv-analytischen Zusammenhang zu gehen, der im Ausgang von dem skizzierten Verständnis der Erfahrung im Sinne des *être au monde* deren unhintergehbare Bedingungen im situativen leiblichen Verhalten ausweist.

Merleau-Ponty hat gelegentlich selbst eine solche Interpretation nahegelegt. Es muß jedoch ernst genommen werden, daß er seine Verweise auf eine transzendentalphilosophische Begründung der Erfahrung stets durch die Betonung der unaufhebbaren Faktizität und Situativität der philosophischen Analyse ergänzt, auf die es ihm offensichtlich vor allem ankommt.[18]

2. Der theoretische Anspruch der Analyse des leiblichen Verhaltens

Um das phänomenologische Selbstverständnis Merleau-Pontys durch einen Vergleich mit dem skizzierten Typ transzendentaler Argumente genauer zu konturieren, sollen im folgenden fünf Probleme diskutiert werden. Im ersten Abschnitt ist zunächst der bislang dargelegte Begründungszusammenhang durch einen zweiten argumentativen Zusammenhang zu ergänzen (2.1.). Die beiden folgenden Abschnitte befassen sich mit dem Geltungsanspruch der nunmehr zweifachen Argumentation; dieser soll sowohl in bezug auf die Ausgangspunkte (2.2.) als auch hinsichtlich der argumentativ aufgewiesenen Bedingung der situierten leiblichen Tätigkeit (2.3.) erörtert werden. Die Reflexion auf den theoretischen Status der philosophischen Begründung macht dann eine erneute Besinnung auf das Verständnis des von Merleau-Ponty

---

17 Hier spielt die „fungierende Intentionalität" einer vorprädikativen Erfahrung eine wichtige Rolle (vgl. mit Bezug auf Husserl PP XIII/15). Allerdings berücksichtigt Merleau-Ponty in seiner Auseinandersetzung mit der Sprache auch die konstitutive Rolle der prädikativen Erfahrung (bes. PP 203 ff./207 ff.).

18 Vgl. insges. etwa PP 73 ff./ 84 ff.

dargelegten Begründungszusammenhangs erforderlich (2.4.). Vor dem Hintergrund dieser Überlegungen soll abschließend die Methode der von Merleau-Ponty angedeuteten Begründung der Erfahrung als eine Hermeneutik der Erfahrung charakterisiert werden (2.5.).

2.1. Ein zweiter Begründungszusammenhang in der Phänomenologie der Wahrnehmung

Im ersten Teil wurde der Versuch unternommen, den entscheidenden argumentativen Zusammenhang der *Phänomenologie der Wahrnehmung* darin zu sehen, daß die praktisch interessierte Welterfahrung auf die Sinngestaltung eines situierten leiblichen Tätigseins zurückgeführt wird. Die um die Strukturierung des Wahrnehmungsfeldes kreisenden Überlegungen Merleau-Pontys thematisieren danach das situative Handeln zweifach - als Voraussetzung der Wahrnehmung und als ein seinerseits die Wahrnehmung voraussetzendes Phänomen.[19] Dem von Merleau-Ponty entfalteten Verständnis des Zur-Welt-seins eignet jedoch angesichts der Dominanz intellektualistischer und - wie Merleau-Ponty die Opposition meistens formuliert - empiristischer Konzeptionen der Welterfassung eines Subjektes keine wissenschaftliche Selbstverständlichkeit.[20] Daher ist der Ausgang der Analyse mit dem être au monde

---

19 Ich schließe mich damit im Kern Taylors Interpretation des argumentativen Zusammenhangs an (z. B. Taylor 1986, 213). Die im Zentrum von Taylors Rekonstruktion des Begründungsganges stehende Trias von leiblichem Verhalten, Wahrnehmungsfeld und Welthabe wurde im vorigen lediglich im Sinne einer expliziten Hervorhebung der Bedeutung der Situation und der Tätigkeit des leiblich verfaßten Wesens für das Zustandekommen der Erfahrung akzentuiert. Zur Verdeutlichung vgl. die kursiv notierten Ergänzungen zur Taylorschen Trias: *Situation* - leibliches Verhalten bzw. Handeln - Wahrnehmung(sfeld) - *Verhalten bzw. Handeln* - Erfahrung (Welthabe).

20 Zu erwarten wäre hier die Gegenüberstellung von Empirismus und Rationalismus bzw. Sensualismus und Intellektualismus. Im gleichen Sinne verwendet Merleau-Ponty gelegentlich auch die Begriffe Naturalismus oder Behaviorismus, die er gegenüber Kritizismus oder Psychismus abgrenzt. Der Sache nach geht es bei den genannten und weiteren Oppositionspaaren wie Materialismus und Idealismus etc. um die plakative Kennzeichnung von zwei Extremen eines wissenschaftlichen Erfahrungsbegriffes. Diese zeichnen sich dadurch aus, daß sie den Horizont möglicher Erfahrungskonzepte im Sinne der exklusiven Alternative zwischen der Erfahrung als Resultat eines blinden Mechanismus einerseits und körperloser rein geistiger Leistungen andererseits aufspannen.

eigens zu begründen. Dies geschieht in einem zweiten von Merleau-Ponty ausgeführten regressiv-analytischen Argument, welches von den wissenschaftlich miteinander konkurrierenden empiristischen und rationalistischen Auffassungen ausgeht. In einer Kritik der beiden Gegenpositionen führt Merleau-Ponty die wissenschaftlichen Selbstverständlichkeiten der psychologischen Diskussion in ihren aporetischen Gehalten vor und zeigt, daß die empiristischen und rationalistischen Konzeptionen in ihrem Erfahrungsverständnis - freilich ohne daß dies explizit zur Sprache kommt - die Erfahrung bereits im Sinne des Zur-Welt-seins in Anspruch nehmen. Auf diese Weise soll begründet werden, warum das Zur-Welt-sein als Ausgang der transzendentalen Analyse fungieren kann.[21]

2.2. Der theoretische Geltungsanspruch hinsichtlich der Ausgangspunkte der Argumentation

Sowohl die Zurückführung wissenschaftlicher Auffassungen auf das être au monde als auch die Aufdeckung des situativen leiblichen Verhaltens als Bedingung des Zur-Welt-seins ist von der prinzipiellen Schwäche des analyti-

---

21 Vgl. dazu etwa PP 76 f./87 f. Mit diesem Begründungsweg hat sich Métraux kritisch auseinandergesetzt (vgl. 1986, 223 f.; 228 ff.). - Es widerspricht nicht dem dargelegten Versuch einer Rekonstruktion, sondern bestätigt gerade seinen Charakter als Rekonstruktion, wenn bei Merleau-Ponty die beiden hier herausgestellten analytisch-regressiven Argumente keineswegs immer deutlich voneinander getrennt sind und häufig - wenn überhaupt - eher der Eindruck eines einzigen Fundierungszusammenhangs entstehen mag. Es bietet sich dementsprechend auch interpretatorischer Spielraum. Taylor (1986) konzentriert sich im wesentlichen auf das erste Argument, den Aufweis der Bedingungen für eine Welthabe, während bei Métraux (1986) sich in nuce der zweite regressive Zusammenhang findet. Dwyer (1990) geht in seiner Rekonstruktion von einem objektivistischen Verständnis des Körpers aus, um die von Merleau-Ponty aufgewiesene Struktur des Leibes in ihrer begründenden Funktion herauszuarbeiten. Damit fokussiert Dwyer die Auseinandersetzung auf *einen* Aspekt, wenngleich einen entscheidenden, der Auseinandersetzung mit dem Problem der Erfahrung. Der Vorschlag eines doppelten regressiv-analytischen Argumentes scheint mir den Vorteil einer Rekonstruktion zu bieten, die ihrerseits die skizzierten Interpretationsspielräume besser verständlich machen kann.

schen Verfahrens betroffen.[22] Die Geltung der regressiv aufgewiesenen Bedingungen ist nämlich abhängig von der Unbestreitbarkeit des vorausgesetzten Faktums. Analytisch können zwar bestimmte Bedingungen als Bedingungen der Möglichkeit faktischer Erkenntnisse oder eines faktischen Verständnisses der Erfahrung entwickelt werden. Die vorausgesetzte Gegebenheit kann jedoch im regressiven Begründungszusammenhang selbst nicht mehr gegen ihre mögliche Infragestellung abgesichert werden; wird sie bestritten, werden auch ihre notwendigen Bedingungen zweifelhaft und der ganze Argumentationszusammenhang muß dahingestellt bleiben.[23]

Nun ist das von Merleau-Ponty entwickelte Verständnis der Erfahrung als praktisch engagiertes Zur-Welt-sein keineswegs alternativlos. Es konkurriert insbesondere mit den intellektualistischen und empiristischen Erfahrungsbegriffen, wie sie in der Merleau-Ponty gegenwärtigen Psychologie vertreten werden. Die Erfahrung im Sinne der Welthabe eines praktisch engagierten Wesens ist daher offenbar kein unbestreitbarer Ausgangspunkt der transzendentalen Rückfrage. Doch auch der Versuch, die Fraglichkeit des Erfahrungsbegriffes, von dem Merleau-Ponty ausgeht, durch einen zweiten regressiv-analytischen Zusammenhang abzusichern, in dem gerade diese psychologischen Theorien als Ausgangspunkt der Argumentation genommen werden, vermag den skizzierten Mangel nicht zu überwinden. Denn die auf die psychologische Wissenschaft zur Zeit Merleau-Pontys gemünzte Kritik wird in dem Moment gegenstandslos, in dem diese Theorien im Fortgang der wissenschaftlichen Entwicklung aufgegeben werden. Die Fraglosigkeit des Faktums bestimmter Wissenschaften scheitert demnach schon am schlichten Fortschritt der empirischen Wissenschaften. Das von Merleau-Ponty entwickelte Argument steht und fällt mit dem mehr oder weniger kontingenten Stand der wissenschaftlichen Entwicklung.[24] So erweisen sich beide regressiven Argumente als unzureichend, da ihr Ausgangspunkt jeweils kritisierbar ist.

---

22 Die folgende Darstellung der Grundproblematik der analytischen Methode geht auf Claesges (1984, 100 ff.) zurück. Vgl. zur Problematik des analytischen Verfahrens auch die folgende Anmerkung.

23 Zur Kritik des analytischen Verfahrens vgl. auch Bittner 1974, 1528 ff.; Aschenberg 1978, 336; Baum 1979, bes. 7 f.; Schönrich 1981, 195 ff.; Aschenberg 1984, 57 f.

24 Zur Andeutung dieses Typs der Kritik vgl. Métraux 1986, 229.

Diese Beurteilung argumentativer Schwächen und Stärken im Rekurs auf die Frage nach der Unbestreitbarkeit des Faktums, von dem die Analyse ausgeht, entstammt jedoch einem der *Phänomenologie der Wahrnehmung* fremden Denken. Merleau-Ponty gesteht die Bindung der von ihm durchgeführten Untersuchung an eine prinzipiell überholbare Faktizität des Ausgangspunktes ausdrücklich zu. Damit unterläuft er jedoch nicht den von ihm selbst erhobenen philosophischen Geltungsanspruch. An die Stelle einer Ermittlung von Bedingungen der Möglichkeit tritt bei ihm vielmehr die Aufgabe, Bedingungen der Wirklichkeit aufzuweisen.[25] Und das bedeutet: Der Ausgang seiner Analysen ist wesentlich an eine faktische und kontingente Situation gebunden und dementsprechend prinzipiell nicht gegenüber alternativen Ansätzen abzusichern.

Merleau-Ponty geht es in seiner Kritik der zeitgenössischen Psychologie demnach keineswegs um die Wahl eines unbestreitbaren Ausgangspunktes für ein analytisch-regressives Argument. Vielmehr gilt sein Interesse dem Versuch, das von ihm explizierte Verständnis des être au monde als Ansatz der transzendentalen Rückfrage plausibel zu machen. Die Berechtigung, phänomenologisch mit einer praktisch interessierten Erfahrung zu beginnen, ist jedoch von der Haltbarkeit der Auseinandersetzung mit bestimmten psychologischen Positionen unabhängig. Erstens wird das philosophische Unternehmen Merleau-Pontys nicht schon dadurch in Frage gestellt, daß sich der Bezugspunkt seiner Kritik in der Entwicklung der Psychologie der Wahrnehmung selbst als wissenschaftlich überholbar oder sogar schon überholt und insofern als historisch erweist. Das Gelingen von Merleau-Pontys Philosophie ist zweitens nicht einmal von der Angemessenheit der Darstellung und Kritik der von ihr thematisierten psychologischen Wahrnehmungstheorien abhängig, da philosophische und erfahrungswissenschaftliche Theorien in keinem direkten Konkurrenzverhältnis zueinander stehen.[26] Das

25 Vgl. etwa Merleau-Pontys kritische Bemerkung zur Einseitigkeit und Unangemessenheit der „Methode des 'Ohne was nicht'" („la méthode du 'ce sans quoi'"), die dem klassischen Verständnis eines regressiv-analytischen Begründungstyps entspricht. Nach Merleau-Ponty läßt dieses Verfahren als Frage nach den Bedingungen der Möglichkeit das Problem der Bedingungen der Wirklichkeit außer Acht (PP 501/498; vgl. 506/503).
26 Nach Métraux lassen sich philosophische Ansätze ebensowenig gegen realwissenschaftliche wie gegen andere philosophische Konzeptionen ausspielen, da philosophische Theorien

von Merleau-Ponty entwickelte Verständnis des Zur-Welt-seins impliziert keine wissenschaftliche These über die erfahrene Wirklichkeit; in der Analyse des Zur-Welt-seins expliziert Merleau-Ponty vielmehr den Sinn unserer vorwissenschaftlichen Erfahrung. Dementsprechend ist diese gegenüber einer Kritik durch empirische Einzelwissenschaften ebenso wie die wissenschaftlichen Auffassungen gegenüber einer phänomenologischen Kritik letztlich immun.[27] Aus diesem Grunde aber läßt sich drittens der Ausgangspunkt des in der *Phänomenologie der Wahrnehmung* entscheidenden Begründungszusammenhangs, der das Zur-Welt-sein auf das situierte leibliche Verhalten zurückführt, grundsätzlich auch auf anderen Wegen als dem einer kritischen Analyse einzelwissenschaftlicher Forschung gewinnen. Dies verdeutlicht nicht zuletzt die Bestimmung verwandter Erfahrungsbegriffe in anders begründeten philosophischen Konzepten. So entfaltet etwa Ryle unabhängig von einer Auseinandersetzung mit realwissenschaftlichen Positionen in seinem ebenfalls 1949 erschienenen Buch *The Concept of Mind* im Rahmen der methodischen Orientierung einer *ordinary language philosophy* einen mit Merleau-Ponty in wichtigen Hinsichten durchaus vergleichbaren Erfahrungsbegriff. Ryle kritisiert den Intellektualismus in Gestalt des sog. cartesischen Mythos,[28] ohne deshalb auf eine physikalistische Welterklärung zu zielen.[29] Außerhalb der im engeren und weiteren Sinne philosophischen Dis-

---

nicht wie realwissenschaftliche miteinander bzw. mit empirischen Theorien konkurrieren (Métraux 1986, 228 f.).

27 Das Recht einer phänomenologischen Sichtweise wird immer wieder gegen eine ebenso selbstverständliche wie phänomenal unangemessene Verwissenschaftlichung unserer Erfahrung betont - man denke etwa an Ernst Mach oder Edmund Husserl. So sehen wir beispielsweise nicht umgekehrte Bilder auf der Retina, sondern Dinge; wir empfinden nicht Molekularbewegung, sondern Wärme oder Kälte usw. Umgekehrt hebt die phänomenologische Perspektive ihrerseits nicht die Berechtigung wissenschaftlicher Erklärungen unserer Erfahrung auf. Der phänomenologische Versuch einer Aufklärung unseres Selbstverständnisses und die wissenschaftliche Erklärung unserer phänomenalen Erfahrung bieten zwei voneinander wesentlich verschiedene Thematisierungen unserer Erfahrung.

28 Vgl. bes. CM I, S. 7 ff.

29 Vgl. z. B. CM III/5, S. 97 ff. Hinzuweisen wäre nicht zuletzt auch auf die Verwandtschaft der Überlegungen Merleau-Pontys zu anderen Ansätzen im Umkreis der phänomenologischen Philosophie. Oben wurde bereits die Nähe zwischen Merleau-Pontys Zur-Welt-sein und Heideggers alltäglichem In-der-Welt-sein herausgestellt. Ein weiteres Beispiel bietet die Kritik des kognitivistischen Paradigmas, wie sie Dreyfus (1996) im Anschluß an Mer-

kussion sind in diesem Zusammenhang vor allem die Tendenzen in der Psychologie selbst zu erwähnen, die in die Richtung eines Erfahrungsbegriffes diesseits von Intellektualismus und Empirismus weisen. Solche Einsichten, wie sie innerhalb der Gestalttheorie ausgedrückt werden, dienen Merleau-Ponty als Anknüpfungspunkt seiner eigenen Überlegungen. Dieser Bezug dürfte wohl auch wesentlich zu Merleau-Pontys Entscheidung für eine Auseinandersetzung mit der zeitgenössischen Psychologie beigetragen haben. Denn nicht zuletzt in der kritischen Revision der psychologischen Wissenschaft durch die gestaltpsychologischen Arbeiten findet Merleau-Ponty deutliche Hinweise auf den von ihm thematisierten Begriff der Erfahrung. Freilich unterzieht Merleau-Ponty die gestalttheoretischen Überlegungen ihrerseits einer philosophisch-phänomenologischen Kritik, in der er insbesondere den Rückfall der Gestaltpsychologie in eine kausal erklärende Wissenschaft kritisch vermerkt.[30]

Merleau-Pontys Kritik der zeitgenössischen Psychologie im Sinne der Zurückweisung der Extreme eines intellektualistisch-rationalistischen Sinnverengungskonzeptes einerseits sowie eines sensualistisch-empiristischen Sinnaustreibungskonzeptes andererseits läßt sich daher in gewisser Weise durchaus verallgemeinern. Dies ist jedoch nicht so zu verstehen, als würde hier unter der Hand nun doch so etwas wie ein die Wissenschaftsgeschichte übergreifender Erfahrungbegriff entfaltet. Dies widerspräche einer Philosophie, deren explizites Ziel die Aufklärung der Bedingungen der Wirklichkeit ist. Auch wenn sich das Verständnis des Zur-Welt-seins unabhängig von Merleau-Pontys Kritik zeitgenössischer Wissenschaften entwickeln läßt, ist die-

---

leau-Ponty, aber unabhängig von dessen Wissenschaftskritik, entwickelt. Diese Konzepte, die die unangemessenen klassischen Dualismen zu hintergehen versuchen (vgl. Bermes 1998, 15), belegen, daß Merleau-Pontys Verständnis der Erfahrung auch unabhängig von einer Auseinandersetzung mit psychologischen Theorien gewonnen werden kann. Daneben finden sich freilich auch Ansätze, die einen solchen Erfahrungsbegriff im Rahmen einer Kritik bestehender wissenschaftlicher Konzepte entfalten. Das bezeugt z. B. Deweys Kritik des Reflexbogens (Dewey 1896). Und auch bei Mead finden sich diesbezüglich Parallelen zu Merleau-Ponty (z. B. Mead 1903). Zu erwähnen wäre in diesem Zusammenhang schließlich auch Wittgenstein (vgl. bes. Dwyer 1992; Bermes 1998, 15).

30 Z. B. PP 58/70 f.; vgl. auch. PP 60 f./72 f. sowie PP 62 f. Anm. 1/74 f. Anm. 45.

ser Erfahrungsbegriff angesichts der Möglichkeiten anderer Bestimmungen der Erfahrung nicht alternativlos.

Aufschlußreich ist in diesem Zusammenhang vor allem eine Bemerkung Merleau-Pontys zur Unwiderlegbarkeit des Empirismus: „Da er (der Empirismus; Erg. von mir) das Zeugnis der Reflexion selbst zurückweist und die Strukturen, die wir jeweils vom Ganzen her auf die Teile zurückgehend zu verstehen bewußt sind, durch Assoziation äußerer Impressionen ableitet, bleibt kein Phänomen, das man dem Empirismus als schlagendes Gegenargument vorhalten könnte. So ist überhaupt ein Denken, das sich selbst ignoriert und sich in den Dingen einrichtet, niemals durch Phänomenbeschreibungen zu widerlegen."[31] Dieselbe Unwiderlegbarkeit - so läßt sich diese auf den Empirismus gemünzte Passage leicht ergänzen - gilt auch für die intellektualistische Erklärung der Erfahrung. Dabei ist es nicht nur nicht möglich, die empiristische oder intellektualistische Konstruktion der Erfahrung erfolgreich zu kritisieren, ohne bereits einen phänomenologischen oder zumindest einen der Phänomenologie Merleau-Pontys verwandten Standpunkt eingenommen zu haben. Vielmehr erscheint die Phänomenologie nach Merleau-Ponty ihrerseits aus der Sicht des Empirismus als unverständlicher Versuch einer Beschreibung unserer Erfahrung. Intellektualistisch gesprochen, würde man diese Beschreibung wohl eher als unklar, dunkel oder gar wirr bezeichnen. Beides läuft auf eines hinaus: „In diesem Sinne ist die phänomenologische Reflexion ein ähnlich geschlossenes Denksystem wie die Verrücktheit ...", konstatiert Merleau-Ponty.[32] Allerdings sieht er, der Phänomenologe, dann doch eine grundsätzliche Überlegenheit der phänomenologischen Explikation der Erfahrung gegenüber derjenigen, die ein Verrückter zu geben vermag. Die Phänomenologie hat gemäß Merleau-Ponty eine besondere reflexive Gestalt. Der Unterschied der phänomenologischen Reflexion zum Verstehen des Verrückten besteht nämlich darin, „... daß sie sich selbst und auch noch den Verrückten zu verstehen vermag, der Verrückte aber sie nicht."[33] Es ist die Reflexion auf die Bedingungen der philosophischen Theoriebildung, genauer der philosophischen Reflexion selbst, durch die sich

---

31 PP 31/43.
32 PP 31/43 f.
33 PP 31/44.

die Phänomenologie grundlegend auch vom Empirismus und Intellektualismus unterscheidet. Diese sind in bezug auf ihren Mangel an kritischem Selbstverständnis - so läßt sich die Suggestion dieser Stelle ausformulieren - strukturell nicht einmal auf dem Stand des Verrückten, da sie weder andere und noch nicht einmal sich selbst verstehen können. Solche bei Merleau-Ponty eher versteckte als offene Polemik mag Anlaß zu Mißverständnissen in bezug auf sein eigenes phänomenologisches Selbstverständnis bieten. Denn das Ergebnis von Merleau-Pontys Reflexion auf die philosophischen Begründungsmöglichkeiten überbietet die Versuche des Empirismus und Intellektualismus gerade nicht durch ein Plus an Selbstvergewisserung. Merleau-Pontys Auseinandersetzung mit der philosophischen Reflexion entzieht vielmehr dem selbstkritischen Philosophieren den vermeintlich festen Boden. Der Sache nach ist eher Bescheidung als Hybris in bezug auf die Möglichkeiten philosophischer Reflexion angebracht. Dies ist im folgenden zu zeigen.

2.3. Der Geltungsanspruch in bezug auf die aufgewiesenen Bedingungen der Erfahrung - der Charakter der philosophischen Reflexion

Auch in einer zweiten Hinsicht weicht Merleau-Ponty wesentlich von dem Begründungsanspruch ab, der in der Diskussion transzendentaler Argumente als kritischer Prüfstein gelungener bzw. mißlungener transzendentaler Begründungsversuche fungiert. Denn nicht nur der Ausgangspunkt von Merleau-Pontys Analysen rekurriert eingestandenermaßen auf das Faktum eines vorausgesetzten Verständnisses der Erfahrung und läßt sich daher nicht zwingend gegenüber konkurrierenden Erfahrungsbegriffen verteidigen. Vielmehr ist der Aufweis der grundlegenden Bedingungen der Wirklichkeit in der situativen leiblichen Tätigkeit selbst dann durch Momente der Faktizität bestimmt, wenn man das Zugeständnis macht, daß die Wahl des Ausgangspunktes der Analyse als unproblematisch angesehen werden kann bzw. soll. Denn aufgewiesen werden hier nicht notwendige Bedingungen der Wirklichkeit, sondern Strukturen, die trotz ihrer grundlegenden Bedeutung für das Zustandekommen unserer Erfahrung einen faktischen Charakter haben. Die Faktizität der erfahrungskonstitutiven Bedingungen ist freilich genauer zu bestimmen. Denn es stellt sich hier die Frage, ob Merleau-Ponty überhaupt noch eine philosophische Begründung der Erfahrung zu geben vermag, ob er nicht vielmehr eine rein empirische Analyse des être au monde liefert. Doch diese Frage unterstellt, daß es nur die Extreme gibt - Empirie und Kontingenz auf der einen, Apriorität und Notwendigkeit auf der anderen Seite. Merleau-Pontys Philosophie aber gehört zu einem Unternehmen, das die Berechtigung dieser Distinktion problematisiert. Dieses wesentlich durch Husserls Begriff der transzendentalen Erfahrung angeregte Programm[34] setzt Merleau-Ponty in seiner kritischen Besinnung auf die Möglichkeiten und Grenzen der philosophischen bzw. phänomenologischen Reflexion fort.[35]

Merleau-Pontys entscheidende Einsicht besagt, daß das Philosophieren selbst als ein spezifisches Tun zu verstehen ist. Dieses geschieht nicht an einem rein geistigen Ort, sondern wird von konkreten Menschen vollzogen. Es ist daher seinerseits von dem betroffen, was es in der Begründung der Erfahrung als einem praktisch interessierten Haben einer Welt zum Thema macht. Als sinnhaftes Tun ist das Philosophieren nach Merleau-Ponty demnach nicht unabhängig von der Situation des philosophierenden leiblichen Wesens. Die situative Verankerung der philosophischen Tätigkeit betrifft - und darauf kommt es hier an - auch die in der philosophischen Arbeit erhobenen Geltungsansprüche. Denn wird Sinnhaftigkeit nicht als das Produkt einer von der Situation abgelösten Sinnstiftung verstanden, dann kann weder der Sinn philosophischer Arbeit noch der in ihr ausgewiesenen grundlegenden Erfahrungsstrukturen von der Situation und Faktizität der philosophischen Reflexion selbst abgetrennt werden.[36] Dies besagt allerdings nicht, daß philosophische Sinngebilde in der jeweiligen Tätigkeit, in der sie ausgedrückt werden, aufgehen. Im Gegenteil, es gehört zum Sinn philosophischer Begründungen, daß sie auf solches zielen, das die konkrete Situation des jeweiligen philosophischen Tuns übersteigt. Philosophie erhebt einen transsituati-

---

34 Zu denken ist in diesem Zusammenhang auch an Heideggers auf Husserl gemünzte Rede von einer „echten philosophischen 'Empirie'" (SZ 50 Anm.).

35 Zur durchgängig zentralen Bedeutung der Reflexionsproblematik in Merleau-Pontys Werk vgl. Schröder 1974, 143.

36 Merleau-Pontys Auseinandersetzung mit den Strukturen, die sowohl unserer Erfahrung als auch dem philosophischen Tun zugrunde liegen, bezieht sich auf das, was Husserl in der *Formalen und transzendentalen Logik* als sachhaltiges und kontingentes Apriori von einem formalen Apriori unterschieden hat (Hua XVII, 32 ff.).

ven Geltungsanspruch. Worauf Merleau-Ponty aufmerksam macht, ist jedoch, daß der transsituative Sinn philosophischer Selbstverständigung nicht mit einem asituativen oder situationsinvarianten Sinn verwechselt werden darf, gemäß dem die philosophische Reflexion solches zum Ausdruck bringt, das schlechthin unabhängig von der Situation der philosophischen Reflexion und daher in seiner Gültigkeit schlechthin unhintergehbar ist.

Im Vorwort der *Phänomenologie der Wahrnehmung* bietet Merleau-Ponty eine komprimierte Darstellung seines Verständnisses von Phänomenologie. Dabei orientiert er sich an vier Oppositionspaaren, die in der programmatischen Selbstverständigung Husserls eine zentrale Rolle spielen. Nach Merleau-Ponty versteht Husserl das phänomenologische Philosophieren als Wesensforschung, Transzendentalphilosophie, strenge und deskriptive Wissenschaft. Doch in der Durchführung dieses Programms erweist sich die Phänomenologie ebenso als ein Unternehmen, das im Verstehen der von ihr untersuchten Sinngestalten unaufhebbar an Faktisches, an den naiven Weltbezug sowie die Lebenswelt gebunden bleibt und das unter der Hand den Charakter einer genetischen und sogar einer konstruktiven Untersuchung gewinnt. Gemäß dieser Darstellung erscheint die Phänomenologie Husserls als ein in sich gespanntes, ja geradezu widersprüchliches Unternehmen.[37]

Der entscheidende Grund für diese Gespanntheit liegt nach Merleau-Ponty in der phänomenologischen bzw. philosophischen Reflexion selbst. Der Kardinalfehler der von Merleau-Ponty kritisierten sog. reflexiven Analyse[38] besteht darin, daß sie das Subjekt und die Welt zu zwei getrennt voneinander existierenden Entitäten verdinglicht und im Ausgang von einem in sich transparenten und verständlichen Subjekt die Welt zu gewinnen sucht. Die Folge ist die Unlösbarkeit des Problems der Erkenntnis, der von Kant so ge-

---

37 Vgl. PP I f./3.

38 Merleau-Ponty entnimmt den Begriff dem französischen kritizistischen Rationalismus, wo er als Methodenbegriff eine wichtige Rolle spielt (vgl. etwa PP 5, Anm. b des Übersetzers Boehm, sowie Waldenfels 1983, 19 f.). Das Strukturmerkmal der reflexiven Analyse läßt sich nach Merleau-Ponty jedoch auch außerhalb des Kontextes aufweisen, in dem dieser Begriff explizit verwendet wird - so etwa im Cartesischen und Kantischen Denken, wie Merleau-Ponty im Vorwort der *Phänomenologie der Wahrnehmung* in einer knappen Skizze deutlich macht (vgl. PP III f./5 f.). Darüber hinaus ist nach Merleau-Ponty auch Husserl einem solchen Denken verhaftet.

nannte „Skandal der Philosophie":[39] Subjekt und Welt sind durch eine Kluft unaufhebbar voneinander geschieden; kein Weg führt vom Subjekt zur objektiven Welt. - In seiner Kritik der reflexiven Analyse erinnert Merleau-Ponty zunächst daran, daß die Reflexion sich um Aufklärung dessen bemüht, das aller Reflexion als eine noch nicht reflektierte Erfahrung zugrunde liegt. Die Reflexion wird jedoch in ein grundlegendes Problem verwickelt, insofern in der Aufstufung jeder beliebigen Zahl von Reflexionsebenen, in denen der Reflexionsvollzug thematisiert wird, letztlich immer ein Reflektieren als faktischer Vollzug vorausgesetzt werden muß. Dabei gibt es grundsätzlich keine Möglichkeit, das aktuelle Reflexionsgeschehen jemals als solches zum Thema machen zu können. Genau aus diesem Grunde läßt sich nach Merleau-Ponty die Quelle aller reflektierenden Zuwendung nicht als ein Gegenstand, als ein Thema unter anderen analysieren. Vielmehr hat die Reflexion auf das der Reflexion zugrundeliegende Unreflektierte, auf den Ursprung der Reflexion, immer den Charakter eines Erzeugens, einer 'Schöpfung' bzw. 'wahrhaftigen Schöpfung' („véritable création"), wie Merleau-Ponty schreibt.[40] In diesem Sinne ist das in der Reflexion Herausgestellte ein von ihr Erzeugtes, etwas Konstruiertes.

Wenn Merleau-Ponty gleichwohl die methodische Zuwendung zum Ursprungsfeld der phänomenologischen Analyse als Beschreibung versteht, dann darf man hier den Begriff der Beschreibung nicht im gewöhnlichen Sinne als Deskription eines vorausgesetzten fertigen Gegenstandes auffassen. Die unreflektierte Erfahrung, der sich der Phänomenologe zuwendet, wird in der phänomenologischen Beschreibung nicht einfach abgeschildert. Gleichwohl handelt es sich hier aber um eine *Beschreibung*, weil - im Gegensatz zur reflexiven Analyse - die phänomenologische Analyse den ungegenständlichen Charakter der Phänomene der vorreflexiven Erfahrung wachhält. In den Worten Merleau-Pontys: „Reflexion ist nur wahrhaft Reflexion, wenn sie sich nicht über sich selbst erhebt, vielmehr sich selbst als Reflexion-auf-Unreflektiertes erkennt, und folglich als Wandlung der Struktur unserer Existenz."[41] D. h. aber zugleich, daß das produktive Moment der Reflexion, das

---

39 KrV B XXXIX Anm.
40 PP IV/6.
41 PP 76/87.

Herstellen des philosophischen Themas, seinerseits zurückgebunden bleibt an die vorreflexive Erfahrung, derer sich der Reflektierende nie ganz zu bemächtigen vermag. Die phänomenologische Analyse ist dementsprechend auf solches gerichtet, das weder als statischer Gegenstand der Beschreibung vorausgesetzt noch als bloßes Produkt der Reflexion verstanden werden kann. Der Vollzug der phänomenologischen Reflexion ist wesentlich zweideutig; sein Charakter oszilliert zwischen Deskription und Konstruktion.

Ist jede reflektierte Gestalt eine der vorreflexiven Erfahrung grundsätzlich unangemessene Vergegenständlichung, dann läßt sich mit Hilfe der philosophischen Reflexion kein Invariantes bzw. Letztes finden oder etablieren. Entsprechend ist die phänomenologische Bestimmung von Wesensstrukturen des Bewußtseins an die Faktizität eines situativen Verstehens gebunden, das Alternativen nicht ausschließt und das seinerseits in einer neuen Verstehenssituation prinzipiell überholbar ist. Die transzendentale Rückfrage nach den Voraussetzungen der natürlichen Einstellung vermag keine alternativlosen und revisionsresistenten Strukturen zu entdecken. Unser naives Dahinleben steht im Hintergrund auch jeder philosophischen Selbstaufklärung, die als faktischer Vollzug die philosophische Reflexion nie ganz transparent machen kann.[42] Ebenso wird schließlich der Husserlsche Versuch, eine Philosophie als strenge Wissenschaft zu etablieren, von den lebensweltlichen Voraussetzungen aller Reflexion immer wieder unterlaufen. Einen festen, ein für alle

---

42 Merleau-Ponty hat in seinen Formulierungen gelgentlich den Eindruck erweckt, die Reflexion endlicher Wesen werde nach dem Modell eines verhinderten absoluten Standpunktes gedacht, der als Maßstab der Unvollständigkeit und Verbesserbarkeit der Reflexion fungiert. So schreibt Merleau-Ponty etwa: „Die wichtigste Lehre der Reduktion ist so die der Unmöglichkeit der *vollständigen* Reduktion. Wären wir absoluter Geist, so wäre die Reduktion kein Problem." (PP VIII/11) Die Orientierung an einem mit Begriffen wie 'Absolutheit' und 'Vollständigkeit' ausgezeichneten Maßstab erweist sich jedoch als irreführend, wenn man bedenkt, daß die untilgbare Naivität, die hintergründig jede philosophische Reflexion bestimmt, nicht nur die Möglichkeit der - dem Gedanken eines Fortschritts verpflichteten - Revision philosophischer Reflexionen im zeitlichen Nacheinander, sondern auch ihrer gleichzeitigen Konkurrenz begründet. Die Möglichkeit miteinander streitender Selbstverständigungsversuche wird letztlich marginalisiert, wenn man sie nach dem Modell eines nur unvollständig erreichbaren absoluten Standpunktes versteht. Das Problem stellt sich vielmehr in seiner ganzen Schärfe, weil wir außer den miteinander konkurrierenden Reflexionen nichts anderes in Anschlag bringen können.

Mal bestimmbaren philosophischen Endpunkt gibt es aufgrund dieser situationsgebundenen, stets über sich hinausweisenden Dynamik der Reflexion nicht. Die in der *Phänomenologie der Wahrnehmung* aufgewiesenen fundamentalen Strukturen sind nicht unhintergehbar.

So bietet auch Merleau-Pontys Analyse des leiblichen Fungierens lediglich eine Möglichkeit des Ausweises konstitutiver Bedingungen der Wahrnehmung und Erfahrung, neben der andere Begründungsmöglichkeiten - sogar diejenigen der von Merleau-Ponty kritisierten Theorien - ihr Recht behalten.[43] Entsprechendes gilt auch für die Kritik der reflexiven Analyse und das von Merleau-Ponty entfaltete Verständnis der Reflexion. Aus diesem Grunde bietet der naheliegende Gedanke, Merleau-Ponty behaupte die Unhintergehbarkeit der situativen Momente der stets über sich hinausweisenden Reflexion, keine angemessene Interpretation der skizzierten Überlegungen Merleau-Pontys. Denn in dieser Darstellung würde sich in einer neuen Weise ein Letztheitsanspruch wiederholen, der der zuvor explizitierten These gerade widerspräche. Es handelt sich daher bei der Herausstellung der Situativität der philosophischen Reflexion allenfalls um ein Letztes in der von Merleau-Ponty ausgewiesenen Reflexion. Sinnvolle Alternativen und Revisionen bleiben aber auch in bezug auf diesen Ansatz denkbar. Über die Möglichkeit der eigenen Aufhebbarkeit konkret zu befinden, ist freilich sinnvollerwiese nicht mehr Sache der Phänomenologie Merleau-Pontys selbst, sondern allein eines sie ablösenden Denkens. Der Anschein, daß auch noch in diesen Überlegungen die kritische Idee Merleau-Pontys in ihrer Unhintergehbarkeit bestätigt wird, ergibt sich nur so lange, wie man jede konkrete Bestimmtheit der in der Problematisierung der Reflexion nur allgemein herausgestellten Bedeutung der Situativität der Reflexion vermeidet. Sobald jedoch diese konkretisiert wird - und das geschieht bei Merleau-Ponty mit der Akzentuierung der Situation im Sinne einer Situation leiblichen Verhaltens -, bietet sich der philosophischen Betrachtung eine konkrete Angriffsfläche, die sinnvoll von alternativen Konzeptionen in Frage gestellt werden kann. Kurz: Je allgemeiner und inhaltsleerer die philosophischen Ausführungen bleiben, umso mehr erfüllen sie den Charakter unrevidierbarer Bestimmungen; mit dem zunehmen-

---

43 Vgl. z. B. PP 15/27 Anm. 2/13 sowie PP 31/43 f.

den Grad an philosophischer Konkretion werden sie jedoch kritisierbar durch alternative philosophische Konzeptionen.

Die Möglichkeit von Alternativen und die Unabschließbarkeit der philosophischen Arbeit werden von Merleau-Ponty nicht als Scheitern verstanden, sondern als ein der verhandelten Sache angemessenes Philosophieren.[44] Diese positive Interpretation der Situationsabhängigkeit der philosophischen Reflexion setzt die Preisgabe des Zieles eines letztbegründeten invarianten - nicht jedoch transsituativen - Wissens voraus. An seine Stelle tritt die Orientierung der philosophischen Arbeit an einer lebendigen Erfahrung und Praxis. Denn strukturell hat das auf die jeweilige Situation verwiesene, nie abzuschließende phänomenologische Philosophieren den Charakter der Erfahrung, genauer einer eigenen philosophischen Erfahrung, die mit dem Begriff Husserls auch als transzendentale Erfahrung verstanden werden kann. Darüber hinaus erweist sich die philosophische Reflexion wesentlich als eine Tätigkeit, die in einem entscheidenden Sinne das Merkmal jeder Tätigkeit - ihre Konkretion - auszeichnet. Als eine zeitlich verlaufende Aktivität findet sie ihrerseits in einer bestimmten Situation statt. Die damit verknüpfte Perspektivität, die jedes Handeln charakterisiert, läßt sich daher auch in der philosophischen Tätigkeit nicht überwinden.

Jeder Versuch, Merleau-Ponty mit einem offenen oder auch kaschierten Letztbegründungsanspruch zu konfrontieren, verfehlt demgegenüber die Intentionen seiner Philosophie von Grund auf. Gleichwohl aber ist diese Philosophie keineswegs beliebig, sondern entwickelt eine in der Situativität der Reflexion begründete philosophische Verbindlichkeit, die *zwischen* den Polen einer asituativen Letztgültigkeit und einer skeptisch-relativistischen Auflösung philosophischer Begründungsansprüche ihren Ort hat. Die philosophische Begründung als situatives Handeln und Erfahren vermag so zwar ihre faktische Situation nicht auf ein schlechthin skepsis- bzw. revisionsresistentes Wissen hin zu überschreiten; als situatives Handeln und Erfahren büßt sie jedoch keineswegs ihre argumentative Verbindlichkeit ein. Im Gegenteil - nur aufgrund ihrer Situativität vermag die philosophische Re-

---

44 PP XVI/18. Vgl. in diesem Zusammenhang auch Meyer-Drawe 1984, 21: „Die Unmöglichkeit der radikalen Letztaufklärung lebensweltlicher Bezüge, ihre Opazität und Ambiguität, kennzeichnen keine skeptische, sondern eine positive, seinsbestimmende Aussage."

flexion einen verbindlichen Sinn zu gewinnen. Dies - so ließe sich hier das von Merleau-Ponty in der *Phänomenologie der Wahrnehmung* Ausgeführte ergänzen - dies zeigt sich nicht zuletzt daran, daß alles Argumentieren auf Voraussetzungen beruht, die in der Argumentation argumentativ nicht eingeholt werden können, die vielmehr in der Begründungssituation selbst bereitgestellt werden. So können wir für das Argumentieren selbst nicht mehr argumentieren, sondern uns darauf immer nur situativ einlassen. Ebenso ist die Frage danach, was als Grund einer Begründung gilt, nicht mehr mit Argumenten auszuweisen. Auch hier entscheidet die faktische Situation darüber, was den Argumentierenden als Grund gilt.

2.4. Die Auswirkungen der Kritik der philosophischen Reflexion auf den philosophischen Begründungszusammenhang

Die eigentümliche Problematik der phänomenologischen Reflexion wirkt sich zum einen auf den theoretischen Geltungsanspruch des phänomenologischen Begründungszusammenhangs aus. Die aufgewiesenen fundierten und fundierenden Strukturen sind nicht resistent gegen die Möglichkeit ihrer grundlegenden Infragestellung. Zum anderen ist die gesamte Struktur der Begründung von der Situativität der philosophischen Reflexion und der aus ihr resultierenden Unabschließbarkeit des phänomenologischen Aufklärungsgeschäftes betroffen. Kann nämlich das in der Reflexion aufgewiesene Fundament der phänomenologischen Analyse nicht als ein Letztes verstanden und als solches zu begrifflicher Klarheit gebracht werden, sondern ist dieses grundsätzlich immer weiterer Analyse zugänglich, dann sind die fundierenden Strukturen in jeder neuen Reflexion ihrerseits stets wieder als fundierte herauszustellen. Da gemäß den Überlegungen Merleau-Pontys keine Reflexion ihren vorreflexiven Ursprung restlos aufzuklären vermag, wiederholt sich dieses Problem grundsätzlich in jeder Reflexion. Konstitutionstheoretisch ausgedrückt: Das Konstituierende erweist sich seinerseits als ein Konstituiertes wie dieses als ein Konstituierendes.[45] Das Aufzuklärende ist in der faktischen Situation der Reflexion zugleich ermöglichende Quelle der

---

45 Vgl. dazu auch Merleau-Pontys spätere Auseinandersetzung mit Husserls *Ideen II* in *Der Philosoph und sein Schatten* (AG, 58; vgl. auch 62 ff.).

Reflexion. Die Unfaßbarkeit ihres Ursprungs ist der Grund dafür, daß die philosophische Reflexion auf die Erfahrung nie zu einem Ende kommen kann und ihrerseits den Charakter dessen hat, das sie zu fassen versucht. „Nie vermag die Reflexion sich selbst absolut durchsichtig zu werden, stets ist auch sie selbst sich selbst absolut *erfahrungsmäßig* gegeben - in einem Kantischen Sinne des Wortes Erfahrung: sie entspringt, ohne selbst zu wissen, woher, sie gibt sich mir als naturgegeben."[46]

So erweist sich die regressiv-analytische Lesart des aufgezeigten Begründungsganges als einseitig. Es geht Merleau-Ponty nicht um ein lineares Fortschreiten von einem Fundierten zu dessen fundamentalen Strukturen, sondern um ein Eindringen in ein wechselseitiges Begründungsverhältnis zwischen praktischer Erfahrung und situativem leiblichen Verhalten. Dieses setzt jenes und jenes dieses voraus. Die beiden Pole des Begründungsganges, Anfang und Ende, Begründetes und Grund, fordern sich wechselseitig. Die Aufklärung des Zur-Welt-seins geschieht im Rekurs auf das leibliche Verhalten in einer Situation; doch dieses ist seinerseits erst zu verstehen aus den Horizonten des Zur-Welt-seins.

„Sagen wir von einem Lebewesen, es *existiere*, es *habe* eine Welt oder *sei zu* einer Welt, so ist damit nicht gemeint, es nehme sie objektiv wahr oder sei ihrer objektiv bewußt. Die sein instinktives Tun auslösende Situation ist nicht durchaus artikuliert und bestimmt, ihr Gesamtsinn ist nicht völlig ergriffen, wie Blindheit und Verirrungen des Instinkts es zur Genüge beweisen. Nur ihre praktische Bedeutung bietet sie dar, nur die Aufforderung zu einem leiblichen Rechnungtragen; sie ist erlebt als 'offene' Situation, die ein bestimmtes Verhalten des Lebewesens verlangt, wie etwa die ersten Töne einer Melodie einen gewissen Schluß verlangen, ohne daß damit dieser selbst schon bekannt wäre".[47]

Die Situation des Leibwesens wird demnach aus ihrer praktischen Bedeutsamkeit als eine offene Situation für einen Spielraum praktischer Möglichkeiten verstanden. Umgekehrt aber ist das Zur-Welt-sein seinerseits wiederum aus der Situation heraus zu verstehen, die die Möglichkeiten des leiblichen Tätigseins in gewisser Weise auch vorzeichnet. Die Situation enthält -

---

46 PP 53/65.
47 PP 93/102 f.

so schreibt Merleau-Ponty - eine „Aufforderung zu einem leiblichen Rechnungtragen"; sie „verlangt" „ein bestimmtes Verhalten des Lebewesens".[48]

2.5. Merleau-Pontys Hermeneutik der Erfahrung

Als phänomenologische Begründung ist der oben skizzierte Zusammenhang ebensowenig im Sinne einer sprachanalytischen Rückführung der Erfahrung auf ein fundamentales Begriffssystem wie als eine prinzipientheoretische Konstruktion von Bedingungen der Möglichkeit der Erfahrung aufzufassen. Vielmehr handelt es sich um die Aufklärung einer vorreflexiven Erfahrung, die in der phänomenologischen Reflexion ihrerseits in einer eigenen Weise philosophischen Erfahrens enthüllt wird. Ist darüber hinaus die Begrün-

---

48 Mit dem Begriff der Aufforderung (invite) knüpft Merleau-Ponty terminologisch und sachlich an handlungstheoretische Überlegungen im Umkreis der Gestaltpsychologie an. Dort wird mit dem Begriff der Aufforderung oder Forderung sowie mit davon abgeleiteten Begriffsbildungen wie 'Aufforderungscharakter' (Kurt Lewin) oder 'Gefordertheit' (Wolfgang Köhler) der Aspekt einer Mitwirkung von etwas im Zustandekommen der Handlung angesprochen, das nicht in der Macht des Handelnden liegt, das ihm gewissermaßen vorgegeben ist (siehe dazu auch Waldenfels 1987, 41 ff.). Lewin nennt in diesem Zusammenhang die folgenden Beispiele: „Das schöne Wetter, eine bestimmte Landschaft locken zum Spazierengehen. Eine Treppenstufe reizt das zweijährige Kind zum Heraufklettern und Herunterspringen; Türen reizen es zum Auf- und Zuschlagen, kleine Krümchen zum Auflesen, ein Hund zum Streicheln; der Baukasten reizt zum Spielen, die Schokolade, das Stück Kuchen will gegessen werden usw." (Lewin 1926, 350) Die metaphorische Rede in diesen Beispielen wie auch die Metaphern der Aufforderung und ihrer Entsprechungen haben die Schwäche einer Überkorrektur. Sie richten sich gegen die Auffassung, daß situative Merkmale für sich völlig sinnlos sind - sei es, insofern sie als Reize bestimmte Verhaltensweisen quasimechanistisch auslösen, sei es, daß sie Handelnden als ein beliebig verfügbares, an sich bedeutungsloses Material vorgegeben sind. Die Kritik der Gestalttheorie wendet sich gleichermaßen gegen jede empiristisch-mechanistische (insbesondere behavioristische) Verhaltenserklärung, die die Rolle des Handelnden in einem äußerlich beschreibbaren Kausalzusammenhang auflöst, wie gegen die intellektualistische Handlungsauffassung, gemäß der Handlungen allein in Verstandesleistungen des autonom Handelnden konstituiert sind. In dieser Hinsicht stimmt die gestalttheoretische Position mit derjenigen der Phänomenologie Merleau-Pontys grundlegend überein. Es wäre jedoch verfehlt, aufgrund der Abweisung der kritisierten Konzeptionen Dinge und Umwelt der Handlungssituation zu quasi-autonomen Mitspielern des Handelnden zu machen. Denn Aufforderungscharaktere sind losgelöst von den praktischen Interessen Handelnder für sich nicht zu bestimmen.

dungsstruktur der *Phänomenologie der Wahrnehmung* nicht als lineares Zurückschreiten von einem Bedingten auf seine Bedingungen zu verstehen, sondern als wechselseitige Aufklärung der einzelnen Relata des skizzierten Begründungszusammenhangs, dann hat hier Begründung einen grundsätzlich hermeneutischen Sinn. Das Begründen vollzieht sich als explikative Freilegung eines in phänomenologischer Erfahrung zu entfaltenden Geflechtes struktureller Bezüge, in denen der Sinn des untersuchten Phänomenbereichs zum Ausdruck kommt.[49] In dieser Auslegung wird ein Netz von Beziehungen zwischen verschiedenen sinnhaften und ihrerseits sinnbildenden Strukturen enthüllt, das sich nicht auf das eindimensionale Raster einer eleganten begrifflich-gedanklichen Ordnung reduzieren läßt. Gleichwohl hat auch diese Sinnauslegung den Charakter eines Rückgangs in eine Begründungsdimension, die nicht einfach mit der thematischen - der wissenschaftlichen und der alltäglichen - Erfahrung zusammenfällt. Die Auslegungstätigkeit zielt vielmehr auf ein vertieftes - ggf. auch kritisches - Verständnis solcher Erfahrungen.

In der Explikation verzweigen sich die Sinnbezüge und -verweise immer weiter. Dieses Geflecht sinnhafter Bezüge ist aus unterschiedlichen Fäden geknüpft - aus solchen, ohne die das Ganze seine Struktur verlöre, und aus feiner gewebten Fäden, die für den Zusammenhalt des Ganzen entbehrlich sind, in denen sich jedoch der thematische Sinn in seiner spezifischen Differenziertheit enthüllt. Wo die Analyse beginnt und wie weit sie fortgeführt wird, das ist wiederum wesentlich von situativen Umständen abhängig, von den jeweiligen Erfordernissen der Untersuchung sowie deren Interesse, der Perspektive, aus der das thematische Feld betrachtet und in seinen Verzweigungen verfolgt wird. Hier gibt es kein Erstes und Letztes. Anfang und Ende, Bedingung und Bedingtes, Zu-Begründendes und Begründendes werden letztlich durch pragmatische Erfordernisse bestimmt, denen die jeweilige explikative philosophische Arbeit zu genügen hat. Insofern kann die hermeneutische Methode auch nicht von außen auf ihre Gegenstände zugreifen; vielmehr ist sie das Mittel, das demjenigen zur Verfügung steht, der als Involvierter nur inmitten des Sinnganzen einen Standpunkt beziehen kann. Die

---

49 Vgl. zum hermeneutischen Verständnis der Phänomenologie auch EU § 8 sowie SZ §§ 2 und 32.

philosophische Tätigkeit ist insofern selbst Ausdruck der im Situativen verankerten leiblichen Existenz des welterfahrenden Wesens. Sie ist Analyse der Erfahrung im Stile eines seinerseits unendlichen philosophisch-hermeneutischen Erfahrens. Die so umrissene philosophische Tätigkeit soll daher auch als „Hermeneutik der Erfahrung" bezeichnet werden.[50]

Die Überlegungen zur phänomenologischen Reflexion und der auf ihr beruhenden Hermeneutik der Erfahrung bedürfen abschließend einer wichtigen Ergänzung: Philosophische Reflexion ist wesentlich eine historisch vermittelte soziale Tätigkeit. Philosophisch reflektiert wird in einem Feld bereits bestehender thematischer und methodischer Angebote, in Auseinandersetzung mit der philosophischen Tradition sowie im Gespräch mit anderen. Geschichtlichkeit und Sozialität sind nicht Dimensionen, durch die die Reflexionssituation nachträglich konkretisiert wird, indem sich die philosophische Auseinandersetzung der Geschichte zuwendet oder im Gespräch vollzieht. Es handelt sich vielmehr um wesentliche Aspekte der philosophischen Reflexionssituation. Denn auch da, wo eine geschichtliche Besinnung nicht ausdrücklich vollzogen und ein Gespräch mit anderen nicht stattfindet, wo also der philosophisch Reflektierende in ausschließlich sach- und problemorientierter Einstellung für sich selbst dem philosophischen Geschäft zugewandt ist, ist das Philosophieren wesentlich eine geschichtlich und sozial verankerte Tätigkeit. Denn die philosophische Reflexion hat den Charakter einer begrifflichen Entfaltung ihres jeweiligen Themas. Darin ist sie zugleich gebunden und frei. Gebunden ist sie, insofern die Begriffe, in denen sich die reflektierende Tätigkeit verdichtet, nicht im Belieben des philosophisch Reflektierenden liegen. In der begrifflichen Gestalt seiner Reflexion übernimmt der Reflektierende - wissentlich oder nicht - das Kondensat sowohl einer philosophischen Geschichte als auch einer - ihrerseits geschichtlich vermittelten - aktuellen Praxis der miteinander Philosophierenden. Ebenso verlöre die Reflexion ihren philosophischen Charakter, wäre ihre begriffliche Gestalt das bloße Kondensat einer geschichtlichen und sozialen Auseinandersetzung, die je schon stattgefunden hat. Nur weil die Begriffe nicht auf das bisher mit ihnen zum Ausdruck Gebrachte festgelegt sind, sind sie das Medium der

---

50 Zum Begriff einer Hermeneutik der Erfahrung siehe die von Landgrebe (1968) angeregte Merleau-Ponty-Interpretation von Schröder 1974.

philosophischen Reflexion. Ihre Bedeutung entwickeln sie erst in der Praxis des Reflektierens. Zu dieser gehört das Ringen um einen verständlichen Ausdruck und darin um Fortbildung der philosophischen Tradition. Hierin ist das philosophische Tun wesentlich frei.

Mit diesen Bemerkungen zum Selbstverständnis der phänomenologischen Reflexion bei Merleau-Ponty haben sich die Überlegungen ein gehöriges Stück von der Bestimmung der transzendentalen Argumente entfernt. Gerade in dieser Entfernung wird jedoch das Ziel der Auseinandersetzung erreicht. Denn im Rekurs auf die Begründungsstruktur transzendentaler Argumente als Antiskeptikerargumente sollte der theoretische Anspruch einer Phänomenologie des Leibes verdeutlicht werden, der gemäß Merleau-Ponty die Aufgabe einer Begründung unserer Erfahrungsstruktur zugewiesen wird. Die Ausführungen versuchten zu zeigen, daß dieser Anspruch gemäß Merleau-Pontys philosophischem Selbstverständnis nur in einem phänomenologisch-hermeneutischen Philosophieren eingelöst werden kann, das sich in wesentlichen Hinsichten sowohl von transzendentalphänomenologischen als auch transzendentalanalytischen Konzeptionen unterscheidet.[51]

Literatur

Aschenberg, Reinhold (1978), Über transzendentale Argumente. Orientierung in einer Diskussion zu Kant und Strawson. In: Philosophisches Jahrbuch 85 (1978), 331-358.

ders. (1984), Transzendentale Argumentation: progressiv und analytisch. Zu Ross Harrisons analytischer Transzendentalphilosophie. In: Bedingungen der Möglichkeit. 'Transcendental Arguments' und transzendentales Denken, hg. v. E. Schaper und W. Vossenkuhl (Deutscher Idealismus 9), Stuttgart 1984, 57-62.

Baum, Manfred (1979), Transcendental Proofs in the 'Critique of Pure Reason'. In: Transcendental Arguments and Science. Essays in Epistemology, hg. v. P. Bieri, R.-P. Horstmann und L. Krüger (Synthese Library 133), Dordrecht/Boston/London 1979, 3-26.

Bermes, Christian (1998), Maurice Merleau-Ponty zur Einführung, Hamburg 1998.

Bittner, Rüdiger (1974), Transzendental. In: Handbuch philosophischer Grundbegriffe, hg. v. H. Krings, H. M. Baumgartner u. Chr. Wild, Studienausgabe Bd. 5, München 1974.

---

51 Für hilfreiche kritische Bemerkungen zu einer früheren Fassung möchte ich Christine Chwaszcza, Holger Maaß und Volker Schürmann herzlich danken.

Claesges, Ulrich (1984), Heidegger und das Problem der Kopernikanischen Wende. In: Neue Hefte für Philosophie 23 (1984), 75-112.

Dewey, John (1896), The Reflex Arc Concept in Psychology. In: Ders., The Early Works, 1882-1898, Vol. 5: 1895-1898: Early Essays, Carbondale/Edwardsville/London/Amsterdam 1972, 96-109 [zuerst in: Psychological Review III (1896), 357-370].

Dreyfus, Hubert L. (1996), The Current Relevance of Merleau-Ponty's Phenomenology of Embodiment. In: The Electronic Journal of Analytic Philosophy 4, Spring 1996.

Dwyer, Philip (1990), Sense and Subjectivity. A Study of Wittgenstein and Merleau-Ponty (Brill's Studies in Epistemology, Psychology and Psychiatry 2), Leiden/New York/Kobenhavn/Köln 1990.

Fink, Eugen (1988), VI. Cartesianische Meditation. Teil I: Die Idee einer transzendentalen Methodenlehre. Texte aus dem Nachlaß Eugen Finks (1932) mit Anmerkungen u. Beilagen aus dem Nachlaß Edmund Husserls (1933/34), hg. v. H. Ebeling, J. Holl u. G. van Kerckhoven (Husserliana Dokumente II/1), Dordrecht/Boston/London 1988.

Heidegger, Martin (SZ), Sein und Zeit, Tübingen [15]1979.

Husserl, Edmund (Hua XVII), Formale und transzendentale Logik. Versuch einer Kritik der logischen Vernunft, mit erg. Texten hg. v. P. Janssen (Husserliana XVII), Den Haag 1974.

ders. (EU), Erfahrung und Urteil. Untersuchungen zur Genealogie der Logik, redigiert u. hg. v. L. Landgrebe, mit Nachwort u. Register v. L. Eley, 6., verb. Aufl. Hamburg 1985.

Kant, Immanuel (KrV), Kritik der reinen Vernunft, nach der ersten und der zweiten Original-Ausgabe neu hg. v. R. Schmidt, Hamburg (durchges. Nachdr.) 1976.

ders. (Prol.), Prolegomena zu einer jeden künftigen Metaphysik, die als Wissenschaft wird auftreten können. In: Kants gesammelte Schriften, hg. v. der Königlich Preußischen Akademie der Wissenschaften, Bd. IV, Berlin 1903/1911, 253-383 [unveränd. Abdruck 1968].

Landgrebe, Ludwig (1968), Merleau-Pontys Auseinandersetzung mit Husserls Phänomenologie. In: Ders., Phänomenologie und Geschichte, Darmstadt 1968, 167-181.

Lewin, Kurt (1926), Untersuchungen zur Handlungs- und Affekt-Psychologie. Hg. v. K. Lewin. I. Vorbemerkungen über die psychischen Kräfte und Energien und über die Struktur der Seele. II. Vorsatz, Wille und Bedürfnis. In: Psychologische Forschung 7 (1926), 294-385.

Mead, George Herbert (1903), Die Definition des Psychischen. In: Ders., Gesammelte Aufsätze. Bd. I. Übers. v. K. Laermann u. a., hg. v. H. Joas, Frankfurt a. M. 1987, 83-148 [amerikan. Original: The Definition of the Psychical, zuerst in: Decennial Publications of the University of Chicago, First Series, Vol. III, Chicago 1903, 77-112].

Merleau-Ponty, Maurice (SC), Die Struktur des Verhaltens. Aus dem Frz. übers. u. eingef. durch ein Vorwort v. B. Waldenfels (Phänomenologisch-psychologische Forschungen 13), Berlin/New York 1976 [frz. Original: La structure du comportement, Paris 1990; zuerst: 1942].

ders. (PP), Phänomenologie der Wahrnehmung. Aus dem Frz. übers. u. eingef. durch eine Vorrede v. R. Boehm (Phänomenologisch-psychologische Forschungen 7), Berlin 1966 [frz. Original: Phénoménologie de la perception, Paris 1945].

ders. (AG), Das Auge und der Geist. Philosophische Essays, hg. u. übers. v. H. W. Arndt, Hamburg 1984.

Métraux, Alexandre (1986), Zur Wahrnehmungstheorie Merleau-Pontys. In: Leibhaftige Vernunft. Spuren von Merleau-Pontys Denken, hg. v. A. Métraux/B. Waldenfels (Übergänge 15), München 1986, 218-235.

Meyer-Drawe, Käte (1984), Leiblichkeit und Sozialität. Phänomenologische Beiträge zu einer pädagogischen Theorie der Inter-Subjektivität (Übergänge 7), München ²1987 [1984].

Patzig, Günther (1979), Comment on Bennett. In: Transcendental Arguments and Science. Essays in Epistemology, hg. v. P. Bieri, R. - P. Horstmann u. L. Krüger (Synthese Library 133), Dordrecht/Boston/London 1979, 71-75.

Ryle, Gilbert (CM), Der Begriff des Geistes. Aus dem Engl. übers. v. K. Baier [engl. Original: The Concept of Mind, London 1949].

Schönrich, Gerhard (1981), Kategorien und transzendentale Argumentation. Kant und die Idee einer transzendentalen Semiotik, Frankfurt a. M. 1981.

Schröder, Erich Christian (1974), „Jede Rede ist Schweigen". Annäherung an Merleau-Ponty's Hermeneutik der Erfahrung. In: Sein und Geschichtlichkeit. Karl-Heinz Volkmann-Schluck zum 60. Geburtstag, hg. v. I. Schüßler u. W. Janke, Frankfurt a. M. 1974, 137-162.

Strawson, Peter Frederick (1959), Einzelding und logisches Subjekt (Individuals). Ein Beitrag zur deskriptiven Metaphysik, aus dem Engl. übers. v. F. Scholz, Stuttgart 1972 [engl. Original: Individuals. An Essay in Descriptive Metaphysics, London 1959].

Stroud, Barry (1968), Transzendentale Argumente. In: Analytische Philosophie der Erkenntnis, hg. v. P. Bieri, Frankfurt a. M. 1987 (Philosophie. Analyse und Grundlegung 13), 350-366 [engl. Orig.: Transcendental Arguments. In: The Journal of Philosophy 65 (1968) 241-256].

Taylor, Charles (1986), Leibliches Handeln. In: Leibhaftige Vernunft. Spuren von Merleau-Pontys Denken, hg. v. A. Métraux/B. Waldenfels (Übergänge 15), München 1986, 194-217.

Waldenfels, Bernhard (1983), Phänomenologie in Frankreich, Frankfurt a. M. 1987 [1983].

ders. (1987), Ordnung im Zwielicht, Frankfurt a. M. 1987.

Über den Sinn für sportliches Spielen

Lutz Müller

In Anlehnung an Bourdieus Konzept des Habitus möchte ich einen paradigmatisch neuen Zugang zum Handeln in sportlichen Spielen (Sportspielen) entwickeln. Bourdieu konstruiert sein Konzept als ein relationales Geflecht zwischen den Kategorien Feld, Habitus und spezifischen Kapitalformen. Sein Erklärungsversuch mündet in die Kategorie eines praktischen Sinns für das Spiel oder auch „Spiel-Sinn" als spezifischem Ausdruck des Habitus. In einem allgemeinen Sinne skizziert Bourdieu seinen Spiel-Begriff[1] in Abgrenzung zu einem rationalistischen Handlungskonzept:

„Die Handlungstheorie, die ich (mit dem Begriff Habitus) vorschlage, besagt letzten Endes, daß die meisten Handlungen der Menschen etwas ganz anderes als die Intention zum Prinzip haben, nämlich erworbene Dispositionen, die dafür verantwortlich sind, daß man das Handeln als zweckgerichtet interpretieren kann und muß, ohne deshalb von einer bewußten Zweckgerichtetheit als dem Prinzip des Handelns ausgehen zu können (hier ist das 'alles spielt sich so ab, als ob' besonders wichtig). Das beste Beispiel dürfte der Sinn für das Spiel sein: Der Spieler, der die Regeln eines Spiels zutiefst verinnerlicht hat, tut, was er muß, zu dem Zeitpunkt, zu dem er es muß, ohne sich das, was zu tun ist, explizit als Zweck setzen zu müssen. Er braucht nicht bewußt zu wissen, was er tut, um es zu tun, und er braucht sich (außer in kritischen Situationen) erst recht nicht explizit die Frage zu stellen, ob er explizit weiß, was die anderen im Gegenzug tun werden, wie man angesichts der dem Modell des Schach- oder Bridgespielers nachgebildeten Wahrnehmung meinen möchte, die manche Ökonomen (vor allem wenn sie von der Spieltheorie herkommen) den Akteuren unterstellen" (1998, 168).

---

1 Den Begriff des Spiels verwendet Bourdieu in einem doppelten Sinne, nämlich allgemein im Sinne „sozialer Spiele", mit denen Beziehungen sozialer Akteure in den verschiedenen gesellschaftlichen Feldern bezeichnet werden, sowie in einem engeren Sinne, der sich durch häufigen und expliziten illustrativen Bezug auf die modernen Sportspiele darstellt.

In dieser Bestimmung klingt eine Hauptfunktion des Habitus-Begriffs an, die Bourdieu als Bruch mit der „intellektualistischen Philosophie des Handelns" versteht. Seine Zielsetzung ist die Überwindung jenes Objektivismus, „der Handeln als mechanische Reaktion ohne einen Akteur versteht", als auch des Subjektivismus, „der das Handeln als die planvolle Ausführung einer bewußten Absicht bestimmt, als freien Entwurf eines Bewußtseins, das seine eigenen Zwecke setzt und seinen Nutzen durch rationales Kalkül maximiert" (1996, 153).

In einem ersten Zugang soll das Habitus-Konzept von Bourdieu konturiert werden (1). Darauf folgt eine thematische Konkretion, die den „Spiel-Sinn" als praktischen Ausdruck von Habitus bestimmt (2). Mit der Skizzierung eines „Präferenz-Raumes", in dem Sportspiel-Aktivitäten als spezifischer Lebensstil erklärt werden, verbindet sich eine besondere Akzentuierung des Sportspiel-Aktivitäten impliziten Körperverhältnisses (3). Hieran knüpfen sportspielpädagogische Überlegungen an (4).

1. Zum Habitus-Konzept

Bourdieu definiert Habitusformen „als Systeme dauerhafter und übertragbarer *Dispositionen*, als strukturierte Strukturen, die wie geschaffen sind, als strukturierende Strukturen zu fungieren, d.h. als Erzeugungs- und Ordnungsgrundlagen für Praktiken und Vorstellungen, die objektiv an ihr Ziel angepaßt sein können, ohne bewußtes Anstreben von Zwecken und ausdrückliche Beherrschung der zu deren Erreichung erforderlichen Operationen vorauszusetzen, die objektiv 'geregelt' und 'regelmäßig' sind, ohne irgendwie das Ergebnis der Einhaltung von Regeln zu sein, und genau deswegen kollektiv aufeinander abgestimmt sind, ohne aus dem ordnenden Handeln eines Dirigenten hervorgegangen zu sein" (1993, 98 f.; Hervorhebung im Original, L. M.).

Die Funktion bzw. der Stellenwert des Habitus-Begriffs liegt vor allem darin, „welche falschen Problemstellungen und Lösungen er beseitigt und welche Fragen mit seiner Hilfe besser gestellt oder gelöst werden können" (ebd. 98, FN 1). So bringt Bourdieu mit dem Habitus-Begriff wieder „leibhaftige Akteure" gegenüber objektivistischem Strukturalismus und subjekti-

vistischer Phänomenologie (als eine 'falsche' Dichotomie) in die Analyse
ein. Indem er Habitusformen (u.a. auch) als Konditinierungen versteht, „die
mit einer bestimmten Klasse von Existenzbedingungen verknüpft sind" (ebd.
98), richtet er sich zudem gegen den Begriff des voraussetzungslosen Individuums. Damit reicht das Habitus-Konzept über klassische Sozialisation-
stheorien hinaus:

- die Kategorie des Habitus zielt in ihrer Prozeßform der beständigen Einverleibung von Strukturen auf grundsätzliche Bedingungen und Möglichkeiten menschlichen-in-der-Welt-Seins, nämlich in und als Bewegung,
prozeßhaft; sie wendet sich gegen die Auffassung eines substantiellen
(und darin meist als defizitär ausgestattet angesehenen) Subjekts, dem qua
Sozialisation *dann auch noch* eine spezifische Bewegungsform in der
Welt zukommt;
- zudem wird der sozialisationstheoretische Rekurs auf die *Inhalte* von „Ersterfahrungen" relativiert: mit den „Ersterfahrungen" werden insbesondere
jene *Strukturen* des Habitus erzeugt, „welche wiederum zur Grundlage der
Wahrnehmung und Beurteilung aller späteren Erfahrungen werden" (ebd.
101), d.h. die im und durch den Habitus einverleibten Wahrnehmungs-,
Bewertungs- und Handlungsstrukturen strukturieren die nachfolgende Sozialisation.

Der Habitus-Begriff zeichnet sich durch einen Doppelcharakter aus, der sich
nach der 'Produkt'- sowie nach der 'Produzenten'- Seite hin differenzieren
läßt. Als 'Produkt' repräsentiert der Habitus ein einverleibtes, inkorporiertes
System dauerhafter und übertragbarer Dispositionen, d.h. die Wahrneh-
mungs-, Bewertungs- und Handlungsstrukturen des Individuums zu prakti-
schem Handeln. Er stellt eine „Erzeugungsgrundlage für Praktiken" (1993,
98) dar. Darin enthalten ist die Einverleibung gesellschaftlicher Zeitstruktu-
ren und die Aneignung des Raumes als sozial strukturiertem Raum. Aus diesem Geflecht erwachsen Strukturierungen für spezifische Körperbewegun-
gen (Geschwindigkeit, räumlicher Umfang, Präzision) und die Vermittlung
von Ordnungsprinzipien des praktischen Handelns (Perspektivität, Sozial-
formen etc.). Indem der Habitus die menschlichen Dispositionen auf je bestimmte Weise strukturiert, wirkt er auch als System von Grenzen des praktischen Handelns. Denn als 'Produzent' seiner Praktiken ist das Individuum

keineswegs autonom: zwar kann es unendlich viele unvorhergesehene Praktiken, Wahrnehmungen, Gedanken, Äußerungen, Handlungen etc. erzeugen, aber diese Erzeugungsschemata unterliegen „in ihrer Freiheit" der spezifischen Begrenzung durch die sozialen und historischen Bedingungen ihrer eigenen Erzeugung.

Charakteristisches Merkmal der Habitus-Genese ist die Leib- bzw. Körperthematik[2]: Kultur, Geschichte, Soziales werden „einverleibt". Bourdieu unterscheidet drei zentrale Formen des „Einprägens" der Logik der Praxis im Habitus: Lernen als einfaches, unmerkliches Vertrautwerden, die ausdrückliche Überlieferung kraft Anordnung und Vorschrift sowie sog. „strukturale Übungen" (zumeist) in Spielform. Die Habitus-Genese findet in (symbolisch) strukturierten Gruppen bzw. Feldern statt: ähnliche Lebensbedingungen strukturieren ähnliche Habitusformen.

Als ein „praktischer Sinn" fungiert der Habitus weitgehend „präreflexiv", weist dabei Merkmale des Unscharfen und Verschwommenen auf, die allerdings der Logik seiner Praxis vollauf genügen. Das Habitus-Konzept unterscheidet sich von Theorien des rationalen Handelns: „Bourdieu bestreitet nicht, daß Akteure vor Wahlentscheidungen gestellt werden, daß sie Initiativen ergreifen und Entscheidungen treffen. Er bestreitet nur, daß sie dies so bewußt, systematisch und zielgerichtet (kurz, so *intellektualistisch*) tun, wie es von den Anhängern der Theorie der rationalen Entscheidung unterstellt wird" (Wacquant,1996, 47; FN 42; Hervorhebung im Original, L. M.).

Nach Wacquant knüpft das Habitus-Konzept stattdessen an den Gedanken von Merleau-Ponty von der „intrinsischen Körperlichkeit des präobjektiven Kontakts zwischen Subjekt und Objekt" an, mit der der Körper als „Ursprung einer praktischen Intentionalität", insofern nicht als Objekt verstanden wird, sondern als „Träger einer generativ-kreativen Verstehensfähigkeit, einer Form von 'kinetischem Wissen', das strukturierende Kraft besitzt" (ebd. 41 f.).

Den Habitus-Begriff verbindet Bourdieu auf engste Weise mit dem Begriff des Feldes. Ein „Feld" stellt bei Bourdieu ein relationales Beziehungsgefüge „hinter" den darin agierenden Menschen dar. Es ist historisch ge-

---

2 Die Differenzierung zwischen 'Leib' und 'Körper' ist ein Spezifikum der deutschen Sprache und findet sich im französischen Original so nicht.

wachsen, sozial strukturiert, weist eine „gewisse Unschärfelogik" auf und hat die Charakteristik, sich im Habitus von Menschen zu reproduzieren. In der Verbindung von Habitus und Feld geht es um „Relationen zwischen zwei Realisierungen des historischen Handelns. Das heißt, es ist jenes geheimnisvolle Doppelverhältnis zwischen den Habitus – den dauerhaften und übertragbaren Systemen der Wahrnehmungs-, Bewertungs- und Handlungsschemata, Ergebnis des Eingehens des Sozialen in die Körper (oder in die biologischen Individuen) – und den Feldern – den Systemen der objektiven Beziehungen, Produkt des Eingehens des Sozialen in die Sachen oder Mechanismen, die gewissermaßen die Realität von physischen Objekten haben; und natürlich alles, was an dieser Beziehung entsteht, das heißt die sozialen Praktiken und Vorstellungen oder die Felder, sobald sie sich in Form von wahrgenommen und bewerteten Realitäten darstellen" (Bourdieu 1996, 160).

Zwischen Feld und Habitus bestehen vielfältige Relationen. Zum einen spricht Bourdieu von einem Verhältnis der „Konditionierung", in dem das Feld den Habitus strukturiert. Weiterhin handelt es sich um ein Verhältnis der „kognitiven Konstruktion": „Der Habitus trägt dazu bei, das Feld als eine signifikante, sinn- und werthaltige Welt zu schaffen, in die sich die Investition von Energie lohnt" (1996, 161). Zudem stellt dieses Verhältnis ein „Verhältnis der Geschichte mit sich selbst" dar, insofern der Akteur und die soziale Welt praktisch „in einem ontologischen Einverständnis vereint" verstanden werden. Im Verhältnis dieser „praktischen Erkenntnis" wird die Dichotomie von Subjekt und Objekt aufgehoben, denn „praktische Erkenntnis" entsteht nicht zwischen einem Subjekt und einem „als solchen konstituierten und ihm (dem Subjekt, L. M.) als Problem aufgegebenen Objekt" (ebd.). Der Habitus ist vielmehr als „das inkorporierte Soziale (...) in dem Feld 'zu Hause', in dem er sich bewegt, und das er unmittelbar als sinn- und interessenhaltig wahrnimmt" (ebd. 161f.).

Die praktische Erkenntnis, die der Habitus leistet, beruht auf der „Koinzidenz von Disposition und Position, von Sinn für das Spiel und dem Spiel selbst, die den Akteur tun (läßt), was er zu tun hat, ohne daß dies explizit als Ziel formuliert werden müßte, also jenseits von Kalkül und selbst Bewußtsein, jenseits von Diskurs und Darstellung" (ebd. 162).

Ausgehend von dieser Skizzierung des Habitus-Konzepts soll das Verhalten der Akteure in Sportspielen näher erschlossen werden.

2. Spiel-Sinn als spezifische Form des Habitus

„Spiel-Sinn" gilt Bourdieu als eine Ausdrucksform „praktischer Vernunft" und ist darin wohlunterschieden von „theoretischer Vernunft" (vgl. 1997). Ein in praktischer Vernunft bzw. im Spiel-Sinn impliziertes praktisches Interesse ist der analytische Bezugspunkt, von dem aus Bourdieu diesen Begriff über die Kategorien 'illusio', 'Investition', 'libido' und 'Strategien' entfaltet. Darin enthalten ist auch seine Auseinandersetzung mit subjektivistischen und objektivistischen Konzepten, insbesondere mit den utilitaristischen Varianten des Rationalismus und des Ökonomismus als Erklärungsmodellen für soziale Spiele (vgl. 1998, 140-162).

2.1 'illusio' als praktisches Interesse oder „Glauben an die Wichtigkeit"

Soziale Akteure handeln nicht beliebig, nicht ohne Grund. Ihr Handeln steht vielmehr in einem spezifischen Verhältnis zu Rationalität bzw. Vernunft. Spieler können vernünftige Handlungsweisen an den Tag legen, ohne (dabei) rational zu sein. Ihre Handlungen können auch vernunftgemäß sein, ohne daß Vernunft das Prinzip dieser Verhaltensweisen sein muß: „Sie können sich so verhalten, daß es scheint, als hätten sie aufgrund einer rationalen Berechnung ihrer Erfolgschancen recht gehabt zu tun, was sie getan haben, ohne daß man sagen könnte, die von ihnen getroffenen Entscheidungen beruhten auf einem rationalen Kalkül dieser Chancen" (1998, 140).

Unter Bezug auf Huizinga interpretiert Bourdieu den Begriff der 'illusio' (abgeleitet von lat. 'ludus', Spiel) als „daß man im Spiel sei, sich auf das Spiel eingelassen habe, das Spiel ernst nehme. Interesse im Sinn von 'illusio' meint die Tatsache, „daß man einem sozialen Spiel zugesteht, daß es wichtig ist, daß, was in ihm geschieht, denen wichtig ist, die in ihm engagiert sind, mit von der Partie sind" (ebd. 141). Die im Begriff der 'illusio' implizierte spezifische Relation von Vernunft und Körperlichkeit beruht auf dem „verzauberten Verhältnis" zum Spiel(en)[3], „das das Produkt eines Verhältnisses der ontologischen Übereinstimmung zwischen den mentalen Strukturen und den objektiven Strukturen des sozialen Raumes ist" (ebd.). Spiel-Sinn ist

---

3 Diese „Verzauberung" läßt sich auch als Leidenschaft bzw. Passion umschreiben.

mithin Ausdruck eines habitualisierten Interesses: „Wichtig und interessant werden Sie Spiele finden, die Ihnen wichtig sind, weil sie in Gestalt dessen, was man den Sinn für das Spiel nennt, in den Kopf gesetzt wurden, in den Körper" (ebd.).

Spiel-Sinn ist zu unterscheiden von Interessefreiheit bzw. Indifferenz. Ein Spieler kann an einem Spiel interessiert (und insofern nicht indifferent), doch von Interesse (in einem utilitaristischen Sinn; vgl. 2.2) frei sein. Bourdieu versteht 'illusio' als einen Gegenbegriff zur Ataraxie, insofern dieser ein 'Sich-Einlassen', ein Investieren in Einsätze meint.[4] Wer vom Spiel(en) erfaßt wird, ist mit Dispositionen zur Anerkennung der auf dem Spiel stehenden Einsätze ausgestattet. Dieses habituelle Verhältnis der Akteure zum Spiel(en) ist eine Konsequenz der Logik des Feldes der Spiele. Einsatz als „Ausdruck von Nicht-Indifferenz" bezeichnet „eine verborgene und stillschweigende Übereinkunft" der Spielenden, „daß der Kampf um die Dinge, die im Feld auf dem Spiel stehen, der Mühe wert ist" (ebd.). Diese Übereinkunft sei eine Art „Eintrittsgeld" in das Feld der Spiele, wofür analog der 'illusio' bzw. der 'Investition' auch der Begriff der 'libido' in einem sozialen Sinne bei Bourdieu Verwendung findet.

2.2 Abgrenzung zum utilitaristischen Interessenbegriff

„Spiel-Sinn" oder 'illusio' als praktisches Verhältnis der Akteure im Feld der Spiele ist nicht auf einen utilitaristischen Begriff von „Interesse" zu reduzieren: „Was in der 'illusio' als Selbstverständlichkeit erlebt wird, erscheint demjenigen als 'Illusion', der diese Selbstverständlichkeit nicht teilt, weil er nicht im Spiel ist" (ebd. 143). Der utilitaristische Interessenbegriff enthält nach Bourdieu zwei charakteristische Hypothesen:

- einerseits werden die Zwecke des Handelns bewußt als Zwecke gesetzt, so daß die Akteure so handeln, daß sie den größten Nutzen mit den geringsten Kosten erzielen;

---

4 Zur Präzisierung sei darauf verwiesen, daß verschiedene Varianten des Ataraxie-Begriffes Verwendung finden. Die Seelenruhe der Skeptiker, die der „Urteilsenthaltung" folgt, ist die Abkehr von falschem Eifer beim Suchen; Bourdieu richtet sich gegen die epikureische Ataraxie als 'apatheia'; vgl. Hossenfelder (1968, 31 f.).

- andererseits wird die Motivation der Akteure auf das ökonomische Interesse (als einem Profit in Geldform) reduziert.
- Beide Hypothesen werden zurückgewiesen.

Die „Reduktion auf das bewußte Kalkül" steht Bourdieu zufolge dem ontologischen Einverständnis zwischen Feld und Habitus entgegen, das ein „vorbewußtes, vorsprachliches Einverständnis" im Verhältnis zwischen Akteuren und sozialem Feld bezeichnet. Spiel(en) ist danach nicht durch eine Subjekt-Objekt-Dichotomie erklärbar, sondern die Akteure sind ganz bei der Sache, ganz bei dem, was sie zu tun haben, präsent für das, was zu kommen hat, was zu tun ist, was ihre Sache ist, - im Sinne von 'pragma'. Das Moment des Präsentischen im Spielhandeln stellt ein „unmittelbares Korrelat der Praxis" dar, „das keine gedankliche Setzung, kein planvoll ins Auge gefaßtes Mögliches ist, sondern etwas, das angelegt ist in der Gegenwart des Spiels" (ebd.).

Argumentativ greift Bourdieu damit auf Husserls Begriff der „Protention" zurück (1969).[5] Während ein Projekt ein Verhältnis zur Zukunft meint, in

---

5 In dieser Erläuterung greife ich auf den Originaltext bei Husserl (1969; zitiert als Hu(sserliana) X) sowie auf die Kommentierungen bei Bernet u.a. (1989) zurück. Ich danke K. Meyer-Drawe für die entsprechenden Hinweise.

In der Analyse eines gegenwärtigen zeitlichen Ablaufs des Handelns differenziert Husserl (Hu X, 19 ff.) drei notwendig zusammengehörende Momente: die „Urimpression", die „Retention" und die „Protention". Während die Urimpression dem Jetzt-Moment des Zeitobjekts, also der Wahrnehmung seiner Erscheinung, entspricht, faßt der Begriff der Retention ein zurückhaltendes „Noch-Bewußtsein". Bezogen auf das Zeitobjekt entspricht dies einem „Vorhin", „Soeben", „Nicht-mehr". Retentionen modifizieren sich „iterierend"-kontinuierlich bis in das „Dunkel" eines „leeren retentionalen Bewußtseins". Das Bewußtwerden als „Wiedererinnerung" oder „Vergegenwärtigung" bezieht sich auf die in der Vergangenheit erfüllten bzw. nicht erfüllten Erwartungs- und Erfahrungsintentionen eines vormaligen Jetzt. Wahrnehmungen/ Erinnerungen in Form der Vergegenwärtigung erinnerungsmäßiger Zukunftsintentionen sind „völlig bestimmte, insofern als die Erfüllung dieser Intentionen (...) in bestimmter Richtung (läuft) und inhaltlich völlig bestimmt (ist)" (Hu X, 105 f.). Husserl faßt diesen Zusammenhang von Modi des Zeitbewußtseins zusammen:„Man kann sagen: die Gegenwart ist immer aus der Vergangenheit geboren, natürlich eine bestimmte Gegenwart aus einer bestimmten Vergangenheit" (Hu X, 106). Retentionen werden analytisch von *Protentionen* unterschieden, „die das Kommende als solches leer konstituieren und auffangen, zur Erfüllung bringen" (Hu X, 52). Protention intendiert das „unmittelbar Kommende, das Noch-nicht" (Bernet u.a., 1989, 90), ist eine Antizipation des Kommenden aufgrund des retentional Bewußten, eine Projektion des Vergan-

dem diese als Zukunft oder konstituierte Möglichkeit gesetzt wird, die eintreffen kann oder auch nicht, bezeichnet der Begriff der „Protention" ein

---

genen als Erwartung in die Zukunft (Hu IX, 186; zit. nach Bernet u.a., ebd. 90). Die ursprüngliche Protention der Ereigniswahrnehmung versteht Husserl als unbestimmte, die das „Anderssein oder Nichtsein offen (läßt)". Wahrnehmung von Zukunftsintentionen sind im allgemeinen der Materie nach unbestimmt, denn sie bestimmen sich erst durch die faktische weitere Wahrnehmung: „Bestimmt ist nur, daß überhaupt etwas kommen wird" (Hu X, 106).

Das Bourdieusche Konzept entspricht diesem Modell in doppelter Hinsicht: einerseits durch seinen „Ort" im Präsentischen, andererseits in der „Kongruenz" von Unbestimmtheit bei Husserl und „Unschärfelogik der Praxis" bei Bourdieu. Zeit- wie handlungstheoretisch wird damit der Blick auf ein „punktuelles Jetzt" überwunden – mit Husserl:„Das wache Bewußtsein, das wache Leben ist ein Entgegenleben, ein Leben vom Jetzt dem neuen Jetzt entgegen. Dabei ist nicht bloß in erster Linie an Aufmerksamkeit gedacht, vielmehr möchte es mir scheinen, daß unabhängig von der Aufmerksamkeit (...) eine originäre Intention von Jetzt zu Jetzt geht, sich verbindend mit den ... Erfahrungsintentionen, die aus der Vergangenheit stammen. Diese zeichnen ja wohl die Linien der Verbindung vor. Der Blick des Jetzt auf das neue Jetzt, dieser Übergang, ist aber etwas Originäres, das künftigen Erwartungsintentionen erst den Weg ebnet" (Hu X, 106 f.).

Von diesem aktualen Zusammenhang ist die inaktuale Kategorie des 'Plans' bzw. des Ziels zu unterscheiden. „Auf die Erscheinungen des Momentgedächtnisses gestützt, bildet die Phantasie die Vorstellungen der Zukunft" (Hu X, 13), d.h. aus der Vergangenheit „nämlich in der Erwartung" (ebd. 14). Die anschauliche Vorstellung eines künftigen Ereignisses beruht auf dem reproduktiven Bild eines Vorgangs, der reproduktiv abläuft. Sie unterscheidet sich damit von unbestimmten Zukunftsintentionen (Protentionen). Dabei ist die prinzipielle Möglichkeit „prophetischen Bewußtseins", „dem jeder Charakter der Erwartung des Seinwerdenden vor Augen steht", durchaus in Rechnung zu stellen, etwa „wie wenn wir einen genau bestimmten Plan haben und, anschaulich das Geplante vorstellend, es sozusagen mit Haut und Haar als künftige Wirklichkeit hinnehmen" (Hu X, 56). Charakteristisch für die Erwartung ist, daß sie ihre Erfüllung in der Wahrnehmung findet, oder: das Wesen des Erwarteten ist ein „Wahrgenommen-sein-werdendes". „Dabei ist es evident, daß, wenn ein Erwartetes eintritt, d.i. zu einem Gegenwärtigen geworden ist, der Erwartungszustand selbst vorübergegangen ist" (Hu X, 57).

Fazit: Als ein Hauptmangel des Konzept des rationalen Kalküls (und dementsprechender Handlungstheorien) erscheint die Projektion der Funktionsweise von Retentionen als Vergegenwärtigung von Vergangenem im Jetzt auf Protentionen im Sinne von Antizipationen des Künftigen, und zwar unter Absehung divergierender Charakteristika (inhaltlicher) Bestimmtheit: im Plan (Ziel) wird die prinzipielle Unbestimmtheit und Offenheit von Künftigem als Möglichem vereinseitigt auf Bestimmtheit und Geschlossenheit eines (Sein-) Sollenden.

Verhältnis zur Zukunft, die keine ist, nämlich eine Zukunft, die gleichsam Gegenwart ist.

„In Wirklichkeit ist es nicht das reine Subjekt oder das universelle transzendentale Bewußtsein, dem diese präperzeptiven Antizipationen gegeben sind, diese Art von praktischen, von früheren Erfahrungen ausgehenden Induktionen. Als Sinn für das Spiel sind sie Sache des Habitus. Den Sinn für das Spiel haben heißt, das Spiel im Blut haben; heißt, die Zukunft des Spiels praktisch beherrschen; heißt, den Sinn für die Geschichte des Spiels haben. Während der schlechte Spieler immer aus dem Takt ist, immer zu früh oder zu spät kommt, ist der gute Spieler einer, der antizipiert, der dem Spiel vorgreift. Warum kann er dem Verlauf des Spiels voraus sei? Weil er die immanenten Tendenzen des Spiels im Körper hat, in inkorporiertem Zustand: Er ist Körper gewordenes Spiel" (Bourdieu 1998, 145).

Der Begriff der „Protention" veranlaßt Bourdieu zu einer Präzisierung des „Strategie"-Begriffs.

„Die Fürsorge oder Antizipation des Spielers ist unmittelbar präsent für etwas, das nicht unmittelbar wahrgenommen wird und nicht unmittelbar verfügbar und demnach so ist, als wäre es bereits da. Wer einen Ball in eine andere Richtung als die erwartete spielt, handelt in der Gegenwart in bezug auf eine Zukunft, die schon in der Physiognomie der Gegenwart des Gegners, der gerade nach rechts läuft, angelegt ist. Er setzt diese Zukunft nicht als Projekt (ich kann nach rechts spielen oder auch nicht): Er spielt den Ball nach links, weil sein Gegner nach rechts tendiert, in gewisser Weise bereits rechts ist. Er bestimmt sich in Abhängigkeit von einer in der Gegenwart angelegten So-gut-wie-Gegenwart" (ebd. 146).

Mit diesem Strategie-Begriff ist eine Differenz zwischen praktischer Logik (des Handelns) und logischer oder theoretischer Logik (der wissenschaftlichen Analyse) benannt. Wird ein praktisches Verhältnis der Für-Sorge mit einem „rationalen, berechnenden Bewußtsein" verbunden, d.h. mit Zwecken, die als Zwecke gesetzt werden, verwandelt sich der Verlauf des Spiels in ein Projekt. Reduktionistisch an dieser Verbindung ist nicht deren Möglichkeit, sondern die Gleichsetzung, nach der für die Akteure der Endpunkt ihres Spiels immer auch dessen Zweck im Sinne von Ziel gewesen sei.

Die zweite Reduktion, alles Handeln auf (materielles) Gewinninteresse zurückzuführen, kritisiert Bourdieu als Intention, die Ziele des Handelns auf ökonomische Ziele zu reduzieren. Im Blick auf verschiedene soziale Felder (Geschäft, Kunst, Bürokratie) zeigt er auf, daß sich in diesen Feldern je eigene, autonome Gesetzte herausbilden. Der Begriff eines einzigen ökonomischen Interesses wird damit aufgelöst in „genauso viele Formen von 'libido', genauso viele Arten von 'Interesse', wie es Felder gibt" (ebd. 150). Jedes

Feld produziert eine Form von Interesse, „die aus der Sicht eines anderen Feldes als Freiheit von Interessen erscheinen kann" (ebd.). Die feldeigentümliche Freiheit von Interesse versteht Bourdieu als „nichtinteressengeleitete oder großherzige Disposition" (ebd.) des Habitus, die begrifflich als das „Symbolische" oder als „symbolisches Kapital" gefaßt wird. Dieser Kapitalbegriff bedarf der Erläuterung.

Die gesellschaftliche Welt ist nach Bourdieu (über Felder und Habitusformen hinaus) als akkumulierte Geschichte von Kapital strukturiert. Mit einem differenzierten Kapitalbegriff lassen sich 'subjektive' wie 'körperliche', vergegenständlichte wie institutionalisierte Formen sowie Beziehungssysteme beschreiben. Die Relation von Handlungsressourcen der Akteure und der „Hysteresis" der Strukturen zielt in diesem Kapitalbegriff auf die Überwindung der traditionellen Subjektivismus-Objektivismus-Dichotomie. Bourdieus grundsätzliche Unterscheidung der Kapitalarten: ökonomisches, kulturelles, soziales und symbolisches Kapital ist im Blick auf Spielpraktiken zu spezifizieren.

Das *kulturelle Kapital* als inkorporiertes System dauerhafter Dispositionen (bspw. als Spielweise bestimmter Techniken und Taktiken) realisiert sich im und durch Körper als Spielkultur. Seine Verinnerlichung kostet Lern- und Trainingszeit, die vom Spieler „investiert" werden muß. Spiel-Sinn als Ausprägungsform des kulturellen Kapitals kann nicht unmittelbar oder kurzfristig übertragen bzw. angeeignet werden. Seine Einverleibung ist allerdings auch ohne planvolle Erziehungsmaßnahmen möglich.[6]

Das *soziale Kapital* ist die „Gesamtheit der aktuellen und potentiellen Ressourcen, die mit dem Besitz eines dauerhaften Netzes von mehr oder weniger institutionalisierten Beziehungen gegenseitigen Kennens oder Anerkennens verbunden sind; (...) es handelt sich dabei um Ressourcen, die auf der *Zugehörigkeit zu einer Gruppe* beruhen" (Bourdieu 1983, 190 f.; zitiert nach Fröhlich 1994, 35 f. ; Hervorhebung im Original, L. M.). Eine Sportspielmannschaft läßt sich als ein solches Beziehungsnetz verstehen, ebenso eine informelle Spielgruppe der Straßenspielkultur in ihren spezifischen Bedingungen. Derartige Beziehungsnetze entstehen aus individuellen und kol-

---

6 Auf einer solchen Form der nicht 'bewußt geplanten' Einverleibung des kulturellen Kapitals der Spiele basiert(e) die sog. „Straßenspielkultur" (vgl. W. Schmidt, 1991, 106 ff).

lektiven „Investitionsstrategien, die bewußt oder unbewußt auf die Schaffung von Sozialbeziehungen gerichtet sind, die früher oder später unmittelbaren Nutzen versprechen" (Bourdieu 1983, 192).

Das *symbolische Kapital* schließlich beruht auf Erkennen bzw. Bekanntheit und Anerkennen (Bourdieu 1992, 37): es äußerst sich als Ansehen, Ehre, Ruhm, Prestige, Renommeè etc. Bourdieu versteht das symbolische Kapital als die „wahrgenommene und als legitim anerkannte Form" (1985, 11) des ökonomischen, kulturellen und sozialen Kapitals. Insbesondere das soziale Kapital findet darin seine praktische Realisationsform und Funktionsweise. Dem „guten" Spieler geht sein Ruf voraus, der z.T. medial verstärkt oder sogar überhöht wird. Damit fordert er Respekt, der durchaus zu Zurückhaltung oder Hemmung seines Gegenspielers führen kann. Gleichzeitig gilt es aber, den „guten Ruf" beständig unter Beweis zu stellen, denn es kann auch eine Herausforderung sein, gegen das im Prestige symbolisierte Können besonders gut „auszusehen", also daran teilzuhaben.

Als weitere, spielbezogen bedeutsame Kapitalform ist zudem das physische bzw. *körperliche Kapital* zu nennen. Unter dem (aktuellen) kulturellen Standard von Sportlichkeit und Jugendlichkeit äußert es sich allgemein als (körperliche) Stärke, Gesundheit und Schönheit, spielbezogen als Statur, Ausprägungsform der Motorik, in spezifischen Techniken und Taktiken (bspw. Varianten, Tricks, Finten etc.). Praktisch fungiert es als symbolisches Kapital.

„Symbolisches Kapital" gilt Bourdieu als Begriff, der nicht-ökonomisches (Spiel-)Handeln als ein nicht-ökonomisches, insofern als interessenfrei im ökonomischen Sinne erklären kann. Er bezeichnet das Streben nach Formen symbolischen Profits. Das spezifische Feld, in dem Menschen zu Spielern werden, inkorporiert in ihnen jenen interessenfreien Habitus, der im „Modus 'es ist stärker als ich'" die Autonomie des Feldes gegenüber dem im Utilitarismus verallgemeinerten ökonomischen Kalkül hervorhebt.

Während die historische 'noblesse oblige' für den Adligen bedeutet(e), er kann gar nicht anders als „adlig" zu handeln, sind Spieler zu verstehen als „inkorporierte, Körper, Disposition oder Habitus gewordene Gruppe" (Bourdieu 1998, 153). Sie werden zum Subjekt der Projektionen des Feldes (der Sportspiele), wobei dieses Feld die Spieler verpflichtet, spielgemäß zu handeln. Dies artikuliert sich u.a. am Begriff eines 'fair play', das sich von „unsportlichem Verhalten" gegenüber Spielidee, Mit- und Gegenspielern distanziert, und zugleich hohe symbolische Bedeutung genießt.[7]

Dauerhafte Dispositionen (Habitus) werden zum realen Prinzip der Praktiken, wenn sie eine ständige Bestärkung in einem Belohnungssystem der feldspezifischen Interessenfreiheit finden. Bourdieu konstruiert einen solchen Mikrokosmos, „in dem das Gesetz des ökonomischen Interesses aufgehoben ist" (ebd. 154), vermittels seiner Kategorie der „Verallgemeinerungsprofite". Diese betreffen eine „allgemeine Anerkennung der Anerkennung des Allgemeinen" (ebd.). Sinn für Spiel(en) ist in dieser Hinsicht Ausdruck einer Universalie der Spielpraktiken, nämlich dasjenige Verhalten als annehmbar anzuerkennen, dessen Prinzip die Unterwerfung unter das Allgemeine ist, also großherzig oder altruistisch zu spielen (vs. egoistisch und rücksichtslos), heißt insbesondere und vor allem: fair play (oder: es ist nur ein Spiel).

2.3 Spiel-Sinn und Regel

Die Frage nach den konkreten Formen, in denen Feld und Habitus das spielerische Verhalten der Akteure hervorbringen und regulieren, führt nach Bourdieu zwangsläufig zum Begriff der „Regel". Habitus könnte als deterministisches „Produkt" des Feldes verstanden werden, worin das Handeln der Akteure spezifischen Regeln des Feldes folge. Dieser Eindruck drängt sich um so mehr auf, als für die Sportspiele umfangreiche und differenzierte Regelwerke vorliegen und die Entwicklung der Sportspiele vornehmlich unter dem Aspekt ihrer Kodifizierung erscheint. Die Kodifizierungen der modernen Sportspiele betreffen räumliche, zeitliche sowie technische und soziale Handlungsregeln. Nach einem Überblick über deren Aspekte wird das Verhältnis von Habitus bzw. Spiel-Sinn und Regel näher bestimmt.

In räumlicher Hinsicht beziehen sich Kodifizierungen auf die Eingrenzung von Spiel-Räumen zu speziellen Spielfeldern mit weitgehend standardisier-

---

7 Symbolisches Kapital beim sportlichen Spiel zu erstreben kann dabei auch 'selbstbezüglich' ablaufen. Obwohl ein Spieler verloren hat, ist er mit sich selbst und seiner Leistung zufrieden, hat etwas gewagt, sich eingesetzt etc.; dies muß nicht zwangsläufig die Form interpersoneller Anerkennung finden, kann gleichwohl aber zur selbstbezogenen Form symbolischen Kapitals werden, nämlich als persönliche Zufriedenheit, - im (anderen) Extrem aber auch zu Selbstgerechtigkeit, Selbstmitleid und Narzißmus.

ten Bedingungen, die zu einer formalen Egalität der Spielparteien beitragen und zugleich funktionelle Handlungsräume schaffen sollen. Eine kodifizierte Feinstrukturierung von Spielräumen unterteilt Zonen für Eröffnungs- und Schlußrituale, tabuisierte bzw. mit Betretens- und Handlungseinschränkungen versehene sowie relativ offene Räume, schließlich spezielle Funktionsräume für einzelne Spieler. Die Räume des Spiels erhalten damit auch differenzierte taktische Bedeutungen.

Spiele werden zudem verzeitlicht. Der Festlegung von Gesamtspielzeiten und Teilzeiten folgen immer speziellere Zeitregeln, die logisch gegen Spielverzögerungen, funktionell auf Erhalt und Steigerung von Spannung ausgelegt sind. Mit dem historischen Übergang zu zwei Zielen (jede Spielpartei hat ein eigenes Ziel, das gegen die gegnerische Verteidigung zu erreichen ist) setzt sich eine zyklische Strukturierung durch, die Spiele nach wechselseitigem Angriff und Abwehr zeitet. Diese wird überlagert durch eine zunehmende lineare Strukturierung im Sinne einer fortschreitenden Beschleunigung der Handlungen. Die Handlungsregeln der Sportspiele betreffen im wesentlichen Formen des Körpereinsatzes im Verhältnis zum Spielgegenstand (technische Regeln) und Bestimmungen über die Zahl der Spieler und insbesondere deren „Verhalten zum Gegner" (soziale Regeln). Darin enthalten sind ausführliche Beschreibungen, was ein Spieler in Relation zu seinem Gegner machen bzw. nicht machen darf. Darüber hinaus gelten implizite Regeln, etwa des 'fair play'. Allgemein folgt die Kodifizierung der Handlungsregeln der Intention, durch Herstellen einer formalen Chancengleichheit eine dramatische Spannung zu erzeugen, andererseits sind soziale Folgen von Spielen zu begrenzen.

Die Kodifizierung sportlicher Spielpraxis hat sich weitgehend jenseits der spielenden Akteure vollzogen. Sie realisierte sich mit und durch eine Institutionalisierung sportlicher Spielpraxis in Vereinen und Verbänden. Die institutionalisierte Verständigung über das Regelwerk gewährleistet Wettkämpfe auf internationaler Ebene.

Bourdieu wendet sich nun allgemein gegen den sog. „Juridismus" als Verfahren, soziale Praktiken zu erklären, indem man explizite Regeln benennt, nach denen sie hervorgebracht werden. Vielmehr ist die Frage nach Voraussetzungen zu stellen, unter denen Regeln wirken. Seine These ist, daß spielerische Aktivitäten nur teilweise durch ausdrückliche Normen (Spielregeln) und rationales Kalkül hervorgebracht werden. Ihr entscheidendes Erzeugungsprinzip ist der Spiel-Sinn, „spielerisches Gespür", „der gekonnte praktische Umgang mit der immanenten Logik eines Spiels, die praktische Beherrschung der ihm innewohnenden Notwendigkeit – und dieser 'Sinn' wird durch Spielerfahrung erworben und funktioniert jenseits des Bewußtseins und des diskursiven Denkens (etwa nach Art der Körpertechniken)" (1985, 81).[8] Der praktische oder der Spiel-Sinn fügt sich der Regelkenntnis hinzu und läßt sich nur durch Spielpraxis erwerben. Spiel-Sinn ist dabei nicht lediglich die Inkorporation der „sachlichen" Logik des Feldes im Habitus. Die Einverleibung betrifft gerade auch die Wahrnehmungs-, Bewertungs- und Handlungsstrukturen als spezifische

Weise, dieses Feld wahrzunehmen und zu bewerten. Die Relationen zwischen Feld und Habitus bewirken, daß sich das Feld der Sportspiele und spielspezifischer Habitus wechselseitig reproduzieren.

„'Spiel' ist der Ort, an dem sich eine immanente Notwendigkeit vollzieht, die zugleich eine immanente Logik ist. In einem Spiel darf man nicht einfach irgend etwas tun. Der 'Spiel-Sinn', der zu jener Notwendigkeit und Logik beiträgt, stellt eine Art Kenntnis dieser Notwendigkeit und Logik dar. Wer beim Spiel gewinnen, sich die Einsätze aneignen, den Ball fangen will, (...), der muß über den 'Spiel-Sinn' verfügen, also ein Gespür für die innere Notwendigkeit und Logik des Spiels besitzen" (1985, 85). Praktisch läßt sich dieser Zusammenhang an einer Finte illustrieren: wer eine Finte versucht, befolgt nicht bewußt eine Regel, sondern nutzt 'intuitiv' eine Regelmäßigkeit im Verhalten seines Gegners durch eine Täuschung. Wird eine Finte zur Regel, wird sie nutzlos. Andererseits folgt regelmäßiges Verhalten einer immanenten Notwendigkeit des Spiels, insofern es praktischen Sinn für ein bestimmtes Gegnerverhalten darstellt, von dem man aber nie wissen kann, ob es eine Finte enthält oder nicht, regelhaft oder regelmäßig ist. Da Finten beiderseitig möglich (aber nie gewiß) sind, verliert sich ein Verhalten im unendlichen Regreß, das im rationalen Kalkül eine Regel befolgen will.

---

8 Der Bezug auf alltägliche Körpertechniken macht deutlich: das Gehen weist bestimmte Regelmäßigkeiten auf, folgt aber praktisch keiner bewußten Regel. Auch in der bewußten formalisierten Anwendung einer Regel besteht immer die Möglichkeit bzw. Gefahr des Mißlingens, zumal in „regelmäßig" wechselnden Situationen der Sportspiele.

Dieser Zusammenhang von Habitus und Regel(mäßigkeit) läßt sich auch an sprachtheoretischen Überlegungen illustrieren. Das Erlernen einer Muttersprache folgt – wie der Spiel-Sinn, aber im Gegensatz zum Erlernen einer Fremdsprache – zwar bestimmten Regelmäßigkeiten, die jedoch das bewußte Anwenden grammatikalischer Regeln nicht zur Voraussetzung haben, gleichwohl ein im Prinzip unbegrenztes sprachliches Ausdrucksvermögen erlauben.[9]

Weil der Sinn für das Spiel die Erzeugung einer Unendlichkeit von „Spielzügen" erlaube, die in Einklang mit der Unendlichkeit möglicher Situationen stehen, die keine noch so komplexe Regel vorhersehen kann, empfiehlt Bourdieu, den Begriff der Regel durch den Begriff der Strategie zu ersetzen. Der Habitus verkörpert objektive Notwendigkeiten und erzeugt Strategien, die nicht das Produkt eines bewußten Strebens nach Zielen sind, sich aber gleichwohl als objektiv der Situation angepaßt erweisen. Bourdieu versteht Habitus auch als Basis einer Vorhersage, bei der gewöhnliche Erfahrungen zu praktischen Antizipationen führen. Jedoch findet der Habitus sein Prinzip nicht in einer Regel oder in einem ausdrücklichen Gesetz.

3. Sportspiele als Lebensstil

Im Rahmen des Habitus-Konzepts läßt sich ein Beziehungsgefüge skizzieren, das soziale Ausprägungsformen sportlicher Spielpraxen erklären kann. Mit der „generativen Formel des Habitus" (1993, 332) wird beschrieben, daß die jeweiligen Lebensbedingungen in spezifische Lebensstile als Verwirklichung der vom Feld angebotenen stilistischen Möglichkeiten umgesetzt werden. Damit sind hier vor allem jene einverleibten sozialen Dispositionen angesprochen, die sich im Körper- und Bewegungsverhältnis als stilistische Möglichkeiten einer sportiven Lebensgestaltung ausprägen.

Der Aufbau eines „Präferenz-Raumes" für bestimmte Aktivitäten folgt nach Bourdieu einer Grundstruktur, in der dieser Sozialraum von Umfang und Struktur des verfügbaren (ökonomischen wie kulturellen) Kapitals ge-

---

9 Im Hinblick auf den Regelbegriff hat Bouveresse (1993) Unterschiede zwischen dem Habitus-Begriff von Bourdieu und der generativen Grammatik von Chomsky herausgearbeitet.

prägt wird. Zudem ist entsprechende freie Zeit vorauszusetzen. Präferenzen für bestimmte sportliche Aktivitäten resultieren aus der Wahrnehmung und Einschätzung der äußerlichen und innerlichen Gewinne sowie der Kosten dieser Tätigkeiten. Wahrnehmung und Einschätzung sind hier nicht rationalistisch zu denken, sondern entsprechen den Dispositionen des Habitus. Diese stellen ein spezifisches Verhältnis zum (je) eigenen Körper dar. Das Verhältnis von Habitus zu (sportivem) Lebensstil ist zudem nicht als deterministisch zu verstehen. Zwar präsentiert sich „das Universum der sportlichen Betätigungen und Veranstaltungen jedem Neuankömmling zunächst erst einmal als ein Komplex fix und fertiger Entscheidungen, bereits gegenständlich gewordener Möglichkeiten – als ein Gesamt von Traditionen, Regeln, Werten, Einrichtungen und Symbolen, deren soziale Bedeutung sich aus dem durch sie konstituierten System ergibt" (ebd. 333). Doch bei den Akteuren besteht keinesfalls Einigkeit über die erwarteten (zu erwartenden) Vorteile, die mit der jeweiligen sportlichen Betätigung verbunden sind. Annahmen über mögliche Vorteile bestimmter Lebensstile erweisen sich vielmehr als weitgehend habitus-gebunden. Differentielle soziale Erwartungen an ein Körperbild und entsprechende Praxisformen sind daher nur über jene soziologisch relevanten Merkmale zu rekonstruieren, von denen her die Entscheidung der Akteure für bestimmte sportliche Aktivitäten bestimmt ist (bewußt oder unbewußt).

In den Dispositionen des Habitus sind spezifische Beziehungen zum eigenen Körper und zum Sich-Bewegen „einverleibt". Der Körper kann im und durch Sport zum Instrument wie zum Zeichen werden. Der Sozialcharakter dieser Körperverhältnisse kommt u.a. in klassen- bzw. schichtenspezifischen Zeitperspektiven der Körperlichkeit zum Ausdruck. So korrespondiert nach Bourdieu bspw. der Gesundheitssport bürgerlicher Kreise mit einer asketischen, zukunftsorientierten Lebensweise im Gegensatz zum eher proletarischen Kraft-Ausdruck durch Körperlichkeit, der stark präsentisch angelegt ist (vgl. 1993).

Eine empirische Analyse zur Korrespondenz von spielbezogener Praxis und spezifischen Lebensstilen liegt derzeit nicht vor.[10] Eine Differenzierung des Sozialcharakters der Körperverhältnisse in die Dichotomie eines proleta-

---

10 Bourdieus Hinweise auf die Situation in Frankreich (vgl. 1993) scheinen teilweise überholt und lassen sich zudem nur bedingt auf die Situation in Deutschland übertragen.

rischen vs. bürgerlichen Sports (s.o.) erscheint dabei als zu grob. Dies zeigt sich einerseits an Phänomenen, die auf eine Auflösung traditionell primär sozialstrukturell geprägter Sportpraxis verweisen: soziale Unterschiede bestehen nicht mehr nur zwischen Sportarten, sondern verlagern sich auch zusehends in die Sportarten selbst hinein (vgl. Schwark, i. d. B.). In einer empirischen Analyse des Feldes wäre zudem auch die Kritik an Bourdieus kategorialer Erschließung der Sozialstruktur und deren Repräsentation in Lebensstilen aufzugreifen; diese Kritik manifestiert sich insbesondere am Klassenbegriff (vgl. Bader/Benschop/Krätke/van Treeck 1998, H.-P. Müller 1992, Schwark, i.d.B.).

Im Vorfeld einer empirischen Analyse können hier nur Linien lebensstilistischer Distinktion umrissen werden, die im Zusammenhang sportlicher Spielpraxis als bedeutungsvoll erscheinen. Diese 'Linien' können eine empirische Analyse näher strukturieren, aber nicht ersetzen. Grundsätzlich ist jeweils ein wechselseitiger Zusammenhang der akzentuierten Aspekte mit den soziologisch relevanten Kriterien wie Geschlecht, Bildungsniveau, ökonomischer Status und regionale Faktoren zu berücksichtigen:

- Praxisformen sportlichen Spielens stehen in Relation zum Lebensalter; auch wenn sich der „Jugendlichkeitscharakter" moderner Sportspiele tendenziell auflöst (weil auch immer mehr Ältere sportlich spielen), spielen ältere Menschen i.d.R. immer noch andere Spiele als Jüngere, oder aber sie betreiben nahezu keine sportlichen Spiele (bspw. ältere Frauen).
- Bedeutsam sind zeitliche Perspektiven spielerischen Handelns: die langfristige Perspektive der Leistungsorientierung (bspw. in Rahmentrainingsplänen mit mehrjährigen Zeit- und Sinnhorizonten) impliziert einen (eher asketischen) Lebensstil, der von unmittelbarem Gegenwartsbezug spielerischen Handelns (hedonistische Perspektive) abweicht.[11] Die Differenzierung zeitlicher Perspektiven korrespondiert dabei mit spezifischen Kapitalorientierungen: so verbindet sich die (langfristige) Leistungsorientierung zusehends mit Bezügen auf ökonomisches Kapital, während Gegen-

---

11 In gesundheitlicher Perspektive gelten wiederum andere Relationen zwischen Zeit- und Sinnhorizonten.

wartsbezüge vorwiegend eine symbolische bzw. kulturelle Ausrichtung aufweisen.

- Ein weiteres Distinktionsmerkmal stellt das Verhältnis zum eigenen Körper am Maßstab der Instrumentalisierung dar. Dies betrifft vor allem Aspekte des Krafteinsatzes (Stärke, Umfang), des ganzkörperlichen Einsatzes (vs. körperliche Spezialisierung bzw. feinmotorische Anteile) sowie der Schmerz(un)empfindlichkeit. Das Feld der Sportspiele bietet für deren Realisation unterschiedliche soziale Organisationsformen an, nämlich individuelle, gruppenbezogene und mannschaftliche Spielpraxen. Das (instrumentelle) Verhältnis zum eigenen Körper als Ausdruck eines Lebensstils zeigt sich u.a. darin, in welchen sozialen Zusammenhängen der Körper eingesetzt wird (dies bestimmt auch das 'wie' zumindest mit): im Sinne von Team-Geist, Unterordnung, Opferbereitschaft oder individualistisch, fremd- oder selbstbestimmt hinsichtlich der Wahl des Energieaufwandes, souverän, unabhängig, selbständig oder nach Ort, Zeit, und Rhythmus festgelegt, schließlich nach Art und Form von Überwachung und ggf. Sanktionierung des Spielbetriebs. Ein spielspezifischer Lebensstil realisiert sich mithin in der Relation des habituellen Verhältnisses zum eigenen Körper und der räumlichen, zeitlichen und sozialen Gestaltung von Spielpraxis.

- Schließlich bringen unterschiedliche Sportpraxen sozialstrukturelle Bedingungen lebensstilistisch (distinktiv) zum Ausdruck: sie repräsentieren „Zugangsmöglichkeiten" zu diesen Praxen. Bourdieu versteht jene Investitionen, die Menschen zum Betreiben von Sportarten auf sich nehmen müssen, als „kaschierte Aufnahmegebühren". Soziale Selektion findet hier über Zeit und Geld statt. Damit ist nicht lediglich der Erwerb einer entsprechenden Ausrüstung gemeint, sondern insbesondere der Aufwand, der nötig ist, um eine Sportart zu lernen und sinnfällig zu betreiben. Distinktiv bedeutsam ist in dieser Hinsicht, öffentlich vs. „privat", in der Gruppe oder einzeln etc. zu lernen, zu trainieren und zu spielen. Dabei befördern auch (mitgelernte) „vornehme" Geselligkeitstechniken einen distinktiven Status.

In der „Natur" der jeweiligen sportlichen Disziplinen ist mithin keine hinreichende Erklärung für die soziale Verbreitung der sportiven Aktivitäten zu finden. Ein Sport wird „mit um so größerer Wahrscheinlichkeit von Angehörigen einer bestimmten Gesellschaftsklasse übernommen, je weniger er deren Verhältnis zum eigenen Körper in dessen tiefsten Regionen des Unbewußten widerspricht, d.h. dem Körperschema als dem Depositorium einer globalen, die innerste Dimension des Individuums wie seines Leibes umfassenden Weltsicht" (Bourdieu 1993, 347).

4. Determinismus vs. Freiheit des Individuums: (sportspiel)pädagogische Perspektiven

In pädagogischer Hinsicht bleibt das Konzept von Bourdieu umstritten. Es sieht sich insbesondere dem Vorwurf des Determinismus ausgesetzt, der mit Argumentationen über eine Veränderbarkeit von Habitus als „habitusüberschreitende" Praxis durch individuelles Lernen und vor allem Bewußtwerdung begründet wird (vgl. dazu allgemein Lave/Wenger 1991; Lave 1997; Liebau 1987, 1993; sportbezogen Schwark, i. d. B.). Wittpoth resümiert seine Analyse des Determinismus-Vorwurfs an das Habitus-Konzept von Bourdieu hingegen:

„Der Entdeckung vermeintlicher oder auch tatsächlicher Schwächen in Bourdieus Argumentation folgt eher eine Zurückweisung der Theorie als der Versuch, die Stellen genauer zu markieren, an denen die angebotenen Konstruktionen nicht mehr greifen, und dann erst zu entscheiden, ob Ergänzungen bzw. Differenzierungen noch im Rahmen seines Konzepts möglich sind, oder ob der Ansatz insgesamt obsolet wird. Bourdieus Versuch, unfruchtbare Dichotomien aufzubrechen, trifft also auf eine massive Insistenz eben solcher Dichotomien" (1994, 91). In dieser Situation spiegele sich u.a. eine gering ausgeprägte Bereitschaft, durch eine intensive Analyse der empirischen Tatbestände einer Formierung des Subjekts (im Habitus durch das Feld) zu einer veränderten Konzeption von Subjektivität zu gelangen (vgl. ebd. 88; vgl. auch Meyer-Drawe 1990). Die Problematik einer (pädagogisch vermittelten) Freiheit des Subjekts (im Spiel) gegenüber Determinationen des Habitus kann exemplarisch an Wittpoths Analyse entsprechender Überlegungen von Liebau (1987) thematisiert werden. Liebau erweckt danach den Eindruck, Bourdieu blende die Dimension der Veränderbarkeit und Veränderungsfähigkeit der Person, den Umgang der Person mit sich selbst sowie die daran geknüpften Entwicklungen, „wie sie sich z.B. aus Prozessen der Selbstreflexion ergeben" (1987, 80) aus. Wittpoth hält dies für unzutreffend: „Vielmehr spielen für ihn (Bourdieu, L.M.) Prozesse der Individuierung eine deutlich nachgeordnete Rolle, was allerdings weniger Ausdruck eines eher zufälligen Versäumnisses als Ergebnis seiner Einsichten in deren faktische Bedeutung ist" (1994, 89).[12] Problem des Determinismus-Vorwurfs ist danach die Fortführung einer dualistischen Sichtweise in pädagogischer Perspektive. Neben die Determination des Habitus durch das Feld wird ein „Konstrukt der Freiheit" (ebd.) placiert, ein „Reservat für das Subjekt". Die Begründung einer solchen „Freiheit" des Handelns auf seiten des Individuums vermittels Bewußtwerden, Erkennen und Selbstreflexion impliziert einerseits ein Schichtenmodell der „höheren geistigen Funktionen" gegenüber den „Niederungen" präreflexiver Einverleibung im Habitus. Andererseits wird in dieser Konstruktion auch der funktionale Zusammenhang von Empfinden, Wahrnehmen und Erkennen im praktischen, d.h. historisch wie sozial vermittelten (strukturierten) Handeln künstlich getrennt (vgl. Waldenfels 2000).

Bourdieu geht es aber gerade um die Überwindung von Dualismen im Anschluß an die cartesianische Denktradition. Dabei thematisieren seine pädagogischen Überlegungen zu Bildung (die in der Kategorie „Praktische Meisterschaft" intensive sportpädagogische Bezüge aufweisen; vgl. 1997) durchaus das Spannungsverhältnis von Praxis und Bewußtsein. Eine rationale Pädagogik, die die Entwicklung von Praxis (Bildung) über ein bewußtes Anwenden von Regeln als objektivierende Sichtweise dieser Praktiken intendiert, stellt eine historische Besonderung dar: „Die pädagogische Arbeit des Einprägens ist zusammen mit der Institutionalisierung (...) eine der hervorragendsten Gelegenheiten, praktische Schemata zu formulieren und zu ausdrücklichen Formen zu erheben. Es ist gewiß kein Zufall, daß die Frage nach den Verhältnissen zwischen Habitus und ‚Regel' auftaucht, sobald es historisch zu einem ausdrücklichen und expliziten Unterrichtshandeln kommt" (1997, 188). Rationale Pädagogik ist mithin eine historische Ant-

---

12 Insofern relativiert sich auch der Einwand von Lave, Bourdieu behandele Lernprozesse nur von ihrer institutionalisierten Seite her (vgl. 1997).

wort auf jene „diffuse Bildung", die direkt, „von der Praxis zur Praxis vermittelt wird" (ebd.) und darin ohne Diskurs auskommt. Jedoch: „Hervorragendes (d.h. praktische Meisterschaft in höchster Vollendung) gibt es nicht mehr, sobald man sich fragt, ob es beigebracht werden kann, sobald man die entsprechende Praxis wie in allen Spielarten des Akademismus auf Regeln gründen will, die aus der Praxis früherer Epochen oder aus ihren Produkten zu Unterrichtszwecken herausgelöst werden" (ebd. 188 f.). In dieser Hinsicht läßt sich die pädagogische Intention des „bewußt machen" funktional differenzieren:

- In praxisvermittelnder Perspektive erweist sich pädagogische Bewußtmachung von Praktiken (oft) eher als dysfunktional: „So zum Beispiel ergibt sich aus den Forschungen mancher Pädagogen (z.B. Renè Deleplaces) in dem Bemühen, das Erlernen sportlicher oder künstlerischer Praktiken zu rationalisieren, indem man die in diesen Praktiken tatsächlich wirksamen Mechanismen *möglichst bewußt macht*, daß der Unterricht in diesen Praktiken des Sports, weil er nicht auf einem *formalen Modell* beruht, das die vom praktischen Sinn (oder genauer vom 'Sinn für das Spiel' oder taktischen Verstand) im praktischen Zustand gemeisterten und in praxi durch *Nachahmung* erworbenen Grundlagen explizit machen könnte, auf Regeln oder gar Rezepte zurückgreifen, das Lernen auf typische Phasen (Spielzüge) konzentrieren muß und damit Gefahr läuft, allzuoft dysfunktionale Dispositionen zu erzeugen. Dieser Unterricht kann nämlich keine adäquate Sicht der Praxis *in ihrer Gesamtheit* bieten (so z.B. wenn sich das Rugbytraining darauf konzentriert, wie Führung mit den Mannschaftskameraden zu halten ist, anstatt den Schwerpunkt auf das Verhältnis zu den Gegnern zu legen, aus dem sich erst das richtige Verhältnis der Mannschaftskameraden untereinander ergibt)" (1997, 189; Hervorhebungen im Original, L. M.).

- So läßt sich „praktische Meisterschaft" von und durch Praxis auf Praxis übertragen, „ohne die Stufe des Diskurses zu erreichen"; dies ist allerdings nicht gleichzusetzen mit einer Reduktion auf mechanisches Lernen nach Versuch und Irrtum: „Solange die pädagogische Arbeit nicht als spezifische und selbständige Praxis institutionalisiert ist und die ganze Gruppe und ein ganzes symbolisch strukturiertes Milieu ohne spezialisierte Be-

auftragte und ohne angegebene Zeiten eine anonyme und diffuse pädagogische Wirkung ausübt, wird das Wesentliche des *modus operandi*, nach
dem sich praktische Kompetenz definiert, in der Praxis im Zustand des
Praktischen vermittelt, ohne die Stufe des Diskurses zu erreichen. Man
ahmt nicht 'Vorbilder' nach, sondern Handlungen anderer" (1997, 136;
Hervorhebung im Original, L.M.). Denn das Lernmaterial ist hier „Ergebnis der systematischen Anwendung weniger Prinzipien von praktischer
Schlüssigkeit" (ebd. 137). Durch die Dialektik von Objektivierung und
Einverleibung steht am Ende des Lernprozesses, daß „Praktiken und Werke als systematische Objektivierungen systematischer Dispositionen ihrerseits systematische Dispositionen zu erzeugen suchen" (ebd.)., d.h. die
praktische Meisterung von Handlungsschemata setzt deren symbolische
Meisterung (etwa als bewußter sprachlicher Ausdruck) keineswegs voraus.

Mit diesen Überlegungen stellt sich die Bewußtseins-Problematik im Lernprozeß neu. In spielpädagogischer Hinsicht bleibt es eine Aufgabe, diese
Problematik u.a. in den drei Arten von Lernen, die Bourdieu unterscheidet
(Lernen durch schlichte Gewöhnung, Lernen durch strukturale Übungen sowie Lernen durch explizite und ausdrückliche Übertragung von Vorschriften
und Regeln), näherhin zu untersuchen. Wittpoth kommt diesbezüglich zu
dem Ergebnis, daß es keinen Anlaß gebe, „kognitive Anteile am Selbst zu
bestreiten, es gibt aber auch keine Gründe, ihnen das Gewicht beizumessen,
das Mead ihnen gibt. Die Frage verschiebt sich vielmehr dahin, ob und inwieweit der einzelne in der Lage ist, sich von seinen präreflexiven Verstrik-
kungen über Reflexion zu lösen, oder anders formuliert, ob es auch Autono-
mie-Spielräume gibt" (1994, 101).

Das Habitus-Konzept von Bourdieu ist als Relation von Notwendigkeit
und Freiheit spezifizierbar. Einerseits läßt sich das Individuum in diesem
Rahmen kaum als ein gänzlich freies denken. Habitus und Feld konstitu-
ieren eine soziale Laufbahn, in der der Habitus ein „grenzsetzendes Behar-
rungsvermögen" darstellt. Feld und Habitus erzeugen Effekte der Hysteresis
(Bourdieu 1997, 101), mit denen „die Verhaltensspielräume zur Seite ihrer
Begrenzung markiert (sind)" (Wittpoth 1994, 103). Das „Maßgebliche" am
Habitus ist also das „'Mögliche der objektiven Möglichkeit', eine praktische

Vernunft, bei der die Potentialitäten im Blick sind, die der wahrgenommenen Gegenwart eingeschrieben sind, im Gegensatz zum bloßen 'Futurum' als eine Imagination abstrakter Möglichkeiten, die eintreten können oder auch nicht" (ebd. 102).

Freiheit des Individuums liegt zunächst einmal in der Vielfalt, den Abweichungen und Brüchen, den Variablen und Kombinationen seines Klassenhabitus. Als Potentialität sieht Bourdieu diese vor allem in der „objektiven Krise von Laufbahnen" angesiedelt. Mit dem Aufbrechen unmittelbaren Angepaßtseins der subjektiven an objektive Strukturen, d.h. mit dem Aufbrechen von „Selbstverständlichkeiten", können konkurrierende Möglichkeiten in den Blick geraten. Eine solche „Freiheit" setzt den Bruch mit den Evidenzen des Althergebrachten voraus, ohne sich dabei von der Nachhaltigkeit der Hysterese-Effekte per Bewußtseinsakt lossagen zu können.

„All dies zusammengenommen, 'kann man in der vorweggenommenen Anpassung des Habitus an die objektiven Bedingungen einen 'Sonderfall des Möglichen' erkennen und so vermeiden, das Modell der quasi-zirkulären Verhältnisse quasi-vollkommener Reproduktion für allgemeingültig zu erklären, das nur dann uneingeschränkt gilt, wenn der Habitus unter Bedingungen zur Anwendung gelangt, die identisch (...) mit denen seiner Erzeugung sind' (Bourdieu 1997, 117). Daß Praktiken relativ unabhängig von den äußeren Bedingungen der unmittelbaren Gegenwart sind, gewährleistet damit einerseits Kontinuität im Wandel, birgt aber andererseits auch die Möglichkeit verschiedenartiger Disparitäten in sich, die zum Ausgangspunkt von Veränderungen werden können" (Wittpoth 1994, 103).

Literatur

Bader, V./Benschop, A./Krätke, M./van Treeck, W. (Hrsg.), Die Wiederentdeckung der Klassen. Berlin/Hamburg: Argument 1988.

Bernet, R./Kern, I./Marbach, E., Edmund Husserl. Darstellung seines Denkens. Hamburg: Felix Meiner 1989.

Bourdieu, P., Ökonomisches Kapital, kulturelles Kapital, soziales Kapital. In: Kreckel, R. (Hrsg.), Soziale Ungleichheiten. Göttingen 1983, 183-198.

Bourdieu, P., Von der Regel zu Strategien. In: Terrain 5 (März 1985), abgedruckt in: Bourdieu, P., Rede und Antwort. Frankfurt/M.: Suhrkamp 1992, 79-98.

Bourdieu, P., Die feinen Unterschiede. Kritik der gesellschaftlichen Urteilskraft, Frankfurt/M.: Suhrkamp ⁶1993.

Bourdieu, P. / Wacquant, L.J.D., Reflexive Anthropologie, Frankfurt/M.: Suhrkamp 1996.

Bourdieu, P., Sozialer Sinn. Kritik der theoretischen Vernunft, Frankfurt/M.: Suhrkamp ²1997.

Bourdieu, P., Praktische Vernunft. Zur Theorie des Handelns, Frankfurt/M.: Suhrkamp 1998.

Bouveresse, J., Was ist eine Regel? In: Gebauer, G./Wulf, Chr. (Hrsg.), Praxis und Ästhetik. Neue Perspektiven im Denken Pierre Bourdieus, Frankfurt/M.: Suhrkamp 1993, 41-56.

Fröhlich, G., Kapital, Habitus, Feld, Symbol. Grundbegriffe der Kulturtheorie bei Pierre Bourdieu. In: Mörth, I./Fröhlich, G. (Hrsg.), Das symbolische Kapital der Lebensstile. Zur Kultursoziologie der Moderne nach Pierre Bourdieu, Frankfurt a.M./ New York: Campus 1994, 31-54.

Hossenfelder, M., Einleitung (1968). In: Sextus Empiricus, Grundriß der pyrrhonischen Skepsis. Eingel. u. übers. v. M. Hossenfelder, Frankfurt/M.: Suhrkamp 1985.

Husserl, E., Zur Phänomenologie des inneren Zeitbewußtseins (1893-1917), Husserliana Band X, (Edmund Husserl. Gesammelte Werke. Haag: Martinus Nijhoff), hrsg. von R. Boehm 1966.

Lave, J./ Wenger, E., Situated learning. Legitimate peripheral participation. Cambridge: University Press 1991.

Lave, J., On learning. In: Forum Kritische Psychologie 38, Lernen. Holzkamp-Colloquium. Berlin: Argument 1997, 120-135.

Liebau, E., Gesellschaftliches Subjekt und Erziehung. Weinheim/München 1987.

Liebau, E., Vermittlung und Vermitteltheit. Überlegungen zu einer praxeologischen Pädagogik. In: Gebauer, G./Wulf, Chr. (Hrsg.), Praxis und Ästhetik. Neue Perspektiven im Denken Pierre Bourdieus. Frankfurt/M.: Suhrkamp 1993, 251-269.

Meyer-Drawe, K., Illusionen von Autonomie. Diesseits von Ohnmacht und Allmacht des Ich, München 1990.

Müller, H. P., Sozialstruktur und Lebensstile. Der neuere theoretische Diskurs über soziale Ungleichheit. Frankfurt/M.: Suhrkamp 1992.

Wacquant, L.J.D., Auf dem Weg zu einer Sozialpraxeologie. Struktur und Logik der Soziologie Pierre Bourdieus. In: Bourdieu, P./Wacquant, L.J.D., Reflexive Anthropologie, Frankfurt/M.: Suhrkamp 1996, 17-94.

Waldenfels, B., Das leibliche Selbst. Vorlesungen zur Phänomenologie des Leibes. Frankfurt/M.: Suhrkamp 2000.

Wittpoth, J., Rahmungen und Spielräume des Selbst. Ein Beitrag zur Theorie der Erwachsenensozialisation im Anschluß an George H. Mead und Pierre Bourdieu. Frankfurt/M: Moritz Diesterweg 1994.

232

Zugänge zu Sportspielen: Akzeptanz oder Veränderung?

Jürgen Schwark

In meinem Beitrag[1] möchte ich auf die Frage nach der Veränderbarkeit des Habitus eingehen und damit der individuellen (wie kollektiven) Möglichkeiten, eigene und gesellschaftliche Grenzen innerhalb des Sports zu verschieben. In diesem Zusammenhang thematisiere ich zum zweiten die in einigen Beiträgen innerhalb des Sports und der Sportwissenschaft tendenziell dichotome Zuordnung zwischen Sportspiel und „Arbeiterklasse" sowie Individualsportarten und „höhere soziale Schichten". Nachfolgend soll als dritter Aspekt auf die uneindeutig verwandte Terminologie von „Klassen und Schichten" eingegangen werden und schließlich wäre zu fragen, welchen Beitrag die Sportpädagogik (und –andragogik) über einen unmittelbar sportqualifizierenden Beitrag hinaus leistet, Zugänge zum Feld des Sports anzubieten, die habitusüberschreitende Wege ermöglichen.

Zur Veränderbarkeit des Habitus

Der Habitus als Vermittlungsinstanz zwischen Struktur bzw. Gesellschaft und Praxis bzw. Individuum ist sowohl strukturiert durch die objektive Le-

---

1 Ursprünglich war der in dieser Form vorliegende Beitrag als Votum auf den Vortrag von Lutz Müller konzipiert, der nachträglich auf Wunsch des Herausgebers nun zu einem eigenständigen Beitrag von mir umformuliert wurde. Die Struktur des Textes ist damit einer Mehrfachbearbeitung unterzogen worden.

benslage als auch strukturierendes Prinzip für die Praxis der Individuen. Obwohl Bourdieu mit der Einführung eines Bindegliedes über den direkten Determinismus – gesellschaftliche Strukturen bedingen individuelles Handeln – hinausgeht, erweist sich der Habitus mehr als Verlängerung zweiter Ordnung und weniger als Möglichkeit, Strukturen zu verändern. „Die Subjekte haben bei dieser Konstruktion als <Subjekte> nichts zu suchen. Sie sind nur die Vollzieher der strukturalistischen, letztlich der Klassenlage geschuldeten Gesetze, auch wenn ihnen nun noch eine aktive Eigenleistung bei der Praktizierung des Habitus zugemutet wird." (Voß 1991, 163) Die Determinismuskritik am Habituskonzept ist nun nicht neu und existiert seit der breiteren Rezeption in der bundesdeutschen Soziologie spätestens seit Mitte der 1980er Jahre, vornehmlich seit Erscheinen der deutschen Übersetzung der *Feinen Unterschiede*. Bourdieu hat auf diese Kritik reagiert und den mit seinen „relativ festen Verhaltensdispositionen" bezeichneten Habitus, als „(innerhalb bestimmter Grenzen) durch den Einfluß einer Laufbahn veränderbar" und „durch Bewußtwerdung und Sozioanalyse unter Kontrolle" (1989, 407) bringbar konzediert.

Dennoch ist die Determinismusproblematik offensichtlich darin begründet, dass Bourdieu den Blick auf den Klassenhabitus richtet und die konkreten Individuen insofern außer acht lässt, als dass sie sich lediglich die klassenspezifischen Habitusformen zu eigen machen können. Hier stellt sich die Frage, in welche Richtung sich die Praxis der Individuen entwickeln kann, ohne dass die Lebenstätigkeit, wie Maase es formuliert „zum bewusstlosen Nachvollzug von im Habitus zur zweiten Natur geronnenen Strukturgesetzen" (1986, 98) wird. Greifen wir die Argumentation von Voss auf, so werden die gesellschaftlichen Rahmenbedingungen subjektiv gebrochen und innerhalb der Lebensführung, in der im übrigen Lebensstil ein wichtiger, jedoch kein hinreichender Aspekt ist, aktiv verarbeit. „Die Personen setzen der vorgefundenen Struktur der Tätigkeitsfelder eine eigene Strukturlogik entgegen. Sie schaffen in Bearbeitung und Nutzung der gegebenen Bedingungen etwas Eigenes und Neues. Sie produzieren aus den gegebenen Ressourcen und in Auseinandersetzung mit den gegebenen Problemen und Zwängen einen für sie nutzbaren Rahmen, gestalten damit den Bezugshorizont ihres Lebens und machen aus der fremden eine eigenen „Welt". Die gesellschaftliche gegebenen Bereiche werden so zu ihren „Lebens-Bereichen". Die Personen schaffen mit ihrer Lebensführung ein Medium, mit dem sie sich auf die Bereiche der Gesellschaft beziehen." (Voss 1991, 310) Innerhalb der gesellschaftlichen Bedingungen können verschiedene individuelle Wege eingeschlagen werden, besteht der Möglichkeitsrahmen des „so", aber auch „anders" Könnens. Die von Voss ausgeführte synchrone, alltagsgerichtete Sichtweise des „ganzen Lebens", die personale Eigenständigkeit der Lebensführung mit ihrer praktisch tätigen Seite und die Möglichkeit, auch unter gleichen oder ähnlichen Lebensbedingungen unterschiedliche Praktiken entwickeln zu können, zielen auf die Möglichkeit der Veränderung von Sportpraxen ab. Die Möglichkeiten zur Veränderung, bzw. die Verfügung über die eigenen Lebensbedingungen, ausgewiesen als personale Handlungsfähigkeit, sind allerdings durch die jeweilige Lebenslage bzw. Position innerhalb der Gesellschaft vielfältig vermittelt und gebrochen. Die Widersprüchlichkeit im Verhältnis zwischen Handlungsmöglichkeiten und Handlungs- sowie Entwicklungsbehinderungen stellt sich für das Individuum als „doppelte Möglichkeit" : „bloß vorgefundene/zugestandene Möglichkeiten zu nutzen oder aber diese Möglichkeiten selber (ggf. im Zusammenschluß mit anderen) zu erweitern." (Maiers/ Markard 1986, 673)

In diesem Zusammenhang ergeben sich deutliche Parallelen zu dem von Bourdieu formulierten Aspekt des kulturellen Selbstausschlusses. „Schüchternheit, Enthaltung und Resignation" sind Ausdruck der symbolischen Gewalt, die schon im Vorfeld das ausschließt, wovon man ohnehin schon ausgeschlossen ist. Im Unterschied zu Bourdieu, der den kulturellen Selbstausschluss lediglich auf die Gruppe der „Unterschichten" bezieht und mit dem „Notwendigkeitsgeschmack" nur eine Richtung des Reagierens auf objektive Bedingungen entwickelt, geht Holzkamp (1983) mit dem „bewussten Verhalten zu mir selbst" (336), zur „eigenen Lebensgeschichte" (337) und „Lebensperspektive" (341) sowie der „doppelten Möglichkeit" (370 ff) von einem die objektiven Bedingungen verändernden Subjektstandpunkt aus.[2]

---

2 Zudem ist die analytische Richtung der restriktiven Handlungsfähigkeit nicht auf bestimmte Schicht- oder Klassengruppen beschränkt, wie dies in Bourdieus kulturellem Selbstausschluss nahegelegt ist.

Damit werden drei idealtypisch formulierbare Positionen deutlich.

- Zum einen ist es der Aspekt des kulturellen Selbstausschlusses der Arbeiterklasse (Bourdieu) der individuelle „Veränderungen" nur als lediglich innerhalb eines (vorgezeichneten) Rahmens, in Form konsumtiver, rezipierender Aufnahme von Vorhandenem formuliert.

- Zum zweiten ist es das prätentiöse und entlarvende Nacheifern vorherrschender „legitimer" kultureller Praxen des Kleinbürgertums (Bourdieu), ohne diese jemals in ihrer distinktiven, symbolisch-ästhetisierten Art und Weise realisieren zu können.

- Zum dritten ist es die Möglichkeit der Aneignung und Eigenbearbeitung (Voss, Holzkamp) kultureller Praxen, über den gesellschaftlich zugestandenen Rahmen hinaus, durch erweiterte individuelle wie kollektive Handlungsfähigkeit.

Am Beispiel einer neueren Publikation der (praxisorientierten) Sportpädagogik kann (erneut) aufgezeigt werden, wie der Ansatz von Bourdieu redundant präsentiert und in seiner Potentialität verkürzt und statisch vorgetragen wird. Aktuelles Beispiel ist Böhnkes (2000) Handbuch zum Erlebnis- und Abenteuersport. Auf vier Seiten werden die soziologischen Grundlagen „Individuum – Gesellschaft" sowie „Aufbau und Funktion der Gesellschaft" ausgewiesen. (22-26) Insgesamt entsteht der Eindruck, dass hier deterministischer (bzw. strukturalistischer) als bei Bourdieu selbst argumentiert wird. „Dieser 'Habitus' bewirkt, dass sich die Menschen einer jeweiligen Klasse unbewusst so verhalten, wie es in dieser Klasse gefordert wird: ... sie werden auf eine bestimmte Art und Weise einen Sport ausüben. Dies funktioniert automatisch, ... und vor allem ohne dass es uns bewusst wird!" (26) Der Bereich Abenteuer- und Erlebnissport wird, entgegen den zuvor erfolgten dichotomen klassenspezifischen Zuordnungen, als sogenanntes klassenübergreifendes „neutrales" Handlungsfeld beschrieben. Wie allerdings die „Chancen in unserer Gesellschaft, Mitglieder verschiedener sozialer Klassen zusammenzubringen, so dass der eine vom anderen lernen kann"(27) angesichts der oben erwähnten Unbewusstheit umgesetzt werden können, bleibt fraglich.

Wenn wir den Aspekt der Bewusstwerdung aufgreifen (sowohl bei Bourdieu als auch bei Holzkamp), so ergibt sich genau hier ein Ansatzpunkt für die Sportpädagogik, der die Inkorporierung gesellschaftlicher Strukturen zum Thema hat und grundlegend die Frage stellt, welche Art der Veränderung für die Individuen denn genau gemeint ist.

In dem hier intendierten Sinn kann es aus Sicht des Subjektstandpunkts nicht um den Versuch einer 1:1-Kopie vorherrschender Sportpraxen mit ihren ästhetisierten und symbolischen Verhaltenskonformismen gehen. Die vorherrschend-distinktive Praxis gegenüber den „unteren Schichten" kann nicht zu der für die Sportpädagogik vereinfachten und für die Subjekte restriktiven Ausgangsposition führen, quasi den Standpunkt der Akzeptanz der Akzeptanz (oder Akzeptanz der Prätention) als legitimierte Sportpraxis einzunehmen.

Im Gegensatz dazu verstehe ich die Zielstellung von (Sport-)Pädagogik, für die Individuen neue, zusätzliche Sichtweisen zu verdeutlichen, Reflexionsfähigkeit zu erhöhen,[3] Handlungsfähigkeit zu erweitern und damit Bedingungen zu schaffen, sich erweiterte Aneignungs-, Tätigkeits-, Genuss- und damit reale Entfaltungsmöglichkeiten am Maßstab eigener Bedürfnisse zu erschließen.

Dichotome Zuordnungen der Sportarten

Unterscheidungen zur Sportartenverteilung lesen sich bisweilen wie eine Dichotomie in individualisiertem „bürgerlichen Sport" und sportspielorientierten „proletarischen Arbeitersport". Sack (1989, 188-205) hat in einem kurzen amüsant-narrativen Beitrag die idealtypische Anwendung proletarisch-derben Habitus im Fußball vs. bürgerlich-distinguierten Habitus im Hockey beschrieben (196/197). Dieser Idealtypus findet sich als Praxis, oben wie unten, nur noch als Reservat wieder, zumal Fußball als aktive Praxis ohnehin eine sog. „mittelschichtsorientierte" Praxis ist, die überwiegend von den „unteren Schichten" rezipiert wird, oder als gedankliche, zu analytischen Zwecken pointierte Beschreibung. Böhnke (2000, 23) erzeugt demgegenüber eine mit Stereotypen und Vorurteilen mutwillig konstruierte Überkreuz-Polarisierung zwischen Golf- und Boxsport und ihren Akteuren, um zu be-

---

3 Gemeint ist damit auch die Dechiffrierung, Enttarnung und Entlarvung der jeweiligen symbolischen Codes.

gründen, warum „verschiedene Personen, je nach gesellschaftlicher Stellung unterschiedliche Sportarten" (23) ausüben.[4]

Die sozialen Unterschiede zwischen den Sportarten reduzieren sich und verlagern sich zusehends als Unterschiede innerhalb der Sportarten. Sportarten sind damit nicht mehr so ohne weiteres einem Habitus zuzuordnen, sondern u.a. auch geprägt von regionalen, städtisch-ländlichen und schichtspezifischen Unterschieden der Ausübung. In diesem Zusammenhang existiert hinsichtlich der im biographischen Kontext ausgeübten Aktivität von Sportspielen eine verkürzte Zuordnung, derzufolge Arbeitern aufgrund ihrer ihnen unterstellten Unmittelbarkeitsverhaftetetheit, ihres mangelnden Planungshorizontes, funktionalen Körpereinsatzes und fehlenden Gesundheitsverständnisses u.s.w. eine wesentlich kürzere lebensbegleitende Sportpraxis attestiert wird, gegenüber den um ihren Körper achtsameren (besorgteren bis hypochondrischeren) sog. Mittelschichten. Die extreme Polarität ist m.E. in dieser deutlichen Form nicht mehr erkennbar.

Sehr wohl existieren Vorstellungen von z.B. Fußballern und Wasserballern, die über den unmittelbaren Spielbezug hinausgehen und eine langfristige lebensbegleitende und regelmäßige Sportaktivität bewusst als Perspektive ins Kalkül ziehen, die bestehenden Angebote (Alte Herren 32-39 J., Altsenioren 40-47 J., Ü 48) zu nutzen und ca. bis Mitte 50/ Anfang 60 zu spielen.[5] In der Tat ist nicht das Gesundheitsversprechen dafür ausschlaggebend, lang-

---

4 Der von Böhnke gestartete Versuch der Überpointierung kann in seiner Skurrilität und unzutreffenden Auflistung getrost als Abziehbild nicht aber als Kennerschaft entsprechender Milieus ausgewiesen werden. So stellt man sich die herrschende Klasse vor wie sie sein könnte und selbstverständlich findet man derartige Personen nicht im beschriebenen Boxclub wieder: Fünf-Gänge-Menue, Bankmanagement, Maniküre, Yacht, Monte Carlo, Chauffeur, Jaguar XJ 12, Boss-Anzug, Lacoste Tasche, Otto Kern Parfum, Don Perignon Champagner. Allerdings nimmt dieser Personenkreis kaum ein Fünf-Gänge-Menue vor einer Sportaktivität ein und es darf bezweifelt werden, ob der Massenanbieter Boss tatsächlich für die Herrenoberbekleidung herhält. Darüber hinaus dürfte es inzwischen, wenn schon Jaguar, ein XJR-Modell sein. Der XJ 12 findet sich, betagt und dadurch preiswert(er), inzwischen durchaus in dem Boxmilieu als Statussymbol wieder, zu dem Böhnke gerade die Distanz aufbauen wollte.

5 Allerdings wäre empirisch zu überprüfen, inwieweit sich die Sozialstruktur von Altherren-, Altsenioren- und Ü 48-Mannschaften im Fußball von der der übrigen Fußball-Ligen unterscheidet. Hierzu liegen bislang keine Daten vor.

fristig Sport zu treiben. Fußball unter einer langfristigen Perspektive betrachtet, wird auch mit und nach Verletzungen, Schädigungen und unter Schmerzen gespielt. Gerade die in diesem Zusammenhang angesprochene Schmerzunempfindlichkeit, das eher instrumentelle Verhältnis zum eigenen Körper ist es, dass die Sportpraxis auch unter widrigen Umständen weiterführt, bis es tatsächlich „nicht mehr geht". Durch Sport Schädigungen zu erleiden, wird als dazugehörige, wenngleich hinderliche Unterbrechung akzeptiert, vor dem Hintergrund einer langfristigen Perspektive. In der Regel ist jedoch die Spielweise trotz aller Zweikampfbereitschaft in höherem Alter zunehmend darauf ausgelegt, die Spielfähigkeit so lange wie möglich zu erhalten und nicht durch unangemessenen Einsatz zu gefährden. Auch das symbolische Kapital kann sich als relativ stabil erweisen, wenn in der adäquaten Seniorenliga nach wie vor Erfolge „gefeiert" werden.[6]

Nach wie vor sind unterschiedliche Distinktionspraxen im Feld des Sports vorhanden. So ist der noble „weißen" Tennisverein ebenso existent wie die kommerzialisierten, öffentlichen sowie vereinsgebunden Tennisangebote, die sich durch die bisweilen schrille Ausdrucksweise eines imitierten jungen Andre Agassi oder John McEnroe auszeichnen. Selbstverständlich unterscheiden sich die Bedingungen von Golfvereinen (Aufnahmereglementierung und -gebühr, Bürgen, Jahresbeitrag etc.) von öffentlich-kommunalen Golfplätzen oder touristisch motivierten Golfangeboten. Distinktion bleibt also nach wie vor bestehen und es kommt nicht zu einer Nivellierung der verschiedenen Praxen. Dennoch haben wir es (nicht mehr) mit einer tendenziell dichotomen Ausrichtung der sozialstrukturellen Sportartenverteilung zu tun, auch wenn die Distinktionspraxen mit ihren teilweise offenen (Bürgen

---

6 Insbesondere bei Spielern jenseits der 30/35 Jahre, die in einer 1. Mannschaft gespielt haben und/oder „höherklassig" (oberhalb der Kreisklassen), findet sich häufig eine Abneigung in den Niederungen der 2. oder 3. Mannschaften zu spielen. Gerade die Seniorenligen bieten demgegenüber eine Möglichkeit, wieder/nach wie vor gegen „Seinesgleichen", auf „für sein Alter" anerkanntem Niveau zu spielen. In anderen Spielsportarten, bspw. im Wasserball, konstituieren sich in größeren Vereinen durch ehemalige Bundesliga- bis max. Verbandsligaspieler im Alter zwischen 40 und Anfang 50 Jahren häufig III. Mannschaften, mangels entsprechender Seniorenligen, die sich auf Bezirksebene mit ihrer spielerischen und taktischen Kompetenz dem Wettkampf gegen deutlich jüngere, lediglich konditionell überlegene Mannschaften stellen.

beibringen) und eher subtilen Ausgrenzungsmechanismen („das ist nichts für unsereins"), mit der Verarbeitung zum scheinbar freiwilligen kulturellen Selbstausschluss, überwiegend von unten nach oben wirken und weniger in umgekehrter Richtung. Eine Dichotomie ist insofern schon nicht vorhanden, da Spielsportarten wie Hockey und ansatzweise das überaus körperbetonte Wasserballspiel (ein Großteil der SpielerInnen wechselt vom Schwimmen) deutliche sog. „Mittelschichtsprägung" aufweisen. Auf der anderen Seite betreiben immer mehr (Fach-) Arbeiter Individualsportarten i.w.S. Der Wandel innerhalb der Sportartenverteilung stellt sich zunehmend als Aneignungsprozess dar, indem sich die „unteren Schichten" einen vermehrten Zugang zum kulturellen Teilbereich Sport ermöglichen, den sie sich in ihrer spezifischen Form aneignen und selbstverständlich nicht in der distinguierten Art und Weise der herrschenden Schicht. Tennis und Skifahren sind trotz aller vorhandenen Unterschiede zwei zahlenmäßig deutliche Beweise für diese (wie immer auch wieder durch diverse mediale Vermittlungen und Konsumangebote überformten) Aneignungsweisen.

Sozialstruktur und Klassenstruktur

Strittig und bisweilen in ihrem analytischen Gehalt uneindeutig werden in der aktuellen Diskussion Begriffe wie Klasse, Schicht, Lebenslage und Lebensstil verwendet. Darüber hinaus existieren sog. neue Formen sozialer Ungleichheit, die in ihren vielfältigen Unterdrückungsformen miteinander konkurrieren (zumindest die jeweiligen wissenschaftstheoretischen VertreterInnen) und fälschlicherweise mit dem Ausbeutungsbegriff zusammengefasst werden.[7]

Zum einen existiert die Kritik an Bourdieu, in der sekundäre Merkmale (Alter, Geschlecht, Ethnie, regionale Faktoren) dem Klassenbegriff subsumiert und damit Sozialstruktur und Klassenstruktur deckungsgleich werden. (siehe Müller 1992, 345 f.)

---

7 „Was alles Unterdrückung sein soll, das wird stillschweigend so weit gefasst, daß eigentlich alle möglichen asymmetrischen Machtbeziehungen ... unter diesen gleichen Namen fallen können: Ausbeutung, Diskriminierung, Ausschließung, Herrschaft usw." (Benschop et al. 1998, 14)

Alternativ zum Klassenbegriff von Bourdieu steht der Begriff der Klasse im marxistischen Sinn, nachdem diese sich auf die Stellung im Rahmen der materiellen Produktionsverhältnisse bezieht (objektive Klassenlage), die also als große Gruppierung durch ihre gemeinsame ökonomisch bedingte Lebenslage charakterisiert ist. Die bisherige Diskussion um die Auflösung von Klassen manifestiert sich m.E. überwiegend an dem zweiten Aspekt, der Klasse konstituiert, dem des Klassenbewusstseins. Das weitgehende Fehlen von Klassenbewusstsein wird gleichzeitig zum Anlass genommen, auch die objektive Lage mit ihren Klassenverhältnissen zu negieren und stattdessen ein überwiegend anhand von Konsumpraktiken ausdifferenziertes Arsenal an pluralen Lebensstiltypologien oder graduelle Statusdimensionen zu bilden. Lutz Müller vermeidet in seinem Beitrag eine Festlegung. Deutlich wird dies an den unterschiedlichen Termini „untere soziale Klassen", „höhere soziale Klassen", aber auch synonym gebraucht (?) „höhere soziale Schichten, weiter „bestimmte Gesellschaftsklasse", sowie „proletarisch", „bürgerliche" Formen und „großbürgerliche Kreise". Sind Schichten und Klassen bei Lutz Müller identisch? Wieviele Klassen existieren? Liegen objektive Kategorien, kulturell homogene Bevölkerungsgruppen, primäre Interaktionsgruppen, Beziehungsgruppen, Prestigegruppen, Konflikt- oder Interessengruppen dem Klassenbegriff zugrunde?

Die Problematik des aktuellen Gebrauchs der Klassenanalyse und des keineswegs als überholt zu geltenden Begriffs der Klasse führen detaillierter Benschop, Krätke und Bader (1998, 5-26) aus, insbesondere auch die Kritik am graduellen, nicht-relationalen Statusbegriff der Schichtungssoziologie und am beliebig ausgeweiteten Unterdrückungsbegriff der Post-Marxisten.

Die Begriffe der Lebenslage als kategoriale Verortung von Individuen und der Lebensführung als aktiver Eigenleistung der Subjekte (siehe Voß 1991) gehen über den häufig gebrauchten Begriff des Lebensstils hinaus und es ist weiterhin zu fragen, ob nicht zu umfassend eine Stilisierung und Ästhetisierung von (zumeist konsumtiven) kulturellen Lebensbereichen angewandt wird, wo große Teile der Gesellschaft aufgrund ihrer Lebenslage keine/ kaum Alternativen der Stilbildung vorfinden und wahrnehmen können. „Vor der Suche nach Lebenssinn und unverwechselbarer Individualität steht für viele die Suche nach Parkplätzen und Sonderangeboten, nach Wohnungen, Kindergarten- und Arbeitsplätzen." (Fröhlich/ Mörth 1994, 17) Der Lebensstil geht zurück auf den in einer Person implementierten Habitus. Damit ist jedoch nur ein äußerer symbolischer Aspekt der umfassenderen Lebensführung abdeckt. „Lebensstil ist ein wichtiger, aber kein hinreichender und nur bedingt zentraler Aspekt des Gegenstands Lebensführung." (Voß 1991, 166) Wenn Stilisierung als expressive Ausgestaltung verstanden wird, dann ist in der Tat fraglich, wie sich der von Bourdieu für die unteren Klassen mit einem aus dem Mangel geborenen Notwendigkeitsgeschmack hierzu in Beziehung setzen lässt.

Beiträge der Sportpädagogik

„Wer den Habitus einer Person kennt, der spürt oder weiß intuitiv, welches Verhalten dieser Person verwehrt ist" und kann die „Grenzen seines Hirns" ahnen. (Bourdieu) Dieser Anspielung auf ein Marx-Zitat zum Kleinbürgertum könnte man mit einer weiteren Anspielung (Feuerbach-Thesen) begegnen: Es kommt nicht (nur) darauf an, das Sportsystem zu interpretieren, sondern es (auch) zu verändern. Sportpädagogik hätte also die Schranken des Verhaltens aufzuspüren und diese gemeinsam mit den Beteiligten zu reflektieren als individuelle wie auch als sozial konstruierte Grenzen, damit die Schranken des als möglich gedachten, also des kulturellen Selbstausschlusses als auch die Enge des einstudierten und überkorrekten Prätentiösen überwindbar sind. Dies aber nicht in der Perspektive des Angepassten und damit wieder Entlarvten, oder als passive Akzeptanz legitimierter Strukturen, sondern in Erweiterung individueller Handlungsfähigkeit zur Aneignung des kulturellen Reichtums. Damit ist das selbstreflexive Erkennen tatsächlicher eigener Grenzen ebenso gemeint, wie die detailliertere Kenntnis über das System distinktiver Zeichen und vorherrschender Verhaltensmodi bislang nicht gekannter Sportfelder, samt ihrer Voraussetzungen und Einsätze, die zu erbringen sind, bis hin zu der Perspektive aktiver Aneignung und kollektiver Einflussnahme bzw. Veränderbarkeit vorhandener Sportpraxen.[8] Wenn allerdings Bourdieu (1987) mit Leibniz davon ausgeht, „dass wir Menschen ...

---

8 Zu sportpädagogischen und –geragogischen Fragestellungen haben sich aus kritisch-psychologischer Sicht (u.a.) Euteneuer (1984), Ramme (1984 und 1988), Riecke-Baulecke (1994), Schepker/Weinberg (1981) und Schwark (1994) geäußert.

in Dreiviertel unserer Handlungen Automaten sind" (740), dann käme es (soweit man diese Vorstellung überhaupt teilen mag) darauf an, sich dem restlichen „frei entwickelbaren" Viertel verstärkt zuzuwenden und Dialoge mit dem „großen Rest" zu initiieren. Verändern statt akzeptieren wäre die sportpädagogische Devise.

Literatur

Bader, V./ Benschop, A./ Krätke, M./ van Treeck (Hrsg.) (1998), Die Wiederentdeckung der Klassen, Berlin.

Benschop, A./ Krätke, M./ Bader, V. (1998), Eine unbequeme Erbschaft – Klassenlage als Problem und als wissenschaftliches Arbeitsprogramm. In: Bader u.a. 1998, 5-26.

Böhnke, J. (2000), Abenteuer- und Erlebnissport. Ein Handbuch für Schule, Verein und Jugendsozialarbeit, Münster.

Bourdieu, P. (1987), Die feinen Unterschiede. Kritik der gesellschaftlichen Urteilskraft, Frankfurt/M.

Bourdieu, P. (1989), Antworten auf einige Einwände. In : Eder, K. (Hrsg.), Klassenlage, Lebensstil und kulturelle Praxis. Theoretische und empirische Beiträge zur Auseinandersetzung mit Pierre Bourdieus Klassentheorie, Frankfurt/M., 395-410.

Euteneuer, K. (1984), Handlungsfähigkeit in der Sporterziehung. Zum Verhältnis von Konzepten zur „Handlungsfähigkeit im Sport" und Kritischer Psychologie, Köln.

Fröhlich, G./ Mörth, I. (1994), Lebensstile als symbolisches Kapital? Zum aktuellen Stellenwert kultureller Distinktionen. In: Mörth, I./ Fröhlich, G. (Hrsg.), Das symbolische Kapital der Lebensstile. Zur Kultursoziologie der Moderne nach Pierre Bourdieu, Frankfurt/M., 7-30.

Holzkamp, K. (1983), Grundlegung der Psychologie, Frankfurt/M.

Maase, K. (1986), Arbeiterklasse und „Habitus" – Zu einigen Aspekten von Pierre Bourdieus Kultursoziologie. In: Marxistische Blätter 6/1986, 95-102.

Maiers, W./ Markard, M. (1986), Kritische Psychologie. In: Rexilius, G./ Grubitzsch, S. (Hrsg.), Psychologie, Hamburg, 661-680.

Müller, H.-P. (1992), Sozialstruktur und Lebensstile. Der neuere theoretische Diskurs über soziale Ungleichheit, Frankfurt/M.

Ramme, M. (1984), Bewegungslernen im Sport in kritisch-psychologischer Sicht. In: Forum Kritische Psychologie Nr. 13, Berlin, 125-146.

Ramme, M. (1988), Lernen im Sport. Zur kategorialen Begründung und Integration sportwissenschaftlicher Lerntheorien, Köln.

Riecke-Baulecke, Th. (1994), Lernwidersprüche und Widersprüche beim Lernen. Umrisse eines subjektwissenschaftlichen Paradigmenwechsels in der Sportpädagogik, Hamburg.

Sack, H.-G. (1989), Zum Verhältnis jugendlicher Lebensstile und Sportengagement. In: Brettschneider, W-D. et al. (Red.), Bewegungswelt von Kindern und Jugendlichen, Schorndorf, 188-205.

Schepker, K./ Weinberg, P. (Hrsg.) (1981), Bewegung, Spiel und Lernen im Sport. Beiträge aus kritisch-psychologischer Sicht, Köln.

Schwark, J. (1994), Die unerfüllten Sportwünsche. Zur Diskrepanz von Sportwunsch und Sportrealität Erwachsener, Münster.

Voß, G.-G. (1991), Lebensführung als Arbeit. Über die Autonomie der Person im Alltag der Gesellschaft, Stuttgart.

Bewegen, Verhalten, Handeln.
Thesen zu ungeklärten Grundbegriffen der Philosophischen Anthropologie

Michael Weingarten

Problemstellung

Zentrales systematisches Problem aller Philosophischen Anthropologien ist deren Anschluß an biologische Theorien, deren Geltung in den Biowissenschaften immer umstritten war und heute faktisch außer Kraft gesetzt ist. Doch ist damit nur eine Problemdimension benannt. Das zweite Problem ist gegeben mit der Vorstellung, daß aus dem Vergleich von Mensch, Tier und Pflanze die Bestimmungsmomente und Grundbegriffe abgeleitet werden könnten, die die Besonderheit des Menschen gegenüber der nichtmenschlichen Natur ausmachten. Dieses Problem kann noch einmal untergliedert werden in zwei Einwandtypen. Erstens ist mit solchen Vergleichen impliziert, daß Mensch, Tier und Pflanze sich von Natur aus unterschieden, daß die den Menschen in seiner Besonderheit ausmachenden Bestimmungen solche sind, die ihm immer schon von Natur aus zukämen, gipfelnd etwa in der Behauptung: der Mensch sei von Natur aus ein Kulturwesen. Zweitens werden in aller Regel mit solchen Vergleichen Rangfolgen oder Hierarchiestufen impliziert, die aus dem traditionellen Konzept der Stufenleiter-Theorien stammen: Entweder stelle die Folge Pflanze – Tier – Mensch eine aufsteigende Leiter immer besserer, perfekterer o.ä. Lebewesen dar; etwa indem behauptet wird: Pflanzen bewegen sich, Tiere verhalten sich, Menschen handeln. Oder umgekehrt im Ausgang vom Menschen wird eine absteigende

Folge ins Auge gefaßt. Am Beispiel der Begriffe Bewegen,Verhalten und Handeln sollen diese Einwände sowie wenigstens in Andeutungen eine Alternative vorgestellt werden.

I.

Bei Anerkennung der Unterschiedlichkeit der Entwürfe von *Philosophischer Biologie*, und auf diese beziehen sich in aller Regel Philosophische Anthropologien, fanden sich doch alle diese Konzepte geeint in ihrer Kritik an der darwinistischen Evolutionstheorie. Hier muß man festhalten, daß die Einwände zwar berechtigt waren gegenüber den phylogenetischen Stammbaumentwürfen eines Ernst Haeckel und seiner Schule sowie den rein deskriptiv-beschreibenden naturhistorischen Schulen und Richtungen im frühen Darwinismus (vgl. Weingarten 1998, 77-123; insgesamt auch ders. 1993). Aber festzuhalten ist ebenfalls: die philosophischen Biologen ignorierten schlichtweg die zu ihrer Zeit schon etablierten experimentellen Forschungsrichtungen der Genetik (Morgan, Muller, Fischer, Sewall Wright und die ganze russische populationsgenetische Schule) und damit diejenigen biowissenschaftlichen Theorien, die für die Ausbildung modernen evolutionsbiologischen Denkens zentral wurden. In der Populationsgenetik, besser: Populationsbiologie, konnte gezeigt werden, daß es eine absolute, von jedem Kontext unabhängige Wertigkeit der Varianten nicht gibt; was in dem einen Kontext positiv bewertet wurde, kann sich in einem anderen Kontext als negativ zeigen. Und wenn somit die selektive Bewertung immer bezogen ist auf einen bestimmten Zusammenhang von Organismen und Umwelt, dann kann auch selektionstheoretisch nicht mehr begründet werden, daß Evolution ein aufsteigender Prozeß ist, in dessen Gefolge immer bessere, komplexere, höherentwickeltere Lebewesen entstehen müssen. Im Gegenteil, die Evolution hätte auf jeder einmal erreichten Stufe stehen bleiben können, zwar die Differenzierung der Lebewesen weiter vorantreibend, aber ohne neue, bisher nicht vorgefundene Organisationsformen entwickeln zu müssen (vgl. Gould 1991; Janich/ Weingarten 1999).

Es muß daher nachdenklich stimmen, wenn Plessner noch 1961 in seiner Arbeit *Die Frage nach der Conditio humana* so gegen den Darwinismus argumentiert, als habe er sich seit Haeckel und Weismann nicht geändert. „Welches sind die Axiome des Darwinismus? Die offene Konkurrenz zwingt alles Lebendige in einen Kampf um die bestmögliche Anpassung nach dem Prinzip der bestmöglichen Zweckmäßigkeit. Die Möglichkeit gleichwertiger, aber schon im Ansatz verschieden gerichteter Wege zur Lösung der gleichen Lebensaufgabe, das heißt die Möglichkeit mehrerer Zweckmäßigkeitsstile, mehrerer Planformen nebeneinander, welche die bunte Erscheinungswelt der Stämme, Gattungen und Arten uns doch vor Augen hält, wird zugunsten einer skalaren Steigerungslinie nach dem Prinzip: reichere Organisation verbürgt größere Zweckmäßigkeit, beiseite gelassen. Stämme, Gattungen und Arten sollen als Lösungsversuche an ein und derselben Aufgabe begriffen werden. Die Grundverschiedenheiten des Milieus, Wasser, Luft und Erde sind in eine einzige Welt eingebettet, und je mehr ein Lebewesen dazu ausgerüstet ist, die Chancen aller Nahrungsräume zu nützen, den Anforderungen aller Milieus gewachsen zu sein, desto besser ist es angepaßt, desto höher steht es in der Entwicklungsskala." (Plessner 1983, 145) Nichts von dem hat Eingang gefunden in die Populationsbiologie, ja – wenn man historisch korrekt sein will –, Darwin selbst hat weder von der „Allmacht der Selektion" gesprochen noch von einer „Höherentwicklung" mit dem Menschen als Krönung. Im Gegenteil waren dies Positionen, die er immer wieder als unrichtig zurückgewiesen hat, an denen er die Differenz seiner Theorie zu den Theorien von Herbert Spencer einerseits, Alfred Russell Wallace andererseits bestimmte. Schließlich hätte auch Plessner schon den Arbeiten von Darwin weiter entnehmen können, daß dieser seine selektionstheoretischen Überlegungen unterlegte mit einem Organismus-Begriff, der ihm gerade zur Begründung der Begrenztheit der Wirkung von Selektion wurde; ausgeführt insbesondere in *Das Variieren der Tiere und Pflanzen im Zustand der Domestikation* (original 1868; in deutscher Übersetzung 1906). Und weiter hat Darwin zumindest in ersten Umrissen gezeigt, daß methodisch unterschieden werden muß zwischen der *Re*konstruktion der Naturgeschichte, die notwendigerweise ihren Ausgang nehmen muß von den gegenwärtigen Tieren und Pflanzen und unserem Wissen um diese; und einer Theorie, in der die Mechanismen des Wandels von Populationen thematisiert werden; die Anfänge einer solchen der Theorie der Mechanismen des Wandels sah er in der menschlichen Züchtungspraxis, in der die Züchter selbstverständlich wissen und in ihrem Handeln beachten, daß aus einer Ausgangsgruppe von Zuchttieren höchst verschiedene Formen herausgezüchtet werden können; daß es also immer oder doch zumeist nicht nur eine Lösung, nur eine „Verbesserung" gäbe, sondern in aller Regel eine Pluralität von vergleichbar guten Lösungen (vgl. Gutmann 1996).

So berechtigt also die Einwände gegen die deskriptiv-beschreibende Phylogenetik waren, die Populationsbiologie, und hier besonders die Populationsgenetik, damit die eigentliche Fortsetzung der Theorie Darwins, war von diesen Einwänden überhaupt nicht betroffen. Dies muß von vorneherein bedacht und beachtet werden, wenn die Entwürfe der Philosophischen Anthropologie historisch-systematisch rekonstruiert werden. Denn in vielen ihrer Grundannahmen stützte sich die Philosophische Anthropologie sowohl auf die von der Philosophischen Biologie vorgetragene Kritik am ausschließlich phylogenetisch-beschreibend arbeitenden Darwinismus als auch auf die biophilosophischen Systematisierungen einer „nicht-mechanistischen" Biologie durch Driesch, Uexküll und andere. Wenn man es etwas überspitzt formulieren möchte, dann ist es durchaus möglich zu sagen, daß die Philosophische Biologie ihre eigentliche Fortsetzung gefunden hat in der Philosophischen Anthropologie. So beruft sich Plessner noch 1961 auf eine Traditionslinie, umrissen durch Hugo de Vries (Mutationstheorie), Roux und Driesch (Entwicklungsphysiologie) und Uexküll, von der Plessner behauptet, daß sie die „Vorherrschaft des entwicklungsgeschichtlichen Denkens nach dem Darwinistischen Schema" durchbrochen habe – ohne zu bemerken, daß insbesondere de Vries und Uexküll typologisch argumentieren, Entwicklung in diesen Konzepten nur als „Makro-Mutation" und Addition eines neuen Funktionskreises zu den bisherigen (als Beispiel: aus einem Reptil-Ei schlüpft der erste Vogel) gedacht werden kann.

Da also die Evolutionsbiologie unter Einschluß der Populationsgenetik spätestens seit den 20iger Jahren nicht mehr verwechselt werden darf mit der Phylogenetik (vergl. u. a. Beurton 1994), müssen sich Philosophen, die das von Scheler, Plessner, Gehlen, Heidegger und anderen vorgetragene Programm einer Philosophischen Anthropologie fortsetzen wollen, der grundsätzlich veränderten Situation in der Biologie stellen und fragen, ob diese philosophischen Entwürfe mit ihren darwinismus-kritischen Einwänden überhaupt noch in ihren Grundannahmen unverändert vorgetragen werden

können, wenn ihnen das biologische Standbein einer „philosophischen Biologie" heute fehlt; anders: der verkürzte Blickwinkel und das letztendliche
Scheitern der Philosophischen Biologie können nicht ohne Konsequenzen
sein für die Philosophische Anthropologie selbst. Dies zeigt sich insbesondere daran, daß alle Philosophischen Anthropologien in Übernahme von Konzepten der Philosophischen Biologie *typologisch* (*der* Mensch, *das* Tier, *der*
Affe usw.) argumentierten, während die modernen Evolutionstheorien sich
gerade durch den Populationsbegriff mit der Betonung der (genetischen)
Einmaligkeit des Individuums scharf vom typologischen Denken absetzen.
Philosophisch-anthropologisch ist also die Rede von *dem Menschen* aufzugeben zugunsten der Rede von der Pluralität der Menschen, die eben nicht
nur die sexuelle Verschiedenheit und numerische Vielheit, sondern wichtiger
auch die Bedeutung der individuellen Verschiedenheit der Menschen, damit
deren Personalität meint (für erste Ansätze vgl. Arendt 1981). Wirklich
spannend und in den Konsequenzen noch gar nicht überschaubar wird die
Übernahme der Populationsbiologie in philosophischen Anthropologien
dann, wenn man als eine ganz zentrale Konsequenz populationsbiologischen
Denkens erfaßt, daß Monophylie-Behauptungen ihre (bisherige) Plausibilität
verlieren. Wenn viele Tier-Sorten sich mehrfach evolutionär herausgebildet
haben (können), warum dann nicht auch die Menschen?

In dieser Hinsicht kann die Rekonstruktion der Philosophischen Biologie
nicht erfolgen nach ausschließlicher Maßgabe der Art der Rezeption, die sie
durch die Philosophische Anthropologie gefunden hat bzw. umgekehrt können Philosophische Anthropologien die Behauptungen der Philosophischen
Biologie nicht mehr unhinterfragt übernehmen. Es gilt vielmehr, die Struktur
der Theorie Darwins, insbesondere deren handlungstheoretische Fundierung
in der Züchtungspraxis, herauszuarbeiten (vgl. Gutmann 1996; Janich/
Weingarten 1999), die Umarbeitung dieser Theorie in den Darwinismus bzw.
die Phylogenetik einerseits und in die moderne Evolutionsbiologie andererseits, um so die biologische Redeweise von der „Evolution des Menschen"
oder der „Evolution zum Menschen" aufzuschlüsseln (vgl. König 1994; im
Anschluß an Königs Überlegungen Gutmann/ Weingarten 2000).

II.

Zum Problem kann z.b. die biologisch nicht auszuschließende Überlegung der Mehrfachentstehung der Menschen aber nur dann werden, wenn in der Philosophischen Anthropologie der Mensch von seinen *naturalen Ursprüngen* her gedacht wird. Einen solchen Weg schlägt Plessner ein, auch wenn er zunächst im Ausgang von alltäglichen Erfahrungen betont, daß der Mensch im täglichen Umgang sich selbst zweifach begegnet: „als körperlicher Erscheinung von außen, als ein Für-sich-Selber von innen." (Plessner 1983, 148) Diese Unterscheidung, die Plessner seit seinem Buch *Die Einheit der Sinne* von 1923 immer genauer auszuarbeiten sucht, impliziert, daß für die Untersuchung der körperlichen Erscheinung „von außen" die Biologie, für die Perspektive von Innen die Psychologie zuständig sei, oder daß in und mit dieser Unterscheidung die Differenz von Natur und Kultur gegeben sei. Mit einer solchen dualen Unterscheidung, die in dieser Form noch auf Descartes und seine Zwei-Substanzen-Lehre verweist, begnügt sich Plessner selbstverständlich nicht, er versucht vielmehr, diese beiden unterschiedenen Momente oder Erscheinungsweisen des Mensch-seins in einem beide umfassenden Konzept zu verankern. „Hierfür bot sich der vieldeutige Begriff des Lebens an, einer anonymen Macht, der man es zutraut, daß sie die Organismen und unter ihnen den Menschen produzieren konnte, ihn umgreift und in allen seinen Äußerungen trägt, wie sie denn auch von ihm begriffen und bewältigt wird." (Plessner 1983, 149) Diesen Begriff des Lebens als die Organismen unter Einschluß des Menschen (hinsichtlich seiner Natürlichkeit *und* seiner Kultürlichkeit!) erzeugende schöpferische Kraft bestimmt Plessner im Anschluß an Schellings Naturphilosophie als natura naturans, von der er behauptet, sie könne „Entwicklung" besser fassen als die Naturwissenschaften. „Dem Verständnis für die Entstehung eine andere Quelle zu sichern als die, aus welcher das Denken der Naturforscher, der Zoologen und Paläontologen stammt. Dann befindet sich der Philosoph nicht mehr in der von vornherein hoffnungslosen Lage, mit den naturwissenschaftlichen Kategorien, welche dem Mechanismus der Auslese, Anpassung und Vererbung zugrunde liegen, ihre eigene Genese hervorzuzaubern, sondern er weist die genetischen Mechanismen einer Naturauffassung zu, deren Begrenztheit gegenüber einer andern wir dank dem Verständnis der Kreativität des Lebens als einer natura naturans durchschauen." (Plessner 1983, 152) Die „Kreativität des Lebens" können wir nun nicht empirisch und diskursiv erfassen, sondern nur intuitiv als unmittelbaren Kontakt. Das unmittelbare Erfassen der Kreativität der Natur sei die Aufgabe der Hermeneutik. „Natur ist also nicht der bloße Rahmen, das Bühnenhaus und die Rückwand der Kulissen, sondern zugleich eine szenische Macht. Das heißt aber, daß mit einer Grundlegung der geisteswissenschaftlichen Erfahrung die Aufrollung von Problemen verbunden ist, die vor der leiblichen Sphäre des Lebens nicht haltmachen können. Mit einer puren, um nicht zu sagen: purifizierten Existenz, die den Menschen doch nur wieder auf seinen Binnenaspekt zurückwirft, demgegenüber seine faktische Figur und Biologie zur gleichgültigen Äußerlichkeit wird, ist hier nichts gewonnen. Hermeneutik fordert eine Lehre vom Menschen mit Haut und Haaren, eine Theorie seiner Natur, deren Konstanten allerdings keinen Ewigkeitsanspruch gegenüber der geschichtlichen Variabilität erheben, sondern sich selber zu ihr offenhalten, indem sie ihre Offenheit selber gewährleisten." (Plessner 1983, 158) Plessners Gegenposition zur biologischen Entwicklungstheorie läuft somit auf eine Naturphilosophie hinaus, die selbst naturalistisch begründet wird, indem sie den Menschen als von Natur aus offenes, zur Entwicklung (im Sinne von: Geschichte) befähigter Lebewesen thematisiert.

Um den mit einem naturphilosophischen Ansatz verknüpften Problemen zu entgehen, ist es in einem ersten Schritt zwingend notwendig, methodisch zwischen Ursprüngen und Anfängen zu unterscheiden (vgl. Weingarten 1996; ders. 1998, 213-220). Denn die Frage nach dem *Anfang* unserer Rede von dem Menschen resp. den Menschen *verweist nicht auf die Naturgeschichte*, gemäß der sich der Mensch aus Primaten entwickelt habe, *sondern auf die Praxen*, in die wir als miteinander Handelnde und Redende selbst gegenwärtig eingebunden sind.

III.

In dieser Hinsicht lehrreich sind immer noch die Überlegungen, die Max Horkheimer 1935 in Auseinandersetzung mit der Philosophischen Anthropologie entwickelt hat. Richtig hat er nämlich darauf hingewiesen, daß es der

Philosophischen Anthropologie, indem sie nach dem Ursprung des Menschen fragt, eigentlich um die Einführung einer gegenwärtiges Handeln normierenden und rechtfertigenden Basis geht. „Die moderne philosophische Anthropologie entspringt demselben Bedürfnis, das die idealistische Philosophie der bürgerlichen Epoche von Anfang an zu befriedigen sucht; nach dem Zusammenbruch der mittelalterlichen Ordnungen, vor allem der Tradition als unbedingter Autorität, neue absolute Prinzipien aufzustellen, aus denen das Handeln seine Rechtfertigung gewinnen soll." (Horkheimer 1988, 252) Horkheimer bestreitet, daß es ein naturgegebenes invariantes Wesen des Menschen gäbe – auch wenn dies wie bei Plessner als von Natur aus weltoffen und gestaltungsfähig bestimmt wird –, relativ zu dem sich alle historisch manifesten Erscheinungen des Menschseins nur als Ausdrucksformen dieses Wesens thematisieren liessen. „Eine Formel, die ein für allemal die Beziehung zwischen Individuum, Gesellschaft und Natur bestimmte, gibt es nicht." (Horkheimer 1988, 251) Das, was als Mensch, menschliches Individuum, Wesen des Menschen bezeichnet werde, sei immer nur zu begreifen als Produkt der gesellschaftlichen Verhältnisse, in denen solche Kategorisierungen vorgenommen würden. „Aus den wechselnden Konstellationen zwischen Gesellschaft und Natur entspringen die Verhältnisse der sozialen Gruppen zueinander, die für die geistige und seelische Beschaffenheit der Individuen bestimmend werden, und diese selbst wirkt auf die gesellschaftliche Struktur zurück. Die menschlichen Qualitäten werden somit fortwährend durch verschiedenartigste Verhältnisse beeinflußt und umgewälzt. Selbst soweit menschliche Züge verharren, ist dies als Egebnis sich erneuernder Prozesse anzusehen, in welche die Individuen einbezogen sind, und nicht als Äußerung des Menschen an und für sich. Es entstehen weiterhin auch neue Verhaltensweisen und Charaktere, die keineswegs von Anfang an vorhanden waren." (Horkheimer 1988, 250/251)

Horkheimer meint, daß auch die Philosophische Anthropologie durch ihre Abkunft aus der Phänomenologie ähnlich wie diese das Handeln der Menschen in „festen Wesenseinsichten" zu begründen suche; genau dadurch begebe sie sich in einen Widerspruch zur „Theorie der Gesellschaft". „Nach ihr entwickelt sich freilich sowohl das Aussprechen der nächsten als auch die Vorstellung der ferneren Ziele in durchgehendem Zusammenhang mit der Erkenntnis, und doch begründet diese keinen Sinn und keine ewige Bestimmung. In die Zielvorstellungen der Menschen gehen vielmehr ihre jeweiligen Bedürfnisse ein, die keine Schau zum Grunde, sondern eher die Not zur Ursache haben." (Horkheimer 1988, S 255) Horkheimers eigene Überlegungen laufen dann allerdings auf eine „Soziologisierung" der Problemstellung hinaus, d.h. daß sich Aussagen über den Menschen nur nach Maßgabe der gesellschaftlichen Beziehungen treffen lassen, in denen er gerade existiert. Die Erkenntnis der Produktion und Reproduktion des gesellschaftlichen Lebens, bedingt durch das „Wertgesetz" und die von ihm gesetzten „Verwertungsbedingungen des Kapitals", erscheint dann als die eigentliche Aufgabe, wenn eine Antwort auf die Bedingungen für die Autonomie der Menschen gegeben werden soll. „Sie wird vor allem durch den widerspruchsvollen Umstand bedingt, daß in der neueren Zeit die geistige und persönliche Unabhängigkeit des Menschen verkündet wird, ohne daß doch die Voraussetzung der Autonomie, die durch Vernunft geleitete solidarische Arbeit der Gesellschaft, verwirklicht wäre. Unter den gegenwärtigen Verhältnissen tritt einerseits die Produktion und Reproduktion des gesellschaftlichen Lebens nicht als Motor der menschlichen Arbeit und der Weise, in der sie sich vollzieht, hervor. Der ökonomische Mechanismus wirkt sich blind und deshalb als beherrschende Naturmacht aus. Die Notwendigkeit der Formen, in denen die Gesellschaft sich erneuert und entwickelt und die ganze Existenz der Individuen sich abspielt, bleibt im dunkeln." (Horkheimer 1988, 252)

IV.

Begrifflich genauer und radikalisierend, weil die Alternative von Naturalismus und Soziologismus begründet zurückweisend, hat Josef König die Frage gestellt, was wir eigentlich meinen, wenn wir sagen, der Mensch habe sich entwickelt aus einem nicht-menschlichen Lebewesen. Denn Königs begriffliche Rekonstruktionen laufen darauf hinaus zu zeigen, daß wir uns nur dann verstehen können als in der empirischen Zeitordnung aus nichtmenschlichen Lebewesen Gewordene, wenn wir bei dieser Rede vorgängig schon über einen Begriff des Menschen verfügen – in strenger Analogie zur Rede über Wahrnehmen resp. der Unterscheidung von Sehen und Wahrnehmen. So wie wir nicht zuerst etwas wahrnehmen und dann das Wahrgenommene einem anderen mitteilen, sondern daß erst dann, wenn ich das Gesehene einem anderen mitteile ich mich als Wahrnehmenden weiß (vgl. hierzu Weingarten 1999) – genauso und nur so können wir uns verstehen in der Differenz zu anderen nichtmenschlichen Lebewesen erst dann, wenn wir uns vorgängig verständigt haben über unser Menschsein (vgl. Gutmann/ Weingarten 2000). Wissen wir z.B., daß wir sprachbegabte Lebewesen sind, dann können wir gemäß dieses Wissens die Differenz bilden zu Lebewesen, die nicht sprachbegabt sind; und wir können weiter die Frage stellen, wie (und zu welchem Zweck) wir *re*-konstruieren können, daß andere Lebewesen in ihrer Existenz uns vorgängig sind und wir als Menschen ohne die Existenz dieser Vorläufer nicht hätten entstehen können. Bei Aussagen über die Natur- und Kulturgeschichte der Menschen handelt es sich somit *immer um Rekonstrukte*, die Anfänge von Zwecken, in deren Verfolgung wir zu rekonstruktiven Aussagen über unsere Geschichte gelangen, liegen in gegenwärtigen Praxen, an denen wir als Handelnde und Kommunizierende partizipieren.

Mit diesen hier in groben Zügen skizzierten Überlegungen Königs unterscheidet dieser nicht nur strikt zwischen einer Beobachterperspektive, aus der heraus sowohl der Naturalismus als auch der Soziologismus argumentieren, und einer Teilnehmerperspektive, in der wir uns miteinander über Sachverhalte in der Welt verständigen. Zugleich deutet König in seiner Kritik an Plessner eine Unterscheidung innerhalb der Teilnehmerperspektive zwischen Intersubjektivität und Interindividualität an, die auch für die Bestimmung des methodischen Anfangs einer philosophischen Anthropologie relevant ist, weiter und systematisch noch konsequenzenreicher aber auch eine Differenz zwischen einer naturphilosophischen Grundlegung der Anthropologie und einer begrifflichen konstituiert. Plessners Überlegungen in *Die Einheit der Sinne* ließen sich nach König dahingehend verstehen, daß zwischen dem Erfassen eines Baumes, bei dem das Erfassen vom Subjekt grundsätzlich ablösbar sei, und dem Erfassen z.B. von Zorn, welches vom zornigen Subjekt gerade nicht ablösbar sei, zwar unterschieden werden könne; daß aber diese beiden Weisen des Erfassens darin übereinstimmten, daß sie beide ein ursprüngliches Identisches, Selbiges (den Baum, den Zorn) unterstellten. „Und das bestreite ich und zwar eben 'der Anschauung nach'. Das Intersubjektive ist an sich selbst intersubjektiv gegeben; es ist das ja nur ein anderer Ausdruck für das Geheimnis der immanenten Perspektivität des 'Dinges'. Das

Interindividuelle ist – gerade der Anschauung nach – nicht so gegeben." (König/ Plessner 1994, 163) Den begrifflichen Unterschied von Intersubjektivem und Interindividuellem könne Plessner nicht bemerken, weil seine Überlegungen auf eine Naturphilosophie hinausliefen, die eine begründende Funktion habe für Plessners Rede vom Menschen als Subjekt. „ [...] denn dies einmal vorausgesetzt [daß das Ich ein Vorhandenes ist, auch ein ganz und gar Vorhandenes, M.W.], bin ich allerdings der Ansicht, daß in philosophia das Subjekt, der Mensch auch der Form nach 'übergreifen' muß. Ich glaube nicht, wie Sie sagen, daß die Exzentrizität eo ipso die Legitimation für einen naturphilosophischen Ansatz ist." (König/ Plessner 1994, 167) Plessner antwortet auf Königs Einwand der „intelligiblen Zufälligkeit" des naturphilosophischen Ansatzes mit dem Hinweis, daß die exzentrische Position nicht *auch* (zugleich) die Legitimation eines naturphilosophischen Ansatzes sei, sondern vielmehr die Legitimation *eines* (*überhaupt* eines) naturphilosophischen Ansatzes. „Denn: Exzentrizität läßt sich als 'Rechts'grund für die Gleichgültigkeit jedes Ansatzes nachweisen – wie in ihr zugleich auch die Überwindung des Historismus gegeben ist, [...] Exzentrische Mitte einnehmen heißt eben: ihr entgleiten und in ihr drinstehen, d.h. jene Bewegung vollführen, welche das Eigentliche, Ewige, Bleibende und Wahre nur in einer inandäquaten Form und Situation, der sie anheimfällt bzw. anheimgefallen ist, faktisch und wirklich erreicht." (König/ Plessner 1994, 175/176) Anthropologie ist so zwar philosophisch, aber nicht *die* Philosophie, nicht *die* Vorbereitung zur Philosophie. Indem Plessner damit die Begründungsansprüche seiner philosophisch-anthropologischen Überlegungen relativiert, droht ihm nicht nur ein Relativismus, sondern auch ein politisch fataler Dezisionismus, der seine Anthropologie in gefährliche Nähe zu Carl Schmitt rückt bzw. von ihm selbst in seinem Buch *Macht und menschliche Natur* in diesen Zusammenhang gestellt wurde. Der von König gegenüber Plessner mehrfach eingeklagte Anspruch auf begriffliche Strenge gerade bezüglich der Begründungszusammenhänge anthropologischer Überlegungen findet hier eine weitere Stütze. Und auch Königs Versuch, Plessners Überlegungen im Zusammenhang von Heideggers Philosophie zu rekonstruieren, gewinnt eine weitere, über das philosophisch-systematische hinausgehende Dimension: Denn schon Königs Lehrer Georg Misch hat in seinem Buch *Lebensphilosophie und Phänomenologie* (1929) auf die autoritären und totalitären Züge der Heideggerschen Philosophie in *Sein und Zeit* hingewiesen mit eben den Gründen, die König dann auch bei Plessner moniert.

V.

So wie wir eine Differenz zwischen Menschen und nichtmenschlichen Lebewesen nicht natürlich vorfinden, sondern diese Differenz bilden nach Maßgabe bestimmter Zwecke und unserem inter*subjektiv* (und nicht nur kulturrelativistisch interindividuell) geteilten Verständnisses von Menschsein, so können wir die Unterscheidung von Bewegen, Verhalten und Handeln erst dann einführen, wenn wir über einen Begriff des Handelns verfügen.

Nun wird Handeln in aller Regel verstanden als die individuelle Realisierung von Zwecken, Absichten oder Intentionen, die sich dem Handeln gegenüber vorgängig im Bewußtsein gebildet hätten. Solch individuelles Handeln und Verhalten wird diesem Verständnis gemäß dann unterschieden derart, daß gefragt wird, ob ein beobachtetes Tun eines Individuums auf einem dem Tun vorgängigen Zweck oder einer Absicht beruht; dann habe das Individuum gehandelt. Läßt sich dagegen kein Zweck, keine Absicht oder Intention festmachen, dann wird das Tun als ein Verhalten beschrieben.

Problematisch an diesem Handlungsverständnis ist mindestens dreierlei: Erstens die individualistische Fassung des Handelns; zweitens die These, die Bildung von Zwecken, Absichten und Intention sei dem Handeln vorgängig; und drittens die teleologische Struktur, die dem Handeln dann eignet, wenn es als Realisierung von Zwecken und Absichten gefaßt wird. Für den zweiten und dritten Einwand muß noch festgehalten werden, daß die Motiv- resp. Zweckbildung naturalistisch gefaßt werden kann einerseits, das naturalistische Verständnis der Zweck- und Motivbildung in seiner teleologischen Struktur andererseits auch als Modell oder doch Analogie genommen wird (werden kann) für die Beschreibung von Verläufen in der Natur. Mit diesen Einwänden bzw. Problemhinweisen sind Ansatzpunkte formuliert gegenüber klassischen Naturphilosophien und deren gegenwärtigen Reartikulationen; hier wäre insbesondere eine Auseinandersetzung zu führen sowohl mit der

Naturphilosophie Blochs als auch den der Verantwortungsethik von Jonas zugrunde liegenden naturphilosophischen Überlegungen.

VI.

Ansatzpunkt einer Philosophischen Anthropologie kann nach König daher nicht der Tier – Mensch – Vergleich sein; genau daran sind viele Konzepte zu diesem Thema bisher gescheitert, sondern die begriffliche Explikation dessen, was wir mit „Mensch" meinen. Diese begriffliche Explikation muß zwar sicherlich mit unserem interindividuellen Verständnis beginnen, darf sich aber nicht mit den so gewonnenen ersten Unterscheidungen und Bestimmungen begnügen. Denn eine nur interindividuelle Bestimmung von Mensch könnte zur Folge haben, daß aufgrund der Kultur- und Kontext-Relativität des interindividuellen Zugriffs Menschen anderer Kulturen oder „Ethnien" nicht mehr als Menschen verstanden werden könnten; über die interindividuelle Bestimmung muß also zu einer intersubjektiven Bestimmung hinausgegangen werden, in der die intersubjektive Geltung der Bestimmung von Mensch „an sich selbst" aufgewiesen werden muß. Dies kann hier nur als Postulat formuliert werden; die Durchführung dieser Überlegung bedarf noch einer eigenen Ausarbeitung.

In dieser Hinsicht haben zwei der wichtigen biologisch-medizinisch geschulten Gewährsmänner der Philosophischen Anthropologie, Buytendijk (für Plessner) und Goldstein (für Merleau-Ponty, Cassirer) einen im Vergleich gerade zu Plessner richtigeren Ansatzpunkt bestimmt: „Mit Nachdruck sei darauf hingewiesen, daß die ganze Fragestellung der vergleichenden Psychologie auf einer Erkenntnis des Menschlichen im Menschen beruht. Ändert sich die Auffassung des Menschlichen, so erscheint auch das Tierische in einem anderen Licht.

Die Erforschung der Verwandtschaft zwischen menschlichen und tierischen Betätigungen beabsichtigt, Einsicht zu bekommen in die gemeinsamen Eigenschaften und in die wesentlichen Unterschiede. Sie stützt sich immer auf eine Wissenschaft des Menschen, die ein Verständnis des menschlichen Tuns aus der menschlichen Eigenart versucht." (Buytendijk 1958a, 8) Ebenso hat Goldstein in seinem Buch *Der Aufbau des Organismus* betont, daß der einfachste Organismus, den wir kennen, nichts anderes als der Mensch selbst sei und nicht ein irgendwie „einfach" gebautes Tier. Mit Menschen kooperieren wir, stimmen unsere Handlungen aufeinander ab, sprechen miteinander über gemeinsam zu verfolgende Ziele und Zwecke, diskutieren über Probleme, Mißverständnisse und Erfahrungen des Scheiterns unserer Handlung. Und: wir sprechen mit anderen über abwesende andere, erfahren im Miteinandersprechen Beschreibungen von uns selbst, die uns überraschen, ärgern, ängstigen oder wütend machen. Kurz – das, was wir mit dem „typisch Menschlichen" zunächst meinen, ist nichts anderes als das uns allen gemeinsam Zukommende, das wir in wechselseitigen Zuschreibungen in alltäglichen Praxiszusammenhängen an uns selbst und anderen erfahren. Die Basis-Terminologie, die in solchen wechselseitigen Zuschreibungen verwendet wird, können wir in der Reflexion auf unsere uns gemeinsamen kooperativen und kommunikativen Praxen explizit machen, können wir als Resultat einer solchen Reflexion verdichten als Beschreibungen unserer Leiblichkeit.

Aufbauend auf dem hermeneutischen Reflexionsprodukt des Leibes können wir dann – in Abhängigkeit der damit verfolgten Zwecke – weitere Beschreibungen und Unterscheidungen vornehmen, die uns entweder Differenzierungen anbieten, die zwar für die alltägliche Verständigungspraxis nicht notwendig zu sein brauchen, die aber z.B. für die ärztliche Praxis sehr wohl wichtig sein können. So können wir etwa das alltäglich gebrauchte Wort „lebendig" in einem methodisch eindeutigen Sinne in einer substantivischen Fassung „Leben" verwenden, nicht um einen neuen ontologischen Sachverhalt einzuführen, der unabhängig von unseren Zwecken und Beschreibungen existierte; sondern als Reflexionsterminus, in dem wir zum Zwecke der abkürzenden Redeweise Beschreibungen zusammenfassen oder diesen Reflexionsterminus als abstrakten Gegenstandsterminus in wissenschaftlichen Zusammenhängen verwenden (vgl. Janich/ Weingarten 1999, Kap. 4). Der Übergang von „Leib" etwa zu dem Gegenstand biomedizinischer Forschung „Körper" wäre in dieser nur angedeuteten Form zu vollziehen; in anderen Zweckzusammenhängen (etwa wenn wir uns selbst als Lebewesen unter anderen Lebewesen zum Gegenstand biologischer Forschungen manchen wollen) dann etwa der Terminus „Organismus". Es ist dann ein Problem innerhalb der Biowissenschaften, ob die mit den Reflexionstermen „Körper" und „Organismus" eingeführten abstrakten Gegenstände zusammengefaßt werden können, oder ob man sie – etwa zum Zweck der Unterscheidung der medizinischen und der biowissenschaftliche Forschungen – als voneinander unterschiedene Gegenstandsterme beibehalten sollte. Weiter können wir in der differenzierenden Beschreibungen alltäglicher Verhaltungen Unterscheidungen an diesen Verhaltungen treffen, die uns zu begrifflichen Differenzierungen zwischen „Verhalten" und „Handeln" führen. In seiner klinischen Praxis ist Kurt Goldstein immer wieder auf die Notwendigkeit solcher Unterscheidungen gestoßen, nicht nur, um das Leiden seiner Patienten besser diagnostizieren zu können, sondern um auch zu einer dem einzelnen Individuum gemäßeren Therapie zu kommen. Ich gebe Goldsteins Unterscheidung hier nur in einer kurz systematisierten Fassung wieder:

Sprache/ symbolische Einstellung/ Handeln	Verhalten, Sprache nicht wesentlich, wenn doch vorkommend, unpassend und konkretistisch
- Zeigen	- Greifen
- Ordnen durch „ideelles Vergleichen"	- Ordnen (wenn überhaupt gelingend) durch permanentes Jedes mit Jedem vergleichen
- Wahrnehmen	- Sehen

Diese am Menschen, resp. in der Interaktion zwischen Menschen gewonnenen Beschreibungen und Unterscheidungen können dann auch verwendet werden, um Beschreibungen der Art des Lebensvollzugs bei Tieren als „Verhalten" oder „Handeln", als „Sehen" oder „Wahrnehmen" vorzunehmen. Diese Unterscheidungen dürfen aber nicht so verstanden werden als gäbe es unabhängig von den diesen Unterscheidungen zugrunde liegenden Zwecken Sorten menschlichen Tuns, die Handlungen seien, und andere Sorten des Tuns, die Verhalten darstellten. Vielleicht ist es sinnvoll möglich zu sagen, daß solche Unterscheidungen einen Selbstunterschied im Begriff des Handelns darstellen. Jedenfalls meint die Unterscheidung von Verhalten und Handeln eine begriffliche Unterscheidung am Handeln selbst und nicht einen ontologischen Unterschied. Um dann nach der begrifflichen Klärung unserer Redeweise von „Handeln" und „Verhalten" bezüglich des Menschen als eines „Selbstunterschieds am Handeln" vom „Verhalten der Tiere" sprechen zu können im Unterschied zum „Handeln der Menschen" bedarf es also einer unter methodischen Gesichtspunkten vergleichbaren Gegenstandskonstitution, wie sie vorgenommen wurde im Übergang der Rede von „lebendig" zu „Leben", von „Leib" zu „Körper" und/oder „Organismus". Kurt Goldstein hat für dieses Thema reichhaltiges empirisches Material und auf ihm aufbauend theoretische Analysen vorgelegt, die m.E. für philosophisch-anthropologische Überlegungen einen erst noch zu hebenden Schatz darstellen.

Literatur

Arendt, H. (1981), Vita activa. München.

Beurton, P. (1994), Historische und systematische Probleme der Entwicklung des Darwinismus. In: Jahrbuch für Geschichte und Theorie der Biologie I. Berlin, 93-211.

Buytendijk, F.J.J. (1956), Allgemeine Theorie der menschlichen Haltung und Bewegung. Berlin/ Göttingen/ Heidelberg.

Buytendijk, F.J.J. (1958a), Mensch und Tier. Reinbek.

Buytendijk, F.J.J. (1958b), Das Menschliche. Stuttgart.

Buytendijk, F.J.J. (1967), Prolegomena einer anthropologischen Physiologie. Salzburg.

Goldstein, K. (1934), Der Aufbau des Organismus. Den Haag.

Goldstein, K. (1971), Ausgewählte Schriften. Den Haag.

Gutmann, M. (1996), Die Evolutionstheorie und ihr Gegenstand. Berlin.

Gutmann, M./ Weingarten, M. (2000), Die Bedeutung von Metaphern für die biologische Theorienbildung. Zur Analyse der Rede von Entwicklung und Evolution am Beispiel des Menschen. Manuskript.

Habermas, J. (1984), Vorstudien und Ergänzungen zur Theorie des kommunikativen Handelns. Frankfurt a.M.

Hartmann, D. (1998), Philosophische Grundlagen der Psychologie. Darmstadt.

Hartmann, D./ Janich, P. (Hrg.) (1996), Methodischer Kulturalismus. Frankfurt a.M.

Hartmann, D./ Janich, P. (Hrg.) (1998), Die kulturalistische Wende. Frankfurt a.M.

Horkheimer, M. (1988), Bemerkungen zur Philosophischen Anthropologie. Gesammelte Schriften Bd. 3. Frankfurt a.M., 249-276.

Janich, P. (2000), Was ist Erkennen? München.

Janich, P. (Hrg.) (1999), Wechselwirkungen. Zum Verhältnis von Kulturalismus, Phänomenologie und Methode. Würzburg.

Janich, P./ Weingarten, M. (1999), Wissenschaftstheorie der Biologie I. München.

König, J. (1994), Probleme des Begriffs der Entwicklung. In: ders.: Kleine Schriften. Freiburg/ München, 222-244.

König, J./ Plessner, H. (1994), Briefwechsel 1923-1933. Freiburg/ München.

Lorenz, K. (1990), Einführung in die philosophische Anthropologie. Darmstadt.

Misch, G. (1967), Lebensphilosophie und Phänomenologie. Eine Auseinandersetzung der Diltheyschen Richtung mit Heidegger und Husserl. Darmstadt.

Plessner, H. (1980a), Die Einheit der Sinne. Grundlinien einer Ästhesiologie des Geistes [1923]. Gesammelte Schriften III. Frankfurt a.M., 7-315.

Plessner, H. (1980b), Anthropologie der Sinne [1970]. Gesammelte Schriften III. Frankfurt a.M., 317-393.

Plessner, H. (1981), Macht und menschliche Natur [1931]. Gesammelte Schriften V. Frankfurt a.M., 135-234.

Plessner, H. (1981), Die Stufen des Organischen und der Mensch [1928]. Gesammelte Schriften IV. Frankfurt a.M.

Plessner, H. (1983), Die Frage nach der Condition humana [1961]. Gesammelte Schriften VIII. Frankfurt a.M., 136-217.

Weingarten, M. (1993), Organismen – Objekte oder Subjekte der Evolution? Darmstadt.

Weingarten, M. (1996), Anfänge und Ursprünge. Programmatische Überlegungen zum Verhältnis von logischer Hermeneutik und hermeneutischer Logik. In: Hartmann, D./ Janich, P. (Hrg.), Methodischer Kulturalismus. Frankfurt 1996, 285-314.

Weingarten, M. (1998), Wissenschaftstheorie als Wissenschaftskritik. Bonn.

Weingarten, M. (1999), Wahrnehmen. Bibliothek dialektischer Grundbegriffe, Heft 3. Bielefeld.

Die eigentümliche Logik des eigentümlichen Gegenstandes Sport
Vorüberlegungen

Volker Schürmann

> Mark Twain soll eine nette Frage gestellt haben: Er könne sich nicht erklären,
> warum Bergsteigen ein Sport sein soll und Tütenkleben nicht.
> (Werner Schneyder; zit. n. Caysa 1996, 55)

Die Fragestellung der folgenden Überlegungen muß wohl zunächst einmal
befremden. In irgendeinem Sinne geht es nämlich darum zu fragen, was
Sport bzw. seine Spezifik *ist*. Nun muß man sicher nicht die sog. Postmoderne bemühen, um solche ist-Fragen als kulturell out anzusehen und sie mit
Welsch (1999, 164) als „zu essentialistisch gestellt" zu empfinden (vgl. Lenk
1982, 213; Willimczik 1995, 43). Nimmt man eine solche Frage nämlich
ganz ohne Befremden, dann kann sie doch nur einer vorhegelschen Wesensmetaphysik geschuldet sein, die glaubte, dem fraglichen Gegenstand ein
eigentliches Sosein abgewinnen zu können. Ein Befremden ob der Fragestellung einzufordern, signalisiert die Suche danach, wie solche ist-Fragen
gestellt oder gar beantwortet werden können, ohne essentialistische Wesensmetaphysik zu betreiben.

Vorverständigung

Es scheint so zu sein, daß solche ist-Fragen nicht ersatzlos gestrichen werden können. Oder vorsichtiger formuliert: wir haben in unserem alltäglichen Tun und Treiben auf solche ist-Fragen immer schon eine Antwort gegeben, und manchmal geraten wir in Situationen, die bisher gegebene Antworten fraglich werden lassen. Um nur ein einziges Beispiel zu geben: wir wissen schon, daß wir einen Kursus *Aquarellmalerei* nicht im Hochschulsport-Programm suchen, denn Malen *ist* ja nicht Sport. In bezug auf Malen dürfte eine solche ist/ ist-nicht Antwort auch noch einige Zeit stabil sein; in bezug auf Massage oder Rückengymnastik sind interessierter Weise längst Grenzen zum Sport verschwommen resp. neue Fakten gesetzt.

Auch Welsch hat deshalb die Frage, was Sport *ist* (dort: ob Sport Kunst *ist*), de facto und aus guten Gründen nicht ersatzlos gestrichen, sondern nur um eine Dimension verschoben. Ihn interessiert, „warum - unter den heutigen Bedingungen der Kunst wie des Sports - viele Menschen es plausibel finden, Sport als Kunst zu betrachten" (Welsch 1999, 164). Er nimmt als Faktum in Anspruch, a) daß sich das, was „viele" als Kunst und als Sport betrachten, historisch wandelt, und b) daß heutzutage gelegentlich der Sport als Kunst betrachtet wird, und er möchte erklären können, warum b) der Fall ist. Er sucht also gerade keine Antwort darauf, was 'tatsächlich' der Fall ist - das wäre in der Tat in anachronistischer Weise essentialistisch -, sondern darauf, warum der Sport so betrachtet wird. Ohne einen solch überholten Anker im ontischen Sosein des Sports kann man, so die frohe Botschaft, tolerant tun und zulassen, daß andere den Sport auch anders betrachten oder daß der Sport vielleicht schon übermorgen anders betrachtet wird. Freilich verhindert ein solcher Verzicht auf essentialistisch gestellte ist-Fragen nicht, daß auch Welsch, wie seine essentialistischen Vorgänger, der wahrere Betrachter der Gegenwart ist; er vermutet, daß diejenigen, die heutzutage den Sport nicht als Kunst betrachten wollen, „nicht auf der Höhe des modernen Kunstverständnisses sind" (ebd.).

Es ist heutzutage allseits praktiziertes Verständnis, daß die Frage danach, was der Sport ist, nicht danach fragt, was der Sport ontisch tatsächlich ist. Ausgangspunkt und Grund aller heutigen Antworten auf solche Fragen sind praktizierte, insbesondere formulierte *Verständnisse* von Sport. Die Frage ist eben nicht (mehr), ob Rückengymnastik denn tatsächlich Sport ist, sondern gefragt ist nach dem Rechtsgrund dafür, Rückengymnastik als Sport zu betrachten. Die erste Antwort ist leicht und völlig unstrittig: manche haben eben ein Interesse daran. Aber diese Antwort überzeugt nicht als Antwort auf die Frage nach dem Rechtsgrund, denn eine solche Antwort müßte auch noch klären, warum Rückengymnastik immerhin ein mögliches Sportangebot ist, Lesezirkel zu *Sofies Welt* aber nicht - trotz aller Nachfrage. Noch diesseits aller, hier wahrlich nicht geleugneten Interessen, ist bereits ein Maß *von Sport* im Gebrauch, und *darauf* zielt die Frage nach dem Rechtsgrund. Bereits in diesem Sinne gilt, daß, wenn überhaupt, eine Logik *der Sache* nur als *Logik* der Sache zu haben ist: „In den stillen Räumen des zu sich selbst gekommenen und nur in sich seienden Denkens schweigen die Interessen, welche das Leben der Völker und der Individuen bewegen." (Hegel, WdL I, 23)

Der Vorschlag von Welsch ist, daß dieser Rechtsgrund eine Konvention sei, eine Art Abstimmung mit den Füßen: daß „viele" dieses Verständnis praktizieren. Schwierig wird dieser Vorschlag dort, wo einige andere dieses Verständnis nicht teilen, und insbesondere dann, wenn gerade strittig ist, *welches* Verständnis denn gültig sein soll bzw. warum welches Verständnis wo gilt.[1] Gerade solche Situationen sind Situationen von Fraglichkeit; in glücklichen Zeiten, in denen beinahe alle dasselbe Verständnis praktizieren, taucht die Frage gar nicht auf. Der Vorschlag von Welsch indiziert, daß er, kraft seiner Amtsgewalt als Betrachter (der bereits auf der Höhe *eines* der vielen praktizierten Verständnisse angekommen ist), in weniger glücklichen Zeiten glückliche Zeiten verordnen können möchte.

An der Frage, was der Sport *ist*, mit Befremden festzuhalten, geschieht hier dem Anliegen nach in doppelter Abgrenzung. Zum einen ist *nicht* die Frage, was Sport denn ontisch tatsächlich sei - auch hier wird das allseits praktizierte Verständnis geteilt, daß Ausgangspunkt und Grund aller heutigen Antworten auf solche ist-Fragen praktizierte, insbesondere formulierte

---

1 Im allgemeinen betrachtet unsere Sprache das Schachspiel als Denk*sport*; im Hochschulsport und im Lehrangebot eines Lehramtsstudiengangs *Sportwissenschaft* findet sich dennoch und einigermaßen fraglos kein Kurs-Angebot ‘Schach und Go’; in unseren Tageszeitungen gibt es Schachrubriken sowohl auf der Sportseite als auch in der Wochenbeilage neben den Logeleien.

Verständnisse von Sport sind; zum anderen soll eine andere Antwort auf die Frage *nach dem Rechtsgrund* eines je praktizierten Verständnisses von Sport gegeben werden als die konventionalistische, nämlich eine solche, die einen Gegenstandsgehalt der Sache 'Sport' in Anspruch nimmt. Daß zwischen diesen abgrenzenden Polen noch eine logisch mittlere Position immerhin möglich ist, wird unter Berufung auf Blochs *Schichten der Kategorie Möglichkeit* (Bloch 1959, Kap. 18) wohlwollend unterstellt; ist-Fragen im hier praktizierten Verständnis zielen auf eine „*Gegenstands*lehre" (Ontologie) als „Ort der Kategorien" (ebd. 266), angesiedelt zwischen den Dimensionen des ontischen *Objekts* und des Erkennens des *Sachverhalts*. Kategorien sind die blinden Flecken des Erkennens, also z.B. die bereits gegebene Antwort auf die Frage, was Sport ist, wenn wir Aquarellmalen nicht als Sport betrachten. Die Rede vom *blinden Fleck* ist hier terminologisch zu nehmen: blinde Flecken sind nicht derart, daß sie *noch nicht* gesichtet sind bzw. aus äußeren Gründen nicht sichtbar sind, sondern sie sind Bedingungen der Möglichkeit des Sehens dieses und nicht jenes Gegenstandes. Wir wechseln den Inhalt des blinden Flecks, wenn wir heutzutage Rückengymnastik als Sport betrachten, was wir früher nicht taten - aber es ist nicht so, daß wir dann und dadurch dem ehemals noch im Dunkeln liegenden Fleck jetzt ein wenig aufklärendes Licht beigebracht hätten. Ein so verstandener blinder Fleck ist und bleibt jedoch ein blinder Fleck unseres *Erkennens* resp. unserer *Verständnisse* (und nicht der 'Sache selbst' = des ontischen Objekts); eine Kategorie ist diejenige Grenzziehung, die wir vollzogen haben, wenn und falls wir dieses-Phänomen-dort als X *ansprechen*. Eine Kategorie gibt nicht selbst schon eine Antwort auf die Frage, *warum* wir gerade dort die Grenze ziehen, sondern vermerkt ausschließlich, daß wir sie dort gezogen haben, wenn und falls wir *so* von den Sachen sprechen; insbesondere beschwört eine Kategorie nicht ein ontisches Sosein der Objekte. Eine solche Onto*logie* „macht also durchaus eine eigene Differenzierung" aus und „ist nicht etwa eine überflüssige Verdoppelung" der Dimension des Ontischen (ebd.).

Weil eine Kategorie nicht schon selbst eine Antwort gibt auf die Frage, warum wir die Grenze *dort* ziehen, bleibt 1. diese Frage noch offen und *kann* zu ihrer Beantwortung noch einen Anker in der 'Sache selbst' (= im Gegenstand) werfen, und praktiziert 2. eine Ontologie eine Beschreibung unserer praktizierten Verständnisse in „kalt fortschreitende[r] Notwendigkeit" (Hegel, PhdG, 16), mithin ohne normative Regulierungen - es ist zunächst, auf der Ebene der Ontologie, keinesfalls schon gut oder schlecht so, daß unsere Verständnisse Grenzen dort ziehen, wo sie sie eben ziehen.[2]

Besteht jenes Beharren auf einem Befremden angesichts der hier gestellten ist-Frage zurecht, dann kann es zunächst nicht darum gehen, eine *materiale* Antwort auf die Frage nach der Spezifik des Sports zu geben.[3] Die Fragestellung ist daher im folgenden (beinahe) gar nicht, *was* Sport denn 'ist', sondern zunächst ausschließlich, *wie* man denn (heutzutage) Antworten auf ist-Fragen finden kann.[4] Dabei drängt sich ein Modell geradezu auf: das Modell der Familienähnlichkeit. Das Auszeichnende eines gewissen X liegt demgemäß gerade nicht in wesentlichen Eigenschaften, sondern in je paarweisen, hinreichend signifikanten Überlappungen der Teilbereiche eines solchen X.

Basis der folgenden Thematisierung ist jedoch nicht *Wittgensteins* Konzept von Familienähnlichkeit im direkten Sinne, sondern daß und wie dieses Konzept Eingang gefunden hat in die (Wissenschaftstheorie der) Sportwissenschaft, etwa bei Willimczik (1995), Lenk (1980) oder bei Welsch (1999, 161, Anm. 60).[5] Wenn Willimczik (1995, 47) meint, „daß der Begriff Sport

---

2 Willimczik (1995) ist getragen von einer Identifizierungskette: Ontologisierung bedeutet Wesensmetaphysik; Wesensmetaphysik bedeutet Realdefinition; Realdefinition bedeutet Wahl des Modells 'genus proximum/ differentia spezifica'; dieses Modell bedeutet wertungsgebundene Vorstellungen. Weil er letzteres nicht will, lehnt er ersteres ab. Weil ich das Anliegen teile, aber die Ablehnung wertungsgebundener Vorstellungen nicht als bloße Wertung, sondern als vollziehbare logische Möglichkeit erweisen können möchte, bestreite ich jene Zwischenidentifizierungen: Ontologisierung bedeutet noch nicht Wesensmetaphysik und Realdefinition bedeutet noch nicht Wahl jenes Modells.

3 Zum Überblick dieser Debatte in Deutschland vgl. Fornoff 1997.

4 Da es mir um Unterschiede der Modelle geht, vermittels derer solche Antworten gefunden werden, unterscheide ich im folgenden nicht konsequent die beiden Fragen nach der Spezifik des Sports einerseits und der Spezifik des Gegenstands 'Sport' für die Sportwissenschaft andererseits.

5 Das ist ja nicht dasselbe, weil nicht schon klar ist, daß überall wo Wiggensteins Familienähnlichkeit drauf steht, auch schon Wittgenstein drin ist. In der ihm eigenen Selbstgewißheit diagnostiziert Savigny (1994, 114) „unbefangene Leser", die beim Lesen der §§ 65 ff. der *Philosophischen Untersuchungen* das dort lesen, was jeder normale Leser, und so auch Willimczik und Welsch und Schürmann (1993, 40-42), dort liest. Es macht natürlich befangen und vorsichtig, daß „die Vermutung, eigentlich sei durchgehendes Thema [jener Para-

ein Gattungsbegriff mit Familienähnlichkeits-Struktur ist", dann ist das in sehr spezifischer Weise ein Gegenkonzept gegen Wesensdefinitonen des Sports. Wesensdefinitionen würden behaupten, daß die verschiedenen sportlichen Unternehmungen „einen gemeinsamen charakteristischen Zug" aufweisen und daß darin der Rechtsgrund liegt, daß wir sie *Sport* nennen. Demgegenüber ist die „Grundlage familienähnlicher Sportbegriffe" gewisse „Zusammenstellungen von Merkmalen, die zumindestens einmal als ein Merkmal eines Sportbegriffs auftauchen" (ebd.). Ganz offenkundig ist in dieser Entgegensetzung von Wesensdefinition und Familienähnlichkeit ein wesentlicher Punkt invariant gesetzt, nämlich die Unterstellung, ein X sei durch „Merkmale", die es besitzt, charakterisiert; *dann* muß man Merkmale angeben, um sagen zu können, was ein Ding ist, und auch um angeben zu können, daß und warum zwei Dinge sei es wesensmäßig übereinstimmen, sei es familienähnlich sind. Falls man aber die Identität nicht *an* einem Ding vermutet, sondern *zwischen* Dingen - als Anders-sein dieses gegenüber jenem -, dann hilft ein solches Verständnis von Familienähnlichkeit nicht recht weiter;[6] die gemeinsame Voraussetzung mit vorhegelscher Wesensmetaphysik bleibt unangetastet und wird lediglich in eine andere Dimension verschoben.

Es scheint so zu sein, daß Antworten auf ist-Fragen wesentlich gebrochen sind durch ein je spezifisches Modell, worin man die identifizierende Charakteristik eines X vermutet. Anders gesagt: auch Antworten auf ist-Fragen haben ihren blinden Fleck. Ich möchte nun hier vorschlagen, den Inhalt dieses blinden Flecks anders zu bestimmen als dies etwa Willimczik tut. In Antworten auf die Frage, was denn Sport sei, sollten wir nicht unterstellen, Sport sei ein X, das durch Angabe charakteristischer Merkmale zu bestimmen ist (oder von dem man bestreiten mag, daß solche Merkmale ob der

---

graphen], daß Eigenschaftswörter (und Eigennamen) nicht auf Grund von wesentlichen Eigenschaften, sondern auf Grund von Familienähnlichkeiten verwendet werden, allerdings mit dem Gang der Erörterung nicht viel besser zurecht[kommt] als mit dem Anschluß an den Vortext" (Savigny 1994, 115) - und so ist mein Thema hier lediglich, was solch unbefangene Lesarten andernorts anrichten.

6 Mitglied einer Familie zu sein, heißt dann nicht, je paarweise in gewissen Merkmalen übereinzustimmen, sondern, zum Beispiel, eine gewisse Position in einem bestimmten Relationengefüge zu besetzen; auch Wohngemeinschaften oder, zeitgemäßer, homosexuelle Ehen, könnten dann 'Familien' bilden.

Vielfältigkeit des Sports gefunden werden können); der Vorschlag geht stattdessen dahin, daß die Frage, was der Sport ist, danach fragt, was wir spezifisch *tun*, wenn wir Sport treiben. Dieser Vorschlag ist, trotz der unspektakulären Formulierung, keine Selbstverständlichkeit, und es ist nicht so, daß das ja selbstverständlich auch das sei, was Willimczik meint. Die Spezifik des Sports als Spezifik einer Tätigkeit zu modellieren, ist eben ein Gegenentwurf gegen jenes Modell der 'Merkmalssuche',[7] und es ist nicht so, daß hier solches Tun jenes X ist, das nunmehr durch Angabe von Merkmalen genauer zu fassen ist.[8]

Prozeß-Ontologie vs. Kräfte-Ontologie

Dieser Vorschlag ist methodologischer Ausdruck eines spezifischen *Modus* von Ontologie. Kategorien leisten doppeltes. Sie machen, daß wir von diesem-Sachverhalt-dort eben als von diesem, und nicht jenem, Sachverhalt reden: daß wir die Grenze hier und nicht dort gezogen haben; darin manifestieren sie zugleich Unterstellungen dessen, was es überhaupt zu unterscheiden gibt – also Unterstellungen dessen, welche Sorte von Entitäten es denn 'gibt' (zu dieser Doppelbedeutung von 'Ontologie' vgl. Horstmann 1984, 22 ff.). Die Frage, ob eine Grenze sinnvollerweise hier oder dort zu ziehen ist, hat schon entschieden, ob es Dinge oder Eigenschaften oder was immer sonst zu unterscheiden gilt. Gäbe es beispielsweise nur eine einzige Entität, gäbe es gar nichts zu unterscheiden. Kategorien haben immer schon beides geleistet, und wohl deshalb spricht Bloch von Kategorien als „Daseinsformen".

---

7 Ein Gegenentwurf, der schon deshalb nicht selbstverständlich ist, weil es naheliegende Alternativen gibt; so könnte man das Spezifische des Sport auch als Spezifik eines Subsystems der Gesellschaft zu fassen versuchen (so Bette 1999 im Anschluß an Luhmann).

8 So etwa Steinkamp 1983. Dort wird „die vorgestellte Menge aller möglichen Handlungen" durch „Merkmals-Siebe" gedrückt, wodurch „immer kleiner werdende[..] Untermengen ausgelesen [werden], bis die letzte Restmenge die der 'sportlichen Handlungen' ist" (ebd. 13). Bei weitgehender Übereinstimmung in bezug auf einzelne 'Bausteine' eines Verständnisses von Sport entspringt dort gleichwohl ein anderes Verständnis von Sport als im Rahmen einer Tätigkeitstheorie; letztlich ist Sport für Steinkamp eine Aktualisierung und ein Erleben von anthropologischen Konstanten, z.B. des „Dranges nach Bewegung" (ebd. 44).

Dem Vorschlag, die Spezifik des Sports als Spezifik eines Tuns zu modellieren, liegt ein Modus von Ontologie zugrunde, demgemäß es gegenständliche Prozesse, und nur gegenständliche Prozesse, als Basisentitäten
gibt. Willimcziks Konzept von Familienähnlichkeit gründet demgegenüber
in einem Modus von Ontologie, in dem es Dinge als Basisentitäten gibt plus
bewegende Kräfte, die die Dinge aus der Ruhe bringen, plus Subjekte, die
Beziehungen zwischen den Dingen herstellen können.[9] Die entscheidende
Differenz liegt darin - und das definiert hier einen Unterschied im *Modus*
von Ontologie -, daß in einer Prozeß-Ontologie Bewegtheit als gegeben unterstellt wird und nicht erklärt werden muß; der zu erklärende Problemfall ist
vielmehr der der Invarianz. *So what?*

In kosmologischen Angelegenheiten ist jene prinzipielle und nicht harmo-
nisierbare Differenz schlicht der Unterschied, ob man sich auf die Suche
macht nach einem dem Kosmos vorgeordneten Beweggrund, traditionell
Gott genannt, oder ob man das nicht tut und dem Kosmos die ganze Last der
Bewegtheit aufbürdet. Im hier verhandelten Fall ist jene Differenz nicht der
Streit, *ob* 'alles permanent im Fluß' ist, sondern die Frage, *welchen Status*
ruhende 'Dinge' haben: ob man Dinge zu den Basisentitäten zählt (um dann
nach gemeinsam-überlappenden Merkmalen fahnden zu können und zu müssen), oder ob man das Ding-sein als spezifischen Fall von Prozessualität,
nämlich 'Dinge' als *geronnene* gegenständliche Prozesse = : Produkte betrachtet. Und, um nur eine Konsequenz zu benennen: Im besonderen Fall
menschlicher Tätigkeiten wird (sowohl alltäglich als auch im wissenschaftlichen Tun) selbstverständlich nach *Motiven* solcher Tätigkeiten geforscht.
Aber im Rahmen einer Prozeß-Ontologie ist das eo ipso nicht die Suche nach
einem Prinzip, das erklären würde, daß diese Tätigkeit überhaupt vollzogen
wird: ein Motiv einer *Tätigkeit* ist nichts, was erst noch (aus seiner bloßen
Möglichkeit) in die Wirklichkeit des Tuns umgesetzt werden muß (das verlangt nämlich entweder ein Meta-Motiv, warum denn die Möglichkeit ver-

---

9 Im Strukturalismus gibt es stattdessen Relationen als zusätzliche Basisentitäten und Subjekte
sind lediglich sonder-bare Dinge. Willimcziks Ontologie und eine strukturalistische Ontologie unterscheiden sich also, weil es jeweils andere Basisentitäten 'gibt': Dinge + Kräfte +
Subjekte vs. Dinge + Kräfte + Relationen; dennoch sind dies Unterschiede im selben Modus
(Bewegtheit zu erklären), nämlich einer Kräfte-Ontologie.

wirklicht wurde, oder aber geheime teleologische Kräfte solcher Möglichkeiten, 'sich selber' zu verwirklichen). Motive von *Tätigkeiten* sind nicht Vermögen, Bedürfnisse, Triebe, Begehren, Dispositionen, etc. pp., sondern das *an* einer sich vollziehenden Tätigkeit differenzierbare Moment des Worumwegen (*telos*) dieser Tätigkeit.

Heutzutage ist der Prozeß-Begriff nahezu ein „Verpflichtungsbegriff" (Röttgers): der Nachweis, statisch zu sein oder etwas statisch zu denken oder zu betrachten, spricht als Kritik für sich und bedarf offenbar keiner weiteren Begründungen. Auch der hier gebrauchte Prozeß-Begriff entzieht sich dem nicht, ist aber darüber hinaus insofern *terminologisch* zu nehmen, als er eine spezifische Beschreibung solch allgemein unterstellter Bewegtheit ist: der Prozeß-Begriff ist hier *definiert* durch jene oben genannte Differenz. Prozesse sind hier also insbesondere nicht solcherart *Dinge*, die prinzipiell und von Hause aus mit der wesentlichen *Eigenschaft* der Bewegtheit ausgestattet sind - so etwa Whitehead (1929) trotz des gleichen Namens 'Prozeß-Ontologie'. Anhand von Whitehead wird deutlich, daß die Basisentitäten einer *Kräfte*-Ontologie auch sein können: Ereignisse + Kräfte + Relationen. Whiteheadsche Ereignisse sind, terminologisch, *nicht* Prozesse, denn sie finden nicht einfach statt, sondern ihr Stattfinden muß noch eigens erklärt werden, was insbesondere daran sichtbar wird, daß ihr Bezug zu anderen Ereignissen noch eigens hergestellt werden muß: „Das elementare metaphysische Prinzip ist das Fortschreiten von der Getrenntheit zur Verbundenheit" (ebd. 62 f.); oder auch: „Die Kontinuität betrifft das Potentielle, während die Wirklichkeit unheilbar atomistisch ist." (ebd. 129) Gegenständliches in-Bewegung-*sein* (von Prozessen im Unterschied zu Whiteheads Ereignissen) dagegen *ist* es, in Beziehung zu anderen Prozessen zu verlaufen, also z.B. synchronisiert zu sein oder auch nicht, sich in der Beziehung des beziehungslosen Nebeneinander zu bewegen, etc. Eine Prozeß-Ontologie nimmt im altehrwürdigen Universalienstreit eine andere Haltung ein als eine Kräfte-Ontologie: es ist eine nicht-nominalistische, universalienrealistische Position, die gleichwohl keine Universalia *vor* den Individua kennt.[10] *So what?*

---

10 Dies sind Überlegungen in einer Traditionslinie Hegel - Marx. Vgl. zu einem vergleichbaren Projekt im Rahmen der analytischen Philosophie Seibt 1995.

Der Unterschied zwischen einer Prozeß- und einer Kräfte-Ontologie ist nicht mehr, aber auch nicht weniger, als ein Unterschied in der Beschreibung von Phänomenen, insbesondere von Phänomenen, die 'klar' sind und über die sich alle 'einig' sind. Zum Beispiel ist allen Beteiligten klar, daß man beim Fußball-Training üben muß, Spielzüge aufeinander abzustimmen. Dazu gibt es sicher verschiedenste Methoden, mehr oder weniger passend, mehr oder weniger 'quälend' für Spieler und Trainer. Aber was *genau* ist die zu trainierende und von solch verschiedenen Methoden zu lösende Aufgabe? Ist der Ausgangspunkt der Analyse die Bewegungen (z.B. Laufwege) des je einzelnen Spielers, der vor der Aufgabe steht, eine 'Koordination' mit den Anderen herzustellen? Oder liegt die Aufgabe darin, ein gegebenes, ggf. dysfunktionales *Zusammen*spiel in einen besseren Modus zu überführen (dann ist der Ausgangspunkt der Analyse das *Verhältnis* der Bewegungen der Einzelnen)? Theoretisch ist das ein riesiger Unterschied; und praktisch auch: im 'atomistischen' Fall ist der Mitspieler (im Prinzip) eine von zahllosen Bedingungen meines ureigenen Bewegungsablaufs (wenn auch, selbstverständlich, von weitaus größerer Komplexität als etwa die Beschaffenheit des Rasens); im zweiten Fall setzt die Bedingungsanalyse bei *unserem* Bewegungsablauf an. Dieser praktische Unterschied wird vermutlich in der Regel gar nicht in Erscheinung treten und kann sich sogar unter 'denselben' Trainingsanleitungen und Methoden verbergen. Feine Unterschiede sind typischerweise in Konfliktfällen zugänglich als erfahrbar unterschiedlicher (Trainings-) Stil.

Tätigkeitstheorie vs. Handlungstheorie

Noch diesseits aller Folgeprobleme und aller Schwierigkeiten der konkreten Durchführung ist das Grundkonzept der *Kulturhistorischen Schule der Sowjetischen Psychologie* durch einen Wechsel im Modus der Ontologie hin zu einer solchen Prozeß-Ontologie charakterisiert. Hauptanliegen ist eine neue Psychologie auf marxistischer Basis - aber das meint von Anfang an primär eine andere Art und Weise der Durchführung von Psychologie und nicht in erster Linie einen neuen Inhalt. Schon Wygotski geht es neben der konkreten psychologischen Forschung vor allem um die Bestimmung der *Kategorien* des Psychischen für eine materialistische Psychologie – um eine Kritik der

Psychologie analog zu einer Kritik der Politischen Ökonomie. Ziel ist ein eigenes, gegenstandsspezifisches *Kapital* für die Psychologie (Wygotski 1927, 252), wohl bedenkend, daß Begreifen nicht darin besteht, „die Bestimmungen des logischen Begriffes überall wieder zu erkennen, sondern die eigenthümliche Logik des eigenthümlichen Gegenstandes zu fassen" (Marx 1843, 101). Zentrale Kategorie wird dann, vor allem bei Leontjew, die der *Tätigkeit* werden; damit ist ein Prozeß im Sinne jener oben skizzierten Prozeß-Ontologie bezeichnet und nicht dasjenige, was gewisse Dinge in der Welt, nämlich menschliche Individuen, an bewegtem Tun vollziehen als Ergebnis des Wirkens von Kräften und Fähigkeiten.

Die hier behauptete Spezifik der Kategorie *Tätigkeit* - einen Prozeß zu bezeichnen[11] - macht sich nicht so sehr fest an den konkreten 'materialen' Ausführungen, sondern an methodologischen Überlegungen dazu, warum Leontjew diese Kategorie einführt und welche Rolle sie in seinem Konzept zu spielen hat. Es ist *die* Kategorie, die alle Reiz-Reaktions-Modelle menschlichen Tuns unterlaufen soll. Die gemeinsame Basis aller Reiz-Reaktions-Modelle sei ein „zweigliedriges Analyseschema", das menschliches (oder organismisches) Tun als Antwortreaktion auf Einwirkungen auf die rezipierenden Systeme des Subjekts interpretiert (S → R), weshalb Leontjew im Anschluß an Usnadse vom 'Postulat der Unmittelbarkeit' spricht. Selbstverständlich ist dieses Modell u.a. durch die Einführung von Zwischenvariablen, von inneren subjektiven Kräften, von Rückkopplungserscheinungen, etc. angereichert und verkompliziert worden. Das als solches heißt aber gerade nicht, das Grundkonzept aufzugeben, das menschliches Tun als Ergebnis des Wirkens von Bedingungen interpretiert.

---

11 Es ist selbstverständlich eine *spezifische* Interpretation, die *Kulturhistorische Schule* als durch einen solchen Wechsel des Modus von Ontologie charakterisiert zu sehen. De facto gab (gibt?) es mindestens zwei Typen von Rezeption dieser Schule, nämlich die *Kritische Psychologie* (rund um K. Holzkamp und U. Holzkamp-Osterkamp) und die *Tätigkeitstheorie* (W. Jantzen, M. Holodynski, G. Rückriem u.a.). Der grundliegende Unterschied liegt m.E. gerade darin, daß die *Kritische Psychologie* jenen Wechsel zur Prozeß-Ontologie nicht mit vollzogen hat (während die *Tätigkeitstheorie* diesen Wechsel nicht immer gemerkt hat); Grundkategorie für Holzkamp (1985) ist gerade nicht die Kategorie 'Tätigkeit' (energeia), sondern die Kategorie 'Handlungs*fähigkeit*' (dynamis) (vgl. Schürmann 1993, 88-100).

Das betrifft z.B. die sog. Handlungstheorien. Einer der Hauptimpulse ist dort das „Verlassen mechanistisch-deterministischer Positionen", in denen der tätige Mensch „als passiv bestimmten naturgesetzlichen Einflüssen unterworfen betrachtet" wird. In Handlungstheorien wird demgegenüber die „Eigenaktivität und (relative[..]) Autonomie der handelnden Person" betont (Nitsch 1986, 210). So zentral dieser Unterschied auch ist, so bleibt das Grundmodell dennoch unangetastet. Es ist nicht so, daß das Modell aufgegeben wird, menschliches Tun als Resultante von einwirkenden Reizen zu interpretieren, sondern der Status der Reize wird (beim Handeln im Unterschied zum Verhalten) anders interpretiert: „Bei Handlungen haben Reize also nicht an sich bereits eine feste Bedeutung, auf die mit einem bestimmten Verhalten mehr oder weniger zwangsläufig reagiert wird (wie bei Reflexen, Instinkten und konditionierten Reaktionen). Reize erhalten vielmehr ihre jeweilige Bedeutung erst aufgrund subjektiver Bewertungsprozesse im Hinblick auf aktuelle Absichten." (ebd. 208 f.). So auch Weinberg (1983): Die Einführung des Handlungskonzepts richtet sich gegen eine behaviouristische Beschreibung bloß äußerlicher Bewegungsabläufe und zielt demgegenüber auf die 'Innensicht' menschlichen sich-Bewegens; auf dieser Basis ist es dann aber „vor allem das Ziel handlungstheoretischer Überlegungen, die inneren Bedingungen von Handlungen im Sport mit den äußeren Voraussetzungen zu verbinden" (ebd. 339; vgl. auch Munzert 1995, Nitsch/ Munzert 1997; vgl. *dagegen* Leontjew 1982, 78). Solch wechselseitiges „ergänzen" und „vervollständigen" (Weinberg 1983, 341) einer Unzahl von Bedingungen resp. Voraussetzungen gilt dort freilich als gelungene Überwindung der „Trennung" (ebd. 339) von Innensicht und Außensicht der Bewegung. Und auch noch dort, wo der Handlungsbegriff vorliegender Handlungstheorien als zu eng (am Modell zielgerichteten Handelns ausgerichtet) kritisiert wird (Cranach 1994), ist es die Diagnose eines zu engen *Bereichs*, so daß dem zielgerichteten Handeln andere Handlungstypen zur Seite gestellt werden. Die Diagnose ist nicht der Verdacht, daß menschliches Tun auch anders denn als Resultante von Bedingungen beschreibbar sein könnte.

Wenn sich Nitsch mit der Differenzierung von Handlung, Operation und Tätigkeit auf Leontjew bezieht (Nitsch 1986, 210; so auch Cranach 1994, 74), so ist das *wesentlich* ein Mißverständnis, denn Leontjew gebraucht den Begriff der Handlung in einem grundsätzlich anderen Sinne, sichtbar bereits daran, daß für ihn 'Tätigkeit', und nicht 'Handlung' der Grundbegriff ist (vgl. Leontjew 1982, 101-120). Leontjews Einführung der Kategorie *Tätigkeit* will eine Alternative jenes zweigliedrigen Grundmodells sein, nämlich ein „dreigliedriges Schema", bei dem das menschliche Tun nicht Ergebnis des Wirkens zahlloser Faktoren (und ggf. selbst auf jene Faktoren rückwirkender Faktor) ist, sondern eigenbedeutsames „Mittelglied", das die Zusammenhänge zwischen jenen sog. Faktoren vermittelt (vgl. Leontjew 1982, 75-83). Tätigkeit *ist* das Ineinander-übergehen seiner ermöglichenden Bedingungen.

Der Unterschied ist unscheinbar und in vorliegenden Konzeptionen ggf. schwer zu diagnostizieren; im Prinzip ist er alles entscheidend, denn die sog. Faktoren, Bedingungen, Antriebe und Fähigkeiten menschlichen Tuns sind nunmehr (zu erklären als) Binnendifferenzierungen von 'Tätigkeit', nicht aber als Größen, die rein als solche faßbar und beschreibbar sind und *aus* deren Zusammensetzung dann menschliches Tun erklärbar ist. Menschliches Tun gilt nicht (wie in Handlungstheorien) als *Synthesis* von Voraussetzungen, sondern die ermöglichenden Bedingungen sind *Differenzierungen* einer Tätigkeit. „Demnach hat die Untersuchung nicht von den erworbenen Fertigkeiten, Fähigkeiten und Kenntnissen zu den durch sie charakterisierten Tätigkeiten überzugehen, sondern vom Inhalt und von den Tätigkeitsverbindungen zu der Art und Weise ihrer Realisierung durch jene Prozesse, die sie ermöglichen." (ebd. 178) *So what?*

In Handlungstheorien ist *konkretes* Tun gedacht als *Einschränkung* einer allgemeine(re)n Disposition unter konkreten Bedingungen; im besonderen Falle menschlicher *Handlungen* liegt dann ein absichtsvolles („intentionales") Tun vor vermöge der Gestaltung der „internen Repräsentationen" jener Bedingungen (vgl. Nitsch/ Munzert 1997). Menschliches Tun ist dann die Realisierung *einer* Möglichkeit aus dem Pool einer unübersehbaren Vielfalt von Möglichkeiten: „In dieser Perspektive bedeutet *Bewegungskoordination* die dynamische, situationsspezifische Organisation des Bewegungsverhaltens durch physikalische, biologische, psychosoziale und ökologische Einschränkung der Freiheitsgrade des Bewegungssystems." (ebd. 115) In der Perspektive der Tätigkeitstheorie ist davon auszugehen, daß konkrete Menschen immer über eine sehr überschaubare Anzahl von konkreten Bewegungsmöglichkeiten verfügen, und daß Bewegungskoordination bedeutet,

Freiheitsgrade des Bewegungssystems zu *differenzieren*. *Menschen* haben alle nur erdenklichen Möglichkeiten, über eine Latte in einer Höhe von 1,50 m zu springen - ich habe z.Zt. keine einzige Möglichkeit dazu. Orientiere ich mich an der Menschheit, bin ich ein armer Wurm; orientiere ich mich an meinem Ist-Stand, könnte ich noch überschaubaren Ehrgeiz entwickeln.

Die Betonung liegt hier zunächst, und ganz neutral, darauf, daß in der Tätigkeitstheorie eine *andere* Sicht der Welt vorliegt bzw. praktiziert wird. Es sind nicht die Phänomene selbst, die den Grund angeben, *wie* sie beschrieben werden wollen, denn sie sind ja nur zugängliche Phänomene insofern sie vermittels *irgend*-einer Logik beschrieben sind. So dürfte es konkretem Bewegungslernen auch durch noch so gründliche empirische Analyse nicht abzuringen sein, ob es als Einschränkung oder als Differenzierung von Freiheitsgraden beschrieben sein will.[12]

Das Konzept der besonderen Tätigkeit

Nach dem hier verfolgten Grundverständnis handelt es sich bei einer Handlungstheorie und bei einer Tätigkeitstheorie um grundsätzlich verschiedene Theorie-Welten. Die Bedeutung von 'Tätigkeit' im Rahmen einer Tätigkeitstheorie ist festgelegt durch den Satz «Alles menschliche Tun ist Tätigkeit, und es ist nicht so, daß alles menschliche Tun Verhalten oder Handlung

---

12 Man mag Handlungstheorien unattraktiv finden; aber es ist sicher nicht so, daß sie den Phänomenen nicht gerecht werden, sondern ggf. sehen Handlungstheoretiker *andere* Phänomene. Glaubt man Schierz (1995, 110-112), dann sehen Handlungstheoretiker allerdings *falsch*; er plädiert dafür, (auch) im Sport das handlungstheoretische Modell als überholt zu betrachten: „Wenn auch Handeln stattfindet, so ist doch Praxis nicht mit Handeln identisch. Praxis ist ein Aggregat aus Ereignissen und Handlungen, wobei Ereignisse nicht auf Handlungen und Handlungen nicht auf Ereignisse restlos zurückgeführt werden können." Da er jedoch nur „kleine Geschichten", nicht aber „große Erzählungen" (ebd. 100) erzählen will, führt er nicht aus, welches diejenige „bestimmte sportliche Perspektive" (ebd. 111) ist, die ihm die Gewißheit des Überholtseins jenes Modells gibt. Stattdessen suggeriert er, daß ihm als aufmerksamen Beobachter die Geschichten selbst gleichsam Postkarten (moderne *eidola*) vom Leben da draußen geschrieben haben: „Praxis ist nicht mehr handlungstheoretisch beschreibbar, ohne dabei Bewegungen auszuführen, die unweigerlich den Kopf tief im Sand verbuddeln. [...] Kaum ein Glück oder Desaster läßt sich noch ausschließlich unter dem Schema der persönlichen Handlung auffassen." (ebd. 110 f.)

ist». D.h., daß die Kategorie 'Tätigkeit' ihre grundlegende Bedeutung dadurch erhält, daß sie unterschiedslos auf alles menschliche Tun angewandt wird und dieses menschliche Tun dadurch in sehr spezifischer Weise konzeptualisiert, nämlich als Prozeß und *nicht* (wie beim Verhalten und Handeln) als Ergebnis des Wirkens von Faktoren: die Suche nach Beweg*gründen* ist verabschiedet zugunsten der Suche nach Ruhe- resp. Invarianzgründen. Daß die Kategorie 'Tätigkeit' hier unterschiedslos auf *alles* menschliche Tun bezogen wird, ist nicht einer problematischen und theoriepragmatisch unsinnigen Ausweitung eines Begriffs geschuldet, sondern ist eine *These* – eben eine *spezifische* Sicht menschlichen Tuns. Die theoretische *Situation* ist analog zur Kantschen Grundannahme; auch Kant kann man schlechterdings nicht vorwerfen, daß er den Begriff 'Erscheinung' in unzulässiger Weise ausdehnt, wenn er davon ausgeht, daß *all* unser Erkennen ein Erkennen von Erscheinungen, und nicht von Dingen an sich selbst, ist. Oder anders: im Rahmen einer Tätigkeitstheorie ist Tätigkeit zunächst und vor allem eine Kategorie, nicht aber ein empirischer Begriff.

„Real haben wir es jedoch stets mit *besonderen* Tätigkeiten zu tun." (Leontjew 1982, 101). Die große theoriepragmatische Schwierigkeit der Leontjewschen Tätigkeitstheorie liegt darin, daß man den Begriff 'Tätigkeit' streng genommen niemals ohne spezifizierenden Index gebrauchen kann. So war bisher unter dem Titel 'Tätigkeit' mehr oder weniger explizit von 'menschlicher Tätigkeit' die Rede – wobei 'menschlich' ein hier notwendiges Attribut ist, denn im Rahmen von Leontjews Theorie bezeichnet 'Tätigkeit' zunächst ganz allgemein die Eigentümlichkeit *organismischer* im Unterschied zu anorganischen Prozessen (vgl. Leontjew 1959). Jegliche Bewegung im Kosmos wird als Prozeß, und nicht als durch wirkende Kräfte bedingtes Ergebnis, konzeptualisiert; *organismische* Prozesse sind dann eine spezifische Weise von Prozessen überhaupt, wobei der Unterschied nicht ein gradueller ist, sondern gedacht wird als prinzipiell realisierte weitere Reflexionsstufe gegenüber anorganischen Prozessen. *Menschliche* Tätigkeit ist dann eine spezifische Weise von Tätigkeiten überhaupt, wobei der Unterschied nicht ein gradueller ist, sondern gedacht wird als prinzipiell realisierte weitere Reflexionsstufe gegenüber organismischen Tätigkeiten (vgl. Schürmann 1999, 269 ff.); solch menschliche Tätigkeit kann 'vergegenständlichende Tätigkeit' heißen - und sie heißt im Rahmen dieses Aufsatzes abkürzend einfach 'Tätigkeit'.

Dabei verstehe ich hier unter 'Reflexion' ein strikt *formales* Charakteristikum: selbstverständlich gehört zu dieser formalen Charakterisierung *wesentlich* dazu, daß immer *irgend*-ein materialer Übergang ein Reflexionsübergang ist; aber zu dieser *Form* gehört nicht die Bezugnahme auf einen *bestimmten* materialen Inhalt: mich interessiert unter dem Titel 'Reflexion' zunächst überhaupt nicht, *ob* der Übergang gerade von A in B oder der von C in D ein reflexiver Übergang ist, sondern mich interessiert ausschließlich, was das Reflexive eines solchen Übergangs ist, falls es denn ein reflexiver ist. Und das kann ganz allgemein durch folgende Formel angegeben werden: ein *Reflexions*übergang liegt dann vor, wenn ein Moment R, das auf der Stufe X im Vollzug aufgeht - also dort gleichsam bloß geschieht -, auf der Stufe X+1 durch ein (formal näher zu bestimmendes) anders-sein-können definiert ist: auf der Stufe X+1 wird R dann immer noch vollzogen, aber es wird eo ipso *als* R_1 oder *als* R_2 oder *als* R_n vollzogen. Definitiv ist diese an eine Negation gebundene *als*-Struktur, nicht aber formal-beliebiges anders-werden.

Zum Beispiel: Hunger ist Hunger, und Tiere müssen ihren Hunger befriedigen und Menschen auch, und auch Tiere lernen ggf., ihren Hunger so oder auch anders zu befriedigen. Dennoch ist tierisches Fressen eo ipso etwas anderes als menschliches Essen, denn ein Tier frißt entweder X *oder* aber Y *oder* aber Z, während ein Mensch sich durch (X_1 und nicht X_2) *oder* durch (Y_1 und nicht Y_2) *oder* durch (Z_1 und nicht Z_2) ernährt. Der Vollzug auf der Stufe X+1 ist dadurch charakterisiert, daß es ein Vollzug ist, der (im Vergleich zur Stufe X) vermittelt ist durch eine reflexive Bezugnahme auf R. Die reflexive Bezugnahme ist somit kein zusätzlicher Akt: nicht gemeint ist, daß auf Stufe X+1 das geschieht, was auch auf Stufe X geschieht plus Reflexion, sondern die Art und Weise des Vollzugs ist eine (prinzipiell) andere *vermittels* reflexiver Bezugnahme. Diese Vermittlung ist ein Innehalten, eine *epoche*: es ändert sich nicht dieses oder jenes Moment des bisherigen Vollzugs, sondern der bisherige *Gesamt*vollzug wird gleichsam eingeklammert und dadurch in-dieses-oder-aber-in-jenes Licht gestellt.[13] 'Reflexion' ist so-

---

13 Ich gebrauche hier sehr bewußt und gezielt solch metaphorische Formulierung, denn in uralter geistesgeschichtlicher Tradition überlieferte und geschärfte Metaphern scheinen mir

mit auch nicht eo ipso 'Bewußtheit': Leontjew kann den Übergang von anorganischen zu organischen Prozessen als reflexiven beschreiben, Plessner (1928) kann den Unterschied von pflanzlichen und tierischen Lebensvollzügen als Unterschied der Reflexionsstufe beschreiben, und in all diesen Fällen würden wir keine Bewußtheit behaupten wollen. Der Vollzug auf Stufe X+1 ist charakterisiert durch ein definitives Moment von *anders*-sein-können, von Offenheit, ohne daß diese Offenheit notwendigerweise der Verfügungsgewalt eines Subjekts zugerechnet werden müßte. In einem reflexiven Übergang entspringt ein Moment von Freiheit - aber ohne daß das als solches bereits Wertungen mit sich bringen würde:

Ein sog. Straßenfußballer beschämt durch bestechend filigrane Technik so manchen wohltrainierten Profi (vgl. Marx 1867, 129 f.). Und es ist wahrlich nicht so, daß jeder Straßenfußballer ein sog. Naturtalent ist, denn auch er mußte hart arbeiten und viel üben. Was aber von vornherein den schlechtesten Profi von dem besten Straßenfußballer, treffend auch Instinktfußballer genannt, unterscheidet, ist das Anliegen, daß methodisch geleitetes Training nicht nur bestimmte Techniken übt, sondern auch übt, über diese Techniken zu verfügen, d.h. sie gezielt einzusetzen oder gezielt zu unterlassen: die Art und Weise des Übens ist im Training prinzipiell charakterisiert durch reflexive Bezugnahme auf das Techniküben. Demgegenüber ist es geradezu definitiv, daß einem Straßenfußballer der Torriecher verstopft, will er über diesen Instinkt verfügen.[14] Methodisch geleitetes Training zielt somit auf einen höheren Freiheitsgrad, aber genau diese Freiheit ist für einen Straßenfußballer erfolgstötend, ganz analog zu Kleists *Marionettentheater*.

Solche Reflexionsstufen sind nun auch innerhalb der Sphäre menschlicher Tätigkeit anzusetzen, und somit ist auch hier 'Tätigkeit' jeweils mit einem spezifizierenden Index zu versehen; *Tätigkeit* ist eo ipso ein besonderes Allgemeines. Falls man *sportliches Tun* als Tätigkeit modelliert, ist 'Tätigkeit' dabei mit einem anderen Index zu versehen als würde man von der Tätigkeit

---

mindestens so präzise zu sein wie der Gebrauch von Termini, falls es *an dieser Stelle* nicht sogar so ist, daß Termini ohne metaphorische Basis gar nicht zu haben sind. Neben dem Metaphernfeld des Lichts gehört auch die Metaphorik des in-sich-selbst-Erzitterns bzw. des 'bacchantischen Taumels, an dem kein Glied nicht trunken ist' (Hegel, PhdG, 46) hierher.

14 Dieses Definiens macht, daß es auch auf der Straße viele Trainierte gibt und auch einige Instinktfußballer trotz Training.

des Springens oder gar der des Hochspringens reden: sportliche Tätigkeit wäre (z.B., und hier rein probeweise) besondere Körperkultivierung etwa neben Körperpflege, Körpertherapie, religiöser Askese, etc.; Springen wäre besondere sportliche Tätigkeit etwa neben Laufen, Hüpfen, Gleiten etc.; Hochspringen wäre besondere springende Tätigkeit. Die Notwendigkeit, 'Tätigkeit' zu indizieren, geht hand in hand mit dem Konzept der *bestimmten* Negation: Laufen ist in anderer Weise nicht-springende Tätigkeit als Körpertherapie nicht springende Tätigkeit ist. Der je nach Reflexionsstufe unterschiedliche Gebrauch von Singular und Plural ist daher ein entscheidender Indikator für einen Wechsel des Indexes.

Wie konkret solche Raster von Tätigkeiten erstellt werden und wo Indexe vergeben werden, das ist eine Frage der theoretischen Sicht. Es scheint mir unaufhebbar eine Frage der theoretischen Entscheidung, und nicht eine Frage genauer empirischer Analyse der Phänomene zu sein. Ob man 'Springen' als eine eigenständige, besondere Tätigkeit modellieren sollte oder aber (in Leontjews Terminologie) als eine von mehreren möglichen *Handlungen*, in denen sich *sportliche Tätigkeit* vollzieht; ob man 'sportliches Tun' als eine eigenständige, *besondere Tätigkeit* modellieren sollte oder aber als eine von mehreren möglichen *Handlungen*, in denen sich Körperkultivierung vollzieht - solche Fragen kann man nicht durch genaues Hinschauen entscheiden. Jedoch spricht wenig dafür, daß eine solche theoretische Entscheidung völlig willkürlich getroffen wird, so daß es eine Frage der Laune oder des Erkenntnisinteresses wäre, ob Springen als eine besondere Tätigkeit modelliert werden kann oder nicht. Mindestens im Rahmen von Leontjews Tätigkeitstheorie gibt es ein Kriterium: ein Wechsel des Indexes indiziert einen Wechsel der Reflexionsstufe. Es muß empirisch mindestens möglich (wenn auch theoretisch nicht zwingend) sein, den Übergang zu einer besonderen *Tätigkeit* zu beschreiben als zusätzlich realisierte Reflexionsstufe.

Das liefert dann immerhin eine Leitfrage: sportliches Tun wird nur dann sinnvollerweise als eigenständige, *besondere Tätigkeit* modellierbar sein, wenn die Logik sportlichen Tuns beschreibbar ist als Vollzug, der durch eine weitere Reflexionsstufe vermittelt ist. Gesucht ist dann ein Moment R, das im sportlichen Tun als R_1 oder R_2 oder R_n vollzogen wird. Unterscheidet sich der Straßenfußballer gegenüber jemandem (oder sich selbst), der bei der Arbeit hart arbeitet und viel übt, oder gegenüber jemandem, der in seiner Freizeit in seinem Garten hart arbeitet und viel übt? Selbstverständlich, und deshalb genauer: unterscheidet er sich prinzipiell qua zusätzlicher Reflexionsstufe oder handelt es sich bei jenen Beispielen schlicht um drei mögliche Handlungen, in denen sich die Tätigkeit harten Arbeitens vollzieht? Und welchem Vollzug gegenüber suchen wir ggf. jene weitere Reflexionsstufe: sind hartes Arbeiten bei der Arbeit und hartes Arbeiten in der Freizeit schon andere Tätigkeiten oder lediglich verschiedene Handlungen der einen Tätigkeit 'Arbeit'? Und innerhalb der Freizeit: ist Gartenarbeit eine andere Tätigkeit als Sporttreiben oder handelt es sich um verschiedene Handlungen von Freizeit-Tätigkeit? Oder gar: ist die bestimmte Negation von Straßenfußball nicht einmal Gartenarbeit, Partyfeiern, etc., sondern etwa Rückengymnastik, Waldlauf oder Fahrradtour?

Bei möglichen Antworten auf solche Fragen bewährt sich m.E., 'Reflexion' strikt formal konzipiert zu haben; im Gebrauch sind dann nämlich sehr strikt keine Wertungen[15] und auch kein Sortieren von Phänomenen, sondern die Frage ist, was das Sportliche am sportlichen Tun ist. Man *könnte* dann z.B. der Meinung sein, daß *Gesundheitssport* im Unterschied zum *Wettkampfsport* nicht durch eine solch weitere Reflexionsstufe definiert ist, sondern eine von mehreren möglichen Handlungen der Tätigkeit *Körperpflege* ist, und nichts spricht dafür, daß sportliche Tätigkeit von höherer oder niederer Weihe gegenüber körperpflegender Tätigkeit ist. Jene Aussage wäre einfach eine kalte Beschreibung, eine Art Wadenwickel in fiebrigen Debatten.

Und in der Kälte solcher Beschreibungen liegt auch begründet, daß dasselbe phänomenale Tun in einem Fall die Realisation einer gesundheitssportlichen Handlung und im anderen Fall eine sportliche Tätigkeit sein kann: was weiß denn ich, was all die abertausend Leute im einzelnen tatsächlich tun, die beim Berlin-Marathon mitrennen. Das heißt freilich nicht, daß nur sie selber das wissen: daß das, was sie tatsächlich tun, letztlich durch deren

---

15 Vgl. die Differenz von Straßenfußballer und Profi: der Profi hat nach jenem Verständnis von 'Reflexion' einen Freiheitsgrad mehr realisiert, aber weder ist das schon in der Sache unbedingt ein Vorteil noch folgt daraus sonst irgend etwas; die öffentlichen Sympathiewerte gehören sogar oder freilich eher den Straßenfußballern, vermutlich alleine deshalb, weil sie zu einer aussterbenden Spezies gehören. Vor allem: Wertungen sind *im Einzelfall* umstritten; und wie man spätestens seit den *Toten Hosen* weiß, können auch Straßenfußballer „ätzend sein" und Profis furchtbar nett.

individuelle Motive bedingt ist. So wichtig individuelle Motive als Indizien auch immer sein mögen, „sowenig [beurteilt] man das, was ein Individuum ist, nach dem, was es sich selbst dünkt" (Marx 1859, 9); der Gebrauch der Kategorie Tätigkeit indiziert eine überindividuelle Bedeutung, denn der fragliche Reflexionsübergang ist gedacht als ein geschichtliches Ereignis und nicht als ein flüchtiger individueller Vollzug. Die Frage, ob sportliches Tun als besondere Tätigkeit modelliert werden kann oder sollte, zielt nicht darauf, ob jenes-Individuum-dort sportlich tätig ist, sondern fragt gleichsam nach der Charaktermaske des ideellen Gesamtsportlers.[16] Dies nur „zur Vermeidung möglicher Mißverständnisse": so sehr hier auch die Gestalt des sportlich Tätigen in rosigem Licht erscheinen mag, so wenig kann die hier verfolgte Methode „den Einzelnen verantwortlich machen für Verhältnisse, deren Geschöpf er social bleibt, so sehr er sich auch subjektiv über sie erheben mag" (Marx 1867, 14).[17]

Diese Konzeption je indizierter *besonderer Tätigkeiten* findet ihren methodologischen Ausdruck. Die Grundidee der bei Leontjew angelegten, von nachfolgenden Autoren gelegentlich praktizierten (z.B. Elkonin 1980) und von Holodynski (1990, 72-86) explizit formulierten und systematisierten Methodologie liegt darin, die Spezifik eines Sachverhalts als „besondere Tätigkeit" zu modellieren. Dabei ist unterstellt, daß sich im Laufe der historischen Entwicklung qualitativ neue Tätigkeiten herausbilden, daß also das „ensemble" (Marx) der menschlichen Tätigkeitssorten „keine anthropologischen Konstanten" darstellen (Holodynski 1990, 79). Über jene oben skizzierten allgemeinen methodologischen Überlegungen hinaus geht hier somit entscheidend ein, den gesellschaftlichen Entwicklungsprozeß der Menschen mit Marx als *Produktion* des Lebens zu denken, d.h. als Reproduktion des

---

16 Daß das Material dieser Charaktermaske die Ansammlung individueller Tätigkeiten ist, ist banal und kein Einwand, denn es ist selbstverständlich nicht selbstverständlich, sondern wird hier bestritten, daß überindividuelles Tun einfach Resultante aller individuellen Tätigkeiten ist.

17 Hier liegt dann immerhin ein Ansatzpunkt eines Maßstabes kritischer Wertungen: einmal angenommen, sportliches Tun habe sich (in unserer westlichen Kultur) bereits als besondere Tätigkeit herausgebildet; dann könnte man Tendenzen dazu, daß diese Eigenständigkeit wieder verloren geht, als drohenden Verlust einer bereits erreichten (und überindividuell praktizierten) Differenzierung - und damit: Verlust *möglicher* Freiheit - bewerten.

Lebens auf *erweitertem* Niveau. Lag die Betonung bisher darauf, daß es sich (z.b.) bei der Handlungs- und der Tätigkeitstheorie um *andere* Theorie-Welten handelt (für oder gegen deren Wahl keinerlei Empirie 'spricht'), so ist es diese Unterstellung der *Produktion* des menschlichen Lebens, die das Maß abgibt, eine Prozeß-Ontologie für 'angemessener' zu halten als eine Kräfte-Ontologie. Eine Kräfte-Ontologie, so die zugrunde liegende These, kann Neues lediglich als Neukombinatorik des Bestehenden fassen, nicht aber als Neubildung in einem emphatischen Sinn. Emphatisch Neues kann sich in der *Vermittlung* (vielleicht besser: in der Artikulation[18]) von Bedingungen bilden, während eine Resultante von Wirkfaktoren immer nur *ableitbare* Resultante *gegebener* Faktoren ist. Emphatisch Neues heißt, *kontingentes* Resultat seiner ermöglichenden Prozesse zu sein.[19]

Holodynski (1990, 82-84) kann „sechs notwendige Kriterien für die Konstruktion einer besonderen Tätigkeit aufstellen. Inwieweit sie auch hinreichend sind, kann noch nicht beurteilt werden" (ebd. 82):

1. Was ist der Gegenstand der Tätigkeit?
2. Was ist der besondere Zweck der Tätigkeit?
3. Was sind die besonderen Mittel dieser Tätigkeit?
4. Was ist der besondere gesellschaftliche Wirkungsraum dieser Tätigkeit?
5. Was ist der gesellschafts-historische Zusammenhang, in dem diese besondere Tätigkeit zu den anderen Tätigkeiten steht?
6. Was sind die ontogenetischen Aneignungsformen dieser Tätigkeit?

---

18 Der Terminus 'Vermittlung' ist insofern belastet, als er gelegentlich durch eine spezifische Hegel-Interpretation infiziert ist. Gemäß dieser, auf Marx resp. Feuerbach zurückgehenden, Interpretation würde '*Vermittlung* von Bedingungen' bedeuten, daß gerade *nichts* Neues entstehen kann, insofern alle Bedingungen am Gängelband eines vor-geordneten logischen Prinzips hängen. Hegel mache die Sache der Logik zur Logik der Sache. Da mein eigenes Problem (vgl. Schürmann 1997) eher darin liegt, wie Marx es denn neben der vielen Logiken der Sachen mit der Sache der Logik hält, hänge ich am Terminus 'Vermittlung'. Zur Entgegensetzung von Vermittlung und Artikulation vgl. z.B. Laclau/ Mouffe (1991, 139 ff.).

19 Das liefert freilich immer noch kein Argument, warum denn das Konzept des emphatisch Neuen angemessener sein sollte als das Konzept bloßer Neukombinatorik - sei es in bezug auf menschliche Geschichte, sei es in bezug auf sportliches Tun.

Skizzenhafter Ausblick: Sport als besondere Tätigkeit?

Ich möchte im folgenden nicht behaupten, *daß* es sinnvoll möglich ist, sportliches Tun als besondere Tätigkeit zu modellieren. Ich möchte stattdessen ein Konditional erörtern: falls das Sportliche am sportlichen Tun durch eine weitere Reflexionsstufe charakterisiert werden kann, dann wird dies, so die Vermutung, eine weitere Reflexionsstufe im Hinblick des Umgangs mit dem eigenen Körper sein.[20] Was folgt, ist der Versuch der Erläuterung dieser tragenden Vermutung, daß sportliches Tun ein bestimmtes Umgehen mit dem eigenen Körper seinerseits reflexiv vollzieht. Es ist ein Versuch bloßer Plausibilisierung, orientiert an einem Beispiel - d.h. ohne schon die allgemeine Struktur angeben zu können.

Ausgangspunkt ist die alltägliche Rasur, verstanden als Handlung der Körperpflege, die orientiert ist am individuellen Wohlbefinden. Dahinter steht die Entscheidung, sich keinen Bart wachsen lassen zu wollen, und diese Entscheidung ist das (relative) Fixum, das bei der alltäglichen Rasur nicht je neu in Frage steht, sondern einfach umgesetzt wird. Beinahe alle Handgriffe sind operationalisiert.

Demgegenüber ist es eine andere Situation, eben eine nicht alltägliche, wenn die Rasur Bestandteil eines Vorbereitungsrituals (auf eine Party, ein Bewerbungsgespräch, etc.) ist. Die Handlung der Rasur ist dann orientiert an meinem Wohlbefinden im Hinblick auf soziale Wirkungen;[21] und dann *verfüge* ich über die Handlung der Rasur, die nicht einfach eine Vorab-Entscheidung umsetzt (und sich in diesem Sinne nicht einfach vollzieht). Ich *bedenke* dann, *ob* mein Wohlbefinden auch im Hinblick auf diese Party darin

---

20 Die Grundidee besteht darin, die Plessnersche Figur der *Grenzreaktion*, von ihm anhand von Lachen und Weinen (Plessner 1941) herausgestellt, auf sportliches Tun zu beziehen; damit knüpfe ich an Seel (1995) an, der das de facto, ohne expliziten Bezug auf Plessner, getan hat, wenn er die Figur der *Verselbständigung des Leibes* als das Spezifikum unseres Gefallens am Sport behauptet (vgl. Schürmann 1999a).

21 Dem Inhalt nach ist natürlich auch mein Wohlbefinden, das orientiert ist am Umgang mit meinem eigenen Körper, zutiefst sozial und kulturell infiziert; dennoch kann man den Unterschied festhalten, der besteht zwischen einem Zähneputzen, das orientiert ist an Rücksichtnahmen auf die Nasen anderer Leute, und einem Zähneputzen, das orientiert ist am eigenen Geschmack.

besteht, rasiert zu sein, oder ob nicht gerade heute ein 3-Tage-Bart viel besser kommt; ich *zögere*, welches Rasierwasser ich gebrauche, denn mit manchen - und das will wohl sagen: nicht mit x-beliebigen - kann einem ja bekanntlich „alles passieren"; und ggf. entscheide ich mich, daß es mir bei dieser Party heute nur auf mein eigenes Wohlempfinden ankommt und es mir ganz egal ist, wie ich wohl auf andere wirke. Körperpflege ist dann Körpergestaltung.

Man kann dann, und dies wäre eine weitere Reflexionsstufe, über dieses Verfügen der Handlung der Rasur seinerseits verfügen, denn es ist möglich, Körpergestaltung *als Körperpflege* zu praktizieren (orientiert am eigenen Wohlempfinden sei es im Hinblick auf den eigenen Körper, sei es im Hinblick auf soziale Wirkungen) *oder aber* Körpergestaltung *als Job* zu praktizieren (Models, Prostitution, Schauspieler, etc.) *oder aber* als Medium sozialer Positionierung (oder aber als ...). Man verfügt dann nicht nur, ob man den Körper so oder doch lieber anders gestaltet, sondern verfügt darüber, ob dieses so oder lieber anders Gestalten orientiert ist am eigenen Wohlbefinden *oder aber* an X.

Bezieht man dies alles auf den Sport, dann ergibt sich (vielleicht) eine Reihung Körperpflege - Körperpflege als gestaltende Körperpflege - Sport. Die alltägliche Körperpflege hat sich entschieden, was mit dem je eigenen Körper geschehen soll, und was es je heißt, sich in/ mit diesem Körper wohlzufühlen. Beobachtbar ist die Ausführung der dazu nötigen Mittel. Körperpflege als *gestaltende* Körperpflege ist demgegenüber ein Spiel mit jener Entscheidung, ein Ausprobieren, *worin* das Wohlbefinden generell und in konkreten Situationen besteht. Die Frage ist gleichsam: Was will ich noch von meinem Körper?, und hier schaffe ich mir einen Körper nach meinem (sozial infizierten) Bilde. Der Übergang zur nächsten Reflexionsstufe ist dann (vielleicht) indiziert durch die Frage, wo, wann und wodurch ich denn *jenes Bild* gestalte, gemäß dessen ich mir meinen Körper schaffe. Genau das würde ich als das Sportliche an körpergestaltendem Tun fassen: die *spielerische* Weise der Herausforderung des eigenen Körpers, das Hinaustreiben über bestehende *Grenzen:*[22] schafft mein Körper das oder nicht? Die Frage ist dann gleichsam: was will mein Körper noch von mir?

Das Sportliche am sportlichen Tun ist dann (die Aussicht auf) das Fraglichwerden *des Maßes* der Gestaltung des eigenen Körpers. Eine Veränderung dieses Maßes ist überhaupt nur zugänglich als Veränderung dieser oder jener Gestaltung des eigenen Körpers. Und das heißt: es ist immer möglich, die Differenz zwischen einer bloßen Veränderung dieses oder jenes Gestaltens einerseits und der Veränderung des Maßes der Körper-Gestaltung überhaupt andererseits zu bestreiten bzw. als Mystifikation zu betrachten. Es bleibt nur ein Appell an unsere Erfahrung, daß 'wir' doch wissen um den Unterschied zwischen solchen Veränderungen, wo jemand ein Stückchen weiter gekommen ist, und solchen 'grundsätzlichen' Veränderungen, die wir als veränderten *Stil* (hier: in der Gestaltung des eigenen Körpers) beschreiben. Zu behaupten, daß dies die Erfahrung einer tatsächlichen Differenz ist - wogegen andere gerade ein anderes 'wir' einklagen -, das setzt bereits das Vorliegen dessen voraus, wofür der Verweis auf diese Erfahrung ein Beleg sein sollte: nämlich den *reflexiven* Vollzug der Gestaltung des eigenen Körpers.

Selbst also bei, wohlwollend zugestandener, dereinst vorliegender präziserer Durchführung ist das hier verfolgte Projekt, den eigentümlichen Gegenstand Sport als besondere Tätigkeit zu fassen, durch eine zirkuläre Begründungsstruktur getragen. Es ist immer möglich, dies als vitiösen Zirkel zu betrachten, und damit als jenen Taschenspielertrick, den logischen Begriff des Prozesses überall, und also auch im sportlichen Tun, wiederzuerkennen. Nur eine Hemmung gegenüber dieser scheinbar so selbstverständlichen, von vornherein festliegenden Konsequenz kann *fraglich* werden lassen, ob nicht, entgegen aller bloß formalen Logik, eine allgemeine Logik (des Prozesses)

---

22 Ich unterscheide zwischen Grenze und Schranke. Wenn ich meinen Körper über bestehende *Schranken* hinaustreibe, dann liegt *fest*, was ich von meinem Körper noch will, und er soll es gefälligst noch besser realisieren. Demgegenüber ist das Verschieben der Grenze definiert durch einen Übergang der Reflexionsstufe: in den bacchantischen Taumel hineingezogen wird dann genau und gerade das Maß dessen, wonach ich meinen Körper bis dato gestaltet habe. Das Sportliche am körpergestaltenden Tun ist also *nicht* jenes Höher, Schneller, Weiter, sondern jenes Höher, Schneller, Weiter ist *ein* mögliches, und wohl das naheliegendste, Vehikel, den eigenen Körper herauszufordern und *Grenzen* zu verschieben.

die „Eigentümlichkeit eines eigentümlichen Gegenstandes" (Marx) begreifen kann. Eine *gute* Durchführung des Projekts müßte genau dazu verführen.

Literatur

Bette, K.-H., 1999, Systemtheorie und Sport. Frankfurt a.M.

Bloch, E., 1959 [1949], Das Prinzip Hoffnung. In: Gesamtausgabe, Bd 5. Frankfurt a.m.

Caysa, V. (Hg.), 1996, Sport ist Mord. Texte zur Abwehr körperlicher Betätigung. Leipzig.

Cranach, M.v., 1994, Die Unterscheidung von Handlungstypen - Ein Vorschlag zur Weiterentwicklung der Handlungspsychologie. In: Bergmann, B./ Richter, P. (Hg.), 1994, Die Handlungsregulationstheorie. Von der Praxis einer Theorie. Göttingen u.a.

Elkonin, D.B., 1980, Psychologie des Spiels, Köln.

Fornoff, P., 1997, Wissenschaftstheorie in der Sportwissenschaft. Die beiden deutschen Staaten im Vergleich. Darmstadt.

Hegel, G.W.F., (PhdG), Phänomenologie des Geistes. In: Werke (Red. E. Moldenhauer/ K.M. Michel), Bd. 3. Frankfurt a.M. 1986.

Hegel, G.W.F., (WdL I,II), Wissenschaft der Logik, Teil I, II. In: Werke, a.a.O., Bd. 5-6.

Holzkamp, K., 1985, Grundlegung der Psychologie. Frankfurt a.M./ New York.

Horstmann, R.-P., 1984, Ontologie und Relationen. Hegel, Bradley, Russell und die Kontroverse über interne und externe Beziehungen. Königstein/Ts.

Laclau, E./ Mouffe, Ch, 1991, Hegemonie und radikale Demokratie. Zur Dekonstruktion des Marxismus. Hg. u. übers. v. M. Hintz/ G. Vorwallner. Wien.

Lenk, H., 1980, Auf dem Wege zu einer analytischen Sportphilosophie. In: Sportwissenschaft 10 (1980).

Lenk, H., 1982, Auf der Suche nach dem Wesen des Sports. In: Sportwissenschaft 12 (1982).

Leontjew, A.N., 1959 (russ.), Probleme der Entwicklung des Psychischen. Berlin [5]1975.

Leontjew, A.N., 1982, Tätigkeit - Bewußtsein - Persönlichkeit. Köln.

Marx, K. 1843, Zur Kritik der Hegelschen Rechtsphilosophie. In: MEGA[2] I/2, Berlin 1982.

Marx, K., 1859, Zur Kritik der Politischen Ökonomie. In: MEW 13, Berlin 1975.

Marx, K., 1867, Das Kapital. Kritik der politischen Ökonomie. 1. Band, 1. Aufl. In: MEGA[2] II/5, Berlin 1983.

Munzert, J., 1995, Bewegung als Handlung verstehen. In: Prohl/ Seewald 1995.

Nitsch, J.R., 1986, Zur handlungstheoretischen Grundlegung der Sportpsychologie. In: Gabler, H. u.a., 1986, Einführung in die Sportpsychologie. Teil 1: Grundthemen. Schorndorf.

Nitsch, J.R./ Munzert, J., 1997, Handlungstheoretische Aspekte des Techniktrainings. Ansätze zu einem integrativen Modell. In: Nitsch, J.R. u.a. (Hg.), 1997, Techniktraining. Beiträge zu einem interdisziplinären Ansatz. Schorndorf.

Plessner, H., 1941, Lachen und Weinen. Eine Untersuchung der Grenzen menschlichen Verhaltens. In: Plessner Gesammelte Schriften, Bd. VII. Frankfurt a.M. 1982.

Prohl, R./ Seewald, J. (Hg.), 1995, Bewegung verstehen. Facetten und Perspektiven einer qualitativen Bewegungslehre. Schorndorf.

Savigny, E.v., 1994 [1988], Wittgensteins 'Philosophische Untersuchungen'. Ein Kommentar für Leser. Bd. I: Abschnitte 1 bis 315. 2., völlig überarbeitete und vermehrte Aufl. Frankfurt a.M.

Schierz, M., 1995, Bewegung verstehen - Notizen zur Bewegungskultur. In: Prohl/ Seewald 1995.

Schürmann, V., 1993, Praxis des Abstrahierens. Naturdialektik als relationsontologischer Monismus, Frankfurt a.M. u.a.

Schürmann, V., 1997, Naturdialektik und Marxsche Kritik der Philosophie. In: Marx und Engels, Kontroversen - Divergenzen (Beiträge zur Marx-Engels-Forschung. Neue Folge 1997), Hamburg 1998.

Schürmann, V., 1999, Zur Struktur hermeneutischen Sprechens. Eine Bestimmung im Anschluß an Josef König. Freiburg/ München.

Schürmann, V., 1999a, Sport als Grenzreaktion? Vorüberlegungen zur Festlichkeit des Sports. Erscheint in: Sportwissenschaft.

Seel, M., 1995, Die Zelebration des Unvermögens - Zur Ästhetik des Sports. In: Gerhardt, V./ Wirkus, B. (Hg.), 1995, Sport und Ästhetik. Sankt Augustin 1995.

Seibt, J., 1995, Individuen als Prozesse: zur ontologischen Revision des Substanz-Paradigmas. In: Logos, N.F. 2 (1995).

Steinkamp, E., 1983, Was ist eigentlich Sport? Ein Konzept zu seinem Verständnis. Wuppertal.

Weinberg, P., 1983, 'Sporthandlung'. In: Schulke, H.-J. (Hg.), 1983, Kritische Stichwörter zum Sport. Ein Handbuch. München.

Welsch, W., 1999, Sport: Ästhetisch betrachtet - Und sogar als Kunst? In: Deutsches Olympisches Institut, 1999, Jahrbuch 1998. Red.: S. Güldenpfennig/ D. Krickow. Sankt Augustin 1999.

Whitehead, A.N., 1929, Prozeß und Realität. Entwurf einer Kosmologie. Übers. u. mit e. Nachwort versehen v. H.G. Holl. Frankfurt a.M. 1987.

Willimczik, K., 1995, Die Davidsbündler - zum Gegenstand der Sportwissenschaft. In: Digel, H. (Hg.), 1995, Sportwissenschaft heute. Eine Gegenstandsbestimmung. Mit e. Geleitwort v. H. Böhme. Darmstadt.

Wygotski, L., 1927, Die Krise der Psychologie in ihrer historischen Bedeutung. In: Wygotski, L., 1985, Ausgewählte Schriften. Bd. 1: Arbeiten zu theoretischen und methodologischen Problemen der Psychologie. Hg. v. J. Lompscher. Köln.

Sport und Askese

Matthias Koßler

In den zwanziger Jahren unseres Jahrhunderts hat Max Scheler den modernen Sport aus philosophischer Sicht kritisiert, da er nicht „Ausdruck überschäumenden Lebensgefühls" und „nicht reiner schöner Ausdruck und Höherformung ist des wohlgeborenen Leibes (wie das griechische Gymnasion), sondern Re-reflexion und künstliche Wiederpflege eines jahrhundertelang schwer vernachlässigten Eigenwertes des leiblichen Daseins".[1] Sieht man über die geschraubten Formulierungen hinweg, so enthält diese Kritik doch einen Kern, der auch in den gegenwärtigen Diskussionen über Sport außerhalb wie innerhalb der ihm zugeordneten Fachkreise eine Rolle spielt: Man vermißt in den Konzeptionen vom Körper und von Bewegung, wie sie den Sport- und Trainingswissenschaften zugrundegelegt werden, die Momente der Lebendigkeit, der Individualität, der Unverfügbarkeit. Dagegen steht die Orientierung an einem allgemein definierbaren Ideal des Körpers und der bestimmten Bewegungsabläufe, dessen Erreichung durch Quantifizierung bewerkstelligt wird. Der Körper und seine Bewegung werden so als etwas Verfügbares und Konstruierbares angesehen, sei es, daß sie nur als unselbständiges Instrument zur Erreichung eines Zwecks angesehen werden, sei es, daß sie auch als biotechnisch manipulierbar betrachtet werden.

---

1 In einem Geleitwort zu dem Buch *Pschologie des Sports* von Alfred Peters, zit. nach *Sportphilosophie* (ed. V. Caysa). Leipzig 1997, S. 30 f. Obwohl er in diesem Punkt die Ansicht des Verfassers teilt, bewertet Scheler hier den Sport günstiger als es offenbar in dem Buch selbst der Fall ist.

Das Scheler-Zitat gehört dann in diese Zusammenhänge, wenn in ihm mit dem Ausdruck „künstlich" diese Instrumentalisierung und Technisierung des Leiblichen gemeint und unter „Re-reflexion" eine äußerliche Reflexion in dem Sinne verstanden ist, daß die Wiederpflege des Leiblichen auf technische Weise zu bewerkstelligen sei. Allerdings ist das nicht selbstverständlich, wie der Hinweis auf das griechische Gymnasion andeutet. Denn die Spiele und Übungen in den griechischen Gymnasien stellten zweifellos ebenfalls keine natürlichen, sondern künstliche Bewegungsformen dar, die in ihrer Künstlichkeit auch ein, wenn auch vielleicht anders zu bestimmendes Moment der Reflexion enthalten. Diese Künstlichkeit oder Kunstfertigkeit ist bei Scheler mit dem Ausdruck „Höherformung" zwar ausgesprochen, doch legt das Zitat insgesamt den Eindruck nahe, als gäbe es nur die ausschließende Alternative zwischen einem technisch-künstlichen Umgang mit dem Leiblichen und einer solchen Pflege des Leiblichen, in der sich dieses als unmittelbarer und „reiner" Ausdruck einer ursprünglichen Natur (eines „überschäumenden Lebensgefühls") zeigt.[2] Aber die zweite Möglichkeit ist für eine Bestimmung des Sports, auch wenn man ihn im weitesten Sinne nimmt, ganz ungeeignet und läßt sich schon mit den Begriffen Pflege oder Kultivierung nicht vereinen.

Die philosophische Aufgabe, die sich hier stellt, ist die Suche nach einem Verständnis von Kultivierung und Künstlichkeit, das seinen Widerspruch, die Natürlichkeit und Ursprünglichkeit, nicht ausschließt, sondern als wesentliches Moment an sich selbst hat. Auf einem anderen Gebiet, nämlich der klassischen Ästhetik, ist ein solches Verständnis thematisch gewesen,[3] und es ist anzunehmen, daß der Aspekt des Ästhetischen auch eine Rolle spielen wird bei einer Neukonzeption leiblicher Bewegung im Sport, die angesichts

---

2 Diese Unterscheidung entspricht dem von Scheler erstmals formulierten, aber spätestens bei Schopenhauer schon ausgearbeiteten Unterschied zwischen „Leib sein" und „Leib haben".

3 Vgl. z. B. Immanuel Kant: *Kritik der Urteilskraft*. Hamburg 1924, S. 159 (§ 45): „... Die Kunst kann nur schön genannt werden, wenn wir uns bewußt sind, sie sei Kunst, und sie uns doch als Natur aussieht", und S. 160 (§ 46): „Genie ist die angeborene Gemütslage (ingenium), durch welche die Natur der Kunst die Regel gibt". Zur Verknüpfung dieses Verhältnisses von Kunst und Natur mit der Leibesauffassung, die einen Bezug zur Frage der körperlichen Bewegung eröffnet, vgl. a. meinen Aufsatz *'Leib' und 'Bedeutung' in der Ästhetik K.W.F. Solgers*. In: Jahrbuch der Deutschen Schillergesellschaft XLIII (1999), S. 279-304.

Matthias Koßler

der Auswüchse und Unzulänglichkeiten der mechanistischen Körperauffassung in der Mehrzahl der Tagungsbeiträge in Angriff genommen wird.

Von einem anderen Problem, nämlich dem einer Bestimmung des Begriffs Sport, ausgehend ist Volker Schürmann in seinem Beitrag (hier, S. 262 ff.) zu dem Ergebnis gelangt, daß es bei einer solchen Neufassung des Bewegungsbegriffs nicht um eine Frage von Theorien und Modellen geht, sondern um die der Kategorien, die wir unserem Erkennen zugrundelegen. Es geht, anders gesagt, darum, daß wir bei der wissenschaftlichen Behandlung dieses Problems, wenn sie tatsächlich zu Ergebnissen führen soll, die die empirisch festgestellten Unzulänglichkeiten derzeit vorherrschender Bewegungskonzeptionen überwinden, zuerst die Frage stellen müssen, was wir als Gegenstand der wissenschaftlichen Betrachtung anerkennen.[4] An diese Charakterisierung der Problemlage möchte ich im folgenden anknüpfen und zur Kennzeichnung dieses Anknüpfens auch die Gegenüberstellung von 'Prozeß-Ontologie' und 'Ding-Ontologie' übernehmen. Dabei soll nicht der Anspruch erhoben werden, den Ansatz Schürmanns genau wiederzugeben und kritisch weiterzuführen; sondern dieser Grundansatz berührt sich mit Überlegungen, die ich zuvor bereits zum einen in Beziehung auf die Philosophie und ihre Methode und zum anderen hinsichtlich des Sports als Gegenstand philosophischer Betrachtung angestellt hatte. Es handelt sich also bei den folgenden Ausführungen um weitgehend unabhängige Darlegungen, bei denen ich der Einfachheit halber auf die Terminologie Schürmanns zurückgreife.

Das neuzeitliche Wissenschaftsideal beruht auf der Zerlegung kontinuierlicher Vorgänge in diskrete Sachverhalte oder Dinge. Nur aufgrund dieser Zerlegung sind Messen und exaktes Beschreiben der Vorgänge und damit die Möglichkeit wissenschaftlicher Experimente und der Anwendung der Mathematik gegeben. Die Diskretion, in der sich Welt und Natur als Ansammlung von einzelnen Entitäten, wiederholbaren Sachverhalten, abgerissenen Tatsachen darstellen, ist jedoch selbst keine Tatsache, sondern beruht

---

4 Genau genommen ist diese Frage, wie Schürmann in seinem Buch *Zur Struktur hermeneutischen Sprechens. Eine Bestimmung im Anschluß an Josef König.* Freiburg / München 1999, S. 57 ff. darlegt, nicht nur eine der Kategorien, sondern der Transzendentalien. Um die Darlegungen zu vereinfachen, berücksichtige ich diese Differenzierung hier nicht.

auf einer Entscheidung darüber, wie wir die Welt ansehen und erkennen wollen. Für Aristoteles etwa war die Mathematik nicht auf die Natur anwendbar, weil sie nicht über Stoff und Bewegung verfügt;[5] Stoff und Bewegung wiederum waren das, wodurch die Dinge in ihrem individuellen, selbsttätigen Wesen unerreichbar für das Erkennen waren. In der an Aristoteles anknüpfenden Scholastik zeigte sich das z.B. bei Thomas von Aquin darin, daß das Wesen der Dinge nicht direkt und adäquat, sondern nur vermittelt über die Teilhabe an der Erkenntnis Gottes und auf die Weise einer unbestimmten Analogie erfaßt werden konnte.[6] Trotz oder wegen dieser Vagheit war das Erkennen in der Weise auf die Welt gerichtet, daß es ihm um das Wesen der Dinge ging, und das heißt: um die Dinge in ihrer Selbsttätigkeit und Lebendigkeit, die auch die Kontinuität mit anderen Wesen einschließt.[7] Im folgenden soll nun das Denken, das von Sachverhalten und Dingen als dem Gegebenen ausgeht, um lebendige Vorgänge bzw. Prozesse zu erklären, unter dem Terminus Ding-Ontologie und dasjenige, das umgekehrt die Dinge von der Lebendigkeit und Selbsttätigkeit in Prozessen als dem Primären aus ansieht, unter dem Terminus Prozeß-Ontologie begriffen werden, ungeachtete der Frage, ob diese Verwendung der Termini genau der Schürmanns entspricht.

Vor dem historischen Hintergrund wird die Problematik, um die es geht, deutlicher: So wie aus neuzeitlicher Sicht die antike und mittelalterliche Philosophie die (experimentelle) Erfahrung vernachlässigt und die Exaktheit und Objektivität vermissen läßt, die mit ihr verbunden sind, so kommt von der auf das Wesen ausgerichteten Erkenntnislehre her betrachtet in der empirischen Wissenschaft die Selbsttätigkeit und das Leben der Natur zu kurz. Das heißt nun nicht, daß sie die Phänomene des Lebens, der Bewegung, der Tätigkeit nicht berücksichtigt (so wenig wie die Scholastik nicht die sinnliche Erfahrung berücksichtigt hat); sie mag sogar ihr höchstes Ziel darin sehen, diese Phänomene wissenschaftlich zu erfassen. Aber sie versucht das

---

5 Aristoteles: *Metaphysik* 995a, 1026a.

6 Vgl. dazu meinen Aufsatz *Der Wandel des Intuitionsbegriffs im Spätmittelalter und seine Bedeutung für das neuzeitliche Denken*. In: Zeitschrift für philosophische Forschung, Bd. 52, Heft 4, 1998, S. 542-567.

7 Leibniz knüpft bei seiner Lehre von den Monaden mit ausdrücklicher Bezugnahme auf die scholastischen *formae sunstantiales* an diesen Wesensbegriff an.

mit ihren Kategorien, die auf das Erkennen von diskret Bestehendem gerichtet sind und nicht auf das Erkennen von Kontinuitäten und Ganzheiten, durch welche sich die betreffenden Phänomene auszeichnen.[8] An einer berühmten Stelle aus Goethes *Faust* ist diese Schwierigkeit Anlaß zum Spott über Philosophie und Wissenschaft:

> Wer will was Lebendiges erkennen und beschreiben,
> Sucht erst den Geist heraus zu treiben,
> Dann hat er die Teile in seiner Hand,
> Fehlt leider! nur das geistige Band.
> Encheiresin naturae nennt's die Chemie,
> Spottet ihrer selbst und weiß nicht wie.

Die ironisch-kritische Stellung Goethes zu den zergliedernden Wissenschaften ist im Rahmen einer mit dem Begriff der Ästhetik verbundenen Wendung gegen den einseitigen Naturbegriff des abstrakten Rationalismus zu sehen. Baumgarten hatte die Ästhetik begründet, um den logischen Wissenschaften die „schönen Wissenschaften" ergänzend zur Seite zu stellen, die auf der Vervollkommnung nicht des Verstandes, sondern der sinnlichen Erkenntnis beruhen und daher von ihm unter den Begriff „Ästhetik" zusammengefaßt wurden. Obwohl die Ästhetik von Baumgarten zunächst ganz allgemein als „Wissenschaft der sinnlichen Erkenntnis (scientia cognitionis sensitivae)"[9] eingeführt worden war, hat sich in ihrer Weiterentwicklung zur Philosophie der Kunst und Wissenschaft vom Ästhetischen der rationalitätskritische

---

8 In dem Beitrag Schürmanns sind solche Versuche als Beispiele angeführt, von denen der als prozeß-ontologisch bezeichnete eigene Ansatz abgehoben wird. Auch in anderen Tagungsbeiträgen wird die Kategorienproblematik virulent: ein auffälliges Beispiel ist der Versuch einer Mathematisierung lebendiger Prozesse im Beitrag Wolfgang Jantzens. Daß Jantzen sich dabei wie Schürmann auf den Begriff der Tätigkeit bei Vygotskij und Leontjev beruft, zeigt die Bedeutsamkeit, aber auch die Schwierigkeit an, zwischen der kategorialen oder ontologischen und der wissenschaftsimmanenten Dimension der Problematik zu unterscheiden. Vgl. dazu a. die Anm. 11 bei Schürmann. Eine schöne Erläuterung zur Differenz von Ding-Ontologie und Prozeß-Ontologie bietet Kaulbachs Unterscheidung zwischen dem „empiristischen" und dem „ontologischen Begriff der Beschreibung" (Friedrich Kaulbach: *Philosophie der Beschreibung*. Köln 1968).
9 Alexander Gottlieb Baumgarten: *Aesthetica*. Frankfurt/M: 1750 (Nachdr. Hildesheim 1961) § 1.

Aspekt erhalten. In der Sportwissenschaft kehrt er wieder bei der Gegenüberstellung von ästhetischen Sportarten und solchen, die nur in meßbaren Ergebnissen ihren Niederschlag finden, wie sie etwa in Hengstenbergs Unterscheidung zwischen Leibeskultur (z.b. rhythmische Gymnastik) und Körperkultur (bloß quantitatives Training, summative Steigerung von Muskelkräften, Leistungszüchtung) vorliegt.[10] Eine derartige Gegenüberstellung dürfte auch dem eingangs angeführten Scheler-Zitat zugrundeliegen, in dem das Ästhetische (schöner Ausdruck) mit einer ursprünglichen Lebendigkeit (wohlgeborener Leib) verknüpft den Kontrast zur künstlich-technischen Körperausffassung bildet.

Die Aufteilung in solche Gebiete ist ein Verfahren, das typisch ist für die zergliedernde Wissenschaft; denn ihre Zerlegung betrifft nicht nur die Phänomene, sondern auch das Ganze des Erfahrungszusammenhangs, die Wissenschaften als Teile dieses Zusammenhangs oder, wie hier, den Sport.[11] Wie im allgemeinen die Einheitlichkeit der Erfahrung verlorengeht, so im besonderen Fall die Einheitlichkeit des Gegenstands Sport. „Das ist doch kein Sport mehr", hört man angesichts der Auswüchse der Körpertechnologie sagen, während von anderer Seite dem 'Getänzel' in der rhythmischen Gymnastik abgesprochen wird, Sport im echten Sinne zu sein. Die Unterscheidung zwischen Pflicht und Kür in Sportarten mit ästhetischem Ausdruck ist ein Zugeständnis an die letztere Position, das aber wiederum durch Aufteilung erreicht wird. Was dabei das genuin Sportliche ist und was nur Begleiterscheinung, ist letztlich Ansichtssache, denn bei einer solchen Aufteilung kann es nur entweder das eine oder das andere sein. Aber andererseits

---

10 Hans-Eduard Hengstenberg: *Der Leib und die letzten Dinge.* Regensburg 1955, S. 198. Hengstenberg weist an dieser Stelle selbst auf die Nähe zu Scheler hin.

11 Ein klassisches Beispiel ist die von dem logischen Empiristen Carnap vorgenommene Aufteilung der Erfahrung in „Lebensgebiete", die die Exaktheit der formalen Erkenntnis sichert (Rudolf Carnap: *Der logische Aufbau der Welt / Scheinprobleme in der Philosophie.* Hamburg 1961, S. 256 ff.). Während Carnap in dieser Frühschrift noch die Grundlegung einer Gesamtwissenschaft intendierte, zeigt die fortschreitende Diversifizierung der Wissenschaften, daß dieser Weg von einem solchen Ziel wegführt. In jeder Einzelwissenschaft werden immer wieder zugunsten der Eindeutigkeit der Methoden und Ergebnisse Bereiche ausgegliedert und zu eigenständigen oder Metawissenschaften. Der zergliedernden Betrachtung fehlt bei aller für das Erkennen notwendigen Fähigkeit zu differenzieren, wie Hegel es formuliert hat, die Kraft, ihre Gedanken zusammenzubringen.

ist trotzdem das Bewußtsein vorhanden, daß die Aspekte der Künstlichkeit und Technik und der Natürlichkeit, Lebendigkeit und Ästhetik im Sport irgendwie zusammengehören. Diesem Bewußtsein, dem die aufteilende Betrachtungsweise nicht gerecht werden kann, soll auf der Basis einer Prozeß-Ontologie eine philosophische Begründung gegeben werden.

Es ist klar, daß der Standpunkt dabei nicht der eines ergänzenden Teils der Weltbetrachtung sein kann, wie er soeben im Anschluß an die Entstehung der Ästhetik skizziert wurde. Die Aufgabe ist nicht, Lebendigkeit und Selbsttätigkeit als ein Jenseits der empirischen Wissenschaften zu behandeln, sondern als den Grund auch derselben aufzuzeigen. Es charaktersisiert die kategoriale Ebene, daß die Dinge und Sachverhalte selbst als Formen von lebendigen Prozessen gedacht werden, während umgekehrt aus der Sicht einer Ding-Ontologie ein derartiges Unterfangen nur als Aufgabe einer speziellen wissenschaftlichen Disziplin oder als Betätigung in einem von der Wissenschaft wohl zu sondernden Gebiet angesehen werden kann.[12] Denn in dieser Sicht kann Lebendigkeit nur entweder ein aus einzelnen Sachverhalten rekonstruierbares Phänomen sein, und dann ist es Gegenstand einer wissenschaftlichen Disziplin; oder sie ist etwas ganz außerhalb der Wissenschaft Liegendes, das als Irrationales auf die Weise eine subjektiven Gefühls vorkommt und etwa durch die Poesie thematisiert werden kann, aber nichts mit der empirischen Wirklichkeit tun hat. In beiden Fällen ist 'Leben' etwas anderes als eine Kategorie. Es ist daher nicht die Wahl der zugrundegelegten Begriffe, die darüber entscheidet, ob es sich im Sinne Schürmanns um eine Prozeß- oder eine Ding-Ontologie handelt, in deren Rahmen Körperbewegung thematisiert wird, sondern es ist das Verständnis dieser Begriffe.

Das läßt sich kurz an den Begriffen Subjekt, Objekt und Wesen erläutern. Objektiv im Sinne der neuzeitlichen Wissenschaft ist das, was in ihrem Sinn als Tatsache oder Sachverhalt zu erfassen ist. Von diesem Begriff des Objekts aus (der in der Gegenüberstellung zum Subjekt ein neuzeitlicher ist) wird das Subjektive gedacht als all das, was nicht objektiv ist. Abgesehen

---

12 Vgl. Carnap a.a.O., S. XIX: „... die Haltung des Philosophen alter Art [gleicht] mehr der eines Dichtenden ...". Das ist nicht bloße Polemik, sondern durchaus mit dem Anliegen verbunden, metaphysische Fragen an die Kunst oder Religion als abgetrennte Gebiete zu delegieren.

von dieser bloß negativen Bedeutung läßt sich mit den Kategorien der Objektivität das Subjektive positiv nur so fassen, daß es *in* einem Objekt, nämlich im menschlichen Individuum liegend gedacht wird. Das Wesen, wie es
in der alten Metaphysik als Selbsttätigkeit und Lebendigkeit Gegenstand
war, ist eben deshalb das schlechthin nicht Objektivierbare. Da es aufgrund
seines allgemeinen Charakters nichts individuell-Subjektives sein kann, fällt
das Wesen ganz aus der Betrachtung der neuzeitlichen Wissenschaft heraus.
Umgekehrt wird aus dieser Sicht jeder Anspruch auf Wesenserkenntnis notwendig in dem Sinne interpretiert, als ginge es dabei immer um Erkenntnis
eines Objektiven, als sei das Wesen hierbei als Ding oder Tatsache zu verstehen.

Bis zum Ausgang des Mittelalters kamen Subjekt und Objekt in solcher
Bedeutung gar nicht vor. Der Begriff „subiectum" umfaßte als das „Zugrundeliegende" in gewissem Sinn beides: hinsichtlich der Formen die Seele,
hinsichtlich des Stoffs die Materie; darüberhinaus das logische Subjekt in
Prädikationen und schließlich in Beziehung auf die vom Denken der Seele
unabhängigen Formen in der Natur (formae substantiales) das Wesen.[13] Als
der im letzten Fall für den Verstand unfaßbare Grund der Lebendigkeit ist
das subiectum weder Subjekt noch Objekt im neuzeitlichen Sinne; es ist in
dieser Begrifflichkeit überhaupt nicht auszudrücken. Umgekehrt ist das Objektive der neuzeitlichen Wissenschaft aus dem Blickwinkel der Wesensmetaphysik notwendig selbst etwas individuell-Subjektives, da die Sicht der
Welt unter der Kategorie des Dings selbst einen nicht objektiven Grund
hat.[14]

So ist es auch mit der Verwendung der Begriffe „Ding" und „Prozeß" allein noch nicht getan. „Prozeß" kann selbst wiederum durch die Kategorien
einer Ding-Ontologie aufgefaßt werden, und damit wäre die Sache, um die es
geht, schon mißverstanden.[15] Mit dem Wesensbegriff ist das geschehen,

---

13 Die verschiedenen Bestimmungen leiten sich vom Aristotelischen Begriff des
υποκειμενον ab, dessen lateinische Übersetzung subiectum ist.

14 Zur Austauschbarkeit der Begriffsinhalte von objektiv und subjektiv vgl. den immer noch
lesenswerten Artikel in Felix Mauthners *Wörterbuch der Philosophie. Neue Beiträge zu einer Kritik der Sprache* Bd. II. Zürich 1980, S. 174-181.

15 Dasselbe gilt auch umgekehrt; so war bei Thomas von Aquin „res" keineswegs ein Objekt
oder eine Tatsache, sondern ein transzendentaler Begriff. Es gilt sogar für die hier zur Er-

denn wie der Blick auf die mittelalterliche Tradition gezeigt hat, kann zumindest oder muß sogar der Begriff Wesen (essentia / natura) in dieser Tradition prozessual verstanden werden; erst dadurch, daß er unter der Kategorie des Dings gedacht wird, wird es zu einer Tatsache, deren Annahme dann unter dem Titel „essentialistisch" bestritten wird. Wenn die Abgrenzung des Tätigkeitsbegriffs gegenüber dem der (motivational verstandenen) Handlung zur Grundlage einer prozeß-ontologisch orientierten Bewegungskonzeption gemacht wird, ist daran zu erinnern, daß es in der Philosophiegeschichte durchaus Entwürfe gibt, die den Handlungsbegriff gerade in dem Sinne verwenden, in dem der Tätigkeitsbegriff von dem der Handlung abgehoben werden soll. Neben Spinoza ist hier vor allem Fichte zu nennen, dessen Philosophie geradezu darin besteht, die Handlung als das Primäre gegenüber den Dingen zu konzipieren. Dieses ursprüngliche Handeln nannte er Ich und unterschied es gewissenhaft von dem Ich, das dann auch unter den abgeleiteten Dingen zu finden ist; dennoch wurde seine Lehre als subjektiver Idealismus mißverstanden, weil die Differenz der Kategorien nicht beachtet wurde. Obwohl also der Gedanke einer Prozeß-Ontologie eine lange Tradition hat - länger auf jeden Fall als der der Ding-Ontologie -, erfordert seine theoretische Verwendung und Aufnahme ein ausdrückliches Sichverständigen über die kategoriale Ebene im Unterschied zur Ding-Ontologie, die im Bereich wissenschaftlichen Denkens (nicht jedoch, wie an einigen Beispielen schon zu sehen war, im alltäglichen Leben) als selbstverständliche praktiziert wird.

---

läuterung verwendeten Begriffe wie Lebendigkeit und Selbsttätigkeit. Insofern ist jeder philosophische Text, der sich mit kategorialen Fragen befaßt, immer mißverständlich und inexakt im Sinne des neuzeitlichen Wissenschaftsideals. Aber er ist dies nicht aufgrund einer Vagheit oder Subjektivität der Inhalte, sondern weil auf dieser Ebene der philosophischen Reflexion notwendig der Konsens der Begriffsverwendung in Frage gestellt ist. Wenn in der Philosophie ein Sichverständigen über die Begriffsverwendungen immer expliziert werden muß, so wird dasselbe im gewöhnlichen Gespräch ohne Reflexion praktizert in den Fällen, in denen man sich nicht unmittelbar versteht, sondern ein Verständnis, d.h. einen Konsens, herbeiführen muß. Der Konsens der Begriffsverwendung in den exakten Wissenschaften ist nicht herbeigeführt, sondern wird definiert; im Grunde ist die Bezeichnung Konsens hier unzutreffend, da er nicht das Ergebnis, sondern die Voraussetzung des Gesprächs ist.

Betrachtet man nun die Bewegung im Sport unter diesem Gesichtspunkt, dann wäre sie zunächst als menschliche Tätigkeit oder Handlung von der physikalischen Bewegung zu unterscheiden. Damit ist der Aspekt der Lebendigkeit und Selbsttätigkeit in Anspruch genommen, der bei physikalischen Bewegungskonzeptionen, die keine Differenzierung zwischen belebten und unbelebten Körpern kennen, unberücksichtigt bleibt. Um diesen Aspekt jedoch nicht nur zu beanspruchen, sondern auch zur Geltung zu bringen, ist es notwendig, klarzustellen, wie das Tun hierbei zu denken ist. Denn, wie zu sehen war, kann der Begriff der Tätigkeit, auch wenn er Grundbegriff einer Prozeß-Ontologie ist, dennoch unter ding-ontologischen Kriterien aufgefaßt werden. Das ist dann der Fall, wenn das Tun als Prozeß aus Teilen oder Faktoren erklärt wird, die feststellbar sind und getrennt von einander untersucht werden können. Solche Teile sind Mittel und Zwecke. Wenn im Fall der sportlichen Bewegung die Selbsttätigkeit des menschlichen Leibes zur Betrachtung steht, lassen sich die Zwecke wiederum differenzieren nach der Beschaffenheit des Tätigkeitssubjekts und den angezielten Tatbeständen, wobei sich aus beiden Elementen die Motivation bestimmen läßt;[16] das Mittel ist in diesem Fall (vornehmlich, auch dann, wenn weitere Mittel, etwa der Stab beim Stabhochsprung hinzukommen) der eigene Körper, der in Teile, die für bestimmte Ziele in besonderer Weise benötigt werden, differenzierbar ist. Diese Faktoren, die der Bestimmung nicht der physikalischen Bewegung, sondern der menschlichen Tätigkeit dienen, können jeweils wieder wissenschaftlich analysiert und behandelt werden, wobei die angezielten Tatbestände sowie der Körper und seine Teile dann als physikalische bzw. physiologische Sachverhalte gemessen, konstruiert, trainiert und biochemisch manipuliert werden können, während auf der Subjektseite psychologische Methoden wie Motivationstraining, Autosuggestion oder auch Psychopharmaka zur Verbesserung der Resultate eingesetzt werden können.

---

16 Vgl. z.B. Arthur Schopenhauer: *Preisschrift über die Freiheit des Willens.* Hamburg 1978, S. 91: „... so ist jede That eines Menschen das nothwendige Produkt seines Charakters und des eingetretenen Motivs". Der Charakter wird hierbei als konstant und individuell, die Motive als einzelne Gegenstände der Wahrnehmung oder des Denkens vorausgesetzt. Neben dieser „analytischen" und empirischen Darstellung der Sache, bei der das Zerlegen in einzelne Tatsachen besonders deutlich wird, gibt es bei Schopenhauer allerdings auch noch eine „synthetische" in seiner Metaphysik (vgl. S. 1).

Wenn die Tätigkeit von den Faktoren als ihren Bedingungen her verstanden wird, wobei der Zweck das Vorausgesetzte und das Mittel ein diesem Zweck anzupassendes Material sind, dann kann man die körperliche Bewegung im Sport als ein *Gebrauchen* des Körpers bestimmen. Das Gebrauchen von etwas zu einem bestimmten Zweck steht in engerer Beziehung zu einer Ding-Ontologie. Das Ethos,[17] das dieser Weise, die Welt als Gegenstand der Erkenntnis zu nehmen, zugrundeliegt, ist das der Nützlichkeit; nützlich ist das, was überhaupt Mittel zu einem Zweck sein kann, unabhängig von dessen konkreter Bestimmung. Indem sich die Wirklichkeit in einzelnen und in sich geteilten Dingen und Sachverhalten darbietet, hat sie die Form, in der sie für den Verstand verfügbar wird, der sie durch Rekonstruktion und Komposition seinen Zielen enstprechend umarbeitet und so die Natur dienstbar und brauchbar macht. Wesentlich für den Gebrauch und die Nützlichkeit ist, daß die Mittel zunächst als unabhängig von Zwecken vorhandene Dinge aufgefaßt werden, die erst dadurch ihre Bestimmung als Mittel erhalten, daß sie vom Verstand auf mögliche und ebenso unabhängig bestehende Zwecke bezogen werden. Die Verwendung durch den Verstand macht aus den Mitteln Instrumente, die selbst wieder mit anderen Instrumenten bearbeitet werden können, wobei ihre optimale Zurichtung wieder als untergeordneter Zweck auftritt. Die durchgängige Instrumentalisierung, die dem Ethos der Nützlichkeit entspricht, wird unter den Begriff Technik gefaßt, der mit dem griechischen „τεκτων" (*tekton* = Baumeister, Zimmermann) zusammenhängt. In demselben etymologischen Zusammenhang hat sich aber auch die Bedeutung des griechischen Begriffs „τεχνη" (*techne*) als Kunst herausgebildet, und hier wäre der Ansatzpunkt zur Bestimmung des instrumentellen Verständnisses von Künstlichkeit, wie es zu Beginn bei Scheler zu vermuten war.[18] Der Zusammenhang der Begriffe läßt sich nachvollziehen, wenn wir von einem Ballkünstler reden, der eine ausgefeilte und perfektionierte Dribbeltechnik hat. Die einer Instrumentalisierung des Körpers im Sport dienli-

---

17 Zur Verknüpfung von Ontologie und Ethos vgl. Schürmann: *Zur Struktur hermeneutischen Sprechens*, a.a.O., S. 57 f. und S. 290 ff.

18 Das soll nicht heißen, daß das griechische Verständnis von *techne* ein rein instrumentelles gewesen sei. Die seit der ersten Hälfte des 18. Jh. gebräuchliche moderne Bedeutung des Technikbegriffs ist im Zusammenhang zu sehen mit der zur gleichen Zeit stattfindenden Ausdifferenzierung der Ästhetik als Gegenbegriff.

che Auffassung sportlichen Tuns ist die, nach der körperliche Bewegung als meßbar, zerlegbar, in idealen Formen konstruierbar und mit technischen oder medizinischen Mitteln optimierbar betrachtet wird. Die Reflexion, die hierbei die Künstlichkeit der Bewegung ausmacht, ist die Reflexion des Verstandes über die Mittel und Zwecke, das Nachdenken darüber, wie ich das Instrument im Hinblick auf einen gegebenen Zweck verbessern kann, oder zu welchem Zweck ich ein gegebenes Instrument am besten verwenden kann.

Soll Tätigkeit als Kategorie einer Prozeß-Ontologie gedacht werden, so darf menschliches Tun nicht aus den Faktoren Mittel und Zweck und deren weiteren Differenzierungen als vorausgesetzten und für sich bestehenden Größen hergeleitet werden, sondern die Tätigkeit muß als solche begriffen werden, die sich in diesen Faktoren als ihren Momenten auf je bestimmende Weise äußert; sie ist unabhängig von vorgegebenen Bedingungen je eine besondere, d. h. das Besondere an ihr verdankt sich nicht besonderen Umständen und Zwecksetzungen, sondern die Tätigkeit bringt, indem sie - um es einmal so zu formulieren - einen besonderen Charakter hat, besondere Umstände hervor, zu denen auch Zwecksetzungen gehören können. Zweifellos sind viele menschliche Tätigkeiten von der Art, daß sie die genannten Faktoren als ihre Momente enthalten, aber beileibe nicht alle, zumal der Begriff Tätigkeit als Kategorie uneingeschränkt alles menschliche Tun umfaßt. Wenn jemand aus Freude einen Luftsprung macht, so geschieht dies sicherlich ohne Verstand und Zweck, und aus einem von Mittel und Zweck hergeleiteten Tätigkeitsbegriff würde ein solche Tun einfach herausfallen. Gerade solche Tätigkeitsarten spielen aber bei gewissen Sportarten, etwa beim Tanzen und verwandten Disziplinen, eine Rolle. Und so hat denn auch der tänzerische oder ästhetische Ausdruck in einem technischen Verständnis sportlicher Bewegung keinen Platz bzw. nur in dem Maße Platz, in dem er auf absichtsvolles und rekonstruierbares Handeln reduzierbar ist. Um solchen Aspekten des Sports wirklich gerecht werden zu können, muß menschliche Tätigkeit mehr und anderes sein als der Gebrauch des Körpers zu einem bestimmten Zweck.

Damit die Charakterisierung sportlicher Bewegung vom Begriff der Tätigkeit ausgehend geleistet werden kann, muß sie allerdings auch die Formen und Aspekte umfassen, die eine Mittel-Zweck-Relation aufweisen und deren Folge nicht nur in einer ästhetischen Wirkung, sondern in einem meßbaren

Ergebnis bestehen; und zwar muß sie dies in ein und derselben Hinsicht tun, da sonst eine Aufteilung stattfinden würde, die der erwähnten Unterscheidung von Leibeskultur und Körperkultur entsprechen würde. Unter Berücksichtigung der Besonderung der Tätigkeit aus sich selbst heraus können ästhetische Wirkung und meßbare Resultate auf die Vollendung oder Vervollkommnung des bestimmten Charakters einer Tätigkeit zurückgeführt werden. Anders formuliert ist es das Gelingen des Tuns, das ästhetische und objektivierbare Momente in je unterschiedlicher Gewichtung mit sich führt. Der Gebrauch des Körpers kann als Gelingen in diesem Sinne angesehen werden, wenn der Zweck nicht als vorgesetzter das Bestimmende ist, sondern das Tun als selbständige Leibesbewegung so verläuft, daß es zu einem feststellbaren Ziel führt, so wie es bei den „flow-Erlebnissen" im Beitrag von Hans-Gerd Artus der Fall ist; es handelt sich dann um eine besondere sportliche Tätigkeit mit dem ihr eigentümlichen Charakter der Relativität zu einem Zweck. Bestritten wird aber, daß alles sportliche Tun vornehmlich diesen Charakter hervorbringt. Ein gelungener Eiskunstlauf läßt sich nicht erschöpfend als Erreichen von Zwecken beschreiben, sondern enthält den Aspekt unmittelbaren leiblichen Ausdrucks, einer Anmut oder Schönheit, der sich nicht als Gebrauch des Körpers formulieren läßt.

Bezogen auf die Frage der Trainingsmethoden läßt sich der Unterschied zwischen einer Konzeption von sportlicher Bewegung, die auf der Basis einer Ding-Ontologie formuliert wird, und einer solchen, die von der Tätigkeit als Prozeß ausgeht, an einem weiteren Beispiel verdeutlichen. Das Ziel eines weiten Speerwurfs etwa kann man zu erreichen versuchen, indem man den Bewegungsablauf in Phasen zerlegt, diese nach mathematisch-physikalischen Gesichtspunkten verbessert und neu zusammensetzt, bestimmte Muskelgruppen heraushebt und durch gezieltes Training oder aufbauende Präparate vergrößert, den Trainingsablauf durch Messungen optimiert, psychologische Methoden zur Steigerung der Motivation einsetzt usw. Man kann dasselbe Ziel auch verfolgen, indem man die Bewegung als gelingende anstrebt, d.h. als unzerlegbar ganze, die für jeden Menschen eine je eigene Idealform hat. Diese Idealform ist nur als wirkliche gelingende Bewegung vorhanden und nicht zu verallgemeinern; ihre Analyse ist daher u. U. wertlos für andere Sportler oder sogar für andere Situationen. Die Schwierigkeit einer alternativen Trainingsauffassung, wie sie sich bei Artus zeigt, besteht ja darin, daß sie mit dem Einfühlungsvermögen, der Kommunikationsfähigkeit, dem Gefühl für Bewegungsrhythmus Elemente enthält, die sich der Objektivierung und Verfügbarkeit entziehen.

Die Ausgangsfrage der hier vorgelegten Untersuchungen war die nach einem Verständnis von Kultivierung und Künstlichkeit in Beziehung auf körperliche Bewegung gewesen, das die Momente einer lebendigen Ursprünglichkeit und Natürlichkeit in sich enthält und damit Grundlage einer Neubestimmung des Sportlichen werden kann. Mit den Kategorien einer im Anschluß an Schürmann mit dem Begriff Ding-Ontologie bezeichneten wissenschaftlichen Sichtweise konnte Künstlichkeit nur auf eine Weise begriffen werden, die diese Momente ausschließt. Denn als Resultat einer Reflexion des Verstandes über die Beziehungen von Dingen und Sachverhalten besteht Künstlichkeit in der Umformung von Vorgängen in Produkte des rekonstruierenden Verstandes. Sport besteht dann als Kultivierung oder Reflexionsstufe körperlicher Bewegung in der Optimierung bestimmter Bewegungabläufe im Hinblick auf bestimmte zu erreichende Ziele nach den Maßstäben eines durch den wissenschaftlichen Verstand erstellten und damit allgemeinen Ideals. Dieses Verständnis von Kultivierung kann mit dem Begriff der Technik gekennzeichnet werden. Ihm soll eine Konzeption gegenübergestellt werden, deren Unterschiedlichkeit in die Ebene der Kategorien reicht, und die daher auch einen anderen Begriff von Reflexivität erfordert, um die Differenz des Künstlichen zur Natur zu charakterisieren. Diese Gegenkonzeption möchte ich mit einem anderen, aus dem Griechischen stammenden Begriff zusammenbringen, nämlich mit dem der Askese. Kultivierung als Askese tritt damit in Konkurrenz zu Kultivierung als Technik,[19] und insofern Sport als eine Form der Kultivierung körperlicher Tätigkeit angesehen werden kann, sind damit auch konkurrierende Sportbegriffe verbunden.

---

19 Auch hier ist wieder an das in Anm. 18 Gesagte zu erinnern. Wenn hier Askese und Technik als konkurrierende Konzepte vorgestellt werden, so soll damit nicht behauptet werden, daß die Begriffe τεχνη und ασκησιζ im griechischen Sprachgebrauch als Gegensätze angesehen wurden; es ist eher zu vermuten, daß die Bedeutungen sich teilweise deckten. Aber in den Bedeutungen sind auch Differenzen angelegt, die sich im Lauf der Geschichte der Begriffe und ihrer Übernahme in die lateinische und deutsche Sprache zu solchen Gegensätzen entwickelten wie etwa die weltzugewandte, gestaltende Technik und die weltverneinende und tatenlose Askese.

Das griechische Wort ασκησιζ *(askesis)* bedeutet bekanntlich zunächst nichts weiter als Übung, indifferent hinsichtlich der Frage, ob es sich um Übung des Leibes oder des Geistes handelt. Seine Herkunft vom Verb ασκειν verbindet es mit den Bedeutungen 'schmücken', 'verzieren', 'künstlich bearbeiten' und erläutert die Übung als kultivierende Tätigkeit, als künstliches und kunstvolles Betreiben. Auf der anderen Seite bringt die besondere Verwendung des Ausdrucks *askesis* für gymnastische Leibesübungen ihn mit dem Begriff *gymnastike* (γυμναστικε, von γυμναζεσθαι = nackt üben) zusammen, der - freilich mit gebotener Vorsicht - als Vorläufer des Sportbegriffs angesehen werden kann. Sowohl der ästhetische Aspekt des *askesis*-Begriffs als auch die wörtliche Bedeutung der *gymnnastike* deuten eine gegenüber der Technik unterschiedliche Weise der Reflexivität der Tätigkeit des Übens an. Es ist hier nicht die Reflexion über die Vorgänge und ihre Elemente, die die Künstlichkeit hervorbringt, sondern diese wird dadurch erreicht, daß eine ursprüngliche Tätigkeit in einen anderen Rahmen gestellt und so als ganze gewissermaßen Gegenstand der Reflexion wird; so wie es in den Beiträgen von Schürmann und Franke für Sport und Spiel festgestellt wird. Eine Tätigkeit zu üben, bedeutet, daß der Charakter der Tätigkeit in dem Üben selbst thematisch wird.

An dem schon einmal bemühten Beispiel des Speerwerfens kann das veranschaulicht werden. Ursprünglich ist das Speerwerfen eine Tätigkeit, die im Krieg stattfindet, und ihr Ziel ist es nicht, den Speer möglichst weit weg zu werfen, sondern den Sieg über den Feind zu erringen und das eigene Gemeinwesen zu schützen. Dieses Ziel zu verfolgen, ist - zumindest in den damaligen Vorstellungen - eine Tugend, und die Tätigkeit hat als Charakter, nämlich weil sie als solche im Sinne der Prozeß-Ontologie mit dem Ziel verbunden ist, den der Tugendhaftigkeit. Dieser Charakter ist es, der unabhängig von der Situation des Krieges geübt wird, sichtbar daran, daß die Tätigkeit ohne Rüstung, d.h. „nackt" ausgeübt wird. Da ihm der Sieg als Ziel wesentlich angehört, muß das Üben in einer dem Siegen und Verlieren im Krieg analogen Situation stattfinden, nämlich im Wettkampf. Im Wettkampf besteht der Sieg des Speerwerfers nicht in der Vernichtung des Feindes, sondern in der Überwindung des Gegenspielers in einem harmloseren Kräftemessen, das sich an der Weite des Wurfs objektivieren läßt. Die Weite ist aber nicht das Ziel des Übens, sondern spielt nur als wesentlicher Bestandteil der geübten Tätigkeit eine Rolle; geübt wird tugendhaftes Handeln in der Besonderung des Speerwerfens.[20] Die Vollkommenheit der Tätigkeit, die im Üben angestrebt wird, liegt daher nicht in der gemessenen Weite des Wurfs, sondern in dem Charakter der Tätigkeit als ganzer, der auch die Aspekte der tugendhaften geistigen Haltung und der ästhetischen Wirkung als wesentliche umfaßt.[21] Auf diese Weise wird ein Sinn oder gewissermaßen die Würdigkeit sportlichen Tuns sichtbar, die einem distanzierten Beobachter im anderen Fall schwerlich zu vermitteln wäre, wenn der einzige Zweck darin besteht, ein Stück Holz möglichst weit in die Gegend zu werfen. Man kann es auch so formulieren, daß im Üben der Charakter einer Tätigkeit „gefeiert" wird, womit einerseits die Bedeutung des Schmückens aufgenommen und andererseits die Einbindung der antiken Gymnastik in kultische Zusammenhänge erklärt wäre.[22]

Die Ungetrenntheit des geistigen und leiblichen Aspekts der Übung, wie sie sich in der ursprünglichen Bedeutung zeigt, macht *askesis* zu einem Gegenentwurf zum technischen Gebrauchen des Körpers, bei dem der Verstand als derjenige, der etwas gebraucht und den Zweck setzt, vom Körper als dem zu Gebrauchenden unterschieden ist. Die ursprüngliche Bedeutung von *askesis* scheint mir in den gymnastischen Übungen der antiken olympischen Spiele umgesetzt worden zu sein, die vor dem religiös-kultischen Hintergrund gleichsam als Schmuck den Göttern dargeboten wurden und so keinem verständigen Zweck dienten. Wie es sich auch tatsächlich damit verhalten haben mag, so wird dadurch doch illustriert, was mit der Anknüpfung an den Askesebegriff intendiert ist, nämlich körperkultivierende Tätigkeit nicht im Sinne des Gebrauchs, sondern in dem der Übung als Reflexionsstufe menschlicher Tätigkeit zu erweisen; dabei geht die Übung nicht auf einen

---

20 Vgl. dazu Nikolaos Bademis: *Gymnastik-Verständnis in der Antike und das ihm zugrunde liegende Bild des Menschen. Zur Entwicklung des Gymnastik-Verständnisses von Homer bis in die hellenistische Zeit.* Frankfurt/M. 1999. Leider geht Bademis nirgendwo auf den Begriff der Askese ein, der zweifellos in der Antike eng mit dem der Gymnastik zusammenhängt.

21 Zum Zusammenhang von Tugend und Schönheit, der das griechische Denken überhaupt durchzieht, im Gymnastikbegriff vgl. Bademis a.a.O., S. 82 ff.

22 Zum Zusammenhang der in der Gymnastik geübten Tugend mit der Gottähnlichkeit des Menschen vgl. ebd., S. 60 ff.

außer der Tätigkeit gelegenen Zweck aus, sondern geübt wird das Gelingen der Tätigkeit, im Sport z.B. das Gelingen eines schönen und - infolgedessen - weiten Sprungs.

Freilich hat der Askesebegriff im Lauf der Geschichte Wandlungen erfahren, die ihn heute nur schwer mit der Einheit geistiger und leiblicher Vorgänge zusammenbringen lassen. Das Glück, das ursprünglich im Gelingen der Handlung selbst liegt, wurde schon bei den Stoikern zu einem vorausgesetzten Zweck, der nur dadurch zu erreichen ist, daß durch Askese ein Übergewicht des Geistigen über das Leibliche erreicht wird: die Vernunft soll die leiblichen Begierden und Leidenschaften so leiten und mäßigen, daß eine Höchstmaß an Glück im Leben erreicht wird.[23] Es ist interessant zu beobachten, daß in dieser Zeit, in der in geistesgeschichtlicher Sicht manche Erscheinungen der Neuzeit vorweggenommen wurden, auch im Bereich des damaligen Sports Phänomene auftauchten, die recht modern anmuten, nämlich Berufssport, technisch-wissenschaftliches Training und auf Muskelaufbau abgezielte Sportlernahrung.[24] Das angestrebte Glück schloß im stoischen Verständnis - und hier besteht noch Kontinuität mit dem älteren Askesegedanken - das Wohlbefinden des Leibes ein, so daß Askese hier als Einübung in ein Geistiges und Leibliches harmonisch verbindendes Leben bezeichnet werden kann. Indem mit dem Christentum das zu erstrebende Glück ins Jenseits verlegt wurde, wurde das damit gesetzte Maß der Einschränkung des Leiblichen durch das Geistige überschritten, und so kam es zu der heute noch vorherrschenden Bedeutung der Askese als Enthaltsamkeit bis hin zur Kasteiung des Körpers. Luthers Kritik an der mönchischen Askese, die sich aus anderen Motiven herleitete, führte nicht zu einer Rehabilitierung des urspünglichen Askesebegriffs, sondern zu dem, was Max Weber als „innerweltliche Askese" mit dem Geist des Kapitalismus in Verbindung brachte. Für den Sport läßt sich ein Zusammenhang des Leistungsgedankens mit der

---

23 Vgl. z. B. Epiktet: *Handbüchlein der Moral*. Stuttgart 1992, S. 63 (Nr. 41): „Es verrät geistige Armut, sich dauernd mit dem Körper zu beschäftigen, zum Beispiel zu viel Sport zu treiben (γυμνάζεσθαι), zu viel zu essen, zu viel zu trinken, zu oft seine Notdurft zu verrichten und seinem Sexualtrieb freien Lauf zu lassen. Nein, diese Bedürfdnisse sollte man nur nebenbei befriedigen, und die ganze Aufmerksamkeit gelte der Entfaltung der geistigen Anlagen."

24 Vgl. Bademis, a.a.O., S. 319 ff.

innerweltlichen Askese, die eine Selbstzwecklichkeit der Arbeitsleistung beinhaltet, aufzeigen.[25]

Auf der Grundlage des anhand des ursprünglichen Askesebegriffs erläuterten Verständnisses von Kultivierung läßt sich abschließend der Versuch wagen, sportliches Tun als Kultivierung menschlicher Tätigkeit zu bestimmen. Dabei ist zu berücksichtigen, daß Sport im modernen Sinne bzw. dem Sinn des Wortes nach, das es ja in der Antike nicht gab, nicht dasselbe ist wie die *gymnastike* der Griechen; die Beziehung auf Kriegshandlungen ist hier im allgemeinen nicht gegeben. In Analogie zu dem in dem Beitrag Schürmanns vorgeschlagenen Modell der Reflexionsstufen ist sportliches Tun aus dem Begriff menschlicher Tätigkeit überhaupt abzuleiten, wobei Reflexivität in dem Sinne zu verstehen ist, der sich aus der Erörterung der *askesis* ergeben hat.

In Abgrenzung gegen eine Auffassung von Tätigkeit als Gebrauchen des Körpers und auf der Basis einer Prozeß-Ontologie ist menschliche Tätigkeit überhaupt und ganz allgemein zu bestimmen als Einheit körperlicher und geistiger Prozesse. Menschliche Tätigkeit hat so einen weiteren Umfang, da sie sowohl sich in Zweckzusammenhängen manifestierendes (Gebrauch) als auch sich nur selbst ausdrückendes Tun umfaßt. Freilich muß dabei die Einheit von geistigen und körperlichen Prozessen als eine besondere begriffen werden, die ein Bewußtsein von sich selbst impliziert; das Bewußtsein greift in dieser Einheit über sich selbst und den Leib über. Als Tun, das ein Wissen notwendig beinhaltet,[26] ist menschliche Tätigkeit bereits eine Reflexionsstufe gegenüber organismischen Prozessen oder tierischen Bewegungsformen. Ist in diesen Prozessen Lebendigkeit und Selbsttätigkeit das Prinzip, aus dem heraus sie zu begreifen sind, so ist menschliches Tun aufgrund des Selbstbewußtseins Selbsttätigkeit als Selbsttätigkeit.

Die erste Reflexionsstufe der menschlichen Tätigkeit ist das Üben oder künstliche Durchführen von Tätigkeiten (in dem Sinne etwa, in dem man sagt 'jemand übt Bescheidenheit' oder auch 'jemand übt ein Amt aus'). Sportliches Tun kann dann als weitere Reflexionsstufe bestimmt werden, in-

---

25 Vgl. Max Weber: *Die protestantische Ethik und der „Geist" des Christentums.* Bodenheim 1993, S. 122 ff.

26 Vgl. dazu a. Schürmann: *Zur Struktur hermeneutischen Sprechens*, a.a.O., S. 370 f.

dem dieses Üben nun in dem Sinne geübt wird, daß die Vollkommenheit der künstlichen Durchführung von Tätigkeiten erstrebt wird. Dabei ist daran zu erinnern, daß 'künstlich' hier in dem Sinne des erarbeiteten Verständnisses von Kultivierung aufzufassen ist: Die Künstlichkeit der Durchführung einer Tätigkeit besteht darin, daß der Charakter dieser Tätigkeit in der Durchführung selbst für das Bewußtsein thematisch ist. Insofern schließt der Ausdruck 'Künstlichkeit' auch die auf ästhetische Zusammenhänge verweisende Bedeutung des Kunstvollen ein. Sportliches Tun umfaßt so die beiden Formen menschlicher Tätigkeit überhaupt, nämlich die Mittel, Ziel und meßbare Ergebnisse mit sich bringenden und die sich auf den körperlichen Ausdruck beschränkenden. Sport könnte dann z.B. weiter dadurch differenziert werden, daß die Vollkommenheit der künstlichen Durchführung von Tätigkeiten nur in einem vergleichenden Wettkampf zu erreichen ist, daß die benötigten Geräte auf ein Mindestmaß und allgemeinste Formen zu beschränken sind, um den Vergleich zu ermöglichen usw.

Hier kann nur ein Ausblick auf weitere Möglichkeiten gegeben werden. Für das Anliegen, Sport und sportliche Bewegung auf der Grundlage eines veränderten Verständnisses von Kultivierung zu bestimmen, genügt es, aufzuzeigen, daß aufgrund des aus diesem Verständnis erarbeiteten Ansatzes solche Möglichkeiten bestehen, und daß damit eine Auffassung von Sport zur Diskussion gestellt werden kann, die ein neues Licht auf die im Zusammenhang des modernen Sports aufgetretenen Probleme wirft.

Erkenntnis durch Bewegung

Elk Franke

Einleitung

Zu den scheinbaren Selbstverständlichkeiten des sportlichen Alltags gehört die Feststellung: „Sport hat immer mit Bewegung zu tun!", und man kann sich kaum eine sportliche Situation, geschweige denn eine Sportart, vorstellen, bei der es nicht im wesentlichen um die 'richtige Bewegung' geht.

In Konsequenz zu dieser Beobachtung könnte man unterstellen, daß die Sportwissenschaft in der Bewegung einen ihrer zentralen Gegenstände und mit Hilfe deren Analyse sich eine explosive Position im Wettstreit mit anderen universitären Fächern erarbeitet hat. Und in der Tat kann man feststellen, daß es inzwischen einerseits viele Einzelaspekte gibt, bei denen die Bewegungswissenschaft nicht nur als angewandte Wissenschaft fungiert, sondern selbst auf spezifische grundlagenrelevante Fragen eigenständige Antworten formuliert. Andererseits zeigt sich aber auch, wie schwierig es ist, die Komplexität der *menschlichen Bewegung* durch eine naturwissenschaftlich-empirische Theorie so zu erfassen, daß eine adäquate wissenschaftliche Bearbeitung sichergestellt werden kann. Einen Ausweg bietet häufig die pragmatische Trennung in die sogenannte 'äußere' Bewegungsanalyse, die sich auf die beobachtbaren Außenaspekte der Bewegung bzw. das sogenannte 'Bewegungsprodukt' bezieht und die Analyse der 'Innenaspekte', bei der sogenannte 'motorische Prozesse' analysiert werden. Bei Anfragen aus der Trainingswissenschaft oder Pädagogik, für die der sich bewegende Mensch immer in einer sozio-kulturellen Umwelt handelt, wird dann gern durch die Bewegungswissenschaft auf die Arbeitsteilung einer interdisziplinären Sportwissenschaft verwiesen. D.h. orientiert am Bild einer Zwiebel, die sich schalenförmig aufbaut, ergeben sich in Abhängigkeit von den methodologischen Zugriffsmöglichkeiten, ausgehend von neurophysiologischen Basisbedingungen der Bewegung bis zu ihren sozio-ökologischen Umweltfaktoren, unterschiedliche Bearbeitungsmöglichkeiten. – Ein Bild, das plausibel erscheint und das auch lange die Vorstellung einer Arbeitsteilung in der sogenannten 'erfahrungswissenschaftlichen Wende' sich etablierenden interdisziplinären Sportwissenschaft bestimmte. Erst seit wenigen Jahren mehren sich die Zweifel, ob jene Aufgabenteilung auf der Basis des Methodenprimats (von der Neuro-Biologie über die Biomechanik bis zur kulturphilosophischen Anthropologie) tatsächlich solche paßfähigen Mosaiksteine an Forschungsergebnissen liefert, um daraus dann abschließend auch das Puzzle 'menschliche Bewegung' zusammenstellen zu können. Insbesondere der zunehmende Informationsbedarf der allgemeinen Sportpädagogik erweist sich in den letzten Jahren in diesem Zusammenhang als eine wichtige Prüfungsinstanz. Anders als die z. B. auf den Hochleistungssport ausgerichtete Trainingswissenschaft mit ihren häufig sehr spezifischen Anfragen an die Bewegungswissenschaft offenbaren die Deutungsdefizite der Pädagogik, was wir eigentlich *nicht* wissen, wenn wir die menschliche Bewegung mit unserem bisherigen methodologischen Werkzeugen bearbeiten. Dies zeigt sich insbesondere immer dann, wenn nicht nur danach gefragt wird, *wie* eine bestimmte Bewegung (z. B. in einer Wettkampfdisziplin) verbessert werden kann, sondern *warum* sie überhaupt so, wie sie stattfindet, als wichtig, notwendig etc. angesehen werden kann. So muß ein Sportpädagoge, oft anders als ein Trainer, nicht nur sein Handlungswissen optimieren, sondern er muß u. a. auch *begründen* können, warum eine spezifische Bewegung unter der Prämisse schulischen Wissens nicht nur 'passiv' durch den Schüler beschrieben, sondern auch 'aktiv' realisiert werden muß. Konkret: *Die Sportpädagogik muß aus bildungstheoretischer Sicht rechtfertigen können, welche generelle Bedeutung z. B. die konkrete Bewegungserfahrung für einen Schüler hat, und warum die spezifische Bewegungsaufgabe von bildungsrelevanter Bedeutung ist.*

Der folgende Beitrag* stellt sich diese Frage und ist in drei Schritte gegliedert:

- Im ersten Schritt wird in das Thema 'Bewegung und Erfahrung' aus einer Perspektive eingeführt, die sich deutlich von jener der tradierten Bewegungswissenschaft unterscheidet. Dadurch soll u. a. deutlich werden, daß die Hoffnung auf einen Erkenntnisgewinn über eine additiv-funktionale Interdisziplinarität, wie es das Zwiebelmodell nahe legt, nicht den einzigen Weg in die Zukunft bewegungswissenschaftlichen Denkens eröffnet, sondern unter Umständen sogar eine Sackgasse darstellt.
- Im zweiten Schritt wird am Beispiel des *Spiels* gezeigt, in welcher Weise nicht nur spezifische Wissensprozesse den Spielablauf bestimmen, sondern in welcher Form diese auch als *reflexiv* angesehen werden können.
- Im dritten Schritt werden erste Hinweise gegeben, welche Bedeutung eine solche Art von 'Bewegungsforschung' am Beispiel des Spiels für den bildungstheoretischen Legitimationsdiskurs in der Sportpädagogik haben könnte.

1. Die Bewegungserfahrung im Kontext wissenschaftlicher Re-Konstruktion

1.1. Bewegung als Prozeß

Einleitend in diesen Abschnitt soll auf eine Frage verwiesen werden, die vor hundert Jahren am Übergang ins 20. Jahrhundert Henry Bergson stellte und die immer noch eine Herausforderung für die Philosophie und einige Einzelwissenschaften darstellt. Bergson fragte, warum es in einer Welt, die in vielfältiger Weise sich permanent verändert, gleichsam immer in Bewegung ist, keine 'Philosophie der Veränderung', keine – so könnte man heute ergänzen – Philosophie der Bewegung, Philosophie des Prozesses gibt.

„Wir sprechen von Veränderung, aber wir denken nicht wirklich daran. Wir sagen, daß die Veränderung existiert, daß alles sich verändert, daß die Veränderung sogar das Gesetz der Dinge ist, ja wir sagen es..., aber das sind nichts als Worte, und wir denken und philosophieren als ob die Veränderung nicht existiert." (Bergson 1985, 150)

---

* Eine modifizierte Fassung dieses Beitrags wurde veröffentlicht in: Tenorth, E. (Hg.): Bildung der Form, Weinheim 2001.

Man kann diese Behauptung Bergsons schnell dadurch entkräften, daß man sie in den Kontext ihrer Entstehungsgeschichte stellt und Bergson zur Lebensphilosophie zählt. Mit der sicherlich berechtigten Kritik an dieser erübrigt sich dann auch das weitere Nachdenken über eine solche Bemerkung. – Nicht selten verfährt der Wissenschaftsbetrieb nach einem solchen Muster. Dabei wird übersehen, daß die Relevanz der Wissenschaftsgeschichte der Philosophie sich häufig eher aus den *Fragen* als aus den jeweilig zeitgebundenen Antworten ergibt – und die in Bergsons Behauptung involvierte Frage nach einer Philosophie der Veränderung erscheint weiterhin aktuell, vielleicht in unserer Zeit mehr denn je.

Zumindest gilt dies für eine Einzelwissenschaft, die den sich *bewegenden* Menschen zu ihrem Gegenstand erklärt, wie die Sportwissenschaft. Dabei wäre zu prüfen, ob Probleme, die die Sportwissenschaft bei der Explikation gegenstandsrelevanter Fragen hat, u. U. darauf zurückzuführen sind, daß sie über kein geeignetes wissenschaftliches Instrumentarium und letztlich über keine 'Philosophie der Bewegung' verfügt. In diesem Fall könnten spezifische gegenstandsrelevante Schwierigkeiten zum Seismographen allgemeiner bisher ungelöster erkenntnistheoretischer Fragen werden.

Ein Beispiel für die Schwierigkeit, ein Phänomen in seinem *Prozeßcharakter* zu erfassen, ist das im zweiten Schritt näher betrachtete *Spiel*. Folgt man Huizingas (1956) Interpretation des 'homo ludens', dann kann dem Spiel eine Ursprungsbedeutung für alle später sich herausbildenden Kulturformen zugesprochen werden.

Neben solchen kulturgeschichtlichen Fundamentierungsversuchen hat das Spiel in den letzten zweieinhalb Jahrhunderten immer wieder Philosophen und Pädagogen zu prinzipiellen Aussagen herausgefordert. Bekanntlich wurde es für Locke, Rousseau, Trapp, GutsMuths aber auch Kant, Schiller, Schleiermacher oder Fröbel in unterschiedlicher Weise zum Thema. Es ist hier nicht der Ort, auf die verschiedenen Deutungen genauer einzugehen. Dennoch läßt sich, bezogen auf die eingangs gestellte Frage, bei allen Autoren *ein* gewisses Anliegen erkennen: Es ist das Bemühen, am Beispiel des Phänomens 'Spiel' prinzipielle Aussagen über den, mit bestimmten Fähigkeiten ausgestatteten Menschen, in einer natur- und kulturbestimmten Welt zu machen. D.h. das Konstrukt 'Spiel' wird mit seinen Bedingungen und Strukturen häufig zum Symbol oder Gleichnis für die Bewältigung von Welt, ohne daß es dabei selbst in seiner zeitlich fließenden Weise als Prozeß thematisiert wird. Vielmehr wird das Handlungsereignis in der Regel definiert über singuläre Begriffsmuster mit z.T. ontologischem Wahrheitsanspruch. Die unterschiedlichen Strukturvorgaben wie raum-zeitliche Ausgrenzung, spielerische Sonderwelt, ritualisierte Regelvorgabe, symbolische Ausdrucksformen etc. führen zwar zu verschiedenen Tätigkeitsmustern, deren Bedeutung jedoch - insbesondere in praxisorientierten Pädagogikkonzepten – über die kognitiven oder emotiven Handlungsbedingungen der Akteure bestimmt werden. D.h. im Vorgriff auf die spätere Argumentation läßt sich sagen, daß die Prozeß-Bedeutung des spielerischen Tuns sich kategorial immer aus einer Re-Konstruktion ergibt, bei der häufig die Kognitionen und Emotionen der Spieler auf dem Hintergrund einer anthropologischen Theorie die Deutung bestimmen. Aus einer solchen *instrumentellen* Sicht kann das Spiel dann für die vielfältigsten und z.T. auch gegensätzlichen Zielsetzungen zu einem Mittel werden – und behält damit sicher nicht zu Unrecht eine Jokerfunktion in pädagogischen Programmen. Was Hans Scheuerl zu dem resignierenden Zwischenergebnis veranlaßt:

„Die scheinbar so harmlose Welt zweckfreier Spiele läßt sich offenbar für unterschiedliche Zwecke ausnutzen, sie läßt sich instrumentalisieren, manipulieren und mißbrauchen." (Scheuerl 1991, 190)

Zunächst scheinbar gegenstandsspezifischer fallen einzelwissenschaftliche Untersuchungen der Entwicklungspsychologie und Sozialpsychologie aus. Dort werden im Rückgriff auf vielfältige empirische Untersuchungen Wissenskonfigurationen und Schemata als Steuerungselemente des Spielprozesses ermittelt. Erwachsen aus einem situativen Spielprozeß strukturieren sie nicht-verbale Erfahrungen zu Handlungsmustern. Im Sinne eines 'Handlungsalphabets' erhalten sie einerseits eine wichtige soziale Funktion, aber sie verlieren andererseits damit auch ihre Bedeutung als Prozeßkategorie – zumindest in der bisherigen Theorierezeption. Deutet man sie als 'geronnene Erfahrungsmuster' und weist ihnen analog zur Schriftsprache eine gliedernde und sinnstiftende Funktion zu, ergibt sich aus der Perspektive dieses Beitrags aber auch die Gefahr, den Zeitfluß des Spiels über gleichsam 'verräumlichte' Handlungsmuster nicht nur zu deuten, sondern diesen auch im realen Handlungsprozeß eine intentionale, handlungsleitende Funktion zuzuweisen.

Eine Kritik, die sich selbst aber auch eine kritische Rückfrage gefallen lassen muß und zu der prinzipiellen Frage führt: Ist das hier aufgeworfene Problem einer Philosophie der Veränderung nicht ein allgemeines Problem der theoretischen Re-Konstruktion von Lebens-Prozessen, wobei eine solche Re-Konstruktion natürlich immer nur in einer verräumlichten Theoriesprache möglich ist?

Um keine Mißverständnisse aufkommen zu lassen, sei betont, daß sich sowohl die Forderung nach einer adäquaten Theorie der Bewegung als auch die Kritiken an bisherigen Theorieangeboten nicht auf die prinzipiellen Bedingungen jeder Theorie-Konstruktion beziehen. Es ist unstrittig, daß eine theoretische Re-Konstruktion von Prozessen nur in 'verräumlichten' Begriffsmustern möglich ist. Die Kritik bezieht sich vielmehr auf die häufige Vermischung einer Logik der Spieler*praxis* mit der aus einer Re-Konstruktion gewonnenen Logik des Spiel*systems*.

Zur Verdeutlichung sei auf das Verhältnis von Sprache und Sprechen verwiesen. Wir wissen heute, daß eine Sprach-Theorie nicht eine Theorie des Sprechens ist und diese das aktuelle Sprechen weder angemessen auf der Theorie-Ebene wiedergibt, noch als Handlungsanleitung für das Sprechen gelten kann. Die Logik der Sprache ist eine andere als die Logik des Sprechens.

Was im folgenden nachgefragt wird, ist eine *'Logik des Spielens'*, die mit ihren zeitlich-situativen Dimensionen eine andere ist, als eine 'Logik des Spiels'.

1.2. Die Erfahrung als Formungsprozeß

Das zentrale Problem ist, wie bisher durch die knappen Hinweise sichtbar werden sollte, daß das Spiel als prototypisches Phänomen permanenter Veränderung von Bedingungen, Umständen und Abläufen in der Zeit bisher von Theorien erfaßt wird, die diese Bewegungen prinzipiell oder punktuell stillstellen, wodurch die Veränderung des Spielgeschehens als Differenz zwischen verschiedenen theoretischen Haltepunkten erscheint. Die Folge ist eine Art Verräumlichung des zeitlichen Spielprozesses durch den Verweis auf spielentscheidende Strukturen, Bedingungen oder Folgen, die sich als Zustandsgrößen, Motive, Handlungsprinzipien etc. erfassen lassen. Eine Deutungsweise, die weitgehend den bisherigen theoretischen Selbstverständnis der abendländischen Philosophie entspricht, nach der nicht nur Wahrheit an die Explikation von logisch widerspruchsfreien und empirisch eindeutig bestimmbaren Bedingungen gebunden ist, sondern nach der auch, folgt man dem Kantischen Diktum von Anschauung und Begriff, Wahrnehmungen nur dann wissenschaftlich relevant sind, wenn sie durch eine (verräumlichte) Begrifflichkeit expliziert werden können.

Auf diesem Hintergrund ergibt sich die Frage, ob es Anschauungsformen, d.h. konkrete Erfahrungsmöglichkeiten gibt, die nicht erst durch eine begriffliche Einordnung 'sinnvoll' werden und einen Bedeutungsgehalt erhalten, denn jede Darstellung in der Sprache hat, soweit können wir hier schon festhalten, einen verräumlichenden Charakter, wobei sich schon jetzt eine Vermutung abzeichnet, die noch genauer geprüft werden müßte. Nach dieser Vermutung könnte es durchaus sein, daß Bewegungen zwar erfahrbar, aber nicht darstellbar sind, da die Darstellung einschließlich unserer gedanklichen Vorstellung immer ein räumlicher Vorgang ist, woraus folgt: eine 'Philosophie der Veränderung' setzt eine Umkehrung der Aufmerksamkeit von Wahrnehmung und Darstellung voraus. Es geht nicht mehr darum, Wahrnehmungsprozesse so zu organisieren, daß durch sie sinnvolle Darstellungsstrukturen entwickelt werden können, sondern der Prozeß der Wahrnehmung und Erfahrung selbst steht im Zentrum der Aufmerksamkeit.

Bergson verweist auf diese Eigentümlichkeit der Wahrnehmung, wenn er betont:

„Denken ist Notbehelf, wenn die Wahrnehmungsfähigkeit versagt... Ich leugne nicht die Nützlichkeit der abstrakten und allgemeinen Ideen – ebensowenig wie ich den Wert von Banknoten bestreite, aber ebenso wie die Banknote nur eine Anweisung auf Gold ist, hat ein Gedanke nur seinen Wert, durch die möglichen Wahrnehmungen, für die er eintritt." (Bergson 1985, 151)

Die Methode, durch die dies erreicht werden soll, nennt Bergson 'Intuition', was aber nicht mit der deutschen Konnotation von 'Gefühl' oder 'Instinkt' übersetzt werden darf. 'Intuition' im Wahrnehmungsprozeß ist eine *Reflexion*, die im Gegensatz zum Metaphysikverständnis Kants jedoch nicht jenseits der Erfahrung, sondern im Sinne einer gleichsam 'mitlaufenden Erfahrungsmetaphysik' zu deuten ist. Durch diese Form der direkten, begleitenden *Reflexion* über die Bedingungen, unter denen Wahrnehmungen und Erfahrungen stattfinden, vermeidet Bergson sowohl einen naiven Realismus als auch die romantisch lebensphilosophische Einseitigkeit primärer Lebenserfahrungen.

Weitgehend bekannt in diesem Zusammenhang ist Bergsons Differenzierung der *Zeit*, deren paradoxer Charakter in seiner 'Philosophie der Veränderung' eine zentrale Bedeutung erhält. *Zeit* läßt sich für ihn zweifach explizieren:

- einerseits als eine Linie stationärer, gleichsam verräumlichter aneinandergereihter *Zeitpunkte* (*temps*) und
- als ein dynamischer alle Abgrenzungen verwischender, von wahrer Dauer seiender *Zeitfluß* (*dureé*) jener „wahren" Zeit, die die Tiefendimension und auf die Gesamtheit des Lebens bezogene Erfahrung erfaßt.

Entscheidend ist, daß beide Formen der Zeiterfahrung ihre Berechtigung haben, wobei

„das Problem erst dort beginne, wo man ungerechtfertigter Weise die Intuition auf ihrem originären Gebiet, der Metaphysik, durch die Analyse bzw. durch die Intelligenz zu verdrängen oder zu ersetzen suche" (Margreiter 1997, 200).

Die Intuition als (zeitlich) mitlaufende Reflexion von Erfahrungsprozessen entwickelt sich nach Bergson also neben dem prinzipiell möglichen (verräumlichenden) analytischen Denken der Wissenschaft als eine *eigenständige Form von Erfahrung*. Bergson weist ihr eine fundierende Bedeutung zu und verortet sie im Leib. Einem Leib, der sich für ihn nicht in seiner physischen Materialität, sondern in seiner Fähigkeit als 'Prozeßspeicher' von sich veränderbaren Wahrnehmungsleistungen erweist.

Noch deutlicher als Bergson betont Whitehead in seinem systemischen Denkansatz die enge Verwobenheit der verschiedenen Wahrnehmungsformen von Wirklichkeit. Eine zentrale Bedeutung haben für ihn dabei die verschiedenen Formen von Symbolismen in primären Erfahrungsprozessen, wodurch sich ein Bezug zum Ansatz von Cassirer ergibt. Von Bedeutung für Whitehead ist, daß diese Symbolisierungen nicht nachträgliche rationale Stilisierungen von Wahrnehmungsprozessen sind, sondern gerade umgekehrt in der Art der differenten Symbolisierungen sich ein wesentliches Prinzip von Erfahrung zeigt – die Unordnung.

„Ordnung, Bestimmtheit und Klarheit werden erst durch *Vernunft* konstituiert und dies ist 'kein notwendiger Bestandteil des physisch-geistigen Erlebens'." (Whitehead 1974, 30)

Für Margreiter (1997) ist „die Formung der Erfahrung ... ein Prozeß, den nicht erst die *Vernunft* vollführt, sondern der bereits auf einer vorvernünftigen Ebene des physisch-geistigen Erlebens statthat." (Margreiter 1997, 206)

„Die untere Stufe des physisch-geistigen Erlebens ist ein blindes Streben nach Formung des Erlebens, nach einer in diesem Akt zu verwirklichenden Form." (Whitehead 1974, 26)

Nach Margreiter ist Vernunft (reason bei Whitehead) deshalb „alles andere als ein a priorisches Vermögen. Sie ist das Ordnungsprinzip der Erfahrung selbst auf deren höheren Stufen und entsteht kontinuierlich aus dem Streben und der Tätigkeit nach Formung, die in der Erfahrung angelegt sind." (Margreiter 1997, 207)

Damit zeigt sich bei Whitehead eine eindeutige Parteinahme zugunsten einer scheinbar direkten Erfahrbarkeit lebensweltlicher Praxis, die insbesondere auf dem Hintergrund der lebensphilosophischen Tradition auch mißverstanden werden kann. Deshalb sei hier prinzipiell betont, daß sowohl die Aussagen von Bergson, als auch von Whitehead im Kontrast zur populären Lebensphilosophie gedeutet werden müssen, will man nicht den darinliegenden weiterführenden Anspruch übersehen. Die gemeinsame Basis ist die Lebenswelttheorie Husserls, wobei eine insbesondere dann bei Cassirer sichtbar werdende Weiterentwicklung dieses Ansatzes von Bedeutung ist. Während die Lebensphilosophie sich bemühte, die Wissenschaft zugunsten einer Ursprünglichkeit von Primärerfahrungen abzuwerten und Husserl beide Erfahrungen (die lebensweltliche und die wissenschaftliche Erfahrung) z.T. gegeneinander ausspielt, bemühen sich die hier Angesprochenen um eine Gleichzeitigkeit der Differenz von primärer Welterfahrung und kulturell, sprachlich und theoretischer Re-Konstruktion. Durch diese Auflösung traditionsreicher Dichotomieannahmen gelingt ein Doppeltes:

- zum einen wird die Sensibilität für den Fluß, den Prozeß von Erfahrung entwickelt und
- zum anderen wird dadurch sichtbar, daß die Symbolizität, die bisher nur der begrifflichen Sprachwelt zugewiesen wurde, ihre Wurzeln in der di-

rekten Erfahrungswelt hat, da es, wie mit Cassirer gezeigt werden kann, nicht einen nicht-geformten Wahrnehmungsprozeß gibt.

„Die Synopsis beider Vorstellungen – der gemäß der Erfahrungsprozeß als *Produktion von Symbolik* und diese nicht als statische Zuordnung von Signifikant und Signifikat zu begreifen ist, sondern selbst als (lebensweltlich bedingter) *Veränderungsprozeß* – führt zu einer *dynamischen Theorie* der Bedeutung." (Margreiter 1997, 191)

Während Bergson und Whitehead bei ihrem Bemühen, den Erfahrungsprozeß gleichsam aus sich heraus in deutlicher Abgrenzung zu Kant als einen gleichsam selbst-reflexiven und formabhängigen Prozeß zu bestimmen versuchen, orientiert sich Cassirer deutlich an Kant und insbesondere den kantischen Bedingungen einer *transzendentalen Apperzeption* – allerdings mit einer zukunftsweisenden Modifizierung. Besitzt Erfahrung für Kant nur dann Erkenntnisbedeutung, wenn sie durch bestimmte kategoriale Formen strukturiert wird, erweitert Cassirer diese auf die wissenschaftliche Erfahrung eingegrenzte Sichtweise mit Bezug auf Brentanos Aussagen zur „Intentionalität" auf *alle* Formen menschlicher Wahrnehmung. Mit der prinzipiellen Feststellung, daß die menschliche Wahrnehmung immer eine *geformte* Wahrnehmung ist, erneuert er einerseits das bisher dargestellte Plädoyer für einen sich selbst strukturierenden Wahrnehmungsprozeß und ergänzt damit die Argumente für eine Philosophie der Veränderung. Anderseits differenziert er durch die Ausformulierung verschiedener Stufen der Symbolfunktionen in Ausdrucks-, Darstellungs- und Bedeutungsfunktion jene bis dahin entweder dichotom oder wenig getrennten vor- oder außerwissenschaftlichen und wissenschaftlichen Diskurse. Die unterschiedliche Erkenntnisleistung, die der Mensch gegenüber sich selbst und der Welt dabei erfährt, sind für Cassirer auch unterschiedliche Grade an Transformation von sinnlicher Erfahrung in einem über symbolische Formen gestalteten Sinn; das bedeutet, die symbolisch vermittelte Erfahrung ist für Cassirer deutlicher zu differenzieren als bisher dargestellt, da die mythische Welterfahrungen von anderer Art ist als jene in Kunst, Musik oder in wissenschaftlichen Diskursen.

Entscheidend für die in meinem Beitrag aufgeworfene Frage einer 'Philosophie der Veränderung' ist in diesem Zusammenhang die Weiterentwicklung und Spezifizierung der Cassirerischen Gedanken durch Schwemmer.

„Der Mensch ist nicht nur ein in der Welt handelndes und sorgendes Wesen. Er ist auch ein Ausdrucks-Wesen... Damit ist der Wille zur Form geboren und die Formen verstärken und schwächen sich gegenseitig nicht als Merkmale von Dingen, sondern zunächst als Markierungen unseres Lebens in der Welt... Nicht das Gehirn bestimmt, was wichtig und unwichtig, nützlich oder schädlich ist, dies ergibt sich aus den praktischen Weltverhältnissen." (Schwemmer 1997, 110 f.)

Hervorzuheben an diesem Formungsprozeß primärer Welterfahrung ist nach Schwemmer dabei zweierlei:

• Zum einen ist bei aller subjektiven Individualität die Erfahrung niemals ein privater Formungsprozeß, sondern durch die Formen selbst immer ein kulturell vermittelter und

• in diesen verschiedenen Weisen geformter Welterfahrung spielt der Leib, spielen die verschiedenen Sinneswahrnehmung eine jeweils spezifische Bedeutung.

„(Der) Körper mit seinen Bewegungen, seiner Miene..., aber auch der Dinge, die er in die Hand nehmen und sonstwie benutzen kann ... sind Mittel, sich seinen Ausdruck zu verschaffen. Auf Grund unserer leiblichen Weltverhältnisse formieren sich ganze Repräsentationskomplexe." (Schwemmer 1997, 111 f.)

Schwemmers Erweiterung der Symboltheorie Cassirers zu einer zeitgemäßen Kulturphilosophie ermöglicht den Brückenschlag zu einer Diskussion, die von Gebauer/Wulf unter dem Stichwort *„soziale Mimesis"* seit einigen Jahren angestoßen wird.

Im Rahmen einer größeren philosophischen Abhandlung zum Mimesis-Begriff wird von ihnen auch die Bewegung, das Spiel und der Wettkampf-sport zum Thema spezifischer Mimesisentwicklung. Unter Bezug auf die Sozialphilosophie Bourdieus entwickeln Gebauer/ Wulf eine Argumentationsfigur, gegenüber der die bisher dargestellten Theorieansätze hinsichtlich einer 'Philosophie der Veränderung' anschlußfähig erscheinen.

„Das Individuum befindet sich zwar in einer strukturierten gesellschaftlichen Umwelt, aber es empfängt von dieser nichts anderes als eine Vielzahl inkohärenter Sinneseindrücke... Dies ist ein von Kant entwickelter Grundgedanke ... Bourdieu entwirft diesen Prozeß nicht als einen rein geistigen wie Kant, sondern als einen sozialen und praktischen... Die wesentliche Instanz ist dabei der Körper mit seinen Sinnen und seinen Bewegungen innerhalb der sozialen Welt ... Die soziale Praxis selbst besitzt eine gesellschaftlich eingerichtete systematische Organisation ... indem sie soziale Fertigkeiten und Fähigkeiten, praktisches Wissen, Dispositionen, Wahrnehmungs- und Bewertungsweisen ausüben und zu einem systematisch organisierten Gesamt-konstrukt 'synthetisieren'. Wo Kant allen Sinneseindrücken ein transzendentales 'ich denke' hinzufügt und ihnen auf diese Weise Kohärenz erteilt, findet man bei Bourdieu die Konstrukti-on des Habitus." (Gebauer/ Wulf 1998, 46 f.)

Eingebunden in diese Formen sozialen Sinns entwickelt der Mensch nach Bourdieu eine *Logik der Praxis*, bei der die realen körperlichen Bewegungen in Form von Gesten, Ritualen und begrenzten Erwartungen ein Handeln entstehen läßt, das sich gleichsam unterhalb der in psychologischen Handlungstheorien angenommenen Differenzierung in innen/außen, bewußt/unbewußt konstituiert. Nach Bourdieu wird weder

„das Handeln von einer inneren Instanz aus gelenkt, noch steuert die Außenwelt das Innere des Subjekt. Vielmehr sind im praktischen Vollzug Arme und Beine voller verborgener Imperative." (Bourdieu 1980, 128)

Bezogen auf den Leib betont Bourdieu:

„was der Leib gelernt hat, das besitzt man nicht wie ein wiederbetrachtetes Wissen, sondern das ist man... Nie abgelöst von dem Leib, der es trägt, kann dieses Wissen nur um den Preis einer Art Leibesübung wiedergegeben werden ...".

2. Die Logik der Praxis im Spiel

Das Ziel des ersten Kapitels war es, darauf hinzuweisen, daß es einerseits noch nicht jene von Bergson eingeforderte 'Philosophie der Veränderung' gibt, aber andererseits eine Reihe unterschiedlicher Theorieansätze existieren, die dafür wesentliche Voraussetzungen erarbeiten. Eine dieser Voraussetzungen war die Beantwortung der Frage, ob es bedeutungshafte und sinnstiftende Erfahrungsweisen des Menschen gleichsam im Fluß der Erfahrung selbst gibt, oder ob diese immer erst über begriffliche Rekonstruktionen durch den vernunftbegabten Menschen entstehen. Bergson, Whitehead, Cassirer, Bourdieu und die weiterführenden Arbeiten von Schwemmer und Gebauer/ Wulf lassen vermuten, daß es sinnvoll sein kann, von solchen begriffsunabhängigen, symbolisch geformten, sozial-kulturell vermittelten, primären, leiblich-sinnlichen Erfahrungen auszugehen.

Wie einleitend angekündigt, war es ein weiteres Ziel dieses Beitrags zu prüfen, inwieweit die Explikationsschwierigkeiten des Phänomens 'Spiel' nicht nur ein fachspezifisches, sondern ein allgemeines theoretisches Problem widerspiegeln. Zur weiteren Bearbeitung dieser Frage müssen die im ersten Kapitel genannten Hinweise zum Spiel unter erfahrungs- und wahrnehmungsrelevanten Gesichtspunkten spezifiziert werden. Spiele (in der allgemeinen Deutung von Caillois) zeichnen sich u.a. durch folgende Merkmale aus:

- Sie sind in *konkrete* Situationen eingebunden.
- Sie sind in ihrem Kern ein *praktisches Handeln*.
- Sie beziehen *verschiedene Sinne* in ihre Ausführungen ein.
- Sie aktivieren verschiedene Formen *nicht-propositialen* Wissens.
- Sie sind Ereignisse in der Zeit, die durch *spezifische* Raum-Zeit-Vorgaben strukturiert werden.

Betrachtet man diesen Kriterienkatalog gleichsam als Checkliste, dann kann man sagen, daß die zwei ersten Aspekte, der Hinweis auf die konkrete Situationsabhängigkeit und die primären Handlungserfahrungen, zumindest indirekt durch die bisherige Darstellung angesprochen worden sind.

Bisher unklar geblieben ist dagegen die Frage, in welcher Weise in dieser prozeßorientierten *Logik der Praxis*

- die verschiedenen in einem Spiel relevanten *Sinneswahrnehmungen* (visuelle, auditive, taktile, kinästhetische Wahrnehmung) eine jeweils eigene Struktur, eine spezifische Logik entwickeln (diese Frage war so lange nicht relevant, wie Sinneseindrücke nur materiale Anschauungsbasis für eine begriffliche Ordnung im Sinne Kants darstellten)
- welche *'Wissensformen'* sich in einem Spiel entwickeln,
- schließlich inwieweit sich innerhalb des Spiels – unterhalb der begrifflichen Re-Konstruktion – so etwas wie *meta-orientierte Reflexionsstrukturen* herausbilden.

2.1. Die Bedeutung der verschiedenen Sinneswahrnehmungen und ihre Re-Konstruktion im Spiel

Die Frage, in welcher Weise die verschiedenen Sinneswahrnehmungen eine jeweils eigene Struktur oder vielleicht sogar Logik entwickeln, ist von der

Phänomenologie (insbesondere Merleau-Ponty/ Plessner), der Gestaltspsychologie und für die Soziologie zunächst von Simmel bearbeitet worden. In jüngster Zeit haben dann vor allem Hartmut Böhme zum „Tastsinn", Dietmar Kamper zu „Sozio Akustik", Christoph Wulf zum „mimetischen Ohr" und Oswald Schwemmer zur „Logik der Lebenswelt" unter besonderer Beachtung der verschieden strukturierten „Sinnenwelten" publiziert. Ergänzt wurden diese Aussagen durch den aktuellen Ästhetikdiskurs und die sich dort abzeichnenden Abgrenzungsargumente zwischen Ästhetik, Aisthesis und Ästhesiologie (insbesondere durch Welsch, Seel, Bubner u.a.), der z.T. auch innerhalb der Pädagogik, besonders angeregt durch Mollenhauer, eine Resonanz erzeugt bzw. zu weiteren Arbeiten geführt hat (u.a. die Arbeit von R. Müller zur *Ästhesiologie der Bildung*).

Beachtenswert im Rahmen der hier entwickelten Argumentationslinie sind einige gemeinsame Grundannahmen in den aktuellen, philosophischen Arbeiten:

1. Zum einen wird von allen Autoren auf den substantiellen Verlust von Wahrnehmungsspezifik verwiesen, der sich ergibt, wenn die besondere Erfahrung des Hörens, Sehens etc. in ein 'begriffliches Ordnungsgefüge' übersetzt wird.

„Die Schwierigkeit entsteht dadurch, daß unsere Orientierungen in den alltäglichen Wahrnehmungen unserer Lebenswelt und unsere *geordneten* Orientierungen unterschiedliche Formverhältnisse, unterschiedliche Strukturen aufweisen ... (die) wechselseitige Störungen bewirken, die die Verläßlichkeit der Wahrnehmungen und die Angemessenheit unserer sprachlichen Darstellungen erheblich beeinträchtigen." (Schwemmer unv. Manuskript 1998, 2)

2. Zum anderen wird auf die z.T. logische Differenz zwischen direkt wahrgenommener und vorgestellter Welt (unter Raum-Zeit-Gesichtspunkten) verwiesen. Die Spiel-Praxis wird dabei wesentlich durch den aktuellen Entscheidungszwang bei einer gleichzeitigen Vorstellung über mögliche Handlungszusammenhänge bestimmt:

„Er (der Spieler) entscheidet nach objektiven Wahrscheinlichkeiten, d.h. aufgrund einer momentanen Gesamteinschätzung aller Gegner und aller Mannschaftskameraden ... wie es heißt 'auf der Stelle' ... d.h. unter Bedingungen, unter denen Distanz gewinnen, zurücklehnen, überschauen, abwarten, Gelassenheit ausgeschlossen sind ... Die Dringlichkeit, die mit Recht als eine der wesentlichen Eigenschaften der Praxis angesehen wird, ist Produkt des Beteiligtseins am Spiel und des Präsentseins in der Zukunft, die sie mitenthält." (Bourdieu 1993, 150)

Wichtig im hier dargestellten Zusammenhang ist nun, wie diese implizite 'Praxis-Zeit' *re-konstruiert* werden kann, bzw. welche Mutation sie durchläuft, wenn sie in eine 'objektive' Form gefaßt wird.

„Es genügt, sich wie ein nüchterner Beobachter außerhalb des Spiels zu stellen, Abstand vom erstrebten Spielergebnis zu gewinnen, und schon verschwimmen die Dringlichkeiten, Appelle, Bedrohungen, vorgeschriebenen Spielzüge, aus denen sich die reale, d.h. real bewahrte Welt zusammensetzt. Nur dem, der sich vollständig vom Spiel zurückzieht, der vollständig mit dem Zauber, der Illusio bricht und damit auf alles verzichtet, um das es bei diesem Spiel geht, d.h. auf jedes Setzen auf die Zukunft, kann die zeitliche Abfolge ganz und gar diskontinuierlich erscheinen." (ebd.)

Die *re*-konstruierte Handlungszeit entblößt also, löst den 'vorausgehenden' und 'zurückliegenden' Ereignis-Erfahrungszusammenhang auf, man könnte auch sagen, sie 'entzeitlicht' die Praxis-Zeit.

„Es gibt eine Zeit der Wissenschaft, die nicht die der Praxis ist. Für die Analytiker ist die Zeit aufgehoben: nicht nur, wie seit Max Weber häufig wiederholt, weil er immer erst analysiert, wenn alles schon vorbei ist und daher nicht im Ungewissen über das mögliche Geschehen sein kann, sondern auch, weil er die Zeit hat zu totalisieren, d.h. Zeiteffekte zu überwinden." (ebd. 149)

Zwei wesentliche Unterschiede kennzeichnen also die 'zeitlich nachgeordnete Rekonstruktions-Zeit' und die reale 'Handlungszeit' und führen damit auch zu einer wichtigen Differenzierung bei der Beurteilung von Handlungssinn; durch den Wegfall des 'Möglichkeitsspektrums', der die aktuelle Handlungszeit und die Chance zur 'Totalisierung von Zusammenhängen', die die Rekonstruktions-Zeit kennzeichnet.

Ein zweiter Aspekt sind die Auswirkungen besonderer kulturgeschichtlicher Innovationsprozesse bei der Hierarchisierung von Sinneserfahrungen (z.B. durch die Erfindung der Zentral-Perspektive).

„Darum gilt es, auch die Erfindungen der Zentral-Perspektive, die unseren Sehraum kulturell prägt, neu zu durchdenken. Als Konstruktion eines rein geometrischen Visualraumes stellt die Zentral-Perspektive zugleich ein kulturelles Wahrnehmungsschema bereit. Es läßt die Vermischung des Auges mit anderen Sinnen hinter sich, überwindet die Nachgeordnetheit des Auges über den Tastsinn und vermeidet die Nähe jeder Kontaktwahrnehmung zu den Dingen." (Böhme 1998, 223)

Ein zunächst kunstspezifischer Paradigmenwechsel, der im hier dargestellten Sinne nach Böhme zu einen weitreichende zivilisatorischen Formungsprozeß geführt hat.

„Auf Grund ihres Konstruktivismus ist die Zentral-Perspektive zu einer zivilisatorischen Form geworden, welche das Ko-Agieren von Leib und Auge strategisch unterbindet und eine Katharsis der Wahrnehmung leistet... Sie haben indessen die Verdrängung der niederen Sinne zur Kehrseite, und sie haben die Ausarbeitung einer phänomenengerechten Wahrnehmungstheorie langfristig verhindert." (Böhme 1998, 223)

3. Der dritte gemeinsame Aspekt ist die Betonung der Verschiedenheit der Sinneswelten mit den daraus abgeleiteten unterschiedlichen Legitimationsannahmen.

„Denn schon das Sehen ist ein anderes Weltverhältnis als das Hören. Wir sehen jeweils das was uns vor Augen ist und hören tun wir dagegen in einem uns umschließenden Raum... Das Gesehene ändert sich mit der Position des Sehenden auf eine andere Weise als das Gehörte."

Eine Differenzierung, die insbesondere bei einer kulturspezifischen Präferenz bestimmte Symbolsysteme von Bedeutung ist.

„Gerade die Tatsache, daß die symbolischen Verwendungssysteme eine besondere Formprägnanz ausbilden, führt dazu, daß sich eine Konkurrenz der verschiedenen Prägnanzprofile – das sind Profile der prägnanten Formbildungsformen – einstellt, gleichsam eine Marktsituation der um ihre Position kämpfenden Systeme." (Schwemmer, unv. Manuskript 1998, 12)

Ein Kampf so könnte man ergänzen, der nicht nur kulturphilosophisch sondern auch kulturpolitisch ausgetragen wird.

„Nach dem Zwischenspiel im 18. Jahrhundert denken erst heute, wo die Bilderflut der Medien nicht nur den Einzelnen, sondern den Globus umspült, Medientheoretiker darüber nach, ob visuelle Medien nicht in Wahrheit Medien der Berührung sind. Man bemerkt, daß das Tasten und Spüren der nächste Angriffspunkt in der elektronischen Kolonisierung der Sinne sein wird." (Böhme 1998, 224)

D.h. außerhalb postmoderner Modediskussionen um den angeblichen Verlust konkreter Wahrnehmungssicherheit gibt es gegenstandsspezifische Diskurse zu den verschiedenen Sinnessystemen, die nicht vordergründig mit dem Maßband unterstellter Authentizitätserfahrungen auf sich aufmerksam machen, sondern durch einen z.T. unkonventionellen Verweis auf die Besonderheit einer Logik der Praxis.

2.2. Die spezifischen Wissensformen des Spiels

Zentral für die bisherige Argumentation war, daß die sinnstiftende Formung der Welt bereits mit dem Wahrnehmungsprozeß beginnt, es also ein vor- oder außersprachliches Verstehen gibt, das in Absetzung zur geisteswissenschaftlichen Tradition aber nicht als nacherlebendes Verstehen mißverstanden werden darf, sondern als ein prozeßbegleitendes Verstehen.

Am Beispiel des *Spiels* läßt sich dieser prozeßhafte, inter-individuelle Verstehensprozeß nicht-verbaler Handlungsformen in besonderer Weise explizieren. Um dies zu verdeutlichen erscheint es sinnvoll, auf die Analysen von Roger Caillois und Gregory Bateson zum Spiel zu verweisen. Caillois Einteilung der Spiele in *agon, alea, mimicry* und *illinx*, deren Bedeutung allgemein bekannt sein dürfte, enthalten in der quer zur vierfachen Differenzierung zu denkenden Polarisierung von *paidia* und *ludus* eine Vielzahl von Zwischenformen, die sich im wörtlichen Sinne als spezifische *Ausdrucks*formen des Spiels präsentieren. Versucht man sie zu verstehen, findet ein Interpretationsvorgang statt, den Gregory Bateson mit Bezug auf Korzybsky die „Karte-Territorium-Relation" genannt hat. Korzybsky hatte damit schon vor Wittgensteins Spätphilosophie daran erinnert, daß eine Kommunikation letztlich nur möglich ist, nachdem *zuvor* eine Menge meta-sprachliche – aber nicht-verbalisierte – Regeln Zuordnungsbedingungen geschaffen haben, die jenen entsprechen, die beim Verstehen eines Territoriums unter Bezugnahme auf eine Landkarte Anwendung finden. Bateson nimmt diesen Gedanken auf, indem er einerseits betont:

„Die Verbalisierung dieser meta-sprachlichen Regel ist eine viel spätere Leistung, die erst nach der Entwicklung einer nicht-verbalisierten Meta-Sprache aufkommen kann." (Bateson 1985, 245)

Andererseits zeigt er, wie gerade das Spiel mit seinen Elementen der Drohung, Theatralik, seinen Paradoxien etc. als ein Beweis dafür gelten kann, in welcher Weise in Anlehnung an Freuds Sprachgebrauch zwischen dem Primärprozeß und dem Sekundärprozeß der Organisierung eines Weltbezuges besondere Wissensformen entwickelt werden können. Dabei ist es kennzeichnend für den Primärprozeß, daß, ähnlich wie es Cassirer für die Kennzeichnungsprozesse im Mythosbereich unterstellt, 'Karte' und 'Territorium', also 'Bezeichnendes' und 'Bezeichnetes' gleichgesetzt werden und entsprechend auch noch nicht z.B. in 'einige' und 'alle' oder 'nicht alle' und 'keine' aus logischer Sicht unterschieden werden kann. Traditionelle Spieltheorien gehen meist davon aus, daß diese Form einer undifferenzierten Zeichen-Bezeichneten-Relation das Fundament des Spiels darstellt und erst durch eine geistig-begriffliche Ordnung, die der Spieler als Akteur dem Spielverlauf gibt, ein distanziert-reflektierender Sekundärprozeß im Spiel möglich ist. Eine Vorstellung, die Bateson gleichsam umdreht: Wie eine genauere Analyse des Spiels bei Kindern und insbesondere in ethnologischen Studien belegen, zeichnen sich die verschiedenen Spielformen dadurch aus, daß es dort zu besonderen Arten der Ausprägung und aber auch der Mischung von primären und sekundären Prozessen im Spiel kommt, und die unterstellte Hierarchisierung mit der deutlichen Funktionszuweisung der Kognition in traditionellen Spieltheorien einseitig bzw. falsch ist.

„Gerade weil in dem Spiel Primärprozesse und Sekundärprozesse sowohl gleichgesetzt als auch unterschieden werden können, ist das Spiel nicht die Folge sondern ein 'entscheidender Schritt' in der Entdeckung der Karte-Territorien-Relation." (Bateson 1985, 251)

Dies geschieht dadurch, daß im Spiel nicht durch expliziten Bezug auf (gleichsam räumliche) kognitive Muster im Verweis auf konkrete (niedere) primäre leibliche Prozesse eine Sinnstruktur entwickelt wird, sondern diese ergibt sich nach Bateson – und dies ist zentral für diesen Beitrag – aus der logischen Struktur des Spiel*prozesses*.

Entscheidend nach Bateson ist die Erkenntnis, daß in einem (nicht-verbalen) Spielgeschehen, unabhängig von den spezifischen Spielformen im Sinne Caillois (zeitliche) Zeichen-Bezeichnete-Relationen entwickelt werden, bei denen unter aussagelogischer Perspektive immer *zwei* Aussagen gemacht werden, die sowohl *wahr* als auch *nicht wahr* sind.

(1) A ist B
(2) A ist nicht B

Die Realität des Spiels kennt eine Wirklichkeit *innerhalb* des Spiels (der Tod des Schauspielers, das Tor, das gegeben werden muß ...) und *gleichzeitig* den 'als ob' Charakter des Spiels. D.h. zu dem logischen Paradox des Spiels kommt der Glaube hinzu:

(1) Alle Aussagen innerhalb des Spiels sind wahr.

D.h. innerhalb des Spielrahmens (entsteht) ein „*logisches Paradox*" (Gebauer 1997). Entscheidend ist nun, daß nach Bateson diese logischen Paradoxien im Spiel selbst nicht durch Bezug auf eine anvisierte Objektstufe einfach aufgelöst werden, sondern daß sie zu einer Metakommunikation führen, die sich aus dem Wissen um den Doppelcharakter des Spiels ergibt. Im Spiel werden die Ereignisse als wirklich-stattgefunden realisiert, *zugleich* weiß man aber auch, obwohl sie z.T. körperlich, real stattfinden (eine Umarmung, eine körperliche Auseinandersetzung etc.) daß es nicht wirklich die Ereignisse sind, als die sie behauptet werden.

Es zeigt sich, der tiefere Sinn des Spiels ist der *Doppelcharakter seiner Wahrheitsdefinition*, wobei im Rahmen der hier bearbeiteten Problematik bedeutsam ist: die Erfahrung dieses Doppelcharakters der Wahrheit im *Prozeß des Spiels* bzw. das Wissen um ihn, ist die konstitutive Bedingung, um ein Handlungsgeschehen als Spiel zu deuten.

Neben diesem paradoxen Wahrheitspostulat des Spiels und der gleichzeitigen Vermischung und Differenzierung von Primär- und Sekundäraussagen gibt es nach Bateson ein drittes konstitutives Merkmal, den *Rahmen* des Spiels. Dieser hat entweder eine *exklusive* Funktion, d.h.

„dadurch ... sind gewisse Mitteilungen (oder sinnvolle Handlungen) ... eingeschlossen ... andere ausgeschlossen oder er hat eine *inklusive* Funktion: d.h. durch den Ausschluß bestimmter Mitteilungen werden andere eingeschlossen." (Bateson 1985, 254)

Die Rahmung des Spiels hat die gleiche konstitutive Bedeutung wie der Rahmen um ein Bild: er lenkt den Blick auf das Besondere und grenzt das Unwichtige aus.

Alle drei Merkmale des Spiels (Vermischung von Primär und Sekundärebene, Wahrheitsparadox und Rahmung) kennzeichnen es als ein Handlungsgeschehen, in dem in prozeßhafter Weise Erfahrungen gemacht werden können, die von elementarer bildungstheoretischer Bedeutung sind. Bevor abschließend darauf im dritten Schritt eingegangen wird, soll eine Spielform noch genauer spezifiziert werden, das *agonale* Spiel.

Das agonale Spiel muß nach Caillois neben den oben genannten drei allgemeinen Bedingungen zwei weitere erfüllen:

- es muß ungewiß, *zukunftsoffen* sein und
- es muß unter *gleichen Bedingungen* stattfinden.

Im Gegensatz zum alea (Zufallsspiel), das ebenfalls ein offenes Ergebnis hat, liegt im agon die Verantwortung für das Handlungsgeschehen beim Akteur. Er muß bei Akzeptanz der 'Wahrheitsparadoxie' einer weiteren Paradoxie gerecht werden:

- er muß sowohl dem *Überbietungspostulat* (ernsthaft besser sein wollen als der andere)
- als auch dem *Gleichheitsgebot* entsprechen (d.h. innerhalb des 'Als-Ob-Denkens' Chancengleichheit akzeptieren).

Entscheidend ist nun, daß alle fünf Merkmale des agonalen Spiels im Prozeß des Spiels von konstitutioneller Bedeutung sind, ohne daß die Beachtung dieser Formbedingungen des Spiels durch die Akteure als Ergebnis einer differenzierten intentionalen Handlungsplanung angesehen werden kann. Es scheint vielmehr gerade ein umgekehrtes Abhängigkeitsverhältnis vorzuliegen: Die genannten Prozeß-Bedingungen des realen Spiels 'erzwingen' gleichsam als Formprinzipien die Mitgestaltung der Akteure, d.h. nicht die Spieler spielen nach intentionalen Vorgaben ein Spiel (wie dies traditionelle Interpretationen unterstellen), sondern im realen Spiel spielt das Spiel mit den Spielern. Dies bedeutet:

- die 'Logik der agonalen Spiel*praxis*' hat, aus einer *Prozeß*perspektive analysiert, andere Prämissen als
- die 'Logik des agonalen re-konstruierten Spiel*systems*', das aus einer Re-Konstruktionsperspektive entwickelt wird.

Während im Spielprozeß die Paradoxien (wahr/ falsch, Überbietungspostulat/ Gleichheitsgebot) als konstitutionelle Bedingungen ohne Widerspruchsbewußtsein beachtet werden, bemüht man sich in einer Re-Konstruktionsperspektive in der Regel um eine Differenzierung der Primär- und Sekundärprozesse des Spiels und um eine argumentative Auflösung der Paradoxien.

Welche Probleme im Handlungsalltag auftreten können, wenn die begriffliche Re-Konstruktionsperspektive zu Grundlage des realen (prozeßhaften) Spielgeschehens wird, zeigen u.a. die krampfhaften, meist wirkungslosen Moralisierungsversuche im Rahmen von Fair-play-Aktionen im Wettkampf-Spiel. Sie sind deshalb für das reale Spielgeschehen so wenig wirkungsvoll, weil sie den Unterschied der Handlungslogiken mißachten. Die aus der Re-Konstruktionsperspektive gewonnenen Einsichten z.b. hinsichtlich deontologischer oder utilitaristischer Ethikbedingungen zur Ausbalanzierung der Paradoxie Überbietung/ Gleichheit haben vielleicht eine Bedeutung für die Legitimation des Spiel*systems* 'agonaler Wettkampf', aber erscheinen wenig geeignet, die Paradoxie des Spiel*prozesses* für den Akteur besser handhabbar werden zu lassen.

3. Bildungstheoretische Konsequenzen aus der Prozeßlogik des Spiels

Fragt man nun abschließend nach den bildungstheoretischen Konsequenzen der hier skizzierten spielrelevanten Handlungen und damit auch im weiteren Sinne von sportlichen Handlungen, läßt sich behaupten: *Erfahrungen im Spiel können eine spezifische bildungstheoretische Bedeutung erhalten.* Eine Bedeutung, die jedoch in anderer Form bestimmt werden muß, als dies in traditioneller Weise geschieht.

Es scheint wenig sinnvoll zu sein, wie eingangs angedeutet, die aus einer *Re-Konstruktionsperspektive* entwickelten *kognitiven* Leistungen zur Lösung von Bewegungsaufgaben und im hier entwickelten konkreten Fall von spielrelevanten Paradoxien zur Beurteilung des jeweiligen Bildungswertes von Spielhandlungen zu machen. In diesem Fall werden dem Spiel handlungssteuernde kognitiv und emotionale Bedingungen zugeordnet, und anschließend in einer Bildungsanalyse bewertet. Daraus ergeben sich die hinlänglich bekannten hierarchischen Vorstellungen einer höheren und niederen Bildung, bei denen den leiblichen Prozessen meist eine eher materiale und den im Rekonstruktionsprozeß zugeordneten kognitiven Handlungsimplikationen des Spiels zwar eine bildungsrelevante, aber meist nachrangige Bedeutung zugestanden wird. Der Grund dafür liegt nicht in der Qualität der zugeordneten Merkmale wie z.B. soziale Motive (Rücksicht, Toleranz etc.), die man vielleicht glaubt den Spielhandlungen als 'tiefere' Intention zuschreiben zu können, sondern in der *Art der Zuordnung*, die nicht einer gewissen Beliebigkeit entbehrt. Da gerade unklar bleibt, ob in einem Sportspiel wirklich soziale Erfahrung, in der Judoausbildung Gewaltkontrolle oder beim Bergsteigen wirklich Mut oder Ausdauer geschult werden kann, muß auch die an diesen Zuordnungs-Merkmalen orientierte bildungstheoretische Bedeutung von Spiel-Sporthandlung vage bleiben. Die Vielfalt bei der Zuordnung der letztlich nur als bildungsrelevant angesehenden kognitiven oder motivationalen Eigenschaften zum leiblichen Geschehen des Spiels oder der agonalen Handlungen wirkt sich also relativierend auf dessen bildungsrelevante Bedeutsamkeit aus.

Eine *andere* Perspektive zur Einschätzung der bildungstheoretischen Bedeutung des Spiels ergibt sich, wenn man die in diesem Beitrag herausgestellte Differenz zwischen der *prozeßhaften Handlungslogik* und der *begrifflich-kognitiven Rekonstruktionslogik* analysiert.

Bevor dazu einige abschließende Hinweise gegeben werden, soll noch einer der oben genannten fünf Aspekte, der insbesondere im agonalen Spiel von Bedeutung ist, etwas genauer angesprochen werden – die Rahmung des Spiels.

Durch die raum-zeitliche Aus- und Eingrenzung eines Spielgeschehens bei gleichzeitiger Festlegung immanenter Regeln wird im agonalen Spiel eine Welt in der Welt, eine 'Sonderwelt' des Spiels, geschaffen, für die Kants Voraussetzung des ästhetischen Geschmacksurteils gilt: Das agonale Spiel entwickelt innerhalb der raum-zeitlichen Rahmung eine „Zweckmäßigkeit ohne Zweck", bei der die Handlungen idealiter auf sich selbst verweisen. Anschaulich wird dies beim sportlichen Wettkampf wie z.B. einem 400 m-Lauf. In einem Lauf, der dort endet, wo er begonnen hat, wird jeglicher alltagsweltlicher nützlichkeitsorientierte Sinnbezug aufgehoben. Der Lauf verweist auf sich selbst, man könnte auch sagen: er erhält seine besondere Bedeutung durch ein „interesseloses Wohlgefallen".

Diese hier nur angedeutete weitere strukturierbare Analysemöglichkeit spielerisch-sportlicher Handlungen sollte den Perspektivenwechsel kennzeichnen, der m.E. notwendig ist, wenn der dargestellte Gegenstandsbereich unter bildungstheoretischer Perspektive analysiert wird. Es geht nicht um eine inhaltliche Analyse zugeordneter kognitiv-motivationaler etc. Handlungsbedingungen im Spiel, sondern um eine Analyse der strukturellen Bedingungen des Spiels und die daraus ableitbaren bildungstheoretischen Konsequenzen. Von zentraler bildungstheoretischen Bedeutung ist dabei

- einerseits das Durchleben des situativen Ausbilanzierens von Paradoxien innerhalb des konkreten Spielgeschehens und
- andererseits die Distanzerfahrung einer *Logik der Praxis* und der *Logik der Rekonstruktion von Praxis* in Interpretationen über die Spiel-Bewegung

Sowohl die real gelebten Paradoxien als auch die vielfältigen Möglichkeiten zur Distanzierung, und die daraus sich ergebenden Reflexionen und Selbstreflexionen, bilden jenes Potential, das in weiteren Arbeiten zu bildungstheoretischen Implikationen sportlichen Bewegens bearbeitet werden müßte. Wie dabei eine solche meta-theoretische Distanzierung im Prozeß zu verstehen ist, beschreibt Bateson im Rahmen eines Therapieprogramms:

„Wir können uns vorstellen, daß die beiden Canasta-Spieler in einem bestimmten Augenblick aufhören Canasta zu spielen und in eine Diskussion über die Regeln eintreten. Ihr Diskurs ist jetzt von einem anderen logischen Typ als der des Spiels ... Unsere imaginären Spieler haben Paradoxien vermieden, indem sie ihre Regeldiskussion von ihrem Spiel abgesondert haben." (Bateson 1985, 260)

Der entscheidende bildungstheoretische Wert solcher Interventionsmaßnahmen ergibt sich in dreifacher Weise:

- Zum einen stellt das Aushalten, das nicht-verbale handlungs-reflexive Ausbalancieren der Paradoxien im Bemühen, den Prozeß des Spielens nicht zu gefährden, eine spezifische leiblich-sinnliche Bildungsarbeit dar, die insbesondere im Rahmen einer 'Ästhesiologie der Bildung' vertieft werden kann und für die m.E. R. Müller wertvolle Hilfe geleistet hat.
- Des weiteren ist der Versuch, die Paradoxien im Konfliktfall auszugleichen, ohne die 'Sonderwelt des Spiels' zu gefährden, eine intellektuelle Herausforderung, deren Analyse z.B. unter Bezug auf formale Rezeptionsästhetiken und deren Umsetzung in Bildungsprozessen der modernen Kunst unter analogisierender Perspektive hilfreich sein können.
- Schließlich macht der Spieler nach solchen sekundärprozeßhaften Interventionsmaßnahmen Erfahrungen, inwieweit entsprechende externe begriffliche, kognitive Ordnungsversuche den internen Prozeßablauf grundsätzlich verändern bzw. nicht verändern können. Ein Beispiel dafür ist die schon erwähnte weitgehende Wirkungslosigkeit von Fair-Play-Appellen für den Prozeß des agonalen Sportspiels.

Resümee

Kennzeichnend für diesen Beitrag war der Versuch, in die bewegungstheoretische Diskussion eine Deutungsperspektive einzubringen, die dort bisher nicht wahrgenommen worden ist. Dabei wurde auf eine direkte argumentative Auseinandersetzung mit bisher anerkannten Theorieansätzen der Bewegungswissenschaft verzichtet. Vielmehr sollte am Beispiel eines selbstkritischen Diskurses innerhalb der Philosophie und insbesondere der zeitgenössischen Phänomenologie sichtbar werden, welche Interpretationsmöglichkeiten sich ergeben, wenn man weder den Dichotomieannahmen Descartes', die zum Teil immer noch viele kognitivistische Bewegungskonzepte bestimmen, noch den ganzheitlich lebensphilosophischen Vorstellungen folgt, wie sie häufig noch in der Sportpädagogik vertreten werden. Jener hier skizzierte sogenannte 3. Weg in der erkenntnistheoretischen Diskussion der Philosophie könnte Anschlußmöglichkeiten für zeitgenössische grundlagentheoretische Fragen einer Sportwissenschaft bieten, die einerseits 'die Bewegung' als einen ihrer zentralen Gegenstände anerkennt, aber andererseits auch bereit ist, ihn nicht automatisch an jene Teildisziplin zu verweisen, die sich dieses Begriffes bedient, denn die Bewegungswissenschaft hat eine Wissenschaftstradition, die sie nur begrenzt in die Lage versetzt, jene weiterführenden Aufgaben zu lösen, die sich aus der Komplexität des Begriffs 'Bewegungs-Erfahrung' ergeben.

Literatur

Barck, K./Gente, P./Paris, H./Richter, St. (Hrsg.), Aisthesis. Wahrnehmung heute oder Perspektiven einer anderen Ästhetik. Leipzig (reclam) 1992.

Bateson, G., Ökologie des Geistes. Anthropologische, psychologische, biologische und epistemische Perspektiven. Frankfurt/M. (Suhrkamp) ^{5}1996.

Bergson, H., Die Wahrnehmung der Veränderung. In: Bergson, H., Denken und schöpferisches Werden. Frankfurt/M. (Syndikat) 1985, 140-179.

Bergson, H., Einführung in die Metaphysik. In: Bergson, H., Denken und schöpferisches Werden. Frankfurt/M. (Syndikat) 1985, 180-225.

Böhme, H., Plädoyer für das Niedrige. Der Tastsinn im Gefüge der Sinne. In: Gebauer, G. (Hg.), Anthropologie. Leipzig (reclam) 1998, 214-224.

Bourdieu, P., Zur Soziologie der symbolischen Formen. Frankfurt/M. (Suhrkamp) 1970.

Bourdieu, P., Entwurf einer Theorie der Praxis. Frankfurt/M. (Suhrkamp) 1976.

Bourdieu, P., Sozialer Sinn - Kritik der theoretischen Vernunft. Frankfurt/M. (Suhrkamp) 1993.

Brentano, Fr., Psychologie vom empirischen Standpunkt. Leipzig 1874.

Bubner, R., Ästhetische Erfahrung. Frankfurt/M. (Suhrkamp) 1989.

Caillois, R., Die Spiele und die Menschen. Maske und Rausch. Frankfurt/M. 1982.

Cassirer, E., Philosophie der symbolischen Formen. Darmstadt (Wiss. Buchg.) ^{10}1994.

Cassirer, E., Zur Metaphysik der symbolischen Formen. J. M. Krois u.a. (Hrsg.), Hamburg (Meiner) 1995.

Franke, E./Bockrath, F., Vom sinnlichen Eindruck zum symbolischen Ausdruck. Hamburg 2001.

Gebauer, G., 'Spiel'. In: Wulf, Ch.(Hg.), Vom Menschen. Handbuch historische Anthropolgie. Weinheim/ Basel. 1997, 1038-1048.

Gebauer, G. (Hrsg.), Anthropologie. Leipzig (reclam) 1998.

Gebauer, G./Wulf, Chr. (Hrsg.), Praxis und Ästhetik. Neue Perspektiven im Denken Pierre Bourdieus. Frankfurt/M. (Suhrkamp) 1993.

Gebauer, G./Wulf, Chr., Mimesis. Kultur-Kunst-Gesellschaft. Reinbek (rororo) 1992.

Gebauer, G./Wulf, Chr., Spiel-Ritual-Geste. Mimetisches Handeln in der sozialen Welt. Reinbek (rororo) 1998.

Goodmann, N., Weisen der Welterzeugung. Frankfurt/M. (Suhrkamp) 1984.

Huizinga, J., Homo Ludens. Vom Ursprung der Kultur im Spiel. Reinbek (rororo) 1956.

Husserl, E., Die Krisis der europäischen Wissenschaften und die transzendentale Phänomenologie - Eine Einleitung in die phänomenologische Philosophie. Den Haag 1954.

Kamper, D./Wulf, Chr. (Hrsg.), Schweigen. Unterbrechung und Grenze der menschlichen Wirklichkeit. Berlin 1992.

Knoppe, Th., Die theoretische Philosophie Ernst Cassirers. Zu den Grundlagen transzendentaler Wissenschaft- und Kulturtheorie. Hamburg (Meiner) 1992.

Koller, H., Die Mimesis in der Antike - Nachahmung, Darstellung, Ausdruck. Berlin (Francke) 1954.

Krappmann, L., Soziologische Dimensionen der Identität. Stuttgart (Klett) 1969.

Margreiter, R., Erfahrung und Mystik. Grenzen der Symbolisierung. Berlin (Akademie) 1997.

Mead, G.H, Geist, Identität und Gesellschaft aus Sicht des Sozialbehaviorismus. Frankfurt/M. 1968.

Mead, G.H, Philosophie der Sozialität. Frankfurt/M. (Suhrkamp) 1969.

Merleau-Ponty, M., Phänomenologie der Wahrnehmung. Berlin (de Gruyter) 1966.

Mollenhauer, K., Grundfragen ästhetischer Bildung. Weinheim/ München (Juventa) 1996.

Müller, H. R., Ästhesiologie der Bildung - Bildungstheoretische Rückblicke auf die Anthropologie der Sinne im 18. Jahrhundert. Würzburg 1997.

Plessner, H., Die Stufen der Organischen und der Mensch. In: Plessner, H., Gesammelte Schriften, Bd. VIII. Frankfurt/M. (Suhrkamp) 1983.

Scheuerl, H., Das Spiel, Bd. 2. Weinheim/ Basel ^{11}1991.

Schiller, F., Über die ästhetische Erziehung des Menschen. In: Schiller, F., Sämtliche Werke in 12 Bd.en. Stuttgart 1838.

Schwemmer, O., Ernst Cassirer. Ein Philosoph der europäischen Moderne. Berlin (Akademie) 1997.

Schwemmer, O., Logik der Lebenswelt (unveröffentl. Manuskript). Berlin 1998.

Seel, M., Eine Ästhetik der Natur. Frankfurt/M. (Suhrkamp) 1991.

Seel, M., Ethisch-ästhetische Studien. Frankfurt/M. (Suhrkamp) 1996.

Simmel, G., Das Individuum und die Freiheit – Essais. Berlin 1984 (1957).

Simmel, G., Soziologie. Untersuchungen über Formen der Vergesellschaftung. In: Gesamtausgabe, Bd. 11. Frankfurt/M. (Suhrkamp) 1992.

Simmel, G., Soziologische Ästhetik. Hg. v. K. Lichtblau. Bodenheim 1998.

Taylor, Ch., Leibliches Handeln. In: Métraux, A./Waldenfels (Hrsg.), Leibhafte Vernunft. Spuren von Merleau-Pounty Denken. München (Fink) 1986.

Wallon, H., De l'aete à la pensée. Paris 1942.

Welsch, W., Ästhetisches Denken. Stuttgart (reclam) 1990.

Welsch, W., Grenzgänge der Ästhetik. Stuttgart (reclam) 1996.

Whitehead, A. F., Abenteuer der Ideen. Frankfurt/M. 1974.

Wulf, Ch., Das mimetische Ohr. In: Paragrana. Internationale Zeitschrift für Historische Anthropologie Bd. 2, H. 1-2 1993, 9-14.

Wygotski, L. S., Denken und Sprechen. Frankfurt/M. 1969.

Die Autorinnen und Autoren

Hans-Gerd Artus, Prof. Dr., *1939, Studium der Mathematik und Sportwissenschaft an den Universitäten Kiel und Frankfurt/M. Professor für Theorie und Praxis des Sportunterrichts an der Universität Bremen. – Publikationen: *Tänzerische Körperbildung. Lehrweise Chladek* (mit Maud Paulissen-Kaspar), Wilhelmshaven 1999. Aufsätze zur Tanzwissenschaft und Sportpädagogik.

Monika Fikus, Prof. Dr., *1957, Studium der Sportwissenschaft, Politikwissenschaft, Physik und Psychologie an der Universität Braunschweig. Professorin für Sportwissenschaft an der Universität Bremen. – Publikationen: *Visuelle Wahrnehmung und Bewegungskoordination*, Frankfurt/M. 1989; *Sich-Bewegen – Wie Neues entsteht*, hg. mit L. Müller, Hamburg 1998. Aufsätze zu den Themen *Visuo-motorische Koordination* und *Konzeptionen von Bewegung*.

Elk Franke, Prof. Dr., *1942, Studium von Geschichte, Politik und Sportwissenschaft an der Universität Mainz und an der FU Berlin. Professor für Sportphilosophie und Sportpädagogik an der Humboldt-Universität zu Berlin. – Publikationen: *Ethische Aspekte des Leistungssports*, Clausthal-Zellerfeld 1988 (mit R. Mokrosch); *Werterziehung und Entwicklung*, Osnabrück 1989. Aufsätze zu Fragen der Ethik, Ästhetik sportiven Handelns sowie zur Bildungsdiskussion der Sportpädagogik.

Bärbel Frischmann, Dr. phil., *1960, Studium der Philosophie an der Humboldt-Universität zu Berlin und der Friedrich-Schiller-Universität Jena. Wissenschaftliche Assistentin am Studiengang Philosophie der Universität Bremen. – Publikationen: *Ernst Cassirers kulturphilosophische Bestimmung des Menschen als animal symbolicum* (Diss. Ms., 1987); *Erziehungswissenschaft – Bildung – Philosophie* (hg. mit G. Mohr), Weinheim 1997. Aufsätze zu Platon, Nietzsche, Cassirer, Existenzphilosophie, Philosophieren mit Kindern, Ironie, Frühromantik (i.E.).

Petra Gehring, Dr. phil. habil., *1961, Studium der Philosophie, Politik- und Rechtswissenschaften an den Universitäten Gießen, Marburg und Bochum. Privatdozentin für Philosophie an der FernUniversität Hagen. – Publikationen: *Innen des Außen – Außen des Innen. Foucault - Derrida - Lyotard*, München 1994; *Juridische Normativität. Institution - System - Medium - Dispositiv* (in Vorbereitung). Aufsätze.

Wolfgang Jantzen, Prof. Dr., *1941, Studium der Sportwissenschaft, Sonderpädagogik und Psychologie an den Universitäten Gießen und Marburg. Professor für Behindertenpädagogik an der Universität Bremen. 1987/88 Wilhelm-Wundt-Professor für Psychologie an der Karl-Marx-Universität Leipzig. – Publikationen: *Allgemeine Behindertenpädagogik, Bd. I und II*, Weinheim 1987, 1990; *Die Zeit ist aus den Fugen*, Marburg 1998. Aufsätze zur Behindertenpädagogik, Psychologie und Philosophie.

Matthias Koßler, Dr. phil. habil., *1960, Studium der Philosophie, Kunstgeschichte und Kirchengeschichte an der Universität Mainz. Privatdozent und Wissenschaftlicher Mitarbeiter am Philosophischen Seminar der Universität Mainz. Präsident der Schopenhauer-Gesellschaft. – Publikationen: *Substantielles Wissen und subjektives Handeln, dargestellt in einem Vergleich von Hegel und Schopenhauer*, Frankfurt/M. 1990; *Empirische Ethik und christliche Moral*, Würzburg 1999. Aufsätze zur Philosophie des Mittelalters und des Deutschen Idealismus.

Karl Mertens, Dr., *1958, Studium von Philosophie, Deutsch und Geschichte an den Universitäten Köln, Freiburg i.Br. und Zürich. Wissenschaftlicher Assistent am Philosophischen Seminar der Universität zu Kiel. – Publikationen: *Zwischen Letztbegründung und Skepsis. Kritische Untersuchungen zum Selbstverständnis der transzendentalen Phänomenologie Edmund Husserls*, Freiburg/München 1996. Aufsätze zur Phänomenologie, Sprachphilosophie und Rhetorik.

Georg Mohr, Prof. Dr., *1956, Studium der Philosophie, ev. Theologie und Erziehungswissenschaften an den Universitäten Bonn, Genf und Neuchâtel. Professor für Philosophie an der Universität Bremen. – Publikationen: *Das sinnliche Ich. Innerer Sinn und Bewußtsein bei Kant*, Würzburg 1991; *Angemessenheit. Zur Rehabilitierung einer philosophischen Metapher*, hg. mit B. Merker und L. Siep, Würzburg 1998. Aufsätze zur theoretischen Philosophie, zur praktischen Philosophie und zur Geschichte der Philosophie.

Lutz Müller, Dr. phil., *1953, Studium von Sport, Politik und Soziologie an der PH Flensburg. Wissenschaftlicher Assistent für Sportwissenschaft an der Universität Bremen. – Publikationen: *Persönlichkeitsentwicklung im Sportspiel. Grundrisse einer subjektwissenschaftlichen Sportspieldidaktik*, Bremen 1988; *Sich-Bewegen – Wie Neues entsteht. Emergenztheorien und Bewegungslernen*, hg. mit M. Fikus, Hamburg 1998; Aufsätze zur Sportspielforschung, zum Skisport sowie zur Evaluation von Lehre und Studium in der Sportwissenschaft.

Kurt Röttgers, Prof. Dr., *1944, Studium der Philosophie, Germanistik und Allgemeinen Sprachwissenschaften an den Universitäten Bonn und Bochum. Professor für Philosophie, insbesondere Praktische Philosophie an der Fern-Universität Hagen. – Publikationen: *Sozialphilosophie: Macht - Seele - Fremdheit*, Essen 1997; *Die Lineatur der Geschichte*, Amsterdam, Atlanta/GA 1998. Aufsätze zu Geschichtsphilosophie, Sozialphilosophie, Begriffsgeschichte und Ästhetik.

Volker Schürmann, Dr. phil. habil., *1960, Studium der Mathematik, Philosophie und Erziehungswissenschaft an der Universität Bielefeld. Privatdozent für Philosophie an der Universität Bremen. – Publikationen: *Praxis des Abstrahierens*, Frankfurt a.m./ Bern u.a. 1993; *Zur Struktur hermeneutischen Sprechens*, Freiburg/ München 1999. Aufsätze zu Cassirer, zu Plessner und zur Naturdialektik.

Jürgen Schwark, Dr. phil., *1961, Studium der Soziologie, Sozialen Arbeit und Erziehung sowie Sport an der Universität -GH- Duisburg. Fachhochschullehrer an der Hochschule Harz im Studiengang Tourismuswirtschaft. – Publikationen: *Die unerfüllten Sportwünsche. Zur Diskrepanz von Sportwunsch und Sportrealität Erwachsener*, Münster 1994; *Sport und Tourismus. Theorie- und Praxistexte* (in Vorbereitung). Aufsätze zu Sportpassivität und Sporttourismus.

Roderich Wahsner, Prof. Dr., *1938, Studium der Rechtswissenschaft, Germanistik und Geschichte in Göttingen und Freiburg. Professor für Arbeits- und Sozialrecht an der Universität Bremen; Yogalehrer. – Publikationen: *Arbeitsrecht unterm Hakenkreuz*, Baden-Baden 1994, *Japans Arbeitsbeziehungen und Arbeitsrecht in Geschichte und Gegenwart*, Baden-Baden 1996. Aufsätze.

Michael Weingarten, Dr., *1954, Studium der Philosophie, Literaturwissenschaft, Politik und Soziologie in Marburg und Frankfurt/M. Lehrbeauftragter in Philosophie an der Universität Marburg; Mitarbeit an verschiedenen Projekten zu Grundlagenproblemen der Biologie. – Publikationen: *Organismen – Subjekte oder Objekte der Evolution*, Darmstadt 1993; *Wissenschaftstheorie der Biologie* (zus. M. P. Janich), München 1999. Aufsätze.